程序员考前突破

考点精讲 ◆ 真题精解 ◆ 难点精练

詹宏锋 李 锋 许纪贤 编著

机械工业出版社
CHINA MACHINE PRESS

本书通过分析考试大纲中的内容要点，剖析 2016 年至 2020 年的考题，利用统计分析方法整理出高频考点并归纳了真题。章节按考试大纲顺序安排。每章中根据历年试题的统计结果对考点进行讲解，提炼必须掌握的知识，并通过真题演练让考生熟悉考点。另外，针对难点设置了练习并给出精解。考生可通过学习本书，把握考试的重点，熟悉题型。考生不仅要会做书中的题目，还要能举一反三，掌握题目涵盖的知识点所在的知识域，以应对考试。

本书可作为考生备战程序员考试的复习资料，亦可供计算机相关培训班使用。

图书在版编目（CIP）数据

程序员考前突破：考点精讲、真题精解、难点精练 / 詹宏锋，李锋，许纪贤编著 . —北京：机械工业出版社，2023.5

ISBN 978-7-111-72929-7

Ⅰ. ①程…　Ⅱ. ①詹…②李…③许…　Ⅲ. ①程序设计 - 资格考试 - 自学参考资料　Ⅳ. ① TP311.1

中国国家版本馆 CIP 数据核字（2023）第 056513 号

机械工业出版社（北京市百万庄大街 22 号　邮政编码 100037）
策划编辑：迟振春　　　　　责任编辑：迟振春
责任校对：梁　园　王明欣　责任印制：李　昂
北京捷迅佳彩印刷有限公司印刷
2023 年 6 月第 1 版第 1 次印刷
188mm×260mm · 27 印张 · 686 千字
标准书号：ISBN 978-7-111-72929-7
定价：119.00 元

电话服务　　　　　　　网络服务
客服电话：010-88361066　机 工 官 网：www.cmpbook.com
　　　　　010-88379833　机 工 官 博：weibo.com/cmp1952
　　　　　010-68326294　金 书 网：www.golden-book.com
封底无防伪标均为盗版　机工教育服务网：www.cmpedu.com

前　　言

　　计算机技术与软件专业技术资格（水平）考试（以下简称计算机软件资格考试）是人力资源和社会保障部、工业和信息化部领导下的国家级考试，其目的是科学、公正地对全国计算机技术与软件专业技术人员进行职业资格、专业技术资格认定和专业技术水平测试。工业和信息化部教育与考试中心负责计算机软件资格考试全国考务管理工作，在全国除台湾省以外的各省、自治区、直辖市及计划单列市和新疆生产建设兵团，以及香港特别行政区和澳门特别行政区，都设立了考试管理机构，负责本区域考试的组织实施工作。计算机软件资格考试设置了27个专业资格，涵盖5个专业领域，分3个级别（初级、中级、高级）。计算机软件资格考试在全国范围内已经实施了20多年，近10年来，考试规模持续增长，截至目前，累计报考人数约有500万。该考试由于权威性和严肃性，得到了社会各界及用人单位的广泛认同，并在推动国家信息产业发展，特别是软件和服务产业的发展，以及提高各类信息技术人才的素质和能力中发挥了重要作用。

　　原人事部和原信息产业部文件（国人部发〔2003〕39号）规定，计算机软件资格考试纳入全国专业技术人员职业资格证书制度的统一规划，实行全国统一大纲、统一试题、统一标准、统一证书的考试办法，每年举行两次。通过考试并获得证书的人员，表明其已具备从事相应专业岗位工作的水平和能力，用人单位可根据工作需要聘任获得证书的人员担任相应专业技术职务（技术员、助理工程师、工程师、高级工程师）。计算机软件资格考试全国统一实施后，不再进行计算机技术与软件相应专业和级别的专业技术职务任职资格评审工作。因此，计算机软件资格考试既是职业资格考试，又是职称资格考试。同时，该考试还具有水平考试性质，报考任何级别不需要学历、资历条件，只要达到相应的专业技术水平就可以报考。计算机软件资格考试部分专业岗位的考试标准与日本、韩国相关考试标准实现了互认，在中国取得相应专业技术资格证书的人员在这些国家也可以享受相应的待遇。考试合格者将获得由人力资源和社会保障部、工业和信息化部用印的计算机技术与软件专业技术资格（水平）证书，该证书在全国范围内有效。

　　程序员考试属于计算机软件资格考试中的初级级别。通过考试并取得技术资格证书的人员，表明已达到软件开发、项目管理和软件工程的要求，能够按照程序设计规格说明书编制并调试程序，写出程序的相应文档，产生符合标准规范的、实现设计要求的、能正确可靠运行的程序，具有助理工程师（或技术员）的实际工作能力和业务水平。

　　本书是为考生编写的程序员考试用书。由于考试大纲要求考生掌握的知识面很广，而考生的复习时间有限，所以，我们对考试大纲中的内容要点和2016年至2020年的考题进行了认真细致的剖析，整理出高频考点并归纳了真题，以便让考生通过练习理解和掌握考点要求。

在编写本书过程中，编者参考了许多相关的书籍和资料，在此对这些书籍和资料的作者表示真诚的感谢。由于编者水平有限，且本书涉及的知识点众多，书中难免有不妥和疏漏之处，竭诚欢迎读者指正。

编　者

2022 年 12 月于珠海

目　　录

前言

第1章　计算机科学基础···1

　1.1　考点精讲···1

　　1.1.1　考纲要求···1

　　1.1.2　考点分布···2

　　1.1.3　知识点精讲···3

　1.2　真题精解···20

　　1.2.1　真题练习···20

　　1.2.2　真题解析···27

　1.3　难点精练···42

　　1.3.1　重难点练习···42

　　1.3.2　练习精解···45

第2章　计算机系统基础···53

　2.1　考点精讲···53

　　2.1.1　考纲要求···53

　　2.1.2　考点分布···55

　　2.1.3　知识点精讲···56

　2.2　真题精解···101

　　2.2.1　真题练习···101

　　2.2.2　真题解析···115

　2.3　难点精练···138

　　2.3.1　重难点练习···138

　　2.3.2　练习精解···143

第3章　系统开发和运行···155

　3.1　考点精讲···155

　　3.1.1　考纲要求···155

　　3.1.2　考点分布···156

　　3.1.3　知识点精讲···157

　3.2　真题精解···172

　　　　3.2.1　真题练习 172
　　　　3.2.2　真题解析 178
　　3.3　难点精练 187
　　　　3.3.1　重难点练习 187
　　　　3.3.2　练习精解 192

第4章　网络与信息安全基础 201
　　4.1　考点精讲 201
　　　　4.1.1　考纲要求 201
　　　　4.1.2　考点分布 202
　　　　4.1.3　知识点精讲 202
　　4.2　真题精解 214
　　　　4.2.1　真题练习 214
　　　　4.2.2　真题解析 215
　　4.3　难点精练 217
　　　　4.3.1　重难点练习 217
　　　　4.3.2　练习精解 219

第5章　标准化与知识产权基础 223
　　5.1　考点精讲 223
　　　　5.1.1　考纲要求 223
　　　　5.1.2　考点分布 224
　　　　5.1.3　知识点精讲 224
　　5.2　真题精解 243
　　　　5.2.1　真题练习 243
　　　　5.2.2　真题解析 244
　　5.3　难点精练 245
　　　　5.3.1　重难点练习 245
　　　　5.3.2　练习精解 247

第6章　信息化基础 251
　　6.1　考点精讲 251
　　　　6.1.1　考纲要求 251
　　　　6.1.2　考点分布 252
　　　　6.1.3　知识点精讲 252
　　6.2　真题精解 275
　　　　6.2.1　真题练习 275
　　　　6.2.2　真题解析 276
　　6.3　难点精练 276

　　6.3.1　重难点练习 ·······································276
　　6.3.2　练习精解 ···276

第7章　计算机专业英语 ·····································279

　7.1　考点精讲 ···279
　　7.1.1　考纲要求 ···279
　　7.1.2　考点分布 ···280
　　7.1.3　知识点精讲 ·······································280
　7.2　真题精解 ···281
　　7.2.1　真题练习 ···281
　　7.2.2　真题解析 ···283
　7.3　难点精练 ···285
　　7.3.1　重难点练习 ·······································285
　　7.3.2　练习精解 ···287

第8章　程序设计语言 ···289

　8.1　考点精讲 ···289
　　8.1.1　考纲要求 ···289
　　8.1.2　考点分布 ···290
　　8.1.3　知识点精讲 ·······································290
　8.2　真题精解 ···343
　　8.2.1　真题练习 ···343
　　8.2.2　真题解析 ···343
　8.3　难点精练 ···343
　　8.3.1　重难点练习 ·······································343
　　8.3.2　练习精解 ···343

第9章　算法设计与实现 ·······································344

　9.1　考点精讲 ···344
　　9.1.1　考纲要求 ···344
　　9.1.2　考点分布 ···344
　　9.1.3　知识点精讲 ·······································345
　9.2　真题精解 ···363
　　9.2.1　真题练习 ···363
　　9.2.2　真题解析 ···363
　9.3　难点精练 ···363
　　9.3.1　重难点练习 ·······································363
　　9.3.2　练习精解 ···363

第 10 章　程序设计与实现 ··· 364

10.1　考点精讲 ··· 364
　　10.1.1　考纲要求 ·· 364
　　10.1.2　考点分布 ·· 365
　　10.1.3　知识点精讲 ·· 365
10.2　真题精解 ··· 373
　　10.2.1　真题练习 ·· 373
　　10.2.2　真题解析 ·· 400

第1章

计算机科学基础

1.1 考点精讲

1.1.1 考纲要求

1.1.1.1 考点导图

计算机科学基础部分的考点如图1-1所示。

1.1.1.2 考点分析

这一章主要是要求考生掌握数制及其转换、数据的表示、算术运算和逻辑运算、数学应用的基本知识，并熟练掌握常用数据结构和常用算法。根据近年来的考试情况分析得出：

- **难点**

1）数据的3种编码——原码、反码、补码，以及它们之间的变换方法。

2）浮点数的表示法及其规格化。

3）常用数据结构，其中二叉树及其遍历、链表尤为重要。

4）图的存储（矩阵、邻接表）与遍历、算法效率的计算（时间、空间复杂度）、6种常见的排序算法、哈希表（散列表）及其解决冲突的方法。

- **考试题型的一般分布**

1）数制表示、数据表示、校验码的长度、逻辑表达式（公式、等效变换）、"与""非""异或"的运算规则。

2）数学应用的内容虽然在近年的考试中很少涉及，但是会利用数据结构、程序设计的方法来考察，比如基于C语言的二维数组完成矩阵的运算。

3）二维数组及其存储、链表的存储/操作（插入、删除、移动）、二叉树的定义及性质（完全二叉树、满二叉树）、结点与深度的关系、图的概念（有向、无向）及性质。

- **考试出现频率较高的内容**

1）浮点数规格化、进制转换、求反码和补码。

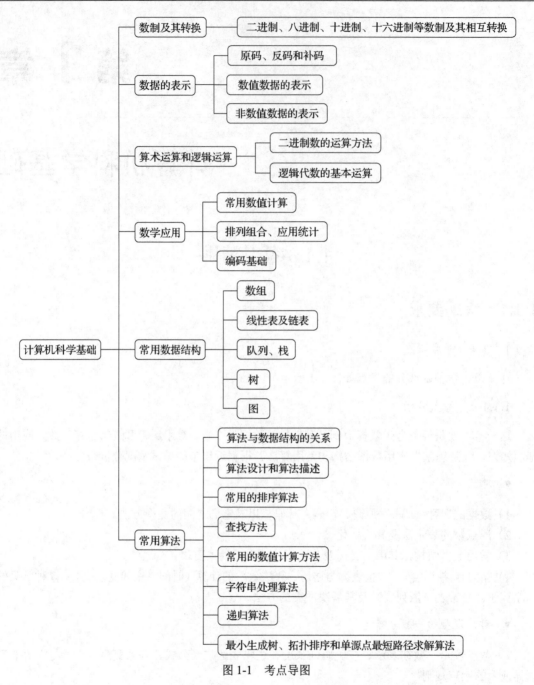

图 1-1　考点导图

2）链表操作、队列和栈的性质及对比、二叉树的遍历、二叉树的结点计算、递归算法的设计（退出条件等）。

1.1.2　考点分布

历年考题知识点分布统计如表 1-1 所示。

表 1-1　历年考题知识点分布统计

年份	题号	知识点	分值
2016 年上半年	19，21，22，33，34，35，36，37，38，39，40，41，42，43，63，64，65	数据表示、常用数据结构、浮点数、栈、链表、队列、树、哈希查找、图、二叉树、冒泡排序、堆排序、数学应用	17
2016 年下半年	19，20，21，22，35，36，37，38，39，40，41，42，43，63，64，65	数据表示、常用数据结构、二叉树、图、数学应用	16
2017 年上半年	19，20，21，22，36，37，38，39，40，41，42，43，63，64，65	数据表示、数据结构、排序算法基础、二叉树、栈、数学应用	15
2017 年下半年	19，20，21，22，35，37，38，39，40，41，42，43，58，63，64，65	数据表示、数据校验、海明码、数据结构、有向图、二叉树、矩阵、关系代数、数学应用	16
2018 年上半年	20，21，22，31，32，35，36，37，38，39，40，41，42，43，44，45，57，63，64，65	数据逻辑运算、数据表示、栈、队列、算术运算、数组、数据结构、算法、二叉树、面向对象、数学应用	20
2018 年下半年	19，20，21，22，30，31，35，36，37，38，39，40，41，42，43，63，64，65	数据表示、数制转换、校验码、逻辑运算、表达式、数组、链表、字符串、树、图、哈希查找、二叉树查找、快速查找、数学应用	18
2019 年上半年	19，20，21，22，23，34，35，36，37，38，39，40，41，42，43，44，45，63，64，65	校验码、数据表示、逻辑运算、栈、数据结构和算法基础、顺序表和链表、树、堆排序、二叉树排序、图、云计算、数学应用	20
2019 年下半年	7，19，21，22，36，37，38，39，40，41，42，43，55，56，63，64，65	数据表示、数制转换、逻辑运算、海明码、栈、指针、二分查找算法、哈希查找、图、树的遍历、堆排序、选择排序、算法基础、数学应用	17
2020 年下半年	19，20，21，22，36，37，38，39，40，41，42，43，63，64，65	数据表示、数据运算、栈、链表、二叉树、数组、字符串、堆排序、图、数学应用	15

1.1.3　知识点精讲

1.1.3.1　数制及其转换

数制是用一组固定的符号和统一的规则来表示数值的方法。在采用进位计数的数字系统中，如果只用 r 个基本符号表示数值，则称其为 r 进制，r 称为该数制的基数。常用进位计数制如表 1-2 所示。

表 1-2　常用进位计数制

数制	规则	基数	数符	权	形式表示符
十进制	逢十进一	10	0, 1, 2, 3, 4, 5, 6, 7, 8, 9	10^i	D
二进制	逢二进一	2	0, 1	2^i	B
八进制	逢八进一	8	0, 1, 2, 3, 4, 5, 6, 7	8^i	O
十六进制	逢十六进一	16	0, 1, 2, 3, 4, 5, 6, 7, 8, 9, B, C, D, E, F	16^i	H

以十进制 2021.25 为例，其表示形式为：

- 十进制表示为$(2021.25)_{10}$或 2021.25D。
- 二进制表示为$(11111100101.01)_2$或 11111100101.01B。
- 八进制表示为$(3745.2)_8$或 3745.2O。
- 十六进制表示为$(7E5.4)_{16}$或 7E5.4H。

对于任何一种进位的数制，所表示的数都可写作按权展开的多项式，不同数据的相互转换也是依据此实现的。如：

$$(2021.25)_{10}=2\times10^3+0\times10^2+2\times10^1+1\times10^0+2\times10^{-1}+5\times10^{-2}$$
$$(7E5.4)_{16}=7\times16^2+14\times16^1+5\times16^0+4\times16^{-1}$$

1. 十进制→二进制

方法：整数部分和小数部分分别转换后合并。整数的转换方法是"除 2 取余"，小数的转换方法是"乘 2 取整"，如表 1-3 所示。

表 1-3　十进制转换为二进制

整数部分的数值 2021 转换为二进制										
算式	2021/2	1010/2	505/2	252/2	126/2	63/2	31/2	15/2	7/2	3/2	1/2
商	1010	505	252	126	63	31	15	7	3	1	0
余数	1	0	1	0	0	1	1	1	1	1	1
整数转换结果	将余数倒序排列即为转换后的二进制数：11111100101										
小数部分的数值 0.25 转换为二进制										
算式	0.25×2	0.5×2	0.0								
乘积	0.5	1.0									
整数	0	1									
小数转换结果	将整数正序排列即为转换后的二进制数：0.01										
最后结果	将整数与小数合并：转换后的二进制为 11111100101.01										

十进制转八进制或转十六进制，与二进制的转换方法类似，不同的只是基数的改变。

2. 十进制→八进制

方法：整数部分和小数部分分别转换后合并。整数的转换方法是"除 8 取余"，小数的转换方法是"乘 8 取整"。

3. 十进制→十六进制

方法：整数部分和小数部分分别转换后合并。整数的转换方法是"除 16 取余"，小数的转换方法是"乘 16 取整"。

4. 二进制→十进制

方法：将二进制数的每一位数乘以它的权后相加。

也就是说，二进制数的整数部分从低位到高位（即以小数点为分界从右往左）计算，第 0 位的权值是 2 的 0 次方，第 1 位的权值是 2 的 1 次方，第 2 位的权值是 2 的 2 次方，依次递增下去；小数部分从高位到低位（即以小数点为分界从左往右）计算，第 1 位的权值是 2 的-1 次方，第 2 位的权值是 2 的-2 次方，第 3 位的权值是 2 的-3 次方，依次递减下去；把最后的结果相加，得到的值就是十进制的值。如：

$$(11111100101.01)_2=1 \times 2^{10}+1 \times 2^9+1 \times 2^8+1 \times 2^7+1 \times 2^6+1 \times 2^5+0 \times 2^4+0 \times 2^3+1 \times 2^2+0 \times 2^1+1 \times 2^0+0 \times 2^{-1}+1 \times 2^{-2}=(2021.25)_{10}$$

5. 二进制→八进制

方法：取三合一法，即以二进制的小数点为分界点，向左（或向右）每三位取成一位。二进制与八进制的对应关系如表 1-4 所示。

表 1-4　二进制与八进制的对应关系

二进制	八进制
000	0
001	1
010	2
011	3
100	4
101	5
110	6
111	7

如：$(11111100101.01)_2=(3745.2)_8$。

转换过程如下：

二进制数（每三位取成一位）	011	111	100	101	.	010
八进制数（对照表 1-4 填数）	3	7	4	5	.	2

1.1.3.2　数据的表示

以下重点讲解数据的表示，即计算机内最常用的信息编码。这些内容是程序员必须了解的基本知识之一，要求能熟练掌握并运用自如（下面的讲解只以小数为例，整数类似）。

1. 原码、反码和补码

二进制数值数据包括二进制表示的定点小数、整数和浮点数。这里讲的编码方法，主要是如何方便统一地表示正数、零和负数，并且尽可能有利于简化对它们实现算术运算用到的规则。很容易想到，数据符号的正与负，可分别用一位二进制的"0"和"1"来表示；数据的数值用多位二进制表示。最常用的编码方法有原码、反码和补码 3 种。为了讨论方便，通常把表示一个数值数据的机内编码称为机器数，而把它所代表的实际值称为机器数的真值。

（1）原码

原码是一种比较直观的机器数表示方法，最高位是符号位，0 代表正号，1 代表负号，数值部分用该数的绝对值表示。原码的定义为

$$[X]_\text{原} = \begin{cases} X & 0 \leqslant X < 1 \\ 1-X & -1 < X \leqslant 0 \end{cases}$$

原码易于真值转换，方便乘除运算，但不利于计算机中应用最多的加减运算，故计算机中一般不用原码。

原码有以下性质：

1）在原码表示中，机器数的最高位是符号位，0 代表正号，1 代表负号。

2）在原码表示中，零有两种表示形式，即

$$[+0.0]_\text{原}=00000, \quad [-0.0]_\text{原}=10000$$

3）原码表示方法的优点是数的真值和它的原码表示之间的对应关系简单，相互转换容易，用原码实现乘除运算的规则简单。缺点是用原码实现加减运算很不方便，不仅要比较参与加减运算的两个数的符号，还要比较两个数值的绝对值的大小，最后还要确定运算结果的正确符号。因此，在计算机中经常用后面介绍的补码来实现加减运算。

（2）反码

当真值为正数时，反码与原码相同；当真值为负数时，反码的符号位用 1 表示，数值位是原码的各位取反（1 变 0，0 变 1）的结果。反码的定义为

$$[X]_\text{反} = \begin{cases} X & 0 \leqslant X < 1 \\ (2-2^{-n})+X & -1 < X \leqslant 0 \end{cases}$$

反码有以下性质：

1）在反码表示中，机器数最高位为符号位，0 代表正号，1 代表负号，负数的机器数和它的真值之间的关系为

$$[X]_\text{反}=(2-2^{-n})+X$$

2）在反码表示中，0 有两个编码，即

$$[+0.0]_\text{反}=00000, \quad [-0.0]_\text{反}=11111$$

用反码实现算术运算十分不便，而且 0 值又有两个编码，因此反码用得很少。

（3）补码

在初等代数中，有理数的加减法统一为代数和，减去一个数变为加上这个数的相反数，如果能恰当地表示负数，使得加上一个正数和加上一个负数的算法一样，就简化了运算，节省了机器设备。补码就是实现上述要求的一种很好的机器数表示方法。

当真值为正数时，补码与原码相同；当真值为负数时，补码的符号位用 1 表示，数值位为原码数值位各位取反后在最低位加 1，即负数的补码是其反码末位加 1 的结果。补码的定义为

$$[X]_{\text{补}}=\begin{cases}X & 0\leqslant X<1\\ 2+X & -1<X\leqslant 0\end{cases}$$

补码有以下性质：

1）在补码表示中，机器数的最高一位是符号位，0 代表正号，1 代表负号。机器数和它的真值的关系为

$$[X]_{\text{补}}=2\times\text{符号位}+X$$

2）在补码表示中，0 有唯一的编码，即

$$[+0.0]_{\text{补}}=[-0.0]_{\text{补}}=00000$$

3）在计算机中实际进行加法运算时，补码的符号位和数值位一样参与运算，最高位（符号位）向上的进位舍去，结果正好是和的补码。例如：

$$X=51，\ Y=-61，\ X+Y=51+(-61)=-10$$

补码表示为：00110011+11000011=11110110。结果 11110110 正是-10 的补码。

将补码的符号位和数值位同样看待，对数值按位取反后末位加 1，这种操作称为求补。可以证明，对一个数值的补码求补所得到的正是这个数的相反数的补码，二次求补就恢复为原数。由于补码的这些优点，计算机中大多采用补码表示数值。

2. 数值数据的表示

数值型数据是表示数量多少、数值大小的数据。在计算机中常用的方法是用二进制码表示数据，包括整数、纯小数、实数（统称为浮点数），以便于实现算术运算。为了更有效地、方便地统一表示正数、负数和零，对二进制数又可以先用原码、反码、补码等多种编码方案表示。

数值数据用于表示数值的大小，包含数值范围和数据精度。数值范围是指一种类型的数据所能表示的最大值和最小值；数据精度通常用实数所能给出的有效数字的位数表示。在计算机中，这两个概念是不同的，它们的值与用多少个二进制位表示某类数据，以及如何对这些位进行编码有关。

二进制数主要分成定点小数、整数与浮点数 3 类。

（1）定点小数

定点小数是指小数点准确固定在数据某个位置上的小数。从实用角度看，都把小数点固定在最高数据位的左边，小数点前面再设一位符号位。按此规则，任何一个小数都可以写成：

$$N=N_S N_{-1}N_{-2}\cdots N_{-m}$$

如果在计算机中用 $m+1$ 个二进制位表示上述小数，则可以用最高（最左）一个二进制位表示符号（如用 0 表示正号，则 1 表示负号），而用后面的 m 个二进制位表示该小数的数值。小数点不用明确表示出来，因为它总是固定在符号位与最高数值位之间，即所谓定点小数。定点小数的取值范围很小，对用 $m+1$ 个二进制位的小数来说，它可表示的数值范围为：

$$|N|\leqslant 1-2^{-m}$$

即小于 1 的纯小数。这对用户算题十分不方便，因为在算题之前，必须把要用的数通过合适的"比例因子"换算成绝对值小于 1 的小数，并保证运算的中间结果和最终结果的绝对值也都小于 1。在输出真正结果时，还要把计算的结果按相应比例加以扩大。

定点小数表示法主要用在早期的计算机中，它最节省硬件。随着计算机硬件成本的大幅度降

低，现代的通用计算机都设计成能处理与计算多种类型数值（不仅仅限于定点小数）的计算机。

（2）整数

整数表示的数据的最小单位为 1，可认为它是小数点固定在数值最低位右边的一种数据。整数又被分为带符号和不带符号两类。对于带符号的整数，符号位被安排在最高位，任何一个带符号的整数都可以写成：

$$N=N_S N_n N_{n-1} \cdots N_2 N_1 N_0$$

对于用 $n+1$ 位二进制位表示的带符号的二进制整数，它可表示的数值范围为：

$$|N| \leqslant 2^n-1$$

对不带符号的整数来说，所有的 $n+1$ 个二进制位均被视为数值，此时它可表示的数值范围为：

$$0 \leqslant N \leqslant 2^{n+1}-1$$

即原来的符号位被解释为 2^n 的数值。

有时也用不带符号的整数表示另一些内容，此时它不再被理解为数值的大小，而被看成一串二进制位的某种组合。

在很多计算机中往往同时使用不同位数的几种整数，如用 8 位、16 位、32 位或 64 位二进制来表示一个整数，它们占用的存储空间和所表示的数值范围是不同的。

（3）浮点数

浮点数是指小数点在数据中的位置可以左右浮动的数据。它通常被表示成：

$$N=M \times R^E$$

这里的 M 被称为浮点数的尾数，R 被称为阶码的基数，E 被称为阶的阶码。计算机中一般规定 R 为 2、8 或 16，是一个确定的常数，不需要在浮点数中明确表示出来。因此，要表示浮点数，一是要给出尾数 M 的值，通常用定点小数形式表示，它决定了浮点数的表示精度，即可以给出的有效数字的位数。二是要给出阶码，通常用整数形式表示，它指出的是小数点在数据中的位置，决定了浮点数的表示范围。浮点数也要有符号位。在计算机中，浮点数通常被表示成如下格式：

M_s	E	M
1 位	m 位	n 位

- M_s 是尾数的符号位，即浮点数的符号位，安排在最高一位。
- E 是阶码，紧跟在符号位之后，占用 m 位，含阶码的一位符号。
- M 是尾数，在低位部分，占用 n 位。

合理地选择 m 和 n 的值是十分重要的，以便在总长度为 $1+m+n$ 个二进制表示的浮点数中，既保证有足够大的数值范围，又保证有所要求的数值精度。

若不对浮点数的表示格式做出明确的规定，同一个浮点数的表示就不是唯一的。例如 0.5 也可以表示为 0.05×10^1、50×10^{-2} 等。为了提高数据的表示精度，也为了便于浮点数之间的运算与比较，规定计算机内浮点数的尾数部分用纯小数形式给出，而且当尾数的值不为 0 时，其绝对值应大于或等于 0.5，这被称为浮点数的规格化表示。对不符合这一规定的浮点数，要通过修改阶码并同时左移或右移尾数的办法使其变成满足这一要求的表示形式，这种操作被称为规格化处理，浮点数的运算结果就经常需要进行规格化处理。

当一个浮点数的尾数为 0 时，不论其阶码为何值，该浮点数的值都为 0。当浮点数的阶码小于它所表示范围的最小值时，不管它的尾数为何值，计算机都把该浮点数看成 0 值，通常把它称为机器零，此时该浮点数的所有各位（包括阶码和尾数位）都清为 0 值。

对短浮点数和长浮点数，当它的尾数不为 0 值时，其最高一位必定为 1，在将这样的浮点数写入内存或磁盘时，不必给出该位，可左移 1 位去掉它，这种处理技术称为隐藏位技术，目的是让尾数多保存 1 位二进制位。在将浮点数取回执行运算时，再恢复该隐藏位的值。对于临时使用的浮点数，则不使用隐藏位技术。

浮点数比定点小数和整数使用起来更方便。例如，可以用浮点数直接表示电子的质量 9×10^{-28} 克、太阳的质量 2×10^{33} 克、圆周率 3.1416 等。上述值都无法直接用定点小数或整数表示，因为受数值范围和数值表示格式各方面的限制。

目前，计算机中主要使用 3 种形式的 IEEE754 浮点数，如表 1-5 所示。

表 1-5　3 种形式的 IEEE754 浮点数

参数	单精度浮点数	双精度浮点数	扩展精度浮点数
浮点数字长	32	64	80
尾数长度	23	52	64
符号位	1	1	1
指数长度	8	11	15
最大指数	+127	+1023	+16 383
最小指数	−126	−1023	−16 382
指数偏移量	+127	+1023	+16 383
可表示的实数范围	$10^{-38} \sim 10^{38}$	$10^{-308} \sim 10^{308}$	$10^{-4932} \sim 10^{4932}$

在 IEEE 标准中，约定小数点左边隐含有一位。通常这位数就是 1，因此单精度浮点数尾数的有效位数为 24 位，即尾数为 $1. \times \times \cdots \times$。

（4）十进制数的编码

十进制数的每一个数位的基数为 10，但到了计算机内部，出于存储与计算方便的目的，必须采用基 2 码对每个十进制数位进行重编码，所需要的最少的基 2 码的位数为 $\log_2 10$，取整数为 4。用 4 位二进制代码表示 1 位十进制数符，称为二—十进制编码，简称 BCD 编码。因为 4 位二进制可以有 16 种组合，而十进制数只有 0~9 十个不同的数符，故有多种 BCD 编码。根据 4 位代码中每一位是否有确定的权来划分，BCD 编码可分为有权码和无权码两类。

应用最多的有权码是 8421 码，即 4 个二进制位的权从高到低分别为 8、4、2 和 1。无权码中用得较多的是余 3 码和格雷码。余 3 码是在 8421 码的基础上把每个数符的代码加上 0011 后构成的。格雷码的编码规则是相邻的两个代码之间只有一位不同。

常用的 8421 码、余 3 码、格雷码与十进制数符的对应关系如表 1-6 所示。

表 1-6　8421 码、余 3 码、格雷码与十进制数符的对应关系

十进制数符	8421 码	余 3 码	格雷码
0	0000	0011	0000
1	0001	0100	0001
2	0010	0101	0011

（续）

十进制数符	8421 码	余 3 码	格雷码
3	0011	0110	0010
4	0100	0111	0110
5	0101	1000	1110
6	0110	1001	1010
7	0111	1010	1000
8	1000	1011	1100
9	1001	1100	0100

3. 非数值数据的表示

在计算机中，除了数值数据外，还有非数值数据，例如文字、声音、图形、图像等信息。这些信息都必须经过数字化编码后才能被传送、存储和处理。

（1）逻辑数据的表示

逻辑数据是用来表示二值逻辑中的"是"与"否"或"真"与"假"两个状态的数据。例如用 1 表示"真"，则 0 表示"假"。注意：这里的 1 和 0 没有数值有无或大小的概念，只有逻辑上的意义。

（2）ASCII

ASCII（美国标准信息交换码）是计算机中使用最普遍的字符编码，该编码已被国际标准化组织（ISO）采纳，成为一种国际通用的信息交换用标准代码。

ASCII 采用 7 个二进制位对字符进行编码；低 4 位组 $d_3d_2d_1d_0$ 用作行编码，高 3 位组 $d_6d_5d_4$ 用作列编码。而一个字符在计算机内实际上用 8 位表示，正常情况下，最高一位 b_7 为 0，在需要奇偶校验时，这一位可用于存放奇偶校验的值，此时称这一位为校验位。

根据 ASCII 的构成格式，可以很方便地从对应的代码表中查出每一个字符的编码。基本的 ASCII 字符代码如表 1-7 所示。

表 1-7 ASCII 字符代码

$d_3d_2d_1d_0$	$d_6d_5d_4$							
	000	001	010	011	100	101	110	111
0000	NUL	DLE	SP	0	@	P	`	p
0001	SOH	DC1	!	1		Q		q
0010	STX	DC2	"	2	B	R	b	r
0011	ETX	DC3	#	3	C	S	c	s
0100	EOT	DC4	$	4	D	T	d	t
0101	ENQ	NK	%	5	E	U	e	u
0110	CK	SYN	&	6	F	V	f	v
0111	BEL	ETB	,	7	G	W	g	w
1000	BS	CN	(	8	H	X	h	x
1001	HT	EM	)	9	I	Y	i	y
1010	LF	SUB	*	:	J	Z	j	z

（续）

$d_3d_2d_1d_0$	$d_6d_5d_4$							
	000	001	010	011	100	101	110	111
1011	VT	ESC	+	;	K	[	k	{
1100	FF	FS	'	<	L	\	l	|
1101	CR	GS	-	=	M	]	m	}
1110	SO	RS	.	>	N	^	n	~
1111	SI	US	/	?	O	_	o	DEL

ASCII 码表是由 128 个字符组成的字符集。其中编码值 0～31 不对应任何可印刷（或称有字形）字符，通常称它们为控制字符，用于通信中的通信控制或计算机设备中的功能控制。编码值为 32 的是空格（或间隔）字符 SP，编码值为 127 的是删除控制 DEL 码。其余 94 个字符称为可印刷字符，若把空格也计入可印刷字符，则有 95 个可印刷字符。

（3）汉字编码

汉字处理包括汉字的编码输入、汉字的存储和汉字的输出等环节。也就是在计算机中处理汉字时，必须先对汉字进行编码。

西文是拼音文字，基本符号比较少，编码比较容易，而且在一个计算机系统中，输入、内部处理、存储和输出都可以使用同一代码。汉字种类繁多，编码比拼音文字困难，而且在一个汉字处理系统中，输入、内部处理、存储和输出对汉字代码的要求不尽相同，所以采用的编码也不尽相同。汉字信息处理系统在处理汉字和词语时，关键的问题是要进行一系列的汉字代码转换。在计算机中，通常用 2 个字节表示 1 个汉字。

1.1.3.3　算术运算和逻辑运算

1. 计算机中二进制数的运算方法

简单来讲，计算机中二进制运算是满 2 进 1，相当于我们常用的十进制的满 10 进 1。

二进制数的算术运算包括加、减、乘、除四则运算，下面分别予以介绍。

（1）二进制数的加法

根据"逢二进一"规则，二进制数加法的法则为：

0+0=0

0+1=1+0=1

1+1=0　（进位为 1）

1+1+1=1（进位为 1）

（2）二进制数的减法

根据"借一有二"的规则，二进制数减法的法则为：

0-0=0

1-1=0

1-0=1

0-1=1（借位为 1）

（3）二进制数的乘法

二进制数乘法过程可仿照十进制数乘法进行。由于二进制数只有 0 和 1 两种可能的乘数位，因此二进制数乘法更为简单。二进制数乘法的法则为：

$0 \times 0 = 0$

$0 \times 1 = 1 \times 0 = 0$

$1 \times 1 = 1$

（4）二进制数的除法

二进制数除法与十进制数除法很类似。可先从被除数的最高位开始，将被除数（或中间余数）与除数相比较，若被除数（或中间余数）大于除数，则用被除数（或中间余数）减去除数，商为 1，并得相减之后的中间余数，否则商为 0。再将被除数的下一位补充到中间余数的末位，重复以上过程，就可得到所要求的各位商数和最终的余数。例如：

$100110 \div 110$ 的过程如下：

```
              0   0   0   1   1   0        商
  1   1   0 ) 1   0   0   1   1   0
              1   1   0
              0   1   1   1
                  1   1   0
                      1   0                余数
```

所以，$100110 \div 110 = 110$ 余 10。

2. 逻辑代数的基本运算

逻辑代数有与（逻辑乘，符号·）、或（逻辑加，符号＋）、非（求反，符号－）三种基本逻辑运算，是按一定的逻辑关系进行运算的代数，也是分析和设计数字电路的数学工具。逻辑代数只有 0 和 1 两种逻辑值，有与、或、非三种基本逻辑运算，还有与或、与非、与或非、异或几种导出逻辑运算。

"与"逻辑运算：当且仅当 X、Y 均为 1 时，其逻辑乘 $X \cdot Y$ 才为 1，否则为 0。

"或"逻辑运算：只要 X、Y 任一（或者同时）为 1，逻辑加 $X+Y$ 就为 1，否则为 0。

"非"逻辑运算：当 X 为 1 时，$\overline{X}$ 即为 0；当 X 为 0 时，$\overline{X}$ 即为 1。

逻辑运算的基本依据是以下基本公式：

$$\text{交换律}\begin{cases} A+B=B+A \\ A \cdot B = B \cdot A \end{cases} \qquad \text{结合律}\begin{cases} A+(B+C)=(A+B)+C \\ A \cdot (B \cdot C) = (A \cdot B) \cdot C \end{cases}$$

$$\text{吸收律}\begin{cases} A + A \cdot B = A \\ A \cdot (+B) = A \end{cases} \qquad \text{分配律}\begin{cases} A + B \cdot C = (A+B) \cdot (A+C) \\ A \cdot (B+C) = A \cdot B + A \cdot C \end{cases}$$

$$\text{反演律}\begin{cases} \overline{A+B} = (\overline{A} \cdot \overline{B}) \\ \overline{A \cdot B} = \overline{A} + \overline{B} \end{cases} \qquad \text{第二吸收律}\begin{cases} A + \overline{A} \cdot B = A + B \\ A \cdot (\overline{A} + B) = A \cdot B \end{cases}$$

$$\text{重叠律}\begin{cases} A+A=A \\ A \cdot A = A \end{cases} \qquad \text{互补律}\begin{cases} A+\overline{A}=1 \\ A \cdot \overline{A} = 0 \end{cases} \qquad 0-1\text{律}\begin{cases} 0+A=A \\ 1 \cdot A = A \\ 0 \cdot A = 0 \\ 1+A=1 \end{cases}$$

1.1.3.4　数学应用

1. 常用数值计算

（1）矩阵

在数学中，矩阵是一个按照长方形阵列排列的复数或实数集合，最早来自方程组的系数及常数所构成的方阵，由英国数学家凯利首先提出。

矩阵是高等代数中的常见工具，也常见于统计分析等应用数学学科中。计算机科学中，三维动画制作常用到矩阵。

（2）近似求解

近似求解是以近似数为计算对象的数学计算方法。近似地表示某一个量的真正值（准确数）的数，称为近似数，近似数与其真正值的差别称为"误差"。近似数的截取方法有去尾法（舍弃要求的第几位后面的所有数字）、收尾法（对要求写出 n 位的数从第 $n+1$ 位起舍去，在第 n 位上加上一单位）和四舍五入法。近似数的精确度通常用"绝对误差"和"相对误差"及相应的误差"界"来描述，通常用"有效数字"和"可靠数字"来表述精确度。

（3）插值

插值是离散函数逼近的重要方法，利用它可以通过函数在有限个点处的取值状况，估算出函数在其他点处的近似值。如插值可用来填充图像变换时像素之间的空隙等。插值法是数据处理和编制函数表的常用工具，也是数值积分、数值微分、非线性方程求根和微分方程数值解法的重要基础，许多求解计算公式都是以插值为基础导出的。

2. 排列组合、应用统计

（1）排列

一个对象被称为一个元素，从许多对象中抽取一部分，将抽出的元素排成一排，就是排列问题，具体又分为以下两类：

1）有重复的排列。在有放回选取中，同一元素可被重复选中，从 n 个不同元素中取出 m 个元素组成的排列，称为有重复的排列。由于 m 个元素中每个元素的选取都有 n 种可能，因此它的排列总数为 n^m。

2）选排列和全排列。从包含 n 个不同元素的总体中，每次取出 m（$m \leqslant n$）个不同元素按一定的顺序排成一列，这样的一列元素称为选排列，其排列总数为 P_n^m。当 $m=n$ 时，排列称为全排列，其排列总数为 $n!$。

排列数公式：$\mathrm{P}_n^m = n(n-1)\cdots(n-m+1)$

阶乘：$\mathrm{P}_n^n = n(n-1)\cdots 1 = n!$，特别地，$0! = 1$

排列数公式和阶乘的关系：$\mathrm{P}_n^m = \dfrac{n!}{(n-m)!}$

（2）组合

从 n 个不同元素中每次取出 m（$m \leqslant n$）个不同元素并成一组，不考虑其次序，称每个组为一个组合，其组合数为 C_n^m。

组合数与排列数关系：$C_n^m = \dfrac{P_n^m}{P_m^m}$。

组合数计算公式：$C_n^m = \dfrac{n(n-1)\cdots(n-m+1)}{m!} = \dfrac{n!}{m!(n-m)!}$。

组合数的性质：

1）$C_n^m = C_n^{n-m}$，特别地，$C_n^0 = 1$。

2）$C_{n+1}^m = C_n^m + C_n^{m-1}$。

3）二项式定理：

$$(a+b)^n = C_n^0 a^n + C_n^1 a^{n-1}b + \cdots + C_n^r a^{n-r}b^r + \cdots + C_n^n b^n$$

$$C_n^0 + C_n^1 + \cdots + C_n^r + \cdots + C_n^m = 2^n$$

特别地，$(1-1)^n = 0 = C_n^0 - C_n^1 + \cdots + (-1)^r C_n^r + \cdots + (-1)^n C_n^n b^n$。

3. 编码基础

数据校验码就是一种常用的能够发现某些错误甚至具有一定自动纠错能力的数据编码方法。它的实现原理是在合法的数据编码之间加进一些不允许出现的（非法的）编码，使合法数据编码出现某些错误，成为非法编码，这样就可以通过检查编码的合法性达到发现错误的目的。合理地设计编码规则，安排合法、不合法的编码数量，可以获得发现错误的能力，甚至达到自动纠正错误的目的。这里用到一个码距（最小码距）的概念。码距是指任意两个合法码之间至少有多少个二进制位不同。仅有一位不同，称其（最小）码距为 1，例如用 4 位二进制表示 16 种状态，因为16 种编码都用到了，所以此时码距为 1，也就是说，任何一个编码状态的 4 位码中的一位或几位出错，都会成为另一个合法码，此时的编码方法无检错能力。若用 4 位二进制表示 8 种合法状态，就可以只用其中的 8 种编码来表示这 8 种合法状态，而把另 8 种编码作为非法编码，此时合法编码的码距为 2。一般说来，合理地增大编码的码距，就可以提高发现错误的能力，但代价是表示一定数量的合法码所使用的二进制位数变多了，增加了电子线路的复杂性、数据存储和数据传送的数量。在确定与使用数据校验码的时候，通常要考虑在不过多增加硬件开销的情况下，尽可能地发现较多的错误，甚至能自动纠正某些最常出现的错误。常用的数据校验码有奇偶校验码、海明校验码、循环冗余校验码等。纠错编码是对检错编码的更进一步的发展和应用。

（1）奇偶校验码

奇偶校验是一种简单有效的校验方法。这种方法通过在编码中增加一位校验位来使编码中 1 的个数为奇数（奇校验）或者偶数（偶校验），从而使码距变为 2。当合法编码中发生了错误，即编码中有 1 变成 0 或 0 变成 1，则该编码中 1 的个数的奇偶性就发生了变化，从而可以发现错误。

目前应用的奇偶校验码有 3 种：水平奇偶校验码、垂直奇偶校验码和水平垂直校验码。

● 水平奇偶校验码

对每一个数据的编码添加校验位，使信息位与校验位处于同一行。

● 垂直奇偶校验码

把数据分成若干组，一组数据占一行，排列整齐，再加一行校验码，针对每一列采用奇校验或者偶校验。

- 水平垂直校验码

在垂直校验码的基础上，给每个数据再增加一位水平校验位，便构成水平垂直校验码。例如，32 位数据 10100101 00110110 11001100 10101011 的水平垂直奇校验码和水平垂直偶校验码如表 1-8 所示。

水平垂直校验码可以发现 2 位错误，但不能找出错误所在；而当 1 位出现错误时，还能找到这个错误的位置，于是可以进行纠正。

表 1-8　数据的水平垂直奇校验码与水平垂直偶校验码

奇偶性	水平垂直奇校验码									水平垂直偶校验码								
分类	水平校验位	数据								水平校验位	数据							
编码	1	1	0	1	0	0	1	0	1	0	1	0	1	0	0	1	0	1
	1	0	0	1	1	0	1	1	0	0	0	0	1	1	0	1	1	0
	1	1	1	0	0	1	1	0	0	0	1	1	0	0	1	1	0	0
	0	1	0	1	0	1	0	1	1	0	1	0	1	0	1	0	1	1
垂直校验位	0	0	0	0	0	1	0	1	1	1	1	1	1	0	1	0	0

（2）海明校验码

这是由 Richard Hamming 于 1950 年提出的目前还被广泛采用的一种很有效的校验编码方法。采用这种编码方法只要增加少数几个校验位，就能检测出两位错误，亦能检验出发生错误位的位置并能自动恢复出错位的正确值，后者被称为自动纠错。它的实现原理是：在 k 个数据位之外加上 r 个校验位，从而形成一个 $k+r$ 位的新码字，使新的码字的码距均匀地拉大。把数据的每一个二进制位分配在几个不同的偶校验位的组合中，当某一位出错后，就会引起相关的几个校验位的值发生变化，这不但可以发现数据位出错了，还能指出是哪一位出错了，为进一步自动纠错提供了依据。

假设为 k 个数据位设置 r 个校验位，则校验位能表示 2^r 个状态，可用其中的一个状态指出"没有发生错误"，用其余的 2^r-1 个状态指出有错误且错误发生在某一位（包括 k 个数据位和 r 个校验位），因此校验位的位数应满足如下关系：

$$2^r \geqslant k+r+1$$

如果想检出且自动纠正一位错误，或想同时发现两位错误（此时不能纠错），校验位的位数 r 和数据位的位数 k 应满足如下关系：

$$2^{r-1} \geqslant k+r$$

按上述不等式，可计算出数据位 k 与校验位 r 的对应关系，如表 1-9 所示。

表 1-9　数据位与校验位的对应关系

k 值	最小的 r 值
3~4	4
5~10	5
11~25	6
26~56	7
57~119	8

设计海明码的关键是合理地将每个数据位分配到 r 个校验组中，以确保能发现码字中任何一位出错；若要实现纠错，还要求能指出是哪一位出错，对出错位求反则得到该位的正确值。例如，当数据位为 3 位（用 $D_3D_2D_1$ 表示）时，校验位应为 4 位（用 $P_4P_3P_2P_1$ 表示）。可通过表 1-10 列出的对应关系，完成把每个数据划分在形成不同校验位的偶校验值的逻辑表达式中。

表 1-10　校验位与数据位的对应关系

D_3	D_2	D_1	P_4	P_3	P_2	P_1
1	1	1	1	1	1	1
1	1	0	0	1	0	0
1	0	1	0	0	1	0
0	1	1	0	0	0	1
6	5	3	0	4	2	1

在 P_4，P_3，P_2，P_1 列的相应行分别填 1，在该 4 列的后 3 行其他位置分别填 0，在第 1 行的每个尚空位置分别填 1。若只看后 3 行，该列的 3 个位 5 的组合值分别为十进制的 1，2，4，0，则分配 D_1，D_2，D_3 列的组合值分别为 3，5，6，以保证后 3 行各竖列的编码值各不相同。

表中 D_3，D_2，D_1 为 3 位数据位，P_4，P_3，P_2，P_1 为 4 位校验位。其中低 3 位中的每一个校验位 P_3，P_2，P_1 的值都是用 3 个数据位中不同的几位通过偶校验运算规则计算出来的。其对应关系是：对 P_i（i 的取值为 1～3），总是用处于 P_i 取值为 1 的行中的用 1 标记出来的数据位计算其值。最高一个校验位 P_4，被称为总校验位，它的值是通过对全部 3 个数据位和其他校验位（不含 P_4 本身）执行偶校验计算求得的。

形成各校验位的值的过程叫作编码，按刚说明的规则，4 个校验位所用的编码公式为：

$$P_4=D_3 \oplus D_2 \oplus D_1 \oplus P_3 \oplus P_2 \oplus P_1$$
$$P_3=D_3 \oplus D_2$$
$$P_2=D_3 \oplus D_1$$
$$P_1=D_2 \oplus D_1$$

由多个数据位和多个校验位组成的码字，将作为一个数据单位处理，例如被写入内存或被传送走。之后，在执行内存读操作时或在数据接收端，可以对得到的码字通过偶校验来检查其合法性，通常称该操作过程为译码。所用的译码方程为：

$$S_4=P_4 \oplus D_3 \oplus D_2 \oplus D_1 \oplus P_3 \oplus P_2 \oplus P_1$$
$$S_3=P_3 \oplus D_3 \oplus D_2$$
$$S_2=P_2 \oplus D_3 \oplus D_1$$
$$S_1=P_1 \oplus D_2 \oplus D_1$$

译码公式和编码公式的对应关系很简单。译码方程是用一个校验码和形成这个校验码的编码公式执行异或运算，实际上是又一次执行偶校验运算。通过检查 4 个 S 的结果，可以实现检错、纠错的目的。实际情况是：译码求出来的 S_4，S_3，S_2，S_1 的值与表 1-10 中的哪一列的值相同，就说明是哪一位出错了，故又称表 1-10 为出错模式表。若错的是数据位，对其求反则实现纠错；若出错的是校验位，则不必理睬。例如：

任何一位（含数据位、校验位）均不错，则 4 个 S 都应为 0 值。

若单独一位数据位出错，4 个 S 中会有 3 个为 1。如 D_3 错，则 $S_4S_3S_2S_1$ 为 1110。

若单独一位校验位出错，4 个 S 中会有 1 个或 2 个为 1。如 P_1 错，$S_4S_3S_2S_1$ 为 1001；如 P_4 错，$S_4S_3S_2S_1$ 为 1000。

任何两位（含数据位、校验位）同时出错，S_4 一定为 0，而另外 3 个 S 位一定不全为 0，此时只知道是两位同时出错，但不能确定是哪两位出错，故无法纠错。如 D_1，P_2 出错，会使 $S_4S_3S_2S_1$ 为 0001。注意：S_4 的作用在于区分是奇数位出错还是偶数位出错，S_4 为 1 是奇数位错，为 0 是无错或偶数位错。这不仅是发现两位错所必需的，也是确保能发现并改正一位错所必需的。若不设置 S_4，某种两位出错对几个 S 的影响与单独另一位出错可能是一样的，此时不加以区分，简单地按一位出错来自动完成纠错处理反而会帮倒忙。

1.1.3.5 常用数据结构

数据结构是指数据对象及其相互关系和构造方法，一个数据结构 S 可以用一个二元组表示为：$S=(D, R)$。其中，D 是数据结构中的数据的非空有限集合，R 是定义在 D 上的关系的非空有限集合。在数据结构中，结点及结点间的相互关系称为数据的逻辑结构，数据在计算机中的存储形式称为数据的存储结构。

数据结构按逻辑结构的不同分为线性结构和非线性结构两大类，其中非线性结构又可分为树形结构和图结构，而树形结构又可以分为树结构和二叉树结构。

常用的数据结构有：数组（静态数组、动态数组）、线性表、链表（单向链表、双向链表、循环链表）、队列、栈、树（二叉树、查找树）、图等。

1. 数组

数组是一种常用的数据结构，是线性表的推广。在程序设计语言中将数组看作存储于一个连续存储空间中的相同数据类型的数据元素的集合。通过数组元素的下标（位置序号），可以找到存放数组元素的存储地址，从而可以访问该数组元素的值。数组元素是按顺序存储的。

数组有静态和动态两种，静态数组是在定义时就给定长度，并且在编译时就分配固定的存储空间，在整个程序运行期间其长度不会改变。动态数组是在定义和编译时没有给定大小，在程序运行时根据需要增加或减少存储空间。动态数组使用起来更灵活，但会加大设计难度和增加程序的额外开销，优点是灵活使用了有限的存储空间。

2. 线性表

线性表是一种简单且常用的数据结构，是由相同类型的结点组成的有限序列。一个由 n 个结点 a_0，a_1，$\cdots$，a_{n-1} 组成的线性表可记为（a_0，a_1，$\cdots$，a_{n-1}）。线性表的结点个数为线性表的长度，长度为 0 的线性表称为空表。对于非空线性表，a_0 是线性表的第一个结点，a_{n-1} 是线性表的最后一个结点。线性表的结点构成一个序列，对序列中的两个相邻结点 a_i 和 a_{i+1}，称 a_i 是 a_{i+1} 的前驱结点，a_{i+1} 是 a_i 的后继结点。其中 a_0 没有前驱结点，a_{n-1} 没有后继结点。

线性表中结点之间的关系可由结点在线性表中的位置确定，通常（a_i，a_{i+1}）（$0 \leqslant i \leqslant n-2$）表示两个结点之间的先后关系。例如，如果两个线性表有相同的数据结点，但它们的结点在线性表中出现的顺序不同，则它们是两个不同的线性表。

3. 链表

链表是一种线性表，是一种可以实现动态分配的存储结构，它不需要一组地址连续的存储单元，而是用一组任意的甚至是在存储空间中零散分布的存储单元来存放线性表的数据。链表在进行频繁插入和删除操作时，不必进行大量的元素移动，可以克服线性存储的缺点，但是，由于链表的存储位置是不确定的，因此没有了线性存储可以随机存取的优点。

4. 队列

队列是一种先进先出的线性表，它只允许在表的一端插入元素，而在表的另一端删除元素。在队列中，允许插入元素的一端称为队尾，允许删除元素的一端称为队首。

5. 栈

也叫堆栈，它是一种运算受限的线性表，限定仅在表尾进行插入和删除操作。一端被称为栈顶，相对地把另一端称为栈底。向一个栈插入新元素称作进栈、入栈或压栈，是把新元素放到栈顶元素的上面，使之成为新的栈顶元素；从一个栈删除元素被称为出栈或退栈，是把栈顶元素删除掉，使它的下一个元素成为新的栈顶元素。

6. 树

树是由一个或多个结点组成的有限集合 T，它满足以下两个条件：

1）有一个特定的结点，称为根结点。

2）其余的结点分成 m（$m \geq 0$）个互不相交的有限集合。其中每个集合又都是一棵树，称 T_1，T_2，…，T_{m-1} 为根结点的子树。

很明显地可以看出树定义是递归的，它表明了树本身的固有特征，也就是说，一棵树由若干棵子树构成，而子树又由更小的子树构成。

7. 图

图是程序员考试中最复杂的一种数据结构，在最近几年当中很少出现。它比树更复杂，在线性结构中，除首结点没有前驱、末结点没有后继之外，一个结点只有唯一的一个直接前驱和唯一的一个直接后继。而图结构中，任意两个结点之间都可能有直接的关系，所以图中一个结点的前驱结点和后继结点的个数是没有限制的。

图 G 是由两个集合 V 和 E 构成的二元组，记作 $G=(V, E)$，其中 V 是图中顶点的非空有限集合，E 是图中边的有限集合。图可以分为有向图和无向图。

1.1.3.6　常用算法

算法是为解决某个问题而设计的步骤和方法。有了算法，就可以据此编写程序，在计算机上调试运行，最后得到问题的答案。当然这不是一朝一夕就能实现的，需要刻苦地学习和不断地提升。这里先做个简单介绍，后续章节会进一步详细介绍。

1. 算法与数据结构的关系

算法是特定问题求解步骤的描述，是在计算机中表现为指令的有限序列。它是独立于语言而存在的一种解决问题的方法和思想。

数据结构是指相互之间存在着一种或多种关系的数据元素的集合和该集合中数据元素之间的关系组成，分为逻辑数据结构和存储数据结构两种。

数据结构是算法实现的基础，算法总是要依赖于某种数据结构来实现。两者的区别在于，算法更加抽象，侧重于对问题的建模，而数据结构则是具体实现方面的问题，两者是相辅相成的。也可以理解为数据结构是数据间的有机关系，算法是对数据的操作步骤。

2. 算法设计和算法描述

算法可以采用多种语言来描述，例如，自然语言、计算机语言或某些伪语言。许多教材中采用的是以一种计算机语言为基础，适当添加某些功能或放宽某些限制而得到一种类语言。这些类语言既具有计算机语言的严谨性，又具有灵活性，同时也容易上机实现，因而被广泛接受。目前，许多数据结构的教材采用类 Pascal 语言、类 C++或类 C 语言作为算法描述语言。

3. 常用的排序算法

所谓排序，就是使一串记录按照其中的某个或某些关键码（key，即键）的大小，递增或递减地排列起来的操作。排序算法，就是如何使得记录按照要求排列的方法。排序算法在很多领域都得到重视，尤其是在大量数据的处理方面。

一般来说，排序有升序排列和降序排列两种。在算法中，基本排序有：冒泡排序、选择排序、插入排序、希尔排序、归并排序、快速排序、基数排序、堆排序、计数排序、桶排序。

4. 查找方法

用关键码标识一个数据元素，查找时根据给定的某个关键码（即特定值），在表中确定这个关键码等于找到的给定值的记录或数据元素。在计算机中进行查找的方法是根据表中的记录的组织结构确定的。常见的查找方法有：顺序查找（也称为线性查找）、二分查找、分块查找、哈希表查找等。

5. 常用的数值计算方法

数值计算方法是微分方程、常微分方程、线性方程组的求解，是一种研究并解决数学问题的数值近似解方法，是在计算机上使用的解数学问题的方法，简称计算方法。常用的数值计算方法是迭代法。

迭代法是用来求解数值计算问题中的非线性方程或方程组的一种算法（即设计方法），它包括简单迭代法、对分法、牛顿法等。它的主要思路是：从某个点出发，通过某种方法求出下一个点，这个求出来的点应该离所要求的解的点更近一步，当两者之间的差近到可以接受的精度范围时，就认为找到了问题的解。

6. 字符串处理算法

字符串是一种特殊的线性表，在处理非数值数据时有着广泛的用途，成为数据处理领域中最重要的数据类型之一。字符串的基本操作包括求字符串长度、字符串比较、字符串连接、求子串、串插入、串删除等。

7. 递归算法

在调用一个函数的过程中又出现直接或间接地调用该函数本身，则该调用称为函数的递归调用。

对于初学者而言，递归是一个非常难理解的知识点，需要考生多下功夫，建议多画图理解其调用规律。采用递归方法来解决问题，必须符合以下三个条件：① 可以把要解决的问题转化为一个新问题，而这个新问题的解决方法仍与原来的解决方法相同，只是所处理的对象有规律地递增或递减；② 可以应用这个转化过程使问题得到解决；③ 必须有一个明确的结束递归的条件。

8. 最小生成树、拓扑排序和单源点最短路径求解算法

（1）最小生成树

在图论的数学领域中，如果连通图 G 的一个子图是一棵包含 G 的所有顶点的树，则该子图称为 G 的生成树。生成树是连通图的包含图中所有顶点的极小连通子图。从不同的顶点出发进行遍历，可以得到不同的生成树。常用的生成树算法有 DFS 生成树、BFS 生成树、PRIM 最小生成树和 Kruskal 最小生成树。

（2）拓扑排序

对一个有向无环图（简称 DAG）G 进行拓扑排序，是将 G 中的所有顶点排成一个线性序列，使得对于图中任意一对顶点 u 和 v，若边$<u,v>\in E(G)$，则 u 在线性序列中出现在 v 之前。通常，这样的线性序列称为满足拓扑次序的序列，简称拓扑列。简单地说，由某个集合上的一个偏序得到该集合上的一个全序，这个操作称为拓扑排序。

（3）单源点最短路径

给定一个带权有向图 $G=(V,E)$，其中每条边的权是一个实数。另外，给定 V 中的一个顶点，称为源。计算从源到其他所有各顶点的最短路径长度，这里的长度就是指路径上各边的权之和，这个问题通常称为单源最短路径问题。

1.2　真题精解

1.2.1　真题练习

1. 【2017 年上半年试题 19】对于浮点数 $x=m\times2^i$ 和 $y=w\times2^j$，已知 $i>j$，那么进行 $x+y$ 运算时，首先应该对阶，即_____，使其阶码相同。
    A. 将尾数 m 左移$(i-j)$位　　　　　　B. 将尾数 m 右移$(i-j)$位
    C. 将尾数 w 左移$(i-j)$位　　　　　　D. 将尾数 w 右移$(i-j)$位

2. 【2017 年上半年试题 20】已知某字符的 ASCII 码值用十进制表示为 69，若用二进制形式表示并将最高位设置为偶校验位，则为_____。
    A. 11000101　　　　B. 01000101　　　　C. 11000110　　　　D. 01100101

3. 【2017 年上半年试题 21，22】设机器字长为 8，对于二进制编码 10101100，如果它是某整数 x 的补码表示，则 x 的真值为 (1) ，若它是某无符号整数 y 的机器码，则 y 的真值为 (2) 。
    （1）A. 84　　　　　B. -84　　　　　C. 172　　　　　D. -172
    （2）A. 52　　　　　B. 84　　　　　C. 172　　　　　D. 204

4. 【2017 年上半年试题 36】采用_____算法对序列{18,12,10,11,23,2,7}进行一趟递增排序后，其元素的排列变为{12,10,11,18,2,7,23}。
    A. 选择排序　　　B. 快速排序　　　C. 归并排序　　　D. 冒泡排序

5. 【2017 年上半年试题 37】某二叉树的先序遍历（根、左、右）序列为 EFHIGJK、中序遍

历（左、根、右）序列为 *HFIEJKG*，则该二叉树根结点的左孩子结点和右孩子结点分别是_____。

    A. *A,I,K*　　　　　　B. *F,I*　　　　　　C. *F,G*　　　　　　D. *I,G*

6. 【2017 年上半年试题 38】对于一个初始为空的栈，其入栈序列为 1，2，3，…，n（$n>3$），若出栈序列的第一个元素是 1，则出栈序列的第 n 个元素_____。

    A. 可能是 2～n 中的任何一个　　　　　B. 一定是 2

    C. 一定是 n-1　　　　　　　　　　　　D. 一定是 n

7. 【2017 年上半年试题 39】为支持函数调用及返回，常采用称为"_____"的数据结构。

    A. 队列　　　　　　B. 栈　　　　　　C. 多维数组　　　　　　D. 顺序表

8. 【2017 年上半年试题 40】在 C 程序中有一个二维数组 *A*[7][8]，每个数组元素用相邻的 8 字节存储，那么存储该数组需要的字节数为_____。

    A. 56　　　　　　B. 120　　　　　　C. 448　　　　　　D. 512

9. 【2017 年上半年试题 41】设 *S* 是一个长度为 n 的非空字符串，其中的字符各不相同，则其互异的非平凡子串（非空且不同于 *S* 本身）的个数为_____。

    A. 2n-1　　　　　　B. n^2　　　　　　C. $n(n+1)/2$　　　　　　D. $(n+2)(n-1)/2$

10. 【2017 年上半年试题 42】折半（二分）查找法适用的线性表应该满足_____的要求。

    A. 链接方式存储、元素有序　　　　　　B. 链接方式存储、元素无序

    C. 顺序方式存储、元素有序　　　　　　D. 顺序方式存储、元素无序

11. 【2017 年上半年试题 43】对于连通无向图 *G*，以下叙述中错误的是_____。

    A. *G* 中任意两个顶点之间存在路径　　　　　　B. *G* 中任意两个顶点之间都有边

    C. 从 *G* 中任意顶点出发可遍历图中所有顶点　　　D. *G* 的邻接矩阵是对称的

12. 【2017 年上半年试题 63】某项目计划 20 天完成，花费 4 万元。在项目开始后的前 10 天内遇到了偶发事件，到第 10 天进行中期检查时，发现已花费 2 万元，但只完成了 40% 的工作量。如果此后不发生偶发事件，则该项目将_____。

    A. 推迟 2 天完工，不需要增加费用　　　　　B. 推迟 2 天完工，需要增加费用 4000 元

    C. 推迟 5 天完工，不需要增加费用　　　　　D. 推迟 5 天完工，需要增加费用 1 万元

13. 【2017 年上半年试题 64】在平面坐标系中，同时满足五个条件 $x \geq 0$，$y \geq 0$，$x+y \leq 6$，$2x+y \leq 7$，$x+2y \leq 8$ 的点集组成一个多边形区域。_____是该区域的一个顶点。

    A. (1，5)　　　　　　B. (2，2)　　　　　　C. (2，3)　　　　　　D. (3，1)

14. 【2017 年上半年试题 65】某大型整数矩阵用二维整数数组 *G*[1:2*M*,1:2*N*] 表示，其中 *M* 和 *N* 是较大的整数，而且每行从左到右都已是递增排序，每列从上到下也都已是递增排序。元素 *G*[*M*,*N*] 将该矩阵划分为四个子矩阵　*A*[1:*M*,1:*N*]，　*B*[1:*M*,(*N*+1):2*N*]，　*C*[(*M*+1):2*M*,1:*N*]，*D*[(*M*+1):2*M*,(*N*+1):2*N*]。如果某个整数 *E* 大于 *A*[*M*,*N*]，则 *E*_____。

    A. 只可能在子矩阵 *A* 中　　　　　　B. 只可能在子矩阵 *B* 或 *C* 中

    C. 只可能在子矩阵 *B*、*C* 或 *D* 中　　　D. 只可能在子矩阵 *D* 中

15. 【2017 年下半年试题 19】将二进制序列 1011011 表示为十六进制，为_____。

    A. B3　　　　　　B. 5B　　　　　　C. BB　　　　　　D. 3B

16. 【2017 年下半年试题 20】若机器字长为 8 位，则可表示出十进制整数-128 的编码是_____。

    A. 原码　　　　　　B. 反码　　　　　　C. 补码　　　　　　D. ASCII 码

17. 【2017 年下半年试题 21】采用模 2 除法进行校验码计算的是_____。

    A. CRC 码   B. ASCII 码   C. BCD 码   D. 海明码

18. 【2017 年下半年试题 22】以下关于海明码的叙述中，正确的是_____。

    A. 校验位随机分布在数据位中

    B. 所有数据位之后紧跟所有校验位

    C. 所有校验位之后紧跟所有数据位

    D. 每个数据位由确定位置关系的校验位来校验

19. 【2017 年下半年试题 35】递归函数执行时，需要_____来提供支持。

    A. 栈   B. 队列   C. 有向图   D. 二叉树

20. 【2017 年下半年试题 37】对于初始为空的栈 S，入栈序列为 a、b、c、d，且每个元素进栈、出栈各 1 次。若出栈的第一个元素为 d，则合法的出栈序列为_____。

    A. $d\,c\,b\,a$ B. $d\,a\,b\,c$ C. $d\,c\,a\,b$ D. $d\,b\,c\,a$

21. 【2017 年下半年试题 38】对关键码序列（9，12，15，20，24，29，56，69，87）进行二分查找（折半查找），若要查找关键码 15，则需依次与_____进行比较。

    A. 87、29、15   B. 9、12、15   C. 24、12、15   D. 24、20、15

22. 【2017 年下半年试题 39】对关键码序列（12，24，15，56，20，87，69，9）采用散列法进行存储和查找，并设散列函数为 $H(\text{Key})=\text{Key}\%11$（%表示整除取余运算）。采用线性探查法（顺序地探查可用存储单元）解决冲突所构造的散列表为_____。

A.

散列地址	0	1	2	3	4	5	6	7	8	9	10
关键码	12	24	15	56	20	87	69	9			

B.

散列地址	0	1	2	3	4	5	6	7	8	9	10
关键码	9	12	24	56	15	69				20	87

C.

散列地址	0	1	2	3	4	5	6	7	8	9	10
关键码	20	12	24	15			56	69		9	87

D.

散列地址	0	1	2	3	4	5	6	7	8	9	10
关键码	9	12	15	20	24	56	69	87			

23. 【2017 年下半年试题 40】对下图所示的二叉树进行中序遍历（左子树，根结点，右子树）的结果是_____。

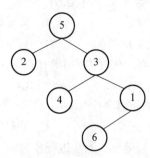

A. 5 2 3 4 6 1　　　　　　　　　B. 2 5 3 4 1 6
C. 2 4 6 5 3 1　　　　　　　　　D. 2 5 4 3 6 1

24. 【2017 年下半年试题 41、42】对于下面的有向图，其邻接矩阵是一个 （1）的矩阵，采用邻接链表存储时，顶点 0 的表结点个数为 2，顶点 3 的表结点个数为 0，顶点 1 的表结点个数为 （2）。

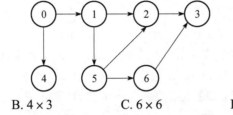

　　（1）A. 3×4　　　　B. 4×3　　　　　C. 6×6　　　　D. 7×7
　　（2）A. 0　　　　　B. 1　　　　　　C. 2　　　　　D. 3

25. 【2017 年下半年试题 43】对 n 个关键码构成的序列采用直接插入排序法进行升序排序的过程是：在插入第 i 个关键码 K_i 时，其前面的 $i-1$ 个关键码已排好序，因此令 K_i 与 K_{i-1}，K_{i-2}，… 依次比较，最多到 K_1 为止，找到插入位置并移动相关元素后将 K_i 插入有序子序列的适当位置，完成本趟（即第 $i-1$ 趟）排序。以下关于直接插入排序的叙述中，正确的是_____。

　　A. 若原关键码序列已经升序排序，则排序过程中关键码间的比较次数最少
　　B. 若原关键码序列已经降序排序，则排序过程中关键码间的比较次数最少
　　C. 第 1 趟完成后即可确定整个序列的最小关键码
　　D. 第 1 趟完成后即可确定整个序列的最大关键码

26. 【2017 年下半年试题 58】在关系代数运算中，_____运算结果的结构与原关系模式的结构相同。

　　A. 并　　　　　　B. 投影　　　　　C. 笛卡儿积　　　D. 自然连接

27. 【2017 年下半年试题 63】设 M 和 N 为正整数，且 $M>2$，$N>2$，$MN<2(M+N)$，满足上述条件的（M,N）共有_____对。

　　A. 3　　　　　　B. 5　　　　　　C. 6　　　　　　D. 7

28. 【2017 年下半年试题 64】下表有 4×7 个单元格，可以将其中多个邻接的单元格拼成矩形块。该表中共有_____个四角上都为 1 的矩形块。

1	1			1	1	
1		1	1		1	
1	1	1		1	1	
	1			1		1

　　A. 6　　　　　　B. 7　　　　　　C. 10　　　　　D. 12

29. 【2017 年下半年试题 65】某乡镇有 7 个村 A～G，各村间的道路和距离（单位：km）如下图，乡政府决定在其中两村设立诊所，使这 7 村群众看病最方便（即最远的村去诊所的距离 a 最短）。经过计算，$a=$_____km。

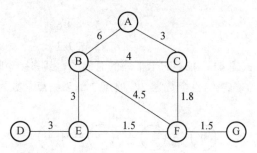

A. 3　　　　　　　B. 3.3　　　　　　　C. 4　　　　　　　D. 4.5

30. 【2019 年下半年试题 7】若计算机字长为 32，则采用补码表示的整数范围为_____。

A. $[-2^{31}, 2^{31})$　　　B. $(-2^{31}, 2^{31})$　　　C. $[-2^{32}, 2^{31})$　　　D. $[-2^{31}, 2^{32})$

31. 【2019 年下半年试题 19】将二进制序列 0011011 表示为八进制形式，为_____。

A. 033　　　　　　　B. 27　　　　　　　C. 66　　　　　　　D. 154

32. 【2019 年下半年试题 21】设 X、Y、Z 为逻辑变量，当且仅当 X 和 Y 同时为 1 时 Z 为 0，其他情况下 Z 为 1，则对应的逻辑表达式为_____。

A. $Z = X \cdot Y$　　　B. $Z = X + Y$　　　C. $Z = X \oplus Y$　　　D. $Z = \bar{X} + \bar{Y}$

33. 【2019 年下半年试题 22】以下关于海明码的叙述中，正确的是_____。

A. 校验位与数据信息位混淆且随机分布

B. 数据信息位与校验位需要满足一定的位置关系

C. 需将所有校验位设置在所有数据信息位之后

D. 校验位的长度必须与数据信息位的长度相同

34. 【2019 年下半年试题 36】数据结构中的_____常用来对函数调用和返回处理的控制进行支持。

A. 栈　　　　　　　B. 队列　　　　　　　C. 有序树　　　　　　　D. 有向图

35. 【2019 年下半年试题 37】单向循环链表如下图所示，以下关于单向循环链表的叙述中，正确的是_____。

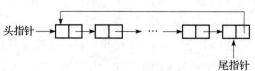

A. 仅设头指针时，遍历单向循环链表的时间复杂度是 $O(1)$

B. 仅设尾指针时，遍历单向循环链表的时间复杂度是 $O(1)$

C. 仅设头指针时，在表尾插入一个新元素的时间复杂度是 $O(n)$

D. 仅设尾指针时，在表头插入一个新元素的时间复杂度是 $O(n)$

36. 【2019 年下半年试题 38】对关键码序列 {12，15，18，23，29，34，56，71，82} 进行二分查找（折半查找），若要查找关键码 71，则_____。

A. 需依次与 29、56、71 进行比较　　　　B. 仅需与 71 进行比较

C. 需依次与 29、34、71 进行比较　　　　D. 仅需与 29 进行比较

37. 【2019 年下半年试题 39】在_____中，要按照确定的计算关系来找到给定关键码的存储位置。

A. 顺序表　　　　　　B. 哈希表　　　　　　C. 单向链表　　　　　　D. 双向链表

38. 【2019 年下半年试题 40】以下关于下图所示有向图 *G* 的说法中，正确的是_____。

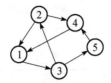

A. *G* 的邻接矩阵是对称矩阵　　　　　B. *G* 的邻接矩阵是三角矩阵

C. *G* 是强连通图　　　　　　　　　　D. *G* 是完全图

39. 【2019 年下半年试题 41】若某二叉树的先序遍历序列是 *ABDCE*，中序遍历序列是 *BDACE*，则该二叉树为_____。

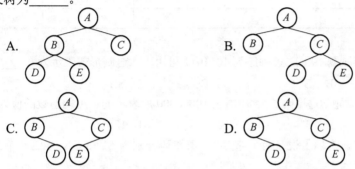

40. 【2019 年下半年试题 42】对于 *n* 个元素的关键码序列 $\{k_1, k_2, \cdots, k_n\}$，当且仅当满足关系 $k_i \leq k_{2i}$ 且 $k_i \leq k_{2i+1}$ $(i=1,2,\cdots,\lfloor n/2 \rfloor)$ 时称为小根堆。对于关键码序列 $\{10，20，12，32，14，56，25，51\}$，将_____互换后该序列就成为小根堆。

A. 14、12　　　　B. 14、20　　　　C. 12、32　　　　D. 12、25

41. 【2019 年下半年试题 43】对 *n* 个关键码构成的序列采用简单选择排序法进行排序的过程是：第一趟经过 *n*−1 次关键码之间的比较，确定出最小关键码在序列中的位置后，再将其与序列的第一个关键码交换，第二趟则在其余的 *n*−1 个关键码中进行 *n*−2 次比较，确定出最小关键码的位置后，再将其与序列的第二个关键码进行交换……直到序列的关键码从小到大排列。在简单选择排序过程中，关键码之间的总比较次数为_____。

A. *n*(*n*−1)/2　　　　B. *n*/2　　　　C. *n*(*n*+1)/2　　　　D. *n*log*n*

42. 【2019 年下半年试题 55】软件从一个计算机系统或环境转移到另一个计算机系统或环境的难易程度是指软件的_____。

A. 兼容性　　　B. 可移植性　　　C. 可用性　　　D. 可扩展性

43. 【2019 年下半年试题 56】在软件质量因素中，与能够得到正确或相符的结果或效果有关的软件属性为_____。

A. 可靠性　　　B. 准确性　　　C. 可用性　　　D. 健壮性

44. 【2019 年下半年试题 63】设 *r* 是在（0，1）内均匀分布的随机数，则随机变量_____在（3，5）内均匀分布。

A. 2+3*r*　　　　B. 2+5*r*　　　　C. 3+2*r*　　　　D. 3+5*r*

45. 【2019 年下半年试题 64】某系统的可用性达到 99.99%，这意味着其每年的停机时间不能超过_____。

A. 5.3 分钟　　　B. 53 分钟　　　C. 8.8 小时　　　D. 4 天

46. 【2019 年下半年试题 65】某工厂要分配 A、B、C、D、E 五个工人做编号为 1、2、3、4、5 的五项工作，每个人只能做一项工作，每项工作只能由一人做。下表说明了每个工人会做哪些工作（用"√"表示）、不会做哪些工作（用"×"表示）。根据此表，可知共有_____种分配方案。

工人	1	2	3	4	5
A	√	×	×	√	×
B	√	×	×	×	√
C	×	√	×	√	√
D	√	×	√	×	√
E	×	×	×	√	√

    A. 3   B. 4   C. 5   D. 6

47. 【2020 年下半年试题 19】二进制序列 1011011 可用十六进制形式表示为_____。

    A. 5B   B. 3B   C. B6   D. BB

48. 【2020 年下半年试题 20】设码长为 8，原码 10000000 所表示的十进制整数的值为_____。

    A. −128   B. −0   C. 1   D. 128

49. 【2020 年下半年试题 21】设有两个浮点数，其阶码分别为 $E1$ 和 $E2$，当这两个浮点数相乘时，运算结果的阶码 E 为_____。

    A. $E1$、$E2$ 中的较小者   B. $E1$、$E2$ 中的较大者
    C. $E1+E2$ 的值   D. $E1 \times E2$ 的值

50. 【2020 年下半年试题 22】在定点二进制运算中，减法运算是通过_____来实现的。

    A. 原码表示的二进制加法   B. 补码表示的二进制加法
    C. 原码表示的二进制减法   D. 补码表示的二进制减法

51. 【2020 年下半年试题 36】栈是后进先出的线性数据结构，其基本操作不包括_____。

    A. 从栈底删除元素   B. 从栈顶弹出元素
    C. 判断是否为空栈   D. 在栈顶加入元素

52. 【2020 年下半年试题 37】对于采用头指针作为唯一标识的单链表，其优点是_____。

    A. 可以随机访问表中的任一元素   B. 可以快速在表头插入元素
    C. 可以快速在表尾插入元素   D. 可从任意位置出发遍历链表

53. 【2020 年下半年试题 38】下图所示为一棵二叉排序树（二叉查找树），其先序遍历序列为_____。

    A. 12, 15, 18, 23, 29, 34, 56, 71   B. 12, 18, 15, 34, 29, 71, 56, 23
    C. 23, 15, 56, 12, 18, 29, 71, 34   D. 23, 15, 12, 18, 56, 29, 34, 71

54. 【2020 年下半年试题 39】将一个三对角矩阵 $A[1..100,1..100]$ 进行压缩存储，方法是按行优先方式，将三对角中的元素存入一维数组 $B[1..298]$ 中。在这种存储方式下，设元素 $A[56,55]$ 存

储在 $B[k]$，则 k 为_____。

  A. 164　　　　　　B. 165　　　　　　C. 166　　　　　　D. 167

55. 【2020 年下半年试题 40】对于一棵结点数为 n（$n>1$）的完全二叉树，从根结点这一层开始，按照从上往下、从左到右的顺序，把结点依次存储在数组 $A[1..n]$ 中。设某结点在数组 A 中的位置为 i，且它有右孩子，则该右孩子结点在 A 中的位置是_____。

  A. $2i-1$　　　　　　B. $2i$　　　　　　C. $2i+1$　　　　　　D. $\log(i+1)$

56. 【2020 年下半年试题 41】以下关于字符串的叙述中，正确的是_____。

  A. 字符串是长度受限的线性表　　　　　B. 字符串不能采用链表存储

  C. 字符串是一种非线性数据结构　　　　D. 空字符串的长度为 0

57. 【2020 年下半年试题 42】对于含有 n 个元素的关键码序列 $\{k_1, k_2, \cdots, k_n\}$，当且仅当满足关系 $k_i \leq k_{2i}$ 且 $k_i \leq k_{2i+1}$（$i=1,2,\cdots,\lfloor n/2 \rfloor$）时称为小根堆。下面关键码序列中，_____是小根堆。

  A. 131, 158, 288, 325, 763, 522, 451, 617

  B. 131, 325, 451, 617, 522, 288, 158, 763

  C. 763, 617, 325, 522, 451, 288, 131, 158

  D. 763, 451, 522, 617, 131, 288, 325, 158

58. 【2020 年下半年试题 43】以下关于图的存储结构的叙述中，正确的是_____。

  A. 有向图应采用邻接矩阵存储，无向图应采用邻接表存储

  B. 无向图应采用邻接矩阵存储，有向图应采用邻接表存储

  C. 稠密图适合采用邻接矩阵存储，稀疏图适合采用邻接表存储

  D. 稀疏图适合采用邻接矩阵存储，稠密图适合采用邻接表存储

59. 【2020 年下半年试题 63】某绿化队分派甲、乙、丙三人合作栽种一批树苗。最开始，甲、乙两人合作种了其中的 1/6，后来乙、丙两人合作种了余下的 2/5，最后由甲、乙、丙三人合作完成全部任务。如果合作种树时各人的工作量是平均计算的，则甲、乙、丙三人的工作量之比为_____。

  A. 2:3:3　　　　　　B. 3:4:3　　　　　　C. 3:5:4　　　　　　D. 4:6:5

60. 【2020 年下半年试题 64】某班数学考试平均成绩初步算得为 86.7 分，事后复查发现有两个错误，一个学生的成绩实为 69 分，却错误录入成 96 分，另一个学生的成绩实为 98 分，但错误录入成 89 分，纠正了这些错误后全班平均成绩为 86.3 分。据此可推断该班级共有_____人。

  A. 40　　　　　　B. 45　　　　　　C. 48　　　　　　D. 50

61. 【2020 年下半年试题 65】平面直角坐标系 XY 中，在区域 $S\{x>0, y>0, x+y<2\}$ 内，有小区域 $P\{x<1, y<1, x+y>1\}$，则 P 的面积占比为_____。

  A. 15%　　　　　　B. 20%　　　　　　C. 25%　　　　　　D. 30%

1.2.2　真题解析

1. 【答案】D。

【解析】考查计算机系统中数据表示的基础知识。

  对阶是指将两个进行运算的浮点数的阶码对齐的操作。对阶的目的是使两个浮点数的尾数能够进行加减运算。对阶的原则是小阶对大阶，采用补码表示的尾数右移时，符号位保持不变。之

所以是小阶对大阶，是因为若大阶对小阶，则尾数的数值部分的高位需移出，而小阶对大阶移出的是尾数的数值部分的低位，这样损失的精度更小。采用补码表示的尾数右移时，符号位保持不变，是因为尾数右移时是将最低位移出，会损失一定的精度，为减少误差，可先保留若干移出的位，供以后舍入处理用。

2. 【答案】A。

【解析】考查计算机系统中数据表示的基础知识。

69 可分解为 69=64+4+1，用二进制形式表示为 1000101，偶校验是指数据编码（包括校验位）中 1 的个数应该是偶数。因此，若除去校验位，编码中 1 的个数是奇数时，校验位应设置为 1；否则，校验位应设置为 0。本题 1000101 有 3 个 1，所以最高位增加一个偶校验位后为 11000101。故答案是 A。

3. 【答案】（1）B；（2）C。

【解析】考查计算机系统中数据表示的基础知识。

计算机中的有符号数有三种表示方法，即原码、反码和补码。三种表示方法均有符号位和数值位两部分，符号位都是用 0 表示"正"，用 1 表示"负"，而对于数值位，三种表示方法各不相同。

已知一个数的补码，求原码的操作其实就是对该补码再求补码：① 如果补码的符号位为 0，表示是一个正数，它的原码就是补码。② 如果补码的符号位为 1，表示是一个负数，那么求给定的这个补码的补码就是所要求的原码。

反码为 10101011，为负数，所以将它的数值位取反，末位再加 1 即可得到它的原码，为 11010100，将它转化为十进制为 $-(2^6+2^4+2^2)=-(64+16+4)=-84$。

10101100 转化为无符号整数：$2^7+2^5+2^3+2^2=128+32+8+4=172$。

4. 【答案】D。

【解析】考查常用排序算法的基础知识。

快速排序：通过一趟扫描将要排序的数据分割成独立的两部分，其中一部分的所有数据都比另外一部分的所有数据要小，然后再按此方法对这两部分数据分别进行快速排序，整个排序过程可以递归进行，以此达到整个数据变成有序序列的目的。

选择排序：顾名思义，就是直接从待排序数组里选择一个最小（或最大）的数字，每次都拿一个最小数字出来，顺序放入新数组，直到全部拿完。

冒泡排序：原理是邻近的数字两两进行比较，按照从小到大或者从大到小的顺序进行交换，这样一趟过去后，最大或最小的数字被交换到了最后一位；然后再从头开始进行两两比较交换，直到倒数第二位时结束；以此类推，直到全部比较完。

归并排序：原理是把原始数组分成若干子数组，对每一个子数组进行排序，然后把子数组与子数组合并，合并后仍然有序，直到全部合并完，形成有序的数组。

冒泡排序是通过相邻元素的比较和交换，将最大元素（或最小元素）交换至序列末端（或前端），对{18, 12, 10, 11, 23, 2, 7}进行一次冒泡排序，就可以得到{12, 10, 11, 18, 2, 7, 23}，故答案选 D。

5. 【答案】C。

【解析】考查数据结构中二叉树的基础知识。

由先序遍历（即前序遍历）看，E 为根结点，F 为根结点的左孩子。再看中序遍历，则 E 的左子树中 F 结点有 H 和 I 两个子结点，那么 E 的右孩子结点为 G，它的二叉树如下图所示。

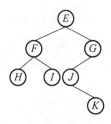

6. 【答案】A。

【解析】考查数据结构中栈的基础知识。

出入栈的基本原则为：先进后出，后进先出。若第一个出栈的元素是 1，对应的操作就是入栈后又出栈的操作，此后，每个入栈的元素都可能有两种情况，此时不确定 2，…，n 出入栈的情况，如果 2 进栈，2 出栈，3 进栈，3 出栈……在 i 进栈后，以序列 i+1，i+2，…，n 依次进栈后再依次出栈，则最后出栈的是 i（2≤i≤n）。

7. 【答案】B。

【解析】考查数据结构中栈的基础知识。

栈在程序的运行中有着举足轻重的作用。最重要的是栈保存了一个函数调用时所需要的维护信息，这类信息常被称为堆栈帧或者活动记录。

8. 【答案】C。

【解析】考查数据结构的二维数组的基础知识。

一个数组占 8 字节，那么二维数组 $A[7][8]$ 的元素在逻辑上分 7 行、每行 8 列，即共含有 7×8=56 个数组元素，共占用 56×8=448 字节的存储空间。

9. 【答案】D。

【解析】考查数据结构中字符串的基础知识。

由于 S 是长度为 n 的非空字符串，其中的字符各不相同，因此其长度为 1 的子串有 n 个，长度为 2 的子串有 $n-1$ 个，长度为 3 的子串有 $n-2$ 个，以此类推，则长度为 $n-1$ 的子串为 2 个，合计为 $n+n-1+\cdots+2$，即为$(n+2)(n-1)/2$。这里再以字符串 "abcde" 为例来说明。该字符串长度为 1 的子串为"a"，"b"，"c"，"d" 和 "e"，共 5 个；长度为 2 的子串为"ab"，"bc"，"cd"和"de"，共 4 个；长度为 3 的子串为"abc"，"bcd" 和 "cde"，共 3 个；长度为 4 的子串为"abcd" 和 "bcde"，共 2 个；长度为 5 的子串为 "abcde"，共 1 个；空串是任何字符串的子串。在本题中，空串和等于自身的字符串不算，因此子串数目共 14（5+4+3+2）个。

10. 【答案】C。

【解析】考查常用算法中二分查找的基础知识。

二分查找也称折半查找（Binary Search），它是一种效率较高的查找方法。但是，折半查找要求线性表必须采用顺序存储结构，而且表中元素按关键码有序排列。

二分查找的基本思想是将 n 个元素分成大致相等的两部分，取 $a[n/2]$ 与 x 进行比较，如果 $x=a[n/2]$，则找到 x 时算法中止；如果 $x<a[n/2]$，则只需在数组 a 的左半部分继续搜索 x；如果 $x>a[n/2]$，则只需在数组 a 的右半部分搜索 x。

二分查找法要求：① 必须采用顺序存储结构；② 必须按关键码大小有序排列。

11. 【答案】B。

【解析】考查数据结构中图的基础知识。

在一个无向图 G 中，若从顶点 v_i 到顶点 v_j 有路径相连（当然从 v_j 到 v_i 也一定有路径），则称 v_i 和 v_j 是连通的。如果图中任意两点都是连通的，那么该图被称作连通图。任意两个顶点之间都有边的图是完全图，完全图是连通图，反之不一定，也就是说不是任意两顶点之间都存在边。

12. 【答案】B。

【解析】考查数学应用的相关知识。

按原计划，在正常的情况下，完成 10%的工作量需要 2 天和 0.4 万元。工作量为 1，正常速度为 1/20，现在还剩 60%，因此还需要 60%÷（1/20）=12 天，原计划是 10 天，因此要推迟 2 天完工。正常花费为 4 万元，现在还有 60%未完成，因此还需要 0.6×4=2.4 万元，2+2.4-4=0.4 万元，即需要增加费用 4000 元。

13. 【答案】C。

【解析】考查数学应用的基础知识。

代入法：如果是区域的一个顶点，那么满足题干的五个条件，同时也会使 $x+y$=6，$2x+y$=7，$x+2y$=8 中的三个等式成立。因此可以考虑把四个点的坐标代入以上条件进行检验：A 选项满足 $x+y$=6 和 $2x+y$=7，但是不满足 $x+2y \leq 8$；B 选项不满足三个等式；C 选项满足 $2x+y$=7 和 $x+2y$=8，也满足其他条件；D 选项只满足 $2x+y$=7。

14. 【答案】C。

【解析】考查矩阵相关的数学基础知识。

可以把 A 作为一个直角坐标系的原点，X 轴是从左到右递增，Y 轴是从上到下递增。如果 E 大于 A，那么 E 应该在 A 的右侧或者 A 的下侧。因此，可能在子矩阵 **B**、**C** 或者 **D** 中。

15. 【答案】B。

【解析】考查计算机系统中数据表示的基础知识。

数字 0～15 用十六进制表示依次为 0、1、2、3、4、5、6、7、8、9、A、B、C、D、E、F。本题可以将二进制序列 1011011 从右向左每四位分为一组，分为 0101 和 1011。按照不同进制的转换，$(0101)_2$=$(5)_{10}$=$(5)_{16}$，$(1011)_2$=$(11)_{10}$=$(B)_{16}$，因此答案应为 5B。

16. 【答案】C。

【解析】考查数据表示的基础知识。

原码表示是用最左边的位（即最高位）表示符号，其中"0"表示正号，"1"表示负号，其余 7 位表示数的绝对值，-128 的绝对值为 128，用二进制表示时需要 8 位，所以机器字长为 8 位时采用原码是不能表示-128 的。

对于负数，反码表示是用最左边的位（即最高位）表示符号，"0"表示正号，"1"表示负号，其余 7 位是将数的绝对值的各位取反。-128 的绝对值是 128，用二进制表示时需要 8 位，所以机器字长为 8 位时，采用反码也不能表示-128。

补码表示与原码和反码的相同之处是最高位用"0"表示正号，"1"表示负号，不同的是补码 10000000 的最高位的 1 既表示其为负数，也表示数字 1，从而使得它可以表示出-128。

17. 【答案】A。

【解析】考查数据校验的基础知识。

CRC 表示循环冗余校验码，是通过在要发送的数据后面加 n 位的冗余码来构造的。模 2 除法与算术除法类似，但每一位除的结果不影响其他位，即不向上一位借位，所以实际上就是异或运算。在 CRC 的计算中用到了模 2 除法。

18.【答案】D。

【解析】考查数据表示的基础知识。

海明码可以通过在传输码列中加入冗余位（也称纠错位）实现前向纠错，但这种方法比重传协议的成本要高。编码方式为：假设数据有 n 位，校验码为 x 位，则校验码一共有 2^x 种取值方式，其中需要一种取值方式表示数据正确，剩下 2^x-1 种取值方式表示数据出错。因为编码后二进制串有 $n+x$ 位，因此 x 应满足 $2^x-1 \geqslant n+x$。校验码在二进制串中的位置为 2 的整数幂，剩下的位置为数据。

19.【答案】A。

【解析】考查数据结构的基础知识。

在递归调用中，需要在前期存储某些数据，并在后面以存储的逆序恢复这些数据，以供之后使用，因此，需要用到栈来实现递归。简单地说，就是在递归的前行阶段，对于每一层递归，函数的局部变量、参数值以及返回地址都被压入栈中。在递归退回阶段，位于栈顶的局部变量、参数值和返回地址被弹出，用于返回调用不同层次中执行代码的其余部分，也就是恢复了调用时的状态。

20.【答案】A。

【解析】考查数据结构的基础知识。

入栈序列为 a、b、c、d 时，若第一个出栈的元素为 d，则说明 a、b、c 都还在栈中，而且 a 位于栈底，其次是 b 和 c。因此，合法的出栈序列只能是 d、c、b、a。

21.【答案】C。

【解析】考查数据结构的基础知识。

在该关键码序列中进行二分查找时，首先与中间元素 24 进行比较，若相等则结束；若小于24，则继续在前 4 个元素中进行二分查找；否则在后 4 个元素中进行查找。具体的过程可以用如下的判定树来表示。

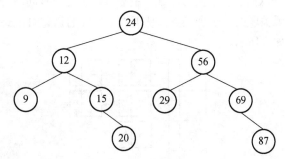

所以查找 15 时，需要与 24、12 和 15 依次进行比较。

22.【答案】B。

【解析】考查数据结构的基础知识。

散列函数为 $H(Key)=Key\%11$（%表示整除取余运算），因此只需要将数据分别与 11 进行取余运算。按顺序计算各关键码的散列（哈希）地址：$H(12)=12\%11=1$，$H(24)=24\%11=2$，$H(15)=15\%11=4$，$H(56)=56\%11=1$，$H(20)=20\%11=9$，$H(87)=87\%11=10$，$H(69)=69\%11=3$，$H(9)=9\%11=9$。即与 11 取余分别得到 1，2，4，1，9，10，3，9。按照序列依次存储到相应位置，若出现冲突则往后顺延。这里需要注意的是，当存储到关键码序列最后一位的 9 时，因其取余得到的散列地址是 9，与前面的 20 相同，也就是这个地址单元已存入了 20，所以应往后顺延，但最后一位地址第 10 号单元也已存入了 87，仍然冲突，就需要继续往后顺延，这就又需要从 0 号开始探查，此时探查到散列地址为 0 的单元为空，因此在 0 号单元存入 9。

23.【答案】D。

【解析】考查数据结构的基础知识。

前序遍历：先遍历根结点，然后遍历左子树，最后遍历右子树。

中序遍历：先遍历左子树，然后遍历根结点，最后遍历右子树。

后序遍历：先遍历左子树，然后遍历右子树，最后遍历根结点。

层序遍历：从上往下逐层遍历。

二叉树进行中序遍历的过程是：中序遍历左子树、访问根结点、中序遍历右子树，因此此题中二叉树的中序遍历序列是 254361。

24.【答案】（1）D；（2）C。

【解析】考查数据结构中矩阵的基础知识。

图的邻接矩阵中，每个元素表示行对应的顶点与列对应的顶点之间是否有弧（1 有，0 没有），题目所示的邻接矩阵如下所示。

0	1	0	0	1	0	0
0	0	1	0	0	1	0
0	0	0	1	0	0	0
0	0	0	0	0	0	0
0	0	0	0	0	0	0
0	0	1	0	0	0	1
0	0	0	1	0	0	0

邻接链表存储是将关联同一顶点的边用线性链表存储，对于有向图，每个表结点表示从头结点所示顶点出发的一条弧关联的另一个顶点，从顶点 1 出发的弧有<1，2>和<1，5>，采用邻接链表存储的有向图邻接表如下所示。

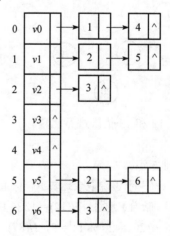

25.【答案】A。

【解析】考查数据结构的基础知识。

以 4 个元素（10,20,30,40）为例说明直接插入排序的特点。

若元素已经按照升序排列，即 K_1=10，K_2=20，K_3=30，K_4=40，那么各趟排列结果如下：

第一趟将 20 插入仅含元素 10 的子序列，20 与 10 比较 1 次，得到 10 20。

第二趟将 30 插入含有元素 10、20 的子序列，30 与 20 比较 1 次，得到 10 20 30。

第三趟将 40 插入含有元素 10、20、30 的子序列，40 与 30 比较 1 次，得到 10 20 30 40。

在上述过程中，由于待插入的元素比有序子序列的最大元素都要大，因此总共进行了 3 次比较，不需要移动元素。推广到有 n 个元素的序列，则要进行 n-1 次比较。

若元素已经按照降序排列，即 K_1=40，K_2=30，K_3=20，K_4=10，那么各趟排列结果如下：

第一趟将 30 插入仅含元素 40 的子序列，30 与 40 比较 1 次，将 40 后移，再将 30 插入 40 之前，得到 30 40。

第二趟将 20 插入 30、40 构成的子序列，20 与 40 比较 1 次，将 40 后移，再与 30 比较 1 次，将 30 后移，再将 20 插入 30 之前，得到 20 30 40。

第三趟将 10 插入 20、30、40 构成的子序列，10 与 40 比较 1 次，将 40 后移，再与 30 比较 1 次，将 30 后移，再与 20 比较 1 次，将 20 后移，再将 10 插入 20 之前，得到 10 20 30 40。

在上述过程中，由于待插入的元素比有序子序列的所有元素都要小，所以总共进行 1+2+3 次比较，每次插入时有序子序列的所有元素都要移动。推广到有 n 个元素的序列，则总共进行 1+2+…+n-1 次比较。

因此，题目选项中 A 选项正确。

若初始序列为 30 20 10 40，则第一趟排序完成后得到的有序子序列为 20 30，此时并没有得到整个序列的最小元素或最大元素，所以选项 C 和 D 的说法错误。

26.【答案】A。

【解析】考查关系代数方面的基础知识。

在关系代数中，"并"运算是一个二元运算，要求参与运算的两个关系结构必须相同，运算结果的结构与原关系模式的结构相同。而笛卡儿积和自然连接尽管也是二元运算，但参与运算的两个关系结构不必相同。投影运算是向关系的垂直方向运算，运算的结果是去除某些属性列，所以运算的结果与原关系模式不同。也就是说：若关系 R 与 S 具有相同的关系模式，即关系 R 与 S 的结构相同，则关系 R 与 S 可以进行并、交、差运算。

27.【答案】B。

【解析】考查应用数学的基础知识。

MN<2(M+N)等价于(M-2)(N-2)<4，而 M-2 和 N-2 都是正整数。

M-2=1 时，N-2 可以是 1、2、3；M-2=2 时，N-2 只能是 1；M-2=3 时，N-2 只能是 1，所以(M,N)只有(3,3)，(3,4)，(3,5)，(4,3)，(5,3)五对。

28.【答案】D。

【解析】考查应用数学的基础知识。

用行号（1～4）与列号（1～7）表示一个单元格的坐标，用左上角和右下角两个单元坐标表示一个矩形块。四角上都是 1 的矩形块是满足题目要求的矩形块。

左上角为 11，右下角分别为 25, 32, 35, 36，共有 4 个满足要求的矩形块。

左上角为 12，右下角分别为 35, 36, 45，共有 3 个满足要求的矩形块。

左上角为 15，右下角为 36，共有 1 个满足要求的矩形块。

左上角为 21，右下角分别为 33、35，共有 2 个满足要求的矩形块。

左上角为 23，右下角为 35，共有 1 个满足要求的矩形块。

左上角为 32，右下角为 45，共有 1 个满足要求的矩形块。

因此，共有 12 个满足要求的矩形块。

29.【答案】A。

【解析】考查应用数学的基础知识。

从题目中的图可以分析得到，诊所不应设在 D、G 两村，其他 5 村中选择两村的可能性共 10 种，用列表表示如下：

选择两村	AB	AC	AE	AF	BC	BE	BF	CE	CF	EF
最远距离/km	6	6.3	3	10	6	6	6	3	4.5	4.8

因此，选择在 A、E 或 C、E 两村设立诊所，可使最远的村去诊所的距离最短为 3km。

30.【答案】A。

【解析】考查计算机系统基础知识中原码、反码和补码相关的知识。

长度为 n 的情况下，补码能够表示的范围为 $[-2^{n-1},2^{n-1})$。因此，当补码字长为 32 时，表示的范围为 $[-2^{31},2^{31})$。

31.【答案】A。

【解析】考查数据表示基础知识中的八进制、二进制相互转换。

每个八进制数字转化为二进制表示如下：

八进制	0	1	2	3	4	5	6	7
二进制	000	001	010	011	100	101	110	111

将二进制从小数点位置开始从右向左，每 3 位一组转化为对应的一个八进制数字即可。因此 0011011 的八进制表示为 033。

32.【答案】D。

【解析】考查计算机逻辑运算的基础知识。

各逻辑表达式的真值表表示如下：

X	Y	$X \cdot Y$	$X+Y$	$X \oplus Y$	$\bar{X}+\bar{Y}$
0	0	0	0	0	1
0	1	0	1	1	1
1	0	0	1	1	1
1	1	1	1	0	0

从上表可知，当且仅当 X 和 Y 同时为 1 时 $Z=\bar{X}+\bar{Y}$ 为 0，其他情况下 Z 为 1。因此应选 D。

33.【答案】B。

【解析】考查计算机数据校验的基础知识。

三种常见的校验是奇偶校验、海明校验和循环冗余校验。海明校验是利用奇偶性来检错和纠错的校验方法。海明码的构成方法是：在数据位之间插入 k 个校验位，通过扩大码距来实现检错和纠错。海明码的校验位位于 2 的幂次方的位置（例如 1，2，4，8 等位置），其余位为数据位，因此海明码中数据信息位与校验位需要满足一定的位置关系。

34.【答案】A。

【解析】考查数据结构中栈和队列的基础知识。

当有多个函数构成嵌套调用（如递归调用）时，按照"后调用先返回"的原则，函数之间的信息传递和控制转移可以用"栈"来实现。

35.【答案】C。

【解析】考查数据结构中链表的基础知识。

在单向链表存储结构中，不管是有头指针还是有尾指针，遍历链表（即遍访链表中的所有元素）的时间复杂度都是 $O(n)$。

在单向链表的任何位置插入或删除结点，首先需要找到插入位置（该算法的时间复杂度不确定），然后修改指针即可（该时间复杂度为 $O(1)$）。循环链表仅设头指针时，在表尾插入一个新元素时，因为要找到表尾位置，需从头结点遍历到尾结点，因此其时间复杂度是 $O(n)$。循环链表仅设尾指针时，在表头插入一个新元素时，因为有尾指针且是循环链表，尾指针所指向结点的下一个结点就是头结点，因此在表头插入的时间复杂度是 $O(1)$。

36.【答案】A。

【解析】考查数据结构的基础知识。

在有序顺序表中进行二分查找时，总是先与表中间位置的元素进行比较，若相等，则查找成功并结束，若比中间元素小，则进一步到前半区（由不大于中间元素者构成）进行二分查找，否则到后半区（由不小于中间元素者构成）继续进行二分查找。二分查找（折半查找）的操作步骤如下（设 $R[low,\cdots,high]$ 是当前的查找区）：

① 确定该区间的中点位置：mid=[(low+high)/2]。

② 将待查的 k 值与 $R[mid].key$ 比较，若相等，则查找成功并返回此位置，否则需确定新的查找区间，继续二分查找，具体方法如下：

- 若 $R[mid].key>k$，则由表的有序性可知 $R[mid,\cdots,n].key$ 均大于 k，因此若表中存在关键码等于 k 的结点，则该结点必定是在位置 mid 左边的子表 $R[low,\cdots,mid-1]$ 中。因此，新的查找区间是左子表 $R[low,\cdots,high]$，其中 high=mid-1。
- 若 $R[mid].key<k$，则要查找的 k 必在 mid 的右子表 $R[mid+1,\cdots,high]$ 中，即新的查找区间是右子表 $R[low,\cdots,high]$，其中 low=mid+1。
- 若 $R[mid].key=k$，则查找成功，算法结束。

③ 下一次查找是针对新的查找区间进行，重复步骤①和②。

④ 在查找过程中，low 逐步增加，而 high 逐步减小。如果 high<low，则查找失败，算法结束。

37.【答案】B。

【解析】考查数据结构中哈希查找的基础知识。

在哈希表（散列表）中，通过把关键码映射到表中的一个位置来访问记录，以加快查找的速度。这个映射函数叫作哈希函数（散列函数），存放记录的数组叫作哈希表（散列表）。哈希查找的操作步骤如下：

① 用给定的哈希函数构造哈希表。

② 根据选择的冲突处理方法解决地址冲突。

③ 在哈希表的基础上执行哈希查找。

38. 【答案】C。

【解析】考查数据结构中图的基础知识。

可以根据选项进行判断：

A. G 的邻接矩阵是对称矩阵，错误，对称矩阵满足 $a_{ij}=a_{ji}$，因此当存在 $i{\rightarrow}j$ 的有向边时，一定存在 $j{\rightarrow}i$ 的有向边，此时图不满足。

B. G 的邻接矩阵是三角矩阵，错误，三角矩阵中的非 0 元素一定要在矩阵对角线的一侧，而根据图有 $a_{41}=a_{24}=1$，其中一个 a_{41} 在对角线下方，另一个 a_{24} 在对角线上方。

C. G 是强连通图，正确。

D. G 是完全图，错误，完全图要求任意两个顶点之间都有边（弧），显然 G 不是完全图。

该题也可以将图转化为邻接矩阵，如下：

	顶点 1	顶点 2	顶点 3	顶点 4	顶点 5
顶点 1	0	0	1	0	0
顶点 2	1	0	0	1	0
顶点 3	0	1	0	0	1
顶点 4	1	0	0	0	0
顶点 5	0	0	0	1	0

39. 【答案】D。

【解析】考查树的遍历基础知识。

根据先序遍历（即前序遍历）序列可以确定树（及子树）的根结点，根据中序遍历序列可以分割左、右子树上的结点，据此逐步确定每个结点的位置。判断如下：

① 已知先序遍历序列是 $ABDCE$，则根结点为 A；然后中序遍历序列是 $BDACE$，则 BD 是左子树中的元素，CE 是右子树中的元素。可排除 A、B 选项。

② 然后看左子树 BD，在先序遍历中先访问 B 结点，B 作为该子树的树根。回到中序遍历，先访问的是 B，然后访问的是 D，则 D 是 B 的右孩子结点。

③ 然后看右子树 CE，在先序遍历中先访问 C 结点，C 作为该子树的树根。回到中序遍历，先访问的是 C，然后访问的是 E，则 E 是 C 的右孩子结点。

因此答案应选 D。

该题也可以对每个二叉树进行先序遍历和中序遍历运算，根据所得序列确定正确选项，即

选项 A 所示二叉树的先序遍历序列为 $ABDEC$，中序遍历序列为 $DBEAC$。

选项 B 所示二叉树的先序遍历序列为 $ABCDE$，中序遍历序列为 $BADCE$。

选项 C 所示二叉树的先序遍历序列为 $ABDCE$，中序遍历序列为 $BDAEC$。

选项 D 所示二叉树的先序遍历序列为 $ABDCE$，中序遍历序列为 $BDACE$。

综合判断后选择 D 选项。

40. 【答案】B。

【解析】考查数据结构中堆排序的基础知识。

根据题目要求，满足所有父结点小于或等于其所有子结点的关键码序列为小根堆。因此可以将关键码序列的元素按顺序放入一个完全二叉树中，方便地确定父结点和子结点的大小关系。将题

中关键码序列用完全二叉树表示，如下图所示，显然将 14、20 互换后，满足小根堆的定义。

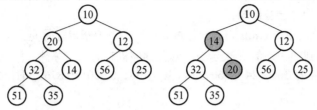

41.【答案】A。

【解析】考查数据结构中简单选择排序的基础知识。

根据题目描述，简单选择排序第一趟经过 $n-1$ 次关键码之间的比较，第二趟经过 $n-2$ 次关键码之间的比较，第三趟经过 $n-3$ 次关键码之间的比较……第 $n-1$ 趟经过 1 次关键码之间的比较，总的比较次数为 $n-1+n-2+\cdots+1=n(n-1)/2$。

42.【答案】B。

【解析】考查软件工程基础知识和数据结构、算法特性及复杂度。

正确性（准确性）：正确实现算法功能，最重要的指标是能否得到正确或者相符的结果或效果的软件。

可靠性：元件、产品、系统在一定时间内和一定条件下无故障地执行指定功能的能力或可能性。

友好性：具有良好的使用性。

可读性：可读的、可以理解的，方便分析、修改和移植。

健壮性：能对不合理的数据或非法的操作进行检查、纠正。

效率：对计算机资源的消耗，包括计算机内存和运行时间的消耗。

可移植性：软件从一个计算机系统或环境转移到另一个计算机系统或环境的难易程度。

43.【答案】B。

【解析】考查软件工程基础知识中的算法特性和复杂度。

正确性（准确性）：正确实现算法功能，最重要的指标是能否得到正确或者相符的结果或效果的软件 。

可用性：是在某个考察时间，系统能够正常运行的概率或时间占有率期望值。系统的可用性取决于 MTTF（平均无故障时间，表示系统的可靠性）及 MTTR（平均修复故障时间，表示系统的可维护性）。

可靠性：元件、产品、系统在一定时间内和一定条件下无故障地执行指定功能的能力或可能性。

友好性：具有良好的使用性。

可读性：可读的、可以理解的，方便分析、修改和移植。

健壮性：能对不合理的数据或非法的操作进行检查、纠正。

效率：对计算机资源的消耗，包括计算机内存和运行时间的消耗。

44.【答案】C。

【解析】考查应用数学基础知识。

因为 $0<r<1$，则 $0<2r<2$，同时加 3 后，则有 $3<3+2r<5$。线性的 $3+2r$ 仍能保证在区间（3，5）内均匀分布。

45. 【答案】B。

【解析】考查应用数学基础知识。

系统的可用性（System Availability）是指系统服务不中断运行时间占实际运行时间的比例。如果系统的可用性达到 99.99%，则表示 10000 分钟停机时间为 1 分钟，停机时间占比为 0.01%。一年按 365 天算，每年有 $365 \times 24 = 8760$ 小时，则 $8760 \times 0.0001 = 0.876$ 小时 $= 52.56$ 分钟 ≈ 53 分钟。

46. 【答案】B。

【解析】考查应用数学基础知识。

从题目中的表格可以看出，工作 2 只能由工人 C 来做（表示成 C2），工人 A 只能分配 A1 或 A4。如果分配 A1，B 只能分配 B5。由 A1、B5、C2 可知，余下 3、4 项工作只能分配给 D、E，可得分配结果为 D3、E4。因此，分配 A1 后，只有 A1、B5、C2、D3、E4 一种分配方案。

如果分配 A4，则 B 有两种可能：B1 或 B5。如果分配 B1，则在 A4、B1、C2 后，剩余 3、5 项工作应由 D、E 完成，可以有两种分配方案：A4、B1、C2、D3、E5 和 A4、B1、C2、D5、E3。如果分配 B5，则在 A4、B5、C2 后，剩余 1、3 项工作由 D、E 完成，只能分配 D1、E3。

综上，共有四种分配方案：A1、B5、C2、D3、E4；A4、B1、C2、D3、E5；A4、B1、C2、D5、E3；A4、B5、C2、D1、E3。

47. 【答案】A。

【解析】考查计算机系统中数据表示的基础知识，二进制、十六进制的相互转换。

二进制与十六进制的转换是将每四位二进制转换成一位十六进制，所以二进制 1011011 转换成十六进制为 5B。

48. 【答案】B。

【解析】考查计算机系统中的数据表示（原码、反码和补码）的基础知识。

原码、反码和补码是数值数据的三种基本编码方法，对于正数，三种编码是相同的，而对于负数，这三种编码是不同的。码长为 8 即用 8 位二进制形式来表示数值，最左边的位是符号位，0 表示是正数，1 表示是负数，剩余的 7 位表示数值部分，原码表示的规则是直接表示出数值的绝对值。本题中 10000000 的最高位为 1，表示是负数。数值部分为 0，即绝对值为 0 的数值。在原码表示中，0 由于符号部分不同占用 00000000 和 10000000 两个编码。

49. 【答案】C。

【解析】考查计算机系统中浮点数运算的基础知识。

在机器中表示一个浮点数时，一是要给出尾数，用定点小数形式表示，尾数部分给出有效数字的位数，因而决定了浮点数的精度；二是要给出指数，用整数形式表示，常称为阶码，阶码指明小数点在数据中的位置，因而决定了浮点数的表示范围。例如，浮点数 $X = 1101.0101$，$Y = 10.0111$，按照浮点格式（忽略标准格式要求）表示为 $X = 0.11010101 \times 2^4$，$Y = 0.100111 \times 2^2$。若进行加减运算，需要先对阶，也就是在阶码一致的情况下对尾数部分进行加减运算；若进行乘除运算，则不要求阶码一致。相乘时阶码部分为两个浮点数的阶码相加，尾数部分直接相乘，之后再按照规格化等要求进行处理。

50. 【答案】B。

【解析】考查计算机系统中的数据表示基础知识：原码、反码和补码。

用原码表示数据时，是在数值位部分表示出相应数值的绝对值。如果符号位相同，则减法运算是用绝对值较大者减去绝对值较小者；若符号位不同，则减法运算实质是两者的绝对值部分进行相加。用补码表示数据时,可以将减法转化为加法,运算时符号位和数值位用相同的规则处理,统一进行二进制相加运算即可。

51.【答案】A。

【解析】考查数据结构基础知识中栈的用途。

栈的基本操作有入栈、出栈、取栈顶及判断栈是否为空。入栈和出栈分别是指在栈顶加入及删除元素,取栈顶操作仅读取栈顶元素的值而不删除元素。从栈底删除元素不是栈的基本操作。

52.【答案】B。

【解析】考查数据结构中顺序表之一链表的基础知识。

对单向链表中的结点只能进行顺序访问,不能随机访问。在表尾插入元素时,必须从表头遍历至表尾,时间复杂度为 $O(n)$,而在表头插入元素时,可以直接定位至插入位置,时间复杂度为 $O(1)$。

53.【答案】D。

【解析】考查数据结构中二叉排序树的基础知识。

先序遍历二叉树的操作定义如下:若二叉树为空,则进行空操作,否则访问根结点、先序遍历根的左子树、先序遍历根的右子树。题中所示二叉树的先序遍历序列为 23, 15, 12, 18, 56, 29, 34, 71。

54.【答案】B。

【解析】考查数据结构中数组的基础知识。

三对角矩阵是一种特殊矩阵,矩阵中的非零元素都分布在主对角线及邻近主对角线的次对角线上,三对角矩阵如下图所示。

$$
A_{n\times n} = \begin{bmatrix}
a_{1,1} & a_{1,2} & & & & & \\
a_{2,1} & a_{2,2} & a_{2,3} & & & & 0 \\
& a_{3,2} & a_{3,3} & a_{3,4} & & & \\
& & \ddots & \ddots & \ddots & & \\
& & & a_{i,i-1} & a_{i,i} & a_{i,i+1} & \\
& 0 & & & \ddots & \ddots & \ddots \\
& & & & & a_{n,n-1} & a_{n,n}
\end{bmatrix}
$$

按行排列,元素 $A[56,55]$ 之前有 164 个元素($(56-1)\times 3-1+(55-56+1)$),因此该元素对应着 $B[165]$。

55.【答案】C。

【解析】考查数据结构中树的基础知识。

在一棵高度为 h 的完全二叉树中,除了第 h 层(即最底下一层),其余各层都是满的。第 h 层上的结点必须从左到右依次放置,不能留空,例如,高度为 3 的完全二叉树有如下图所示的 4 种,其中图 a 是完全二叉树也是满二叉树。

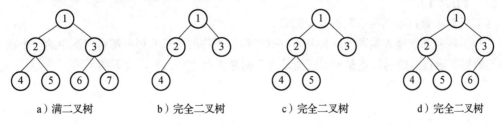

a)满二叉树   b)完全二叉树   c)完全二叉树   d)完全二叉树

对完全二叉树中的结点从 1 开始编号，自上而下、从左到右依次进行。即根结点的编号为 1，它的左孩子结点编号为 2，右孩子结点编号为 3，以此类推，编号为 i 的结点的左孩子（存在时）编号为 $2i$、右孩子（存在时）编号为 $2i+1$。

56. 【答案】D。

【解析】考查数据结构中字符串的基础知识。

字符串是一种线性表，它的特殊性在于表中的每个元素为字符，同时具有特别的基本运算，如字符串比较、求子串、字符串连接等。选项 A 是错误的，字符串的长度不受限制。选项 B 是错误的，字符串可采用链表存储，只是这种存储方式在大多数情况下不利于支持字符串的基本运算。选项 C 是错误的，字符串属于线性数据结构。

57. 【答案】A。

【解析】考查数据结构中堆排序的基础知识。

根据堆的定义，将序列表示为完全二叉树更容易判定相应元素之间的大小关系是否满足堆的定义。

选项 A 的序列如下图所示，$k(131)$、$k(158)$、$k(288)$ 显然满足 $k_i \leq k_{2i}$ 且 $k_i \leq k_{2i+1}$，因为父结点 $k(131)$ 小于它的左、右子结点，三者中最小；$k(158)$、$k(325)$、$k(763)$ 同样满足 $k(158)$ 最小；$k(288)$、$k(522)$、$k(451)$ 中父结点 $k(288)$ 最小；$k(325)$、$k(617)$ 中父结点 $k(325)$ 最小（$k(325)$ 的右子结点不存在，因而不予考虑），因此，该序列满足小根堆的定义。

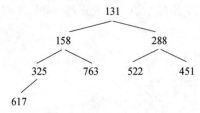

对于选项 B，将它用一棵完全二叉树来表示，如下图所示。$k(131)$、$k(325)$、$k(451)$ 满足 $k_i \leq k_{2i}$ 且 $k_i \leq k_{2i+1}$，因为父结点 $k(131)$ 小于它的左、右子结点，三者中最小；$k(325)$、$k(617)$、$k(522)$ 中父结点 $k(325)$ 最小，符合小根堆的定义；而 $k(451)$、$k(288)$、$k(158)$ 中则是父结点 $k(451)$ 最大，不符合小根堆的定义。因此整个序列不是小根堆。

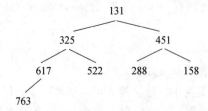

对于选项 C 和 D 采用相同方式加以判断，可得知它们都不是小根堆。

58. 【答案】C。

【解析】考查数据结构中图的基础知识。

邻接矩阵和邻接链表是图的两种基本存储结构，矩阵的每行和每列都对应图中的一个顶点，矩阵元素则表示行对应的顶点和列对应的顶点之间是否有边（弧），如下图所示。

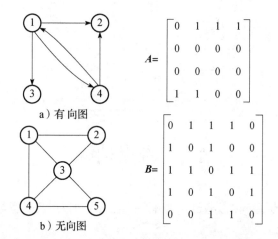

a）有向图

b）无向图

邻接链表是为图的每个顶点建立一个单向链表，单向链表中第 i 个结点表示依附于顶点 v 的边（对于有向图是以 v 为尾的边）。邻接链表中的结点有表结点和表头结点两种类型，例如下面图 a 所示的无向图和图 b 所示的邻接表表示。

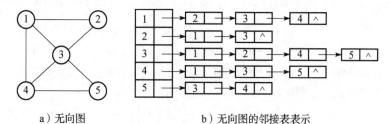

a）无向图　　　　　　　　b）无向图的邻接表表示

本题正确选项为 C，图中顶点数确定的情况下，邻接矩阵的阶（行、列数）就确定了，与边数无关。稀疏图的边数很少，它的邻接矩阵为稀疏矩阵，零元素较多，存储空间利用率降低。对于边数较多的稠密图，采用邻接矩阵更为合适。

59.【答案】C。

【解析】考查应用数学的基础知识。

前几天，甲、乙合作种了 1/6，甲和乙的工作量都为 1/12；后来，乙、丙合作种了余下 5/6 的 2/5，即 1/3，因此乙和丙的工作量都为 1/6；最后，由甲、乙、丙三人完成了其余的 1−1/6−1/3=1/2，甲、乙、丙三人的工作量都为 1/6。综上所述，甲的工作量为 1/12+1/6=3/12，乙的工作量为 1/12+1/6+1/6=5/12，丙的工作量为 1/6+1/6=4/12，因此，甲、乙、丙三人工作量之比为 3:5:4。

60.【答案】B。

【解析】考查应用数学的基础知识。

设该班级共有 n 人，这次考试实际总分应为 $86.3 \times n$ 分，但两次错误录入导致总分变成 $86.7 \times n$ 分，使总分增加了 $(86.7-86.3) \times n = 0.4 \times n$ 分。其中对一个学生错误地增加了 96−69=27 分，对另一个学生错误地减少了 98−89=9 分，即两次错误导致总分增加了 27−9=18 分。$0.4 \times n = 18$，所以解得 $n=45$。

61.【答案】C。

【解析】考查应用数学的基础知识。

如下图所示，区域 S 的面积为 2，区域 P 的面积为 1/2。因此，P 对 S 的占比为 1/4=25%。

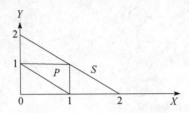

1.3 难点精练

本节针对重难知识点进行模拟练习并讲解，强化重难知识点及题型。

1.3.1 重难点练习

1. 二进制数 11001100 为原码的时候，它代表的真值为 (1) ；若它是补码，则它代表的真值为 (2) ；十进制数-1 的补码用 8 位二进制数表示为 (3) 。

    （1）A. 204   B. -76   C. -204   D. 76

    （2）A. -52   B. -20   C. 19   D. 148

    （3）A. 0000001   B. 10000001   C. 1111110   D. 1111111

2. 设 X 为逻辑变量，下列逻辑运算中，不正确的是_____。

    A. $X \cdot 1=X$ B. $X+1=X$ C. $X \cdot 0=0$ D. $X+0=X$

3. 以下序列不是堆的是_____。

    A. {100，85，98，77，80，60，82，40，20，10，66}

    B. {100，98，85，82，80，77，66，60，40，20，10}

    C. {10，20，40，60，66，77，80，82，85，98，100}

    D. {100，85，40，77，80，60，66，98，82，10，20}

4. 对于关键码序列（12，13，11，18，60，15，7，20，25，100），用筛选法建堆，必须从键值为_____的关键码开始。

    A. 18   B. 60   C. 15   D. 100

5. 下列逻辑不正确的是_____。

    A. 1+1=2   B. 1+0=1   C. 0+0=0   D. 1+A=1

6. 堆栈和队列的相同之处是_____。

    A. 元素的进出满足先进后出   B. 元素的进出满足后进先出

    C. 只允许在端点进行插入和删除操作   D. 无共同点

7. 在解决计算机与打印机之间速度不匹配问题时通常设置一个打印数据缓冲区，主机将要输出的数据依次写入该缓冲区，而打印机则依次从该缓冲区取出数据打印，该缓冲区应是一个_____结构。

    A. 线性表   B. 数组   C. 堆栈   D. 队列

8. 在浮点数编码表示中，_____在机器数中不出现，是隐含的。

    A. 阶码   B. 符号   C. 尾数   D. 基数

9. 十进制数 33 用十六进制数表示为_____。

    A. 33H   B. 21H   C. FFH   D. 12H

10. 对于卡诺图，下列说法正确的是_____。

    A. 卡诺图是用来化简逻辑表达式的有效手段

    B. 卡诺图化简逻辑表达式时，只能合并卡诺图中的 1

    C. 卡诺图化简逻辑表达式时，只能合并卡诺图中的 0

    D. 卡诺图能减少逻辑错误

11. 8 个二进制位至多表示_____个数据。

    A. 8   B. 64   C. 255   D. 256

12. 关系演算的基础是_____。

    A. 形式逻辑中的逻辑演算   B. 形式逻辑中的关系演算

    C. 数理逻辑中的谓词演算   D. 数理逻辑中的形式演算

13. 按照二叉树的定义，具有 3 个结点的树有_____种形态（不考虑数据信息的组合情况）。

    A. 2   B. 3   C. 4   D. 5

14. 深度为 h 且有_____个结点的二叉树称为满二叉树。

    A. 2^h-1 B. $2h$ C. 2^{h-1} D. 2^h

15. 具有 2000 个结点的非空二叉树的最小深度为_____。

    A. 9   B. 10   C. 11   D. 12

16. 将数据元素 2,4,6,8,10,12,14,16,18,20 依次存放于一个一维数组中，然后采用折半查找方法查找数组元素 12，被比较过的数组元素的下标依次为_____。

    A. 10,16,12   B. 10,12,16   C. 5,8,6   D. 5,6,8

17. 对 8 位补码操作数 $(A5)_{16}$ 进行两位算术右移的结果是_____。

    A. $(D2)_{16}$ B. $(52)_{16}$ C. $(E9)_{16}$ D. $(69)_{16}$

18. 二叉树的前序遍历序列为 A,B,D,C,E,F,G，中序遍历序列为 D,B,C,A,F,E,G，它的后序遍历序列为_____。

    A. D,C,F,G,E,B,A B. D,C,B,F,G,E,A

    C. F,G,E,D,C,B,A D. D,C,F,G,B,E,A

19. 与一组权值(7,5,2,4)对应的哈夫曼树的带权路径长度为_____。

    A. 25   B. 35   C. 45   D. 55

20. 在 AOE 图中，关键路径是_____。

    A. 从源点到汇点的最长路径   B. 从源点到汇点的最短路径

    C. 最长的回路   D. 最短的回路

21. 现在 6 个元素按 1,2,3,4,5,6 的顺序进栈，序列_____是不可能的出栈序列。

    A. 1,2,3,4,5,6   B. 3,2,1,6,4,5

    C. 4,5,3,2,1,6   D. 5,6,4,3,2,1

22. 已知一个线性表(38,25,74,63,52,48)，采用的散列函数（哈希函数）为 $H(\text{Key})= \text{Key mod } 7$，将元素散列到表长为 7 的哈希表中存储。若采用线性探测的开放定址法解决冲突，则在该哈希表上进行等概率成功查找的平均查找长度为__(1)__；若利用拉链法解决冲突，则在该哈希表上进行等概率成功查找的平均查找长度为__(2)__。

（1）A. 1.5　　　　　B. 1.7　　　　　C. 2.0　　　　　D. 2.3

（2）A. 1.0　　　　　B. 7/6　　　　　C. 4/3　　　　　D. 3/2

23. 设某二叉树有如下特点：结点的子树数目若不是 2 个，则为 0 个。这样的一棵二叉树中有 m（$m>0$）个子树为 0 的结点时，该二叉树上的结点总数为_____。

　　　　A. $2m+1$　　　　B. $2m-1$　　　　C. $2(m-1)$　　　　D. $2(m+1)$

24. 用 n 个二进制位表示带符号纯整数时，已知 $[X]_{补}$、$[Y]_{补}$，则当_____时，等式 $[X]_{补}+[Y]_{补}=[X+Y]_{补}$ 成立。

　　　　A. $-2^n \leqslant (X+Y) \leqslant 2^n-1$　　　　　　　B. $-2^{n-1} \leqslant (X+Y) < 2^{n-1}$

　　　　C. $-2^{n-1} \leqslant (X+Y) \leqslant 2^{n-1}$　　　　　　D. $-2^{n-1} \leqslant (X+Y) < 2^n$

25. 对于 16 位的数据，需要 （1） 个校验位才能构成海明码。

　　在某个海明码的排列方式 $D_9D_8D_7D_6D_5D_4D_3D_2D_1P_3D_0P_2P_1$ 中，D_i（$0 \leqslant i \leqslant 9$）表示数据位，$P_j$（$1 \leqslant j \leqslant 4$）表示校验位，数据位 D_8 由 （2） 进行校验。

　　（1）A. 3　　　　　B. 4　　　　　C. 5　　　　　D. 6

　　（2）A. $P_4P_2P_1$　　　B. $P_4P_3P_2$　　　C. $P_4P_3P_1$　　　D. $P_3P_2P_1$

26. $(\overline{XYZ} + \overline{XYZ} + \overline{X}YZ + X\overline{YZ} + X\overline{Y}Z + XYZ) + (\overline{\overline{Y}+Z})S = $ _____。

　　　　A. $\overline{Y}Z+S$　　　　B. $\overline{Y}+Z+S$　　　　C. $Y\overline{Z}+S$　　　　D. $\overline{Y}+Z+S$

27. 将一个三对角矩阵 $A[1..100,1..100]$ 中的元素按行存储在一维数组 $B[1..298]$ 中，矩阵 A 中的元素 $A[66,65]$ 在数组 B 中的下标为_____。

　　　　A. 195　　　　　B. 196　　　　　C. 197　　　　　D. 198

28. 给定一个有 n 个元素的线性表。若采用顺序存储结构，则在等概率前提下，向其插入一个元素需要移动的元素个数平均为_____。

　　　　A. $n+1$　　　　B. $\dfrac{n}{2}$　　　　C. $\dfrac{n+1}{2}$　　　　D. n

29. _____是线性结构的数据结构。

　　　　A. 列表　　　　　B. 高维数组　　　　C. 双端队列　　　　D. 二叉树

30. 某线性表最常用的运算是插入和删除，插入运算是指在表尾插入一个新元素，删除运算是指删除表头第一个元素，那么采用_____存储方式最节省运算时间。

　　　　A. 仅有尾指针的单向循环链表　　　　　B. 仅有头指针的单向循环链表

　　　　C. 单向链表　　　　　　　　　　　　　D. 双向链表

31. 设数组 $A[3..16,5..20]$ 的元素以列为主序存放，每个元素占用两个存储单元，数组空间的起始地址为 a，则数组元素 $A[i,j]$（$3 \leqslant i \leqslant 16$，$5 \leqslant j \leqslant 20$）的地址计算公式为_____。

　　　　A. $a-118+2i+28j$　　　　　　　　　B. $a-116+2i+28j$

　　　　C. $a-144+2i+28j$　　　　　　　　　D. $a-146+2i+28j$

32. 与十进制数 254 等值的二进制数是_____。

　　　　A. 11111110　　　B. 11101111　　　C. 11111011　　　D. 11101110

33. 无符号数 A 减去无符号数 B，结果的进位标志为 1 表明_____。

　　　　A. $A \geqslant B$　　　　B. $A < B$　　　　C. $A = B$　　　　D. $A > B$

34. 链表不具备的特点是_____。

　　　　A. 可随机访问任何一个元素　　　　　B. 插入、删除操作不需要移动元素

C. 不需要先估计存储空间的大小　　　　　　D. 所需存储空间与线性表长度成正比

35. 对矩阵压缩存储的主要目的是_____。

　　A. 方便运算　　　　　　　　　　　　　　B. 节省存储空间

　　C. 降低计算复杂度　　　　　　　　　　　D. 提高运算速度

36. 判断"链式队列为空"的条件是_____。（front 为头指针，rear 为尾指针。）

　　A. front= =NULL　　　　　　　　　　　　B. rear= =NULL

　　C. front= =rear　　　　　　　　　　　　　D. front！= rear

37. 以下关于字符串的判定语句中正确的是_____。

　　A. 字符串是一种特殊的线性表　　　　　　B. 字符串的长度必须大于零

　　C. 字符串不属于线性表的一种　　　　　　D. 空格字符组成的字符串就是空串

38. 在具有 100 个结点的树中，其边的数目为_____。

　　A. 101　　　　　　　B. 100　　　　　　　C. 99　　　　　　　D. 98

39. 在程序的执行过程中，用_____结构可实现嵌套调用函数的正确返回地址。

　　A. 队列　　　　　　　B. 栈　　　　　　　C. 树　　　　　　　D. 图

40. 已知有一维数组 $T[0\cdots m\times n-1]$，其中 $m>n$。从数组 T 的第一个元素（$T[0]$）开始，每隔 n 个元素取出一个元素依次存入数组 $B[1\cdots m]$ 中，即 $B[1]=T[0]$，$B[2]=T[n]$，以此类推，那么放入 $B[k]$（$1\leq k\leq m$）的元素是_____。

　　A. $T[(k-1)\times n]$　　　B. $T[k\times n]$　　　C. $T[(k-1)\times m]$　　　D. $T[k\times m]$

41. 已知递归函数 $f(n)$ 的功能是计算 $1+2+\cdots+n$，且 $n\geq 1$，应采用的代码段是_____。

　　A. if n >1 then return1 else return n+f (n-1)

　　B. if n >1 then return1 else return n+f (n+1)

　　C. if n <1 then return0 else return n+f (n-1)

　　D. if n <1 then return0 else return n+f (n+1)

42. 若码值 FFH 是一个整数的原码表示，则该整数的真值为_(1)_；若码值 FFH 是一个整数的补码表示，则该整数的真值为_(2)_。

　　（1）A. 127　　　　　　B. 0　　　　　　　C. -127　　　　　　D. -1

　　（2）A. 127　　　　　　B. 0　　　　　　　C. -127　　　　　　D. -1

1.3.2　练习精解

1. 【答案】（1）B；（2）A；（3）D。

【解析】二进制数 11001100 为原码，最高位为 1，所以它为负数。后面 7 位数据代表的是该数的绝对值 76，所以它的真值为-76。

若二进制数 11001100 为补码，则可以知道它对应的原码为 10110100，所以它对应的真值为-52。

-1 的补码用 8 位二进制数表示为 11111111。

2. 【答案】B。

【解析】在逻辑运算中，"与"运算：只要一个逻辑变量为 0，运算结果就为 0。"或"运算：只要一个逻辑变量为 1，运算结果为 1。所以答案为 B。

3. 【答案】D。

【解析】堆的定义：$k_i \geqslant k_{2i}$ 且 $k_i \geqslant k_{2i+1}$ 或 $k_i \leqslant k_{2i}$ 且 $k_i \leqslant k_{2i+1}$，即父结点均不大于其孩子结点，或均不小于其孩子结点。

由此定义即可判断出，D 中 100 大于 85 和 40，而 40 小于 60 和 66，所以 D 不是堆。

4. 【答案】B。

【解析】必须从 $n/2$ 开始建堆，n 为 10，所以要从第 5 个元素即 60 处开始建堆。

5. 【答案】A。

【解析】在逻辑运算中，运算结果只有两种情况，结果为 1 或 0。逻辑“与”运算中，只要一个逻辑变量为 0，结果就为 0；逻辑“或”运算中，只要一个逻辑变量为 1，结果就为 1。所以答案为 A。

6. 【答案】C。

【解析】堆栈将插入和删除操作限制在线性表的一端进行，而队列将插入和删除操作分别限制在线性表的两端进行。它们实际上都是操作受限的线性表，它们的共同点就是只允许在线性表的端点处进行插入和删除操作。

7. 【答案】D。

【解析】由于主机将要输出的数据依次写入缓冲区，而打印机则依次从缓冲区取出数据打印，数据写入缓冲区的次序与从缓冲区取数据打印的次序是一致的，因此该缓冲区是一个队列结构。

8. 【答案】D。

【解析】浮点数编码表示中符号、阶码和尾数均有体现，只有基数是固定的，无须出现。

9. 【答案】B。

【解析】本题主要考查十进制数据与十六进制数据之间的转换。十进制数 33 对应的十六进制数为 21H。

10. 【答案】A。

【解析】卡诺图是化简逻辑表达式的有效手段，使用它化简逻辑表达式时，合并图中的 1 还是合并图中的 0，可以根据需要进行。只是使用它合并图中的 0 时，应该使合并的结果取反才能得到正确的结果。

11. 【答案】D。

【解析】考查的是计算机数据表示范围方面的基础知识。

由于 $2^8=256$，可以表示 0～255，因此对于无符号数可以表示 256 个数据，如果是有符号数或高位用作奇偶校验，可以表示 128 个数据。

12. 【答案】C。

【解析】在关系数据库中，关系演算的基础是数理逻辑中的谓词演算。

13. 【答案】D。

【解析】如果不考虑结点数据信息的组合情况，具有 3 个结点的二叉树有 5 种形态，其中，只有一棵二叉树具有度数为 2 的结点（即为一棵有左、右子树的二叉树，一个根节点具有两个叶节点，共 3 个结点），其余 4 棵二叉树的度数均为 1（没有一个根结点具有左、右子树）。

14. 【答案】A。

【解析】深度为 h 且具有最大结点数目的二叉树被称为满二叉树，而深度为 h 的二叉树所具有的最大结点数为 2^h-1。

15. 【答案】C。

【解析】根据二叉树的性质，具有 2000 个结点的非空二叉树的最小深度为 $\lfloor \log_2 2000 \rfloor +1=11$。

16. 【答案】C。

【解析】第一次与数组下标为 5 的元素比较，不匹配；第二次与下标为 8 的元素比较，不匹配；第三次与下标为 6 的元素比较，匹配，查找成功。

17. 【答案】C。

【解析】操作数 $(A5)_{16}$ 即 $(10100101)_2$ 进行一次算术右移后为 $(11010010)_2$，再进行一次算术右移后为 $(11101001)_2$，即 $(E9)_{16}$，因此答案为 C。

18. 【答案】B。

【解析】根据二叉树产生的前序序列和中序序列可以唯一地恢复二叉树，原则是：在前序序列中确定根结点，到中序序列中分出根结点的左、右子树。因此本题先根据前序序列将二叉树恢复出来，然后对二叉树进行后序遍历，即可得到后序序列。

具体由前序序列 "A,B,D,C,E,F,G" 可以确定树的根结点 A，在中序序列中以 A 为界，"D,B,C" 是它的左子树中的结点，"F,E,G" 是它的右子树中的结点；接下来，由前序序列确定每棵子树的根，再在中序序列中分出它的左、右子树中的结点，以此类推，故本题选 B。

19. 【答案】B。

【解析】根据计算哈夫曼树的带权路径长度的公式可算出：$7\times 1+5\times 2+(2+4)\times 3=35$。

20. 【答案】A。

【解析】在带权有向图 G 中以顶点表示事件，以有向边表示活动，边上的权值表示该活动持续的时间，则这种带权有向图称为用边表示活动的网，简称 AOE 图。用 AOE 图表示一项工程计划时，对于一项工程来说，一般有一个开始状态和一个结束状态，所以在 AOE 图中至少有一个入度为 0 的开始顶点，称其为源点。另外，应有一个出度为 0 的结束顶点，称其为汇点。AOE 中不应存在有向回路，否则整个工程无法完成。从源点到汇点的路径中，长度最长的路径称为关键路径，所以应选 A。

21. 【答案】B。

【解析】栈的特点是后进先出，从此题可得出结论：像此种进出栈方法，如果某个数 NUM 后面存在 K 个比它小的数，那么这 K 个数出现的顺序一定是从大到小排序。（因为这 K 个数是从小到大进栈，并且它们出栈的顺序比 NUM 晚，所以它们一定是按从大到小的顺序出栈。）

进一个元素马上又出一个元素的出栈序列即为 A；先进 1、2、3、4，然后 4 出栈，再进 5 出 5，然后出 3、2、1，再进 6 出 6 就得到序列 C；进 1、2、3、4、5，然后出 5，进 6 出 6，然后依次出 4、3、2、1 就得到序列 D。只有 B 中在 6 的后面有两个比 6 小的元素 4 和 5，但是 4 和 5 在序列中按从小到大的顺序排列，这是不可能的，所以应选 B。

22. 【答案】（1）C；（2）C。

【解析】根据题意，已知一个线性表（38,25,74,63,52,48），根据散列函数 $H(Key)=Key \bmod 7$ 和线性探测的开放定址法解决冲突所构造的哈希表如下表所示，那么等概率成功查找的平均查找长度 $ASL=(1+3+1+1+2+4)/6=2.0$。

地址	0	1	2	3	4	5	6
元素	63	48		38	25	74	52
比较次数	0	3		1	1	2	4

根据散列函数 $H(Key)=Key \bmod 7$ 和拉链法解决冲突所构造的哈希表如下图所示，那么等概率成功查找的平均查找长度 $ASL=(1+1+1+1+2+2)/6=8/6=4/3$。

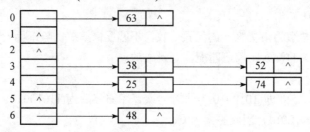

所以（1）题答案为 C，（2）题答案为 C。

23. 【答案】B。

【解析】考查数据结构中二叉树的基本概念。

根据二叉树的定义，一棵二叉树的每个结点至多有两棵子树，并且，二叉树的子树有左、右之分，其次序不能颠倒。

设任意一棵非空的二叉树中有两棵子树的结点的数目为 n_2，有一棵子树的结点的数目为 n_1，没有子树的数目为 n_0。

若设这棵二叉树中的结点总数为 n，那么有 $n=n_0+n_1+n_2$。另外，再观察该二叉树的分支数，除了根结点外，其余结点都有且仅有一个分支进入，若令分支总数为 B，则 $n=B+1$。由于这些分支是由子树数目为 1 和子树数目为 2 的结点分出的，因此又有 $B=n_1+2n_2$，于是又得到 $n=n_1+2n_2+1$。

显然 $n=n_0+n_1+n_2=n_1+2n_2+1$，因此 $n_0=n_2+1$。

题目中给定的二叉树中不存在只有一棵子树的结点，所以整棵树中的结点数目为 n_0+n_2 个。由于 $n_0=n_2+1$，因此树中结点数为 $2n_0-1$ 个。

依据题意，题中 m 即是叶子结点的个数，故二叉树上的结点总数为 $2m-1$。

24. 【答案】B。

【解析】用 n 个二进制位表示带符号纯整数时，其中一个二进制位用于表示数的符号，习惯上用 0 表示正号，用 1 表示负号，而其余的 $n-1$ 个二进制位则用来表示数值部分。一般形式如下图所示（$n=16$）。

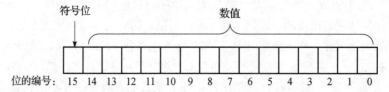

$n-1$ 个二进制位可以表示出 $00\cdots0 \sim 11\cdots1$ 共 2^{n-1} 个不同数值，对应的十进制值记为 $0 \sim 2^{n-1}-1$，若再加上一个符号位，则可以表示的数据的取值范围为 $[-(2^{n-1}-1), 2^{n-1}-1]$。在补码表示中，0 表示形式为 $100\cdots0$（$n-1$ 个 0），其符号位上的 1 既表示该数为负数，又表示一位数值，因此可能表示出 2^{n-1}。所以，补码表示法中可以表示 $[-2^{n-1}, 2^{n-1}-1]$ 范围内的数据，超出该范围的数据是不能正确表示的。

已知 $[X]_{补}$、$[Y]_{补}$，那么 X 和 Y 是 $[-2^{n-1}, 2^{n-1}-1]$ 区间的数据，而 $X+Y$ 有可能超出该范围。例如，当 $n=16$ 时，这个数据范围是 $[-32768, 32767]$，若 $X=32766$，$Y=2$，那么 X 与 Y 的和为 32768，运算所得结果为-32768，超出范围的数据是不能被正确表示的，如下所示：

$[32766]_{补}=0111111111111110$，$[2]_{补}=0000000000000010$

$[32768]_{补}=0111111111111110+0000000000000010=1000000000000000$

如果 X 与 Y 之和不超过这个表示范围，则运算结果可正确表示。

25.【答案】（1）C；（2）C。

【解析】海明码是由贝尔实验室的 Richard Hamming 设计的，它利用奇偶性进行校验和纠错。该校验码通过在数据位之间插入 k 个校验位来扩大数据编码的码距，从而不但可以检测出错误，还能纠正错误。

若要能纠正 1 位错误，k 个校验位可以有 2^k 个编码，其中一个编码用来表示数据无差错，剩余的 2^k-1 个编码则可用来指示是哪一位数据出错了。由于 n 个数据位和 k 个校验位都可能出错，因此 k 必须满足：$2^k-1\geqslant n+k$。

海明码的编码规则是：设 k 个校验位为 $P_kP_{k-1}\cdots P_1$，n 个数据位为 $D_{n-1}D_{n-2}\cdots D_9$，则产生的海明码为 $H_{k+n}H_{k+n-1}\cdots H_1$。其中，$P_i$ 在海明码的第 2^{i-1} 位置，即 $P_i=H_j$，$j=2^{i-1}$；数据位则依次从低到高占据海明码中的剩余位置。

海明码中的任一位都是由若干个校验位来校验的，它的对应关系如下：被校验的海明位的下标等于所有参与校验位的下标之和，而校验位则由其自身来校验。因此：

$$D_9D_8D_7D_6D_5D_4P_4D_3D_2D_1P_3D_0P_2P_1=H_{14}H_{13}H_{12}H_{11}H_{10}H_9H_8H_7H_6H_5H_4H_3H_2H_1$$

故数据位 D_9 由校验位 P_4、P_3 和 P_2 校验，因为 D_9 海明码中的下标为 14，P_4、P_3 和 P_2 的下标之和为 8+4+2=14。数据位 D_8 由校验位 P_4、P_3 和 P_1 校验，因为 D_8 在海明码中的下标为 13，P_4、P_3 和 P_1 的下标之和为 8+4+1=13。

26.【答案】B。

【解析】

$$\begin{aligned}
&\overline{XY}\overline{Z}+\overline{X}\overline{Y}Z+\overline{X}YZ+X\overline{Y}\overline{Z}+X\overline{Y}Z+XYZ\\
&=\overline{X}\overline{Y}(\overline{Z}+Z)+(\overline{X}+X)YZ+X\overline{Y}(\overline{Z}+Z) &&（结合律、分配律）\\
&=\overline{X}\overline{Y}+YZ+X\overline{Y} &&（互补律）\\
&=(\overline{X}+X)\overline{Y}+YZ &&（结合律、分配律）\\
&=\overline{Y}+YZ &&（互补律）\\
&=\overline{Y}+Z &&（吸收律）
\end{aligned}$$

那么，　　　　　$(\overline{Y}+Z)+\overline{(\overline{Y}+Z)}S=\overline{Y}+Z+S$　　　　（吸收律）

27.【答案】A。

【解析】本题目是将三对角矩阵进行压缩存储。三对角矩阵中第一行和最后一行中各有 2 个元素，其他行均有 3 个元素。矩阵元素 a_{ij} 以行为主序存储在一维数组中，则该矩阵元素存储在数组中的第 k 个位置，其对应关系是 $k=2(i-1)+j$。注意，这里矩阵的行、列及数组的下标均从 1 开始。

28.【答案】B。

【解析】对于具有 n 个元素的线性表，采用顺序存储结构，可插入的位置共有 $n+1$ 个。等概率下，在任何一个位置上插入的概率为 $\frac{1}{n+1}$，在第 i（$1\leqslant i\leqslant n+1$）个位置插入需要移动的元素个数为 $n-i+1$。平均移动元素的个数是各种插入情况下移动元素的数学期望（概率），即 $E_{insert}=\sum_{i=1}^{n+1}Pi(n-i+1)=\frac{1}{n+1}\sum_{i=1}^{n+1}(n-i+1)=\frac{n}{2}$。

29. 【答案】C。

【解析】队列是一种先进先出（FIFO）的线性表，它只允许在表的一端插入元素，而在表的另一端删除元素。在队列中，允许插入元素的一端称为队尾（rear），允许删除元素的一端称为队头（front）。

30. 【答案】A。

【解析】本题要求插入和删除一个元素的运算时间都要最短。对于链表上的运算，首先要从链表的头指针或尾指针沿着指针方向顺序查找以确定插入或删除操作的位置，然后对指针进行修改来实现插入或删除操作，所以移动指针是花费时间的所在。若链表中有 n 个元素；对于"仅有尾指针的单向循环链表"，插入和删除一个元素需要的时间分别是 $O(1)$ 和 $O(1)$；对于"仅有头指针的单向循环链表"，所需的时间分别为 $O(n)$ 和 $O(1)$；对于"单向链表"，所需的时间也分别为 $O(n)$ 和 $O(1)$；对于"双向链表"，所需的时间同样分别为 $O(n)$ 和 $O(1)$。

31. 【答案】D。

【解析】二维数组中元素可以用两种方式存储：以行为主序（按行存储）和以列为主序（按列存储）。对于一个 m 行 n 列的二维数组，当数组元素以行为主序存储时，先存储第一行上的所有元素，第二行上的元素存储在第一行的元素之后，第三行上的所有元素存储在第二行的元素之后，以此类推，第 m 行的元素存储在最后。每行上的元素按列下标从低到高依次存储。同理，以列为主序存储时，先存储第一列上的元素，然后是第二列上的元素，以此类推，最后是第 n 列上的元素。

设有二维数组 $A[L1..H1, L2..H2]$，无论采用哪一种存储方式，都可以采用以下通式计算数组中元素 $A[i,j]$ 在存储空间中的位置：

$$loc(A[i,j]) = loc(A[L1,L2]) + k \times d$$

其中，k 表示数组中存储在 $A[i, j]$ 之前的元素数目，d 表示每个数组元素占用的存储单元个数。当数组的元素以列为主序存储时，存储在 $A[i, j]$ 之前的元素数目为

$$k = (i - L2) \times (H1 - L1 + 1) + (i - L1)$$

因此对于题目中定义的数组 $A[3..16, 5..20]$，$A[i,j]$（$3 \leqslant i \leqslant 16$，$5 \leqslant j \leqslant 20$）的地址计算公式为 $loc(A[i,j]) = loc(A[L1,L2]) + ((j-5) \times 14 + (i-3)) \times 2 = a - 146 + 2i + 28j$。

32. 【答案】A。

【解析】考查的是计算机数制转换方面的基础知识。十进制数 254 等值的二进制数是 11111110。故答案为 A。

33. 【答案】B。

【解析】考查的是计算机数值运算方面的基础知识。

当两个无符号数相减时，若被减数小而减数大，肯定有借位。这时，进位标志 CF 会置 1；反之，若被减数大而减数小，就不会有借位。这时，进位标志 CF 会清 0。所以，当无符号数 A 减去无符号数 B，它的结果为进位标志 CF=1 时，就表明 $A<B$。

34. 【答案】A。

【解析】考查的是数据结构中线性表存储方面的基础知识。

线性表的链式存储是用结点来存储数据元素的，结点的空间可以是连续的，也可以是不连续的，因此存储数据元素的同时必须存储元素之间的逻辑关系。结点空间只在有需要的时候才动态申请，无须事先分配。最基本的结点结构如下所示：

数据字段	指针字段

其中，数据字段（或称为数据域）用于存储数据元素的值，指针字段则存储当前元素的直接前驱或直接后继信息，指针字段中的信息被称为指针（或链）。n 个结点通过指针连成一个链表，若结点中只有一个指针字段，则称为线性链表（或单向链表）。

线性表采用链表作为存储结构时，不能进行数据元素的随机访问，它的优点是插入和删除操作不需要移动元素。与顺序存储相比，链表的缺点主要有两个：每个元素增加了一个后继指针字段，要占用更多存储空间；不便于随机地直接访问线性表的任一结点。

35.【答案】B。

【解析】考查的是数据结构方面的基础知识。

矩阵压缩存储是指为多个相同的非零元素分配一个存储空间，对零元素不分配存储空间。因此，这种方法可以节省大量的内存空间。

36.【答案】C。

【解析】考查的是数据结构中队列方面的基础知识。

队列是限定只能在表的一端进行插入，而在表的另一端进行删除操作的线性表。在队列中，我们把允许插入的一端称为队尾（rear），通过队尾指针指明队尾的位置；把允许删除的一端称为队头（front），通过队头指针指明队头的位置。队头指针和队尾指针将随着队列的动态变化而移动。

链表的末尾是队列的队尾结点，队尾结点的链接指针值为 NULL。如果是带头结点的队列，则空队列的情形如图 a 所示；若是带头结点的循环队列，则空队列的情形如图 b 所示；若不带头结点，则空队列的情形如图 c 所示。因此，当 front == rear 时表示队列为空。

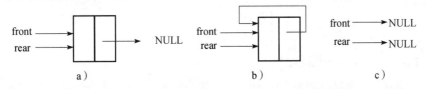

a)　　　　　　　　　　b)　　　　　　　　　　c)

队列的链式存储结构（简称链式队列）是指队列中的各个数据元素独立存储，依靠指针链接建立相邻的逻辑关系。一个链式队列显然需要两个分别指向队头和队尾的指针（指向队头的指针称为头指针 front，指向队尾的指针称为尾指针 rear）才能唯一确定。这里，和线性表的单向链结构一样，也给链式队列添加一个头结点，并令头指针指向头结点。因此，空的链式队列判决条件为头指针和尾指针均指向头结点。

37.【答案】A。

【解析】选项 A "字符串是一种特殊的线性表"和选项 C "字符串不属于线性表的一种"是一对矛盾体，因此，分析时很容易想到正确答案应该在选项 A 和选项 C 中，而无须考虑选项 B 和选项 D。根据学过的知识可知，字符串是一种特殊的线性表，是由某字符集上的字符所组成的任何有限字符序列。当一个字符串不包含任何字符时，称它为空字符串。仅由一个或多个空格组成的字符串称为空白串（Blank String）。空串和空白串不同。字符串通常存储于足够大的字符数组中。

38.【答案】C。

【解析】在树中，除了根结点外，其他的所有结点都是其父结点通过一条边连接出来的，所以设 $T=<V, E>$ 为一棵树，$|V|=n$，$|E|=m$，则 $m=n-1$。例如，5 个结点和 6 个结点的树分别如图 a、图 b 所示。由此可知，100 个结点的树有 99 条边。

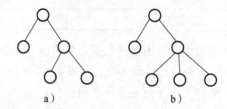

a)　　　　　　　　　　　b)

39. 【答案】B。

【解析】栈是一种只能通过访问它的一端来实现数据存储和检索的线性数据结构。换句话说，栈的修改是按先进后出的原则进行的。因此，栈又称为先进后出（FILO）或后进先出（LIFO）的线性表。栈的这种特征正好适用于函数嵌套调用的过程。

当调用函数时，系统将为调用者构造一个由参数表和返回地址等信息组成的活动记录，并将活动记录压入由系统提供的运行时栈的栈顶，然后将程序的控制权交给被调函数。若被调函数有局部变量，则在它的活动记录中还包括为局部变量分配的存储空间。当被调函数执行完毕，系统将运行时栈顶的活动记录弹出栈，并根据活动记录中保存的返回地址，将程序的控制权交给调用者。

40. 【答案】A。

【解析】可以利用归纳法求解。由题可知，$B[1]=T[(1-1)\times n]$，$B[2]=T[(2-1)\times n]$，$B[3]=T[(3-1)\times n]$，…，根据归纳法可得 $B[k]=T[(k-1)\times n]$。

41. 【答案】C。

【解析】在试题中，递归函数 $f(n)$ 的功能是解决 $1+2+3+\cdots+n$ 的累加问题，可用下面的递归公式表示 $f(n)$。

$$\begin{cases} f(n) = 0 & n = 0 \\ f(n) = n + f(n-1) & n \geqslant 1 \end{cases}$$

因此可知，$f(n)$ 应采用的代码段为：

```
if n<1 then return0
else return n+f(n-1)
```

42. 【答案】（1）C；（2）D。

【解析】定点整数原码的定义如下：

$$[X]_{原} = \begin{cases} X & 0 \leqslant X \leqslant 2^{n-1}-1 \\ 2^{n-1}+|X| & -(2^{n-1}-1) \leqslant X \leqslant 0 \end{cases}$$

由定义可知，正整数的原码就是其自身，而负整数的原码只需把它的绝对值的原码的符号位置为 1 即可（0 表示正号，1 表示负号）。

因此，原码 FFH 的真值为：$-1111111B=-127$。

定点整数补码的定义如下：

$$[X]_{补} = \begin{cases} X & 0 \leqslant X \leqslant 2^{n-1}-1 \\ 2^n+X & -2^{n-1} \leqslant X \leqslant 0 \end{cases}$$

由定义可知，正整数的补码就是其自身，负整数的补码可以通过对它的绝对值逐位求反，并在最低位加 1 求得，即求反加 1。

可以把补码 11111111B 减 1 再取反（除符号位，其余按位取反）得原码 100000001B，即 -1。

第2章

计算机系统基础

2.1 考点精讲

2.1.1 考纲要求

2.1.1.1 考点导图

计算机系统基础部分的考点如图 2-1 所示。

2.1.1.2 考点分析

这一章非常重要,是上午题常考的内容,主要是要求考生了解计算机的组成以及各主要部件的性能指标,掌握操作系统、程序设计语言的基础知识。根据近年来的考试情况分析得出:

- **难点**

1)硬件基础知识:其中存储器、高速缓存 Cache、I/O 设备的接口性质等较为重要。这部分内容需要记忆的较多,但是在程序员的考试中,涉及理解计算的难点不多,主要有 Cache 的读写机制与淘汰算法、磁盘存储器的容量计算等。

2)操作系统基础知识:其中作业调度、进程调度、页面调度等尤为重要。难点主要是作业调度、进程调度、页面调度算法、PV 操作(信号量同步操作)等。

3)IP 子网划分。

4)ER 图。

5)多媒体信息的容量计算。

- **考试题型的一般分布**

1)CPU 主存储器等设备的特性,各种接口的用途,指令系统的方式与执行过程。

2)操作系统的概述。

3)处理器管理。

4)存储管理、文件管理。

5)作业调度、进程调度。

6)进程状态变化。

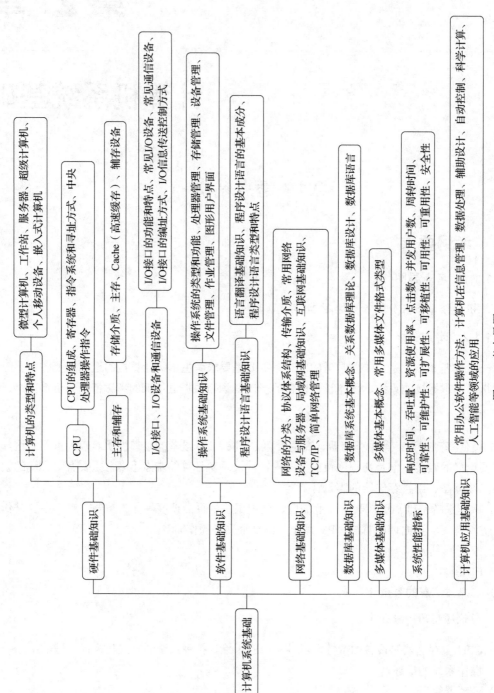

图2-1 考点导图

7）程序设计的基础知识。

8）各种数据类型。

● **考试出现频率较高的内容**

1）指令的寻址方式以及指令的执行过程。

2）存储容量的计算。

3）PV 操作。

4）进程死锁、同步。

5）函数参数调用（传值、传址）。

6）TCP/IP。

7）IP 地址的分类。

8）各种网络设备的比较。

9）SQL 语法。

10）多媒体文件格式与音频文件大小的计算。

2.1.2　考点分布

历年考题知识点分布统计如表 2-1 所示。

表 2-1　历年考题知识点分布统计

年份	题号	知识点	分值
2016 年上半年	1，2，3，4，5，6，7，8，9，10，11，14，15，16，20，23，24，25，26，27，28，29，30，31，32，57，58，59，60，61，62，66，67，69，70	操作系统基础、办公软件 Excel、网络基础、CPU、总线系统、存储器、多媒体基础、计算机性能、文件管理、PV 操作、程序设计语言基础、传值和传址调用、表达式、数据库基础、SQL、TCP/IP	35
2016 年下半年	3，4，5，6，7，8，9，10，11，14，15，16，17，23，24，25，26，27，58，59，60，61，62，66，67，68，69，70	常用办公软件 Excel、网络基础、计算机系统基础、计算机性能、多媒体、计算机硬件基础、电子邮件协议、操作系统基础、数据库基础、SQL 基础、Internet 基础	28
2017 年上半年	1，2，3，4，5，6，7，8，9，10，11，14，15，23，24，25，26，27，57，58，59，60，61，62，66，67，68，69，70	操作系统，办公软件 Excel、URL、CPU、Cache（高速缓存）、计算机性能、多媒体知识、数据库、网络基础	29
2017 年下半年	3，4，5，6，7，8，9，10，11，12，13，23，24，25，26，27，28，29，30，31，32，33，34，36，44，45，59，60，61，62，66，67，68，69，70	办公软件 Excel、Internet 基础、计算机系统基础、寄存器、显示分辨率、多媒体基础、文件格式、程序设计语言、面向对象、数据库基础、SQL、网络基础	35
2018 年上半年	1，2，3，4，5，6，7，8，9，10，11，12，13，19，23，24，25，26，27，28，29，30，33，34，55，56，58，60，61，62，66，67，68，69，70	计算机应用、办公软件 Excel、信息管理、电子邮箱、计算机系统、多媒体、计算机硬件、文件管理、存储管理、程序设计语言、云计算基础、数据库、SQL、网络基础	35

（续）

年份	题号	知识点	分值
2018 年下半年	1，2，3，4，5，6，7，8，9，10，11，12，13，23，24，25，26，27，28，29，32，33，34，50，52，55，56，57，58，59，60，61，62，66，67，68，69，70	信息和数据处理、办公软件 Excel、网络基础、Cache（高速缓存）、主存、指令系统、I/O接口、操作系统基础、总线系统、多媒体基础、操作系统基础、信号量机制、存储管理、程序设计语言基础、传值和传址调用、数据库基础、作业管理、人工智能、计算机应用、关系模型、TCP/IP、电子邮件协议、URL	38
2019 年上半年	1，3，4，5，6，7，8，9，10，11，12，13，16，24，25，26，27，28，29，30，31，32，33，52，57，58，59，60，61，62，66，67，68，69，70	信息处理技术基础、信息和数据、常用办公软件、网络基础 URL、计算机系统 CPU、指令系统、总线系统、多媒体基础、网络基础、TCP/IP、操作系统基础、C 语言基础、传值和传址调用、用户界面（UI）、数据库基础、SQL	35
2019 年下半年	1，2，3，4，5，6，8，9，10，11，12，13，16，20，23，24，25，26，27，28，29，30，31，32，33，34，35，44，45，46，58，59，60，61，62，66，67，68，69，70	信息和数据处理、办公软件 Excel、网络基础、操作系统基础、CPU、I/O 接口、计算机性能、主存、多媒体基础、电子邮件基础、存储器、存储管理、程序语言基础、C 语言基础、面向对象、类、多态、数据库、关系模型	41
2020 年下半年	1，2，3，4，5，6，7，8，9，10，11，12，13，17，23，24，25，26，27，28，29，30，31，32，33，34，35，44，45，57，58，59，60，61，62，66，67，68，69，70	信息处理技术基础、信息和数据、5G 网络技术、云计算、网络基础 URL、计算机系统基础指令系统、计算机硬件基础、I/O 接口、计算机性能、多媒体基础图形和图像、计算机系统基础知识、Windows 操作系统基础、C 语言基础、有限自动机、传值和传址调用、面向对象基础、数据库基础、SQL 基础、TCP/IP、网络基础	40

2.1.3　知识点精讲

2.1.3.1　硬件基础知识

1. 计算机的类型和特点

计算机按用途可分为专用计算机和通用计算机。专用和通用是根据计算机的效率、速度、价格、运行的经济性和适应性来划分的。专用计算机是最有效、最经济、最快速的计算机，但是它的功能单一，适应性差。通用计算机功能齐全，适应性强，但是牺牲了效率、速度和经济性。现在一般意义上讲的计算机都是指通用计算机。

通用计算机又可分为巨型机、大型机、中型机、小型机、微型机等，它们的主要区别在于运算速度、输入/输出能力、数据存储容量、指令系统规模和机器价格等方面。

（1）微型计算机

微型计算机简称微机，俗称电脑，准确的称谓应该是微型计算机系统。它可以简单地定义为：在微型计算机硬件系统的基础上配置必要的外部设备和软件构成的实体。

微型计算机系统从全局到局部存在三个层次：微型计算机系统、微型计算机、微处理器（CPU）。单纯的微处理器和单纯的微型计算机都不能独立工作，只有微型计算机系统才是完整的信息处理系统，才具有实用意义。

一个完整的微型计算机系统包括硬件系统和软件系统两大部分。硬件系统由运算器、控制器、存储器（含内存、外存和缓存）、各种输入/输出设备组成，采用"指令驱动"方式工作。软件系统可分为系统软件和应用软件。系统软件是指管理、监控和维护计算机资源（包括硬件和软件）的软件，主要包括：操作系统、各种语言处理程序、数据库管理系统以及各种工具软件等。其中操作系统是系统软件的核心，用户只有通过操作系统才能完成对计算机的各种操作。应用软件是为某种应用目的而编制的计算机程序，如文字处理软件、图形图像处理软件、网络通信软件、财务管理软件、CAD 软件、各种程序包等。

（2）工作站

工作站是一种高端的通用微型计算机，以个人计算机和分布式网络计算为基础，主要面向专业应用领域，具备强大的数据运算与图形、图像处理能力，是为满足工程设计、动画制作、科学研究、软件开发、金融管理、信息服务、模拟仿真等专业领域而设计开发的高性能计算机。它属于一种高档的计算机，一般拥有较大的屏幕显示器和大容量的内存与硬盘，也拥有较强的信息处理功能和高性能的图形、图像处理功能以及联网功能。

（3）服务器

服务器专指某些高性能计算机通过网络对外提供服务。相对于普通计算机来说，服务器在稳定性、安全性、性能等方面都有更高的要求，因此它在 CPU、芯片组、内存、磁盘系统、网络等硬件上和普通计算机有所不同。服务器是网络的节点，存储、处理网络上 80%的数据和信息，在网络中起到举足轻重的作用。服务器是为客户端计算机提供各种服务的高性能计算机，它的高性能主要表现在高速度的运算能力、长时间的可靠运行、强大的外部数据吞吐能力等方面。服务器的构成与普通计算机类似，也有处理器、硬盘、内存、系统总线等，但因为它是针对具体的网络应用而特别定制的，因而它与微型机在处理能力、稳定性、可靠性、安全性、可扩展性、可管理性等方面存在很大差异。服务器主要有网络服务器（DNS、DHCP）、打印服务器、终端服务器、磁盘服务器、邮件服务器、文件服务器等。

（4）超级计算机

超级计算机是指能够处理一般个人计算机无法处理的大量数据与执行高速运算的计算机。超级计算机与普通计算机的构成组件基本相同，但在性能和规模方面却有差异。超级计算机的主要特点有两个方面：极大的数据存储容量和极快速的数据处理速度。因此它可以在多个领域进行一些人们或者普通计算机无法进行的工作。

我国在 1983 年就研制出第一台超级计算机"银河一号"，使我国成为继美国、日本之后第三个能独立设计和研制超级计算机的国家。2012 年，我国以国产微处理器为基础制造出国内第一台超级计算机"神威蓝光"。2019 年 11 月，TOP500 组织发布的世界超级计算机 500 强榜单中，我国的超级计算机占据了 227 个，"神威·太湖之光"超级计算机位居榜单第三位，"天河二号"超级计算机位居第四位，部署在美国能源部旗下橡树岭国家实验室及利弗莫尔实验室的两台超级计算机"顶点"（Summit）和"山脊"（Sierra）仍占据前两位，2021 年 11 月 16 日，世界超级计算机 500 强榜单（TOP500）公布，日本计算科学研究中心于 3 月起正式运行的超级计算机"富岳"在运算速度等四项性能排名上位居世界第一，来自美国的超级计算机"顶点"和"山脊"分列二、三位，来自我国的超级计算机"神威·太湖之光"位列第四。其中，世界最快超算"富岳"的运算速度达每秒 41.55 亿亿次，峰值速度可达每秒 100 亿亿次。

（5）个人移动设备

- 笔记本式计算机。笔记本式计算机是一种小型、可携带的个人计算机，通常质量为 1～3kg。它和台式机架构类似，但是它具有更好的便携性。笔记本式计算机除了键盘外，还具有触控板（TouchPad）或触控点（Pointing Stick），提供了更好的定位和输入功能。

- 掌上电脑（PDA）。PDA（Personal Digital Assistant），是个人数字助手的意思。顾名思义就是辅助个人工作的数字工具，主要提供记事、通讯录、名片交换及行程安排等功能，可以帮助人们在移动中工作、学习、娱乐等。按使用来分类，PDA 分为工业级 PDA 和消费品 PDA。工业级 PDA 主要应用在工业领域，常见的有条形码扫描器、RFID 读写器、POS 机等；消费类 PDA 产品比较多，比如智能手机、手持的游戏机等。

- 平板电脑。平板电脑也叫平板式计算机（Tablet Personal Computer，简称 Tablet PC、Flat PC、Tablet、Slates），是一种小型、便携的个人计算机，以触摸屏（也称为数位板技术）作为基本的输入设备。它拥有的触摸屏允许用户通过触控笔或数字笔而不是使用传统的键盘或鼠标来进行操作。用户可以通过内置的手写识别、屏幕上的软键盘、语音识别或者一个真正的键盘（可以增加的配备）实现输入。

（6）嵌入式计算机

嵌入式计算机即嵌入式系统，是一种以应用为中心、以微处理器为基础，软硬件可裁剪，适应应用系统对功能、可靠性、成本、体积、功耗等综合性严格要求的专用计算机系统。它一般由嵌入式微处理器、外围硬件设备、嵌入式操作系统及用户的应用程序四个部分组成。它是计算机市场中增长最快的计算机系统，也是种类繁多、形态多样的计算机系统。嵌入式系统几乎涉及了生活中的所有电器设备，如计算器、电视机顶盒、手机、数字电视、多媒体播放器、汽车、微波炉、数码相机、家庭自动化系统、电梯、空调、安全系统、自动售货机、消费电子设备、工业自动化仪表与医疗仪器等。

2. 中央处理器（CPU）

CPU 是电子计算机的主要设备之一，是计算机中负责读取指令，对指令译码并执行指令的核心部件，其功能主要是解释计算机指令以及处理计算机软件中的数据。

（1）CPU 的组成

在一个计算机系统中，CPU 由运算器和控制器两个主要部分组成。它是计算机的控制和运算中心，通过总线和其他设备进行联系。中央处理器的类型和品种非常多，各种中央处理器的性能差别也很大，有不同的内部结构、不同的指令系统。但 CPU 都是基于冯·诺伊曼结构设计的，因此它们的基本部分组成相似。

- 控制器。控制器是计算机系统的指挥中心，它把运算器、存储器、输入/输出设备等部件组成一个有机的整体，然后根据指令的要求指挥全机的工作。
- 运算器。运算器是在控制器的控制下实现其功能的，运算器不仅可以完成数据信息的逻辑运算，还可以作为数据信息的传送通道。

基本的运算器组织包含以下几个部分：实现基本算术与逻辑运算功能的 ALU、提供操作数与暂存结果的寄存器组、相关的判别逻辑和控制电路等。通过总线结构将这些功能模块连接成一个整体时，运算器内的各功能模块之间的连接也广泛采用总线结构，这个总线称为运算器的内部总线，算术逻辑单元（ALU）和各寄存器都挂在上面。

它的核心部分是加法器。因为四则运算加、减、乘、除等算法都归结为加法与移位操作，所以加法器的设计是算术逻辑线路设计的关键。

（2）寄存器

寄存器是 CPU 中的一个重要组成部分，是 CPU 内部的临时存储单元。寄存器既可以用来存放数据和地址，也可以存放控制信息或 CPU 工作时的状态。在 CPU 中增加寄存器的数量，可以使 CPU 把执行程序时所需的数据尽可能地存储在寄存器中，从而减少访问内存的次数，提高运行速度。但是寄存器的数目也不能太多，除了会增加成本外，由于寄存器地址编码的增加也会增加指令的长度。CPU 中的寄存器通常分为存放数据的寄存器、存放地址的寄存器、存放状态信息的寄存器和其他寄存器等类型。

（3）指令系统和寻址方式

计算机系统包括硬件和软件两大组成部分。硬件是指构成计算机的中央处理器、主存储器、外围输入/输出设备等物理装置；软件则指由软件厂家为方便用户使用计算机而提供的系统软件和用户用于完成自己的特定事务和信息处理任务而设计的用户程序软件。计算机能直接识别和运行的软件程序通常由该计算机的指令代码组成。

通常情况下，一条指令要由两部分内容组成，其格式为：

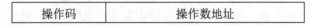

操作码	操作数地址

第一部分是指令的操作码。操作码用于指明本条指令的操作功能，例如，是算术加、减运算还是逻辑与、或运算，是否读、写外设，是否程序转移和子程序调用或返回等，计算机需要为每一条指令配一个确定的操作码。

第二部分是指令的操作数地址，用于给出被操作的信息（指令或数据）的地址，包括参加运算的一或多个操作数所在的地址、运算结果的保存地址、程序的转移地址、被调用的子程序的入口地址等。

- 指令的分类

一台计算机的指令系统往往由几十条到几百条指令组成。一般包括如下指令：
① 算术与逻辑运算指令；② 移位操作指令；③ 数据传送指令；④ 转移指令、子程序调用

与返回指令；⑤ 特权指令；⑥ 其他指令。

- 寻址方式

寻址方式解决的是如何在指令中表示一个操作数的地址，如何用这种表示得到操作数或怎样计算出操作数的地址。表示在指令中的操作数地址，通常被称为形式地址。用这种形式地址结合某些规则，可以计算出操作数在存储器中的存储单元地址，这一地址被称为物理（有效）地址。计算机中常用的寻址方式有：① 立即数寻址；② 直接寻址；③ 寄存器寻址、寄存器间接寻址；④ 变址寻址；⑤ 相对寻址；⑥ 基地址寻址；⑦ 间接寻址；⑧ 堆栈寻址。

（4）中央处理器操作指令

CPU 操作指令的处理流程大概分为取指（fetch）、译码（decode）、执行（execute）、访存（memory）、写回（write back）、更新指令计数器（Program Counter update）等几步。每条指令需要 1～6 字节不等，这取决于需要哪些字段。每条指令的第一个字节表明指令的类型：高 4 位是代码部分（例如 6 为整数类操作指令），低 4 位是功能部分（例如 1 为整数类中的减法指令），61 合起来即为整数的 sub 指令。

- 取指。取指阶段是从存储器读取指令字节放到指令存储器（Instruction Memory）中，地址为程序计数器（Program Counter，PC）的值，按顺序的方式计算当前指令的下一条指令的地址（即 PC 的值加上已取出指令的长度）。
- 译码。ALU（算术逻辑单元）从寄存器堆（Register File，通用寄存器的集合，或称为寄存器文件）读入最多两个操作数，即一次最多读取两个寄存器中的内容。
- 执行。在执行阶段会根据指令的类型，将 ALU 用于不同的目的。对其他指令，它会作为一个加法器来增加或减少栈指针，或者计算有效地址，或者只是简单地加 0，将一个输入传递到输出。

条件码（Condition Code，CC）寄存器有三个条件位。ALU 负责计算条件码的新值。当执行一条跳转指令时，会根据条件码和跳转类型来计算分支信号 Cnd。

- 访存。访存阶段从数据存储器中读出或向数据存储器中写入一个存储器字。指令和数据存储器访问的是相同的存储器位置，但用于不同的目的。
- 写回。写回阶段最多可以写两个结果到寄存器堆。寄存器堆有两个写端口：端口 E 用来写 ALU 计算出来的值，而端口 M 用来写从数据存储器中读出的值。
- 更新指令计数器。根据指令代码和分支标志，从前几步得出的信号值中选出下一个指令计数器的值。

3. 主存和辅存

（1）存储介质

存储介质是指存储数据的载体，比如软盘、光盘、DVD、硬盘、闪存（Flash Memory）等。目前流行的存储介质是基于闪存的，比如 U 盘、CF 卡、SD 卡、SDHC 卡、MMC 卡、SM 卡、记忆棒、xD 卡等。闪存分为四大类：NAND Flash 、NOR Flash、DINOR Flash 和 AND Flash。

从技术角度分类，存储介质可分为：

1）磁性介质：包括软盘和硬盘。软盘：以前使用比较广泛，现在使用得少。缺点是速度慢、可靠性差、存储量小。磁性硬盘：目前最为常见的存储介质之一，优点是每 MB 成本很低，存储容量大。缺点是速度慢、体积大、可靠性差、不适合移动。

2）光学介质：光盘使用激光读盘。最常见的是 CD-ROM 和 DVD。还有其他类型的光学介质，如可重写高密盘。

3）磁光介质（MO）：磁性媒体和光学媒体的杂合体，由常温下抗磁场损坏的材料制成。MO 盘使用激光和磁场的组合来读写盘，是可换媒体中最冷门的技术。

4）固态硬盘（SSD）：固态电子存储芯片阵列制成的硬盘，优点是速度快、适合移动、更高的可靠性。缺点是每 MB 成本较高。

5）互联网媒体：包括网盘、云盘等，其中云盘是最常见的媒体之一，应用范围越来越广。

（2）主存

● 主存储器的基本结构

主存储器通常由存储体、地址译码驱动电路、I/O 和读写电路组成。存储体是存储单元的集合体，而存储单元又是由若干个有序排列的单元组成的。

● 反映主存性能的主要术语

存储器的地址位数 N 决定了其可寻址的存储单元的数量 M，即 $M=2^N$。

1）存储周期：是指连续两次访问存储器的最小时间间隔，记作 Tm。

2）带宽：是指存储器的数据传送速率，即每秒传送的数据位数，记作 Bm。假设存储器传送的数据宽度为 W，那么 Bm=W/Tm。

（3）Cache（高速缓存）

高速缓冲技术就是利用程序的局部性原理，把程序中正在使用的部分（活跃块）存放在一个高速的容量较小的存储器中，这种存储器就是 Cache，使 CPU 的访存操作大多数针对 Cache 进行，从而大大提高程序的执行速度。

● Cache 的基本结构

Cache 介于 CPU 和主存之间，Cache 和主存有机地结合起来，借助于辅助硬件组成主存和 Cache 的不同存储器层次。Cache 的存取速度接近 CPU 的工作速度，但是容量较小，Cache 中的数据是主存中数据的一部分（注：Cache 中既可以存储指令又可以存储数据，这里为了行文的简洁就统称数据了）。Cache 和主存都被分为若干个大小相等的块。每块由若干字节组成。由于 Cache 的容量远小于主存的容量，因此 Cache 中的块数要远少于主存中的块数，它保存的数据只是主存中最活跃的若干块数据的副本。用主存地址的块号字段读取 Cache 标记，并将读出的标记和主存地址的标记字段相比较：若相等，说明访问 Cache 有效，称 Cache 命中；若不相等，说明访问 Cache 无效，称 Cache 不命中。

● Cache 的读/写操作

1）Cache 的读操作。

当 CPU 发出读请求时，如果 Cache 命中，就直接对 Cache 进行读操作，与主存无关；如果 Cache 不命中，则仍需访问主存，并把该块数据一次性地从主存调入 Cache 内。若此时 Cache 已满，则需根据某种替换算法（通常称淘汰算法），用这个块替换掉 Cache 中原来的某块数据。

2）Cache 的写操作。

当 CPU 发出写请求时，如果 Cache 命中，会遇到如何保持 Cache 与主存中的数据一致的问题，处理的方法有好几种。第一种是同时写入 Cache 和主存，这种方法称为写直达法（write-through，或称为全写法、写穿法）。该方法实现简单，而且能随时保持主存数据的正确性，但可能增加多次不必要的向主存写入的操作，从而会降低数据的存取速度。第二种是数据暂时只写入 Cache，并用标志将该块加以说明，直到该块从 Cache 中被替换出来时，才一次写入主存，这种方法称为写回法（write-back）。该方法的优点是操作速度快，但会因主存的块中的数据未及时更新而有可能出错——出现数据不一致的错误。

- Cache 的特点

1）位于 CPU 和主存之间。

2）容量小，一般只有几 KB 到几 MB。

3）速度一般比主存快 5～10 倍，由快速半导体存储器制成。

4）其内容是主存内容的副本，对程序员来说是透明的（即不可见的）。

5）Cache 既可存放指令又可存放数据。

（4）辅存设备

辅存狭义上是我们平时讲的硬盘，相对于主存而言的，科学地说就是外部存储器（需要通过 I/O 系统与之交换数据，又称为辅助存储器），即外存（相对于主存被称为内存而言的外存）。辅存的引入是为了解决主存储器容量不足的问题。硬盘属于外部存储器，机械硬盘由金属磁片或玻璃磁片制成，而磁片有记忆功能，所以存储到磁片上的数据，不论开机还是关机状态，都不会丢失。硬盘容量很大，已达 TB 级，尺寸有 3.5、2.5、1.8、1.0in（英寸）$^{\ominus}$等，接口有 IDE、SATA、SCSI 等，其中 SATA 最普遍。新兴的硬盘则是固态硬盘，是由固态电子存储芯片阵列制成的硬盘。

移动硬盘是以硬盘为存储介质，强调便携性的存储产品。市场上绝大多数的移动硬盘都是以标准笔记本硬盘为基础的，而只有很少部分是以微型硬盘为基础，这种情况是由价格因素决定的。移动硬盘同样可分为机械硬盘和固态硬盘，后者在不断地取代前者。

4. I/O 接口、I/O 设备和通信设备

（1）I/O 接口的功能和特点

I/O（Input/Output）即输入/输出，通常指数据在内部存储器和外部存储器或其他周边设备之间的输入和输出，是信息处理系统（例如计算机）与外部世界（可能是人类或另一个信息处理系统）之间的通信。输入是系统接收的信号或数据，输出则是系统发送的信号或数据。I/O 接口是硬件中由人（或其他系统）使用与计算机进行通信的部件。例如，键盘或鼠标是计算机的输入设备，而显示器和打印机是输出设备。计算机之间的通信设备（如调制解调器和网卡）通常用于输入和输出操作。

I/O 接口的功能是负责实现 CPU 通过系统总线把 I/O 电路和外围设备联系在一起。按照电路

$\ominus$　1in=0.0254m。——编辑注

和设备的复杂程度，I/O 接口的硬件主要分为两大类：

1）I/O 接口芯片：这些芯片大都是集成电路，通过 CPU 输入不同的命令和参数，并控制相关的 I/O 电路和简单的外设执行相应的操作，常见的接口芯片有定时计数器、中断控制器、DMA 控制器、并行接口等。

2）I/O 接口控制卡：由若干个集成电路按一定的逻辑组成为一个部件，或者直接与 CPU 同在主板上，或者是一个插在系统总线插槽上的插件。

按照接口的连接对象来分，又可以将 I/O 接口分为串行接口、并行接口、键盘接口和磁盘接口等。

输入/输出系统的硬件部分主要由计算机总线和输入/输出两部分组成，软件方面则需要有操作系统软件的支持。

计算机的总线按照各自承担的不同功能，可以分为数据总线（Data Bus，DB）、地址总线（Address Bus，AB）和控制总线（Control Bus，CB）3 个部分。数据总线在计算机部件之间传输数据信息（数据和指令），它的时钟频率和宽度（位数）的乘积正比于它支持的最大数据输入/输出能力。地址总线在计算机部件之间传输地址（内存地址，I/O 设备地址）信息，它的宽度（位数）决定了系统可以寻址的最大内存空间。控制总线给出总线周期类型、I/O 操作完成的时刻、DMA 周期、中断等相关的控制信号。

- 常见的系统总线有以下四种：① ISA 总线；② EISA 总线；③ PCI 总线；④ PCI-E 总线。
- 接口的基本功能有：① 实现主机和外设的通信联络控制；② 进行地址译码和设备选择；③ 用于数据的暂存；④ 数据格式的变换；⑤ 传递控制命令和状态信息。
- 常用的接口有：① IDE 接口；② SCSI 接口；③ 串行、并行通信接口；④ USB 接口；⑤ 1394 接口。

（2）常见 I/O 设备

从计算机的角度出发，向计算机输入信息的外部设备称为输入设备；接收计算机输出信息的外部设备称为输出设备。

按输入信息的形态分，输入可分为字符（包括中文字符）输入、图形输入、图像输入及语音输入等。目前，常见的输入设备有键盘、鼠标、数字化仪、条码扫描器、自动扫描仪、语音输入设备、卡片输入机及数据站等。

输出设备有显示设备、绘图仪、打印输出、卡片穿孔机、语言输出设备等。显示设备能把计算机输出的信息直接在屏幕上以字符、曲线、图形、图像、动画等方式显示出来，具有直观性好、可修改与清除方便等优点。绘图仪以曲线、图形等方式绘制出计算机的输出信息，使人们容易看到输出结果，直观性较强，也易保存。打印输出设备包括击打式打印输出设备和非击打式打印输出设备，它能将计算机输出的信息以字符、中文字符、表格、图形、图像等形式打印在纸上。

另外，还有一种兼有输入和输出功能的所谓复合输入/输出设备，如电传打字机控制台以及键盘和显示器相结合的终端设备。键盘是计算机最重要的外部输入设备之一，是计算机硬件的重要组成部分，是人们使用计算机的主要工具。鼠标是控制显示器光标移动的输入设备，由于它能在屏幕上实现快速精确的光标定位，可用于屏幕编辑、选择菜单和屏幕作图。显示设备是将电信号转换成视觉信号的一种装置，在计算机系统中，显示设备被用作输出设备和人机对话的重要工具。

（3）常见通信设备

通信设备，英文简称 ICD（Industrial Communication Device），用于工业自动化控制环境下的有线通信和无线通信。有线通信设备主要用于工业现场的串口通信、专业总线型的通信、工业以太网的通信以及各种通信协议之间的转换，主要包括路由器、交换机、调制解调器等设备。常用的有线通信设备有：计算机、电视机、电话机、PCM（脉冲编码调制）机、光端机、服务器等。无线通信设备主要包括无线 AP、无线网桥、无线网卡、无线避雷器、天线等。通信可分为军事通信和民事通信，中国三大通信运营商为移动通信，联通通信和电信通信。

（4）I/O 接口的编址方式

为了能在众多的外设中寻找或挑选出要与主机进行信息交换的外部设备（简称外设），就必须对外设进行编址。外设识别是通过地址总线和接口电路中的地址译码器来实现的。一台外设可以对应一个或几个识别码，从硬件结构来讲，每个特定的地址码指向外设接口中的一个寄存器。目前，采用两种不同的外设编址方式。

- 独立编址方式。在这种方式下，外设端口与主存单元的地址都是单独编址的，外设端口不占用主存的地址空间。当访问主存时，由主存读/写控制线控制；当访问外设时，由 I/O 读/写控制线控制。
- 统一编址方式。在这种方式下，外设端口和主存单元的地址是统一编址的，即外设接口的寄存器就相当于主存单元。单总线结构的计算机系统多采用这种方式，同一总线既作为存储总线又作为 I/O 总线。CPU 可以用访问主存单元同样的方法访问外设，不需要专门的 I/O 指令。

（5）I/O 信息传送控制方式

主机和外设之间的信息传送控制方式，经历了由低级到高级、由简单到复杂、由集中管理到各部件分散管理的发展过程，按其发展的先后和主机与外设并行工作的程度，可以分为以下五种。

1）程序查询方式。

程序查询方式是一种程序直接控制方式，是主机与外设间进行信息交换的最简单方式，输入和输出完全是通过 CPU 执行程序来完成的。这种方式控制简单，但外设和主机不能同时工作，各外设之间也不能同时工作，系统效率很低。

2）程序中断方式。

在主机启动外设后，无须等待查询，而是继续执行原来的程序，外设在做好输入/输出准备时，向主机发送中断请求，主机接收到请求后就暂时中止原来执行的程序，转去执行中断服务程序对外部请求进行处理，在中断处理完毕后返回原来的程序继续执行，这个过程叫作中断。显然，程序中断不仅适用于外部设备的输入/输出操作，也适用于对外界发生的随机事件的处理。

程序中断在信息交换方式中处于最重要的地位，它不仅允许主机和外设同时并行工作，而且允许一台主机管理多台外设，使它们同时工作。但是完成一次程序中断所需的辅助操作可能很多，当外设数目较多时，中断请求过分频繁，可能使 CPU 应接不暇；另外，对于一些高速外设，由于信息交换是成批的，如果处理不及时，可能会造成信息丢失。因此，程序中断方式主要适用于低速外设。

3）直接存储器访问方式。

直接存储器访问（Direct Memory Access，DMA）方式是在外设和主存储器之间开辟一条"直接数据通道"，在不需要 CPU 干预也不需要软件介入的情况下在两者之间进行的高速数据传送方式。DMA 方式具有下列特点：

- 它使主存与 CPU 的固定联系脱钩，主存既可以被 CPU 访问，也可以被外设访问。
- 在数据块传送时，主存地址的确定、传送数据的计数等都用硬件电路直接实现。
- 主存中要开辟专用缓冲区，及时提供和接收外设的数据。
- DMA 传送速度快，CPU 和外设并行工作，提高了系统的效率。
- DMA 在开始前和结束后要通过程序与中断方式进行预处理和后处理。

4）I/O 通道控制方式。

I/O 通道控制方式是 DMA 方式的进一步发展。系统中没有通道控制部件，每个通道挂若干外设，主机在执行 I/O 操作时，只需启动有关通道，通道将执行通道程序，从而完成 I/O 操作。

一个通道执行输入/输出过程全部由通道按照通道程序自行处理，不论交换信息有多少，只打扰 CPU 两次（启动和停止时）。因此，主机、外设和通道可以并行工作，而且一个通道可以控制多台不同类型的设备。

5）I/O 处理器方式。

通道方式的进一步发展就形成了 I/O 处理器，又叫作外围处理器。它既可以完成 I/O 通道要完成的 I/O 控制，又可以完成码制变换、格式处理、数据块的检错、纠错等操作。它基本上独立于主机工作。

目前，小型、微型机大多采用程序查询方式、程序中断方式和 DMA 方式；大、中型机多采用通道方式和外围处理器方式。

2.1.3.2 软件基础知识

1. 操作系统基础知识

（1）操作系统的类型和功能

- 操作系统的类型

一种常用的分类方法是按照操作系统提供的服务进行分类，大致可以分成以下几类：批处理操作系统、分时操作系统、实时操作系统、网络操作系统和分布式操作系统。其中批处理操作系统、分时操作系统、实时操作系统是基本的操作系统。

1）批处理系统。批处理操作系统按照预先写好的作业说明书控制作业的执行。因此，作业执行时无须人为干预，批处理操作系统实现了计算机操作的自动化。批处理操作系统又可分为单道批处理系统和多道批处理系统。

2）分时操作系统。在分时操作系统中，一个计算机系统与许多终端设备连接。最简单的终端可以由一个显示器和一个键盘组成。每个用户可以通过终端向系统发出命令，请求完成某项工作。系统根据用户的请求完成指定的工作，并把执行情况返回给用户。然后，用户根据上一个请求的执行结果，又向系统提出下一步的请求。重复系统与用户的交互会话过程，直至用户完成自己的全部工作。

3）实时操作系统。实时控制系统是利用计算机对一个生产过程进行控制、监测、调整，以保证产品质量和生产的高效率。实时处理系统是指计算机对输入信息或数据要以足够快的速度进行处理，并在一定的时间内做出响应。所以实时操作系统是一种响应时间快、可靠性很高的操作系统。

4）网络操作系统。微处理技术的发展助长了个人计算机的发展，但个人计算机的资源和功能相对有限，只适合一些小规模的计算机应用。若要建立一个较大的数据库或执行一个大型程序，则一台个人计算机就显得力不从心了。为了能满足较大规模的应用，可以把若干台个人计算机系统用通信线路连接起来构成计算机网络。

网络操作系统把计算机网络中的各台计算机有机地联合起来，实现各台计算机之间的通信及网络中各种资源的共享。用户可以借助通信系统使用网络中其他计算机的资源，实现相互间的信息交换，从而大大扩展了计算机的应用范围。

5）分布式操作系统。分布式操作系统是由多台计算机组成的一种特殊的计算机网络。网络中的各台计算机没有主次之分，网络中的资源供各用户共享。分布式操作系统把一个计算问题分成若干个可以并行执行的子计算，让每个子计算在系统中的各计算机上并行执行，充分利用各计算机的优势。这样，一个程序就被分布在几台计算机上并行执行，相互协作得到结果。

- 操作系统的功能

操作系统是一种大型复杂的系统软件，它的主要功能是对计算机的各种资源进行管理。操作系统要管理的资源很多，通常可分为四大类，即处理器、存储器、I/O 设备以及信息（程序和数据）。这四类资源构成了操作系统本身和用户作业活动的物质基础和工作环境，它们的使用方法和管理策略是决定整个操作系统的规模、类型、功能及其实现过程的重要因素。

1）处理器管理。为用户合理地分配处理器时间，尽可能地使处理器处于忙状态，提高处理器的工作效率。

2）存储管理。实现对主存储器的管理，为用户分配主存空间，保护主存中的程序和数据不被破坏，提高主存空间的利用率。

3）文件管理。为用户实现按文件名存取文件，管理用户信息的存储、检索、共享和保护，合理地分配和使用文件的存储空间。

4）设备管理。负责管理各种外围设备，包括设备的分配、启动以及 SPOOL（Simultaneous Peripheral Operations On Line，外部设备联机并行操作）的实现技术。

5）作业管理。实现作业调度和控制作业的执行。作业调度从等待处理的作业中选择可以装入主存储器的作业，对已经装入主存储器中的作业按用户的意图控制其执行。

（2）处理器管理

- 多道程序设计

处理器是计算机系统中最重要的资源。在现代计算机系统中，为了提高系统的资源利用率，CPU 将被某一程序独占。系统允许多个程序同时进入计算机系统的内存并运行，让多个计算问题同时装入一个计算机系统的主存储器并行执行，这种设计技术称为"多道程序设计"，这种计算机系统称为"多道程序设计系统",简称"多道系统"。

在多道程序设计系统中,主存储器中同时存放了多个作业的程序。为避免相互干扰,必须提供必要的手段使得在主存储器中的各道程序只能访问自己的区域。这样,每道程序在执行时,都不会破坏其他各道程序及其数据。特别是当某道程序发生错误时,也不至于影响其他程序。也就是说,在多道程序设计系统中,应采用"存储保护"的方法保证各道程序互不侵犯。

多道程序设计系统具有以下特点:

1)系统中存在着多个同时进行的活动。

2)多道程序相互穿插交替运行,一道程序的前一个操作完成之后,系统并不马上执行其后续操作,而可能转去执行其他程序的某些操作,即并发出另一个程序的运行。

● 进程

进程是能和其他程序并行执行的程序段在某数据集合上的一次运行过程,它是系统资源分配和调度的一个独立单位。进程管理的主要功能是把处理器分配给进程,并协调各个进程之间的相互关系。引入进程是为了能够确切地描述并行程序执行过程的特点,揭示操作系统的动态实质。通常把进程分成"系统进程"和"用户进程"两大类,把完成操作系统功能的进程称为系统进程,完成用户功能的进程称为用户进程。

在多道程序系统中,进程的运行是不连续的,它在处理器上交替运行,状态也在不断发生变化。为了便于管理,根据进程在执行过程中不同时刻的状态将进程归结为三种基本状态,一个进程在任何时刻总是处于其中的一种状态。

1)等待态:等待某个事件的完成。

2)就绪态:等待系统分配处理器以便运行。

3)运行态:占有处理器正在运行。

进程的转换关系如图 2-2 所示。

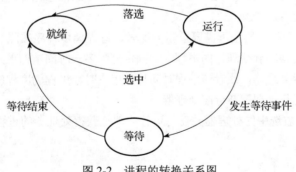

图 2-2　进程的转换关系图

● 中断

中断是计算机在运行过程中随机、实时地处理外界发出的各种请求或紧急情况的技术。中断很像子程序,但又不同于一般意义上的子程序。

通常在以下两种情况下发生中断:

1)希望请求,例如需要从设备输入或输出。

2)意外发生,例如除法溢出等。

中断有硬件中断和软件中断之分。从中断事件的性质来说，又可以分成下述两大类：

1）强迫性中断事件。这类中断事件不是正在运行的进程所期待的，是由于外部的请求或某些意外事件而迫使正在运行的进程被打断。强迫性中断事件的发生是随机的，无法预知是否会发生和发生的时间，因而进程的断点可能在任意位置。

2）自愿性中断事件。这是正在运行的进程所期望的中断事件，是正在运行的进程为了请求调用操作系统的某个功能服务而执行一条"访管指令"所引起的中断。例如，用户请求操作系统分配主存储器空间，或请求分配一台设备，或请求启动外围设备工作等。经常把自愿性中断事件称为"访管中断"。

中断是 CPU 处理外部突发事件的一项重要技术。它能使 CPU 在运行过程中对外部事件发出的中断请求及时地进行处理，处理完成后又立即返回断点，继续进行 CPU 原来的工作。引起中断的原因或者说发出中断请求的来源叫作中断源。

中断处理程序可预先设计一张"系统功能模块入口表"，按顺序依次列出各功能模块执行时的起始地址。当有访管中断请求处理时，中断处理程序查这张入口表，找出与参数对应的功能模块入口地址，把具体的处理转交给功能模块进行。

● 进程调度

进程调度也称为处理器调度，它协调和控制各进程让 CPU 的使用户进程数总是多于处理器的数目。因此，总有众多的进程在等待处理器。到底应该让哪一个进程得到处理器，这是一个很重要的问题。操作系统必须按一定的算法把处理器动态地分配给就绪队列中的某一个进程，并使之运行，这就是进程调度的任务。

进程调度程序应具备以下职能：

1）记录系统中所有进程的情况。为了对进程进行有效的管理，必须把每个进程的情况随时记录在进程控制块（Process Control Block，PCB）中，登记的信息包括进程的名字、当前状态、优先数、资源使用情况等。

2）分配处理器。当处理器空闲需要重新分配时，进程调度程序按照一定的算法把处理器分配给就绪队列中最有资格得到处理器的进程，并确定分配多长时间。如果某进程正在执行但又有优先数高的进程要占用处理器，或者该进程时间片已用完时，进程调度程序根据调度原则来选取合乎条件的进程投入运行，即重新分配处理器。

3）把控制权交给被选中的处理器并使之运行。即把获得处理器的进程从就绪队列中移除，并将其状态改为执行状态。

● 进程调度常用的算法

采用什么样的算法把处理器分配给进程，是进程调度的核心问题，调度算法合理与否直接影响到资源的利用率、处理器的空闲状态以及处理器被某个进程独占等。进程调度常用的算法有以下 4 种。

1）先来先服务的调度。

这种调度算法按照进程就绪的先后顺序来调度进程，到达的越早其优先数越高。获得处理器的进程，在未遇到其他情况时，一直运行下去。

系统只需具备一个先进先出的队列。在管理按优先数排列的就绪队列时，它是一种常见的策略，并且在没有其他信息时，也是一种最合理的策略。

2）轮转法调度。

轮转法调度就是把处理器按时间片分配给就绪队列中的每一个进程，它是先来先服务的一个重要变体。系统把所有就绪进程按先后次序排队，处理器总是先分配给就绪队列中的第一个进程，并分配给它一个固定的时间片。

当该进程用完规定的时间片后，被迫释放处理器给下一个处于就绪队列中的第一个进程，并分给这个进程相同的时间片。每次运行完规定时间片的进程，如果未遇到任何封锁，就回到就绪队列的尾部，等待下一次轮到它时再投入运行。因此，只要是处于就绪队列中的进程，总可以分配到处理器投入运行。

3）多队列轮转法调度。

多队列轮转法调度就是把单就绪队列改成双就绪队列，或多就绪队列，并赋予每个队列不同的优先数。如在双就绪队列中一个赋予较高优先数的队列，称为前台就绪队列，另一个赋予较低优先数的队列，称为后台就绪队列。

进程调度程序首先调度前台就绪队列中的进程，并保证充分为它们服务。只有前台就绪队列中所有进程全部运行完毕或等待 I/O 操作而没有进程可运行时，才把处理器分配给后台就绪队列中的进程，分得处理机的就绪进程立即投入运行。通常前后台就绪进程分配到的时间片不一样，这样就可以满足运行时间长的进程的要求，同时也降低了运行时间长的进程的交换频率，提高了系统的利用率。

4）优先数法调度。

这是进程调度中最常用的一种简单方法，它把处理器分配给就绪队列中优先数最高的进程。这种方法的关键问题是如何确定进程的优先数。常用的确定原则有：

- 规定进程的优先数与其运行时间成反比，即执行时间越短的进程，其优先级高。
- 根据进程的不同类型确定优先数。
- 动态地修改进程的优先数。

大多数动态优先数方案设计成：把交互式和 I/O 请求频繁的进程移到队列的顶端，把计算量大的进程移到较低优先数的进程上；在每级内按先来先服务或轮转法分配处理器。

对于一个给定时间周期且正在运行的进程，每请求一次 I/O 操作后它的优先数就自动加 1，显然此进程的优先数直接反映出 I/O 请求的频率，从而使 I/O 设备具有很高的利用率。

- 线程

线程是进程中可独立执行的子任务，一个进程中可以有一个或多个线程，每个线程都有一个唯一的标识符。

线程有如下属性：

1）每个线程有一个唯一的标识符和一张线程描述表，线程描述表记录了线程执行时的寄存器和栈等现场状态。

2）不同的线程可以执行相同的程序，即同一个服务程序被不同用户调用时操作系统将它们创建成不同的线程。

3）同一进程中的各个线程共享分配给进程的主存地址空间。

4）线程是处理器的独立调度单位，多个线程是可以并发执行的。在单处理器的计算机系统中，各线程可交替地占用处理器；在多处理器的计算机系统中，各线程可同时占用不同的处理器，若各个处理器同时为一个进程内的各线程服务，则可以缩短进程的处理时间。

5）一个线程被创建后便开始了它的生命周期，直至终止。线程在生命周期内会经历等待态、就绪态和运行态等各种状态变化。

● 死锁

当若干进程需求资源的总数大于系统能提供的资源数时，进程间就会出现资源竞争的现象，如果对进程竞争的资源管理或分配不当就会引起死锁。死锁不仅会发生在两个进程之间，也可以发生在多个进程之间。死锁不仅会在动态使用外部设备时发生，也可能在动态使用缓冲区、数据库等时发生，甚至有可能在进程通信过程中发生。

系统出现死锁一定是同时满足了如下四个必要条件：

1）互斥使用资源。每个资源每次只允许一个进程使用，当有进程在使用某个资源时，其他想使用该资源的进程必须等待，直到使用资源者归还资源后才允许另一进程使用该资源。

2）占有并等待资源。进程占有了某些资源后又申请新资源，但得不到满足而处于等待资源状态，且不释放已经占有的资源。

3）不可抢夺资源。任何一个进程不能抢夺其他进程占用的资源，即已被占用的资源只能由占用资源的进程自己来释放。

4）循环等待资源。存在一组进程 P_1，P_2，…，P_n，其中每一个进程都在等待被另一个进程占用的资源，即 P_1 等待 P_2 占用的资源，P_2 等待 P_3 占用的资源，…，P_{n-1} 等待 P_n 占用的资源，而 P_n 又等待 P_1 所占用的资源。

（3）存储管理

操作系统中所讨论的存储管理主要是对内存（或称主存储器）的管理。存储管理的目的：一是方便用户；二是提高内存的利用率。

存储管理的功能一般可概括为以下几方面：

1）对内存的分配和管理。为了实现对内存的分配工作，必须随时掌握存储单元的使用情况，登记好哪些单元已被分配，哪些单元还未被分配；当有用户程序或系统提出申请存储空间时，确定其分配区域，并实施具体的分配工作，修改有关记录；在用户或系统要释放已占用的存储区域时，能及时地收回该资源等。

2）实现地址变换。为使程序能正确运行，存储管理必须具有把用户根据程序关系编制的程序地址转换成内存中可执行的实际地址的能力

3）实现内存和信息的共享。为了提高内存的利用率，使更多的作业能投入运行，就要选择分配内存的策略，使多道程序不仅能动态地共享内存，而且能共享内存中的某些信息。

4）存储保护。在多道程序情况下，内存中总是同时存放着多道程序。为了确保各道程序都能在系统指定的存储范围内操作，互不干扰，特别要防止由于某道作业的错误操作而破坏其他作业的信息，甚至是破坏系统程序。存储管理应具备存储保护的功能，研究解决各种存储保护措施。

5）内存容量的"扩充"。在多道程序情况下，内存容量往往不够用，因此要解决内存容量的问题，以便为用户提供比实际内存容量大得多的虚拟存储器。

● 分区存储管理

1）固定分区管理方式。

固定分区管理方式是把主存储器中可分配的用户区域预先划分成若干个连续区，每个连续区的大小可以相同，也可以不同。但是，一旦划分好分区之后，主存储器中分区的个数就固定了，且每个分区的大小也固定不变。

在固定分区管理方式下，每个分区可用来装入一个作业。由于主存中有多个分区，就可以同时在主存中装入多个作业，这种管理方式适用于多道程序设计系统。

等待进入主存的作业排成队列，当主存储器中有空闲的分区时，依次从作业队列中选择一个能装入该分区的作业。当所有的分区都已装有作业，则其他的作业暂时不能再装入，绝不允许在同一分区中同时装入两个或两个以上的作业。

已经被装入主存的作业得到处理器运行时，要限定它只能在所占的分区中执行。图 2-3 是划分成三个分区的固定分区管理方式的存储空间分配示意图。

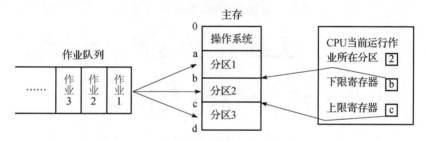

图 2-3　固定分区存储空间分配示意图

2）可变分区管理方式。

可变分区管理方式不是把作业装入到已经划分好的分区中，而是在作业被要求装入主存储器时，根据作业需要的主存量和当时主存空间的使用情况来决定是否可以装入该作业。

当主存中有足够的空间能满足作业需求时，则按作业需求量划出一个分区分配给该作业。由于分区的大小是按作业的实际需求量来定的，故分区的长度不是预先固定的，且分区的个数也随作业的随机性而不确定。

图 2-4 是可变分区管理方式的存储空间分配示意图。

采用可变分区方式管理时，一般均采用动态重定位方式装入作业。因此，要有硬件的地址转换机构来支持。硬件设置两个专用的控制寄存器：限长寄存器和基址寄存器。限长寄存器用来存放作业所占分区的长度，基址寄存器用来存放作业所占分区的起始地址。

当作业被装到所分配的分区后，把分区的起始地址和长度作为现场信息存入该作业进程的进程控制块中。进程调度选中某作业进程占用处理器时，作为现场信息的分区起始地址和长度被送入基址寄存器和限长寄存器中。

作业执行过程中，处理器每执行一条指令都要取出该指令中的逻辑地址，当逻辑地址小于限长寄存器中的限长值时，逻辑地址加基址寄存器值就可得到绝对地址。当逻辑地址大于限长寄存器中的限长值时，表示欲访问的主存地址超出了所分配的分区范围。这时就不允许访问，形成一个"地址越界"的程序性中断事件，达到存储保护的目的。图 2-5 是可变分区管理地址转换的示例图。

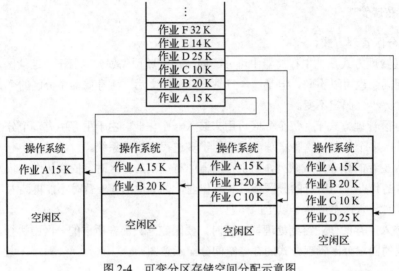

图 2-4　可变分区存储空间分配示意图

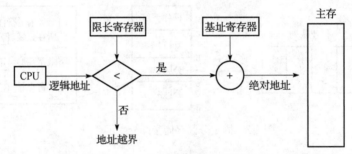

图 2-5　可变分区管理地址转换示例图

在多道程序系统中，有许多程序和数据是可以共享的，例如，编译程序、编辑程序、公共子程序和公用数据等。这些共享的信息在主存中需要保留一个副本，如图 2-6 所示。

图 2-6　主存区的共享

程序共享可节省主存空间，但对每个作业来说，在执行时，应既可访问自己所在的分区又可访问公共区域。在这种情况下，硬件应该提供两组限长寄存器和基址寄存器，其中一组用来存放共享区的长度和起始地址，另一组用来存放占用处理器的那个作业所在分区的长度和起始地址。

处理器执行指令时，根据指令中的指示区分要访问的是共享区还是作业所在分区。若访问作业所在分区，则按后一组寄存器的值进行地址转换和判断是否地址越界。若访问共享区，则按前一组寄存器的值进行判断和地址转换。

除了判断为地址越界时不允许访问外，还必须对共享信息进行保护，不允许破坏。一般来说，共享信息只能读或调用执行，不准修改。因此，处理器执行的指令若是访问共享区，那么，需核对该指令的操作要求。如果是"写"操作，则立即停止指令的执行，且形成一个"非法操作"的程序性中断事件，以达到存储保护的目的。

- **段式存储管理**

在分区存储管理和页式存储管理中，供用户使用的逻辑地址都是连续的，用户在编制大型程序时就会感到很不方便。

段式存储管理支持用户的分段观点，以段为单位进行存储空间的分配。

每个作业由若干段组成，如图 2-7 所示。每一段都可独立编制，因此，每一段的逻辑地址都是从 0 开始，段内的地址是连续的，而段与段之间的地址是不连续的。

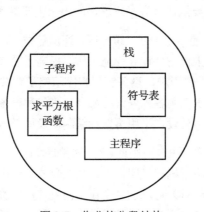

图 2-7　作业的分段结构

段式存储管理提供给用户编程时使用的逻辑地址由两部分组成：段号和段内地址。其格式如下：

段号	段内地址

当地址结构确定以后，允许作业的最多段数及每段的最大长度也就限定了。假定地址用 m 位表示，其中段内地址占用了 n 位，那么每个作业最多可分 $2(m-n)$ 段，每段的最大长度可达 2^n 字节。从表面上看，段式存储管理的地址结构与页式存储管理的地址结构类似，但是，它们之间有实质上的不同：页式存储管理提供连续的逻辑地址，由系统自动地进行分页；段式存储管理中作业的分段是由用户决定的，每段独立编程，因此，段间的逻辑地址是不连续的。

段式存储管理为作业的每一段分配一个连续的主存区域，作业的各段可被装到不相连的几个区域中。为了能控制作业的正确执行，必须把作业的各段在主存储器中的位置记录下来。因此，在装入作业时，操作系统为作业建立一张"段表"，指出该作业每个分段的长度和在主存储器的起始地址。

作业执行时按逻辑地址中的段号查"段表"得到该段在主存储中的起始地址，把起始地址与逻辑地址中的段内地址相加就得到欲访问的主存绝对地址。所以，虽然各段分散存放在主存储器中，但在作业执行中总能找到对应的绝对地址。通过段表中的"长度"指示可核对欲访问的主存单元是否在限定的分区内，以保证主存中信息的安全。

段式存储管理的优点：

1）提供了虚拟存储器。和请求分页类似，在内存中只保留当前用到的段，而把其余程序信息都存储在外存中。当需要时，由操作系统将其调入，因此系统为用户提供的地址空间就可以远远超过内存空间容量的大小。

2）允许动态增长段。有些数据或表格，其大小在运行期间是要发生变化的。在段式存储空间里，对这样的段就可以通过在其段表的表目中增加"增补位"来控制，使得程序在执行到需要增加大小时就转入操作系统来处理增长工作，这在线性地址空间是不可能的。

3）允许动态链接和装配。把程序的链接和装配推迟到要用到该程序时才进行，从而避免不必要的链接装配工作。

（4）设备管理

设备管理是操作系统的重要组成部分，它解决的问题主要有两个：

1）在 I/O 系统中，普遍地使用了中断、缓冲区、通道等技术，这些技术很好地解决了外设与主机在速度上匹配的问题，使主机与外设并行地工作，提高了它们的使用效率。

2）为使用户摆脱使用外设的困难，设备管理程序承担了有关外部设备的驱动、控制、分配等任务。操作系统向用户提供了使用各种外设的命令、语句和设备调用功能，用户只要掌握了它们的用法，就可以很方便地使用外设，不用再自行编制涉及硬件方面的具体程序。

各种外围设备的物理特性各不相同，因此，对它们的管理也有很大差别。从使用的角度来看，有一些设备（例如，输入机、磁带机和打印机等）往往只能让一个作业独占使用，称为"独占式设备"。另一些设备（例如，磁盘）可以让几个作业同时使用，称为"共享式设备"。

设备管理的任务：第一个是为用户提供使用外设的方便统一的手段，控制外设按照用户的要求工作；第二个是按照一定的算法分配设备，以保证系统安全且有条不紊地工作；第三个是实现设备的均衡使用，尽量提高它们并行工作的设备管理的功能。

设备管理的功能包括：① 建立统一、方便且独立于设备的用户界面；② 记录设备状态；③ 实施设备分配；④ 控制并实现 I/O 操作；⑤ 管理输入/输出缓冲；⑥ 改造独占式设备为虚拟的共享式设备。

（5）文件管理

文件管理是操作系统的五大职能之一，主要涉及文件的逻辑组织和物理组织，目录的结构和管理。所谓文件管理，就是操作系统中实现文件统一管理的一组软件、被管理的文件以及为实施文件管理所需要的一些数据结构的总称（是操作系统中负责存取和管理文件信息的机构）。从系统角度来看，文件系统是对文件存储器的存储空间进行组织、分配和回收，负责文件的存储、检索、共享和保护。从用户角度来看，文件系统主要实现"按名取存"，文件系统的用户只要知道所需文件的文件名，就可存取文件中的信息，而无须知道这些文件究竟存放在什么地方。

文件管理的重要性在于：在现代计算机系统中，用户的程序和数据，操作系统自身的程序和数据，甚至各种输出/输入设备，都是以文件形式出现的。可以说，尽管文件有多种存储介质可以使用，如硬盘、软盘、光盘、闪存、记忆棒、网盘等，但是，它们都以文件的形式出现在操作系统的管理者和用户面前。

（6）作业管理

在操作系统中，把用户要求计算机系统处理的一个计算任务或事务处理称为一个"作业"。任何一个作业都要经过若干加工步骤才能得到结果，我们把作业的每一个加工步骤称为一个"作业步"。作业经历"编译""装配"和"运行"三个作业步后得到计算结果。

● 作业控制方式

操作系统为用户提供了作业加工的手段，主要有两种：作业控制语言和操作控制命令。让用户说明他们的作业需进行加工的步骤。操作控制方式也有两种：批处理方式和交互方式。

1）批处理方式。

用户使用操作系统提供的"作业控制语言"对作业执行的控制意图写好一份"作业控制说明书"，连同该作业的源程序和初始数据一同提交给计算机系统，操作系统将按照用户说明的控制意图来控制作业的执行。于是，作业执行过程中用户不必在计算机上进行干预，一切由操作系统按作业控制说明书的要求自动地控制作业的执行。因此，有的系统经常把这种控制方式称为"自动控制方式"。由于对作业的控制意图是事先说明的，不必联机输入，故也有系统把它称为"脱机控制方式"。

采用这种控制方式的作业完全由操作系统自动控制，因此适合成批处理。在成批处理时，操作系统按各作业的作业控制说明书中的要求分别控制相应的作业按指定的步骤去执行。所以，我们把这种控制方式称为"批处理方式"，把采用批处理控制方式的作业称为"批处理作业"。

2）交互方式。

用户使用操作系统提供的"操作控制命令"来表达对作业执行的控制意图。用户逐条输入命令，操作系统每接收到一条命令，就根据命令的要求控制作业的执行，一条命令所要求的工作做完后，操作系统把命令执行情况通知给用户且让用户再输入下一条命令，以控制作业继续执行，直至作业执行结束。由于在作业执行过程中操作系统与用户不断地交互信息，故我们把这种控制方式称为"交互方式"。

采用交互方式时，用户必须在计算机上直接操作，因此有的系统把交互方式称为"联机控制方式"。交互方式也适合终端用户使用，终端用户通过终端设备把操作控制命令传送给操作系统，操作系统把命令执行情况也通过终端设备通知给用户，最终从终端上输出结果。我们把采用交互控制方式的作业称为"交互式作业"，对于来自终端的作业也称为"终端作业"。

● 批处理作业的调度

采用批处理控制方式的计算机系统一般均提供 SPOOL 操作技术，于是，操作员只要用"预输入命令"启动 SPOOL 系统中的"预输入程序"工作，就可以把作业流中的作业信息存放到"输入井"中。

预输入程序根据作业控制说明书中的作业标识语句（例如，JOB 语句）可以区分各个作业，把作业登记入作业表，把作业中的各个文件存储到"输入井"且登记到预输入表中。这样，就完成了作业的输入工作。被输入的作业处于"收容状态"，在"输入井"中等待处理。

（7）图形用户界面

图形用户界面（GUI）是指提供给用户操作计算机的、采用图形方式显示的界面。与早期计算机使用的命令行界面相比，图形界面对于用户来说在视觉上更易于接受。图形用户界面是一种全屏幕图形界面，用户通过点击设备（例如鼠标）操纵图形的屏幕元素，可以运行程序、执行命令、与计算机交互作用。这与在提示符下敲入命令相对应。目前大部分操作系统和应用系统都使用图形用户界面进行操作。

2. 程序设计语言基础知识

（1）语言基础知识

- **程序设计语言发展简况**

第一代程序设计语言：机器语言，也就是指令系统。

第二代程序设计语言：汇编语言，汇编语言虽然相较机器语言有很大的改进，但它仍然是面向机器的语言，与机器语言一样都属于低级程序设计语言。

第三代程序设计语言：为了进一步改进程序设计语言，使程序员能像书写算术表达式那样编写程序，从 20 世纪 60 年代初开始，出现了多种程序设计语言，如 Fortran、Algol、Basic 和 Pascal 等。这些语言更靠近人的思维方式而不是硬件的执行方式，在层次结构上处于较高层。这些语言读写容易，更重要的是这些语言基本上不依赖于具体的机器，可移植性强。所以这些语言也称为"高级程序设计语言"，如 C 语言是一种高级语言，不过因为它也具有许多汇编语言的能力，所以也有人称它为中级语言。

第四代程序设计语言（简称 4GL）：是后来出现的一种面向问题的程序设计语言，目前成为程序设计语言的主流，如用于关系数据库查询的结构化查询语言 SQL，就是一种典型的 4GL。

- **基本的语言处理程序**

基本的语言处理程序有以下 3 种：

1）汇编程序：将用汇编语言编写的程序翻译成机器语言。
2）编译程序：将用高级语言编写的程序翻译成机器语言。
3）解释程序：用软件模拟计算机实现高级语言源程序的解释执行。

（2）程序设计语言的基本成分

- **基本数据类型**

在 C 语言中，每个变量在使用之前必须定义其数据类型。C 语言有以下几种数据类型：整数类型（int）、浮点数类型（float）、字符类型（char）、指针类型（*）、无值类型（void）以及结构（struct）类型和联合（union）类型。

- **构成数据类型**

数组类型：是一种构造类型，它将多个具有相同类型的个体按照一定的顺序组织在一起，形成一个有序整体，并按顺序为这些个体命名。一个数组类型由数组元素的类型和维数来说明。数组元素在内存中以行（或列）为主序进行存储。

结构体类型：可以把一个数据元素的各个不同的数据项聚合为一个整体。

共用体类型：也称为联合体。它的定义与结构类型非常相似，不同的是共用体变量的所有数据成员共享同一个内存空间。

类类型：是 C++在 C 语言的基础上扩展的，使它具有函数成员，成为一个新的数据类型（类，Class）。

- 指针类型

指针是对象的地址，指针变量的值是一个对象的地址。

在 C 语言中，指针与数组的关系很密切。数组变量实际上被看作一个指针常量，它的值为数组空间的首地址。可以定义一个指针，使它指向数组中的某个元素。

（3）程序设计语言类型和特点

- C 语言

C 语言是一种计算机程序设计语言，它既具有高级语言的特点，又具有汇编语言的特点。它可以作为系统设计语言，既可用于编写系统应用程序，也可用于设计应用程序。

C 语言的应用范围广泛，具备很强的数据处理能力，不仅仅是在软件开发上，就连各类科研都需要用到 C 语言，例如编写程序软件，制作三维、二维图形和动画，应用于如单片机以及嵌入式系统的开发。

优点：简洁紧凑，灵活方便，运算符丰富，数据类型丰富；C 是结构式语言，语法限制不太严格，程序设计自由度大，生成的目标代码质量高，程序执行效率高。

缺点：没有面向对象编程（OOP）功能，运行时类型检查不可用，C 语言没有对象的概念，构造函数和析构函数不可用，必须通过其他方式来手动实现变量的创建和撤销。

- C++语言

C++是在 C 语言的基础上发展出来的一种面向对象的程序设计语言，应用广泛。

特点：① 尽量兼容 C；② 支持面向对象的程序设计方法。保持了 C 语言的简洁、高效且接近汇编语言等特点，对 C 语言的类型系统进行了改革性的扩充。

应用：游戏，科学计算，网络软件，分布式应用，操作系统，设备驱动程序，移动设备，嵌入式系统，教育与科研，部分行业应用，其他应用等。

- C#语言

C#是一种最新的、面向对象的程序设计语言。

特点：简单，现代，面向对象，类型安全，具有兼容性、可伸缩性和可升级性。

应用：Web 应用，客户端应用，分布式计算，人工智能，各类游戏。

- Visual 语言

Visual 语言是一种解释型程序设计语言。它的名称字面意思为"初学者的全方位式指令代码"，是设计给初学者使用的程序设计语言，在完成编写后不需经由编译和链接等步骤，只需经过解释器即可运行，但如果需要单独运行时仍然需要将其生成为可执行文件。

特点：① 面向对象和可视化的程序设计；② 事件驱动的运行机制；③ 结构化的程序设计语言；④ 多种数据库访问能力；⑤ 提供了功能完备的应用程序集成开发环境；⑥ 方便使用的联机帮助功能。

- Perl 语言

Perl 语言是一种解释型的脚本语言，由 Larry Wall 于 1986 年开发成功，主要是在 Unix 环境下为处理面向系统任务而设计的脚本编程语言。Perl 对文件和字符有很强的处理、变换能力，特别适用于有关系统管理、数据库和网络互联以及 WWW 程序设计等任务，这样使得 Perl 成为系统维护管理者和 CGI 编制者的首选工具语言。

特点：① Perl 的解释程序是开放源码的免费软件，使用 Perl 不必担心费用问题；② Perl 能在绝大多数操作系统中运行，可以方便地移植到不同操作系统（可以在任何现代的操作系统上编译和运行）；③ Perl 是一种简化任务完成的语言。从一开始，Perl 就设计成使简单工作更容易，同时又不失去处理困难问题的能力的语言。它可以很容易地操作数字、文本、文件、目录、计算机和网络。特别是操作程序，它也可以很容易地运行外部的程序并且扫描这些程序的输出以获取用户感兴趣的东西。并进一步把这些用户感兴趣的东西交给其他程序进行特殊处理。

- Java 语言

Java 语言是一种面向对象的程序设计语言，它不仅吸收了 C++语言的各种优点，还摒弃了 C++里难以理解的多继承、指针等概念，因此 Java 语言具有功能强大和简单易用两个特征。Java 语言作为静态面向对象编程语言的代表，极好地实现了面向对象理论，允许程序员以优雅的思维方式进行复杂的编程。

特点：简单性，面向对象，分布性，编译和解释性，稳健性，安全性，可移植性，高能性，多线索性，动态性。

应用：Android 应用，在金融业应用的服务器程序，网站，嵌入式领域，大数据技术，高频交易的领域，科学领域等。

- Objective-C 语言

Objective-C 通常写作 ObjC 或 OC，较少写成 Objective 或 Obj-C，是扩充 C 的面向对象编程语言。它主要用于 MacOSX 和 GNUstep 这两个使用 OpenStep 标准的系统，而在 NeXTSTEP 和 OpenStep 中它更是基本语言。

特点：① 动态运行环境，适合 UI 编程；② 方便与 C/C++混合使用 Objective-C 中的 C 扩展部分，使用符号@开头，比如@Class、@interface、@"Hello，World"，而它的消息发送语法则是使用中括号而不是圆括号；③ 运行速度相对较快，Objective-C 编译后是机器原生指令，运行时环境小而紧凑。Objective-C 采用引用计数的内存管理方式，并引入 ARC（Automatic Reference Counting，自动引用计数）。ARC 比 GC（Garbage Collection，垃圾回收）更容易引起编程错误，但却比 GC 快。在性能要求很重要的场合，Objective-C 更易于直接调用 C/C++代码。相对于其他使用虚拟机、采用 GC 以及间接调用 C/C++ 的移动平台，Objective-C 的性能优势非常明显。

应用：iOS 操作系统，iOS 应用程序，MacOSX 操作系统，MacOSX 应用程序。

- PHP 语言

PHP 语言是一种通用开源脚本语言。它的语法吸收了 C、Java 和 Perl 的特点，易于学习，使用广泛，主要适用于 Web 开发领域。它比 CGI 或者 Perl 能更快速地执行动态网页。PHP 还可以执行编译后的代码，编译可以加密和优化代码的运行，使代码运行更快。

特点：① PHP 独特的语法混合了 C、Java、Perl 以及 PHP 自创新的语法；② PHP 可以比 CGI 或者 Perl 更快速地执行动态网页——动态页面方面，与其他的编程语言相比，PHP 是将程序嵌入到 HTML 文档中去执行，执行效率比完全生成 HTML 标记的 CGI 要高许多；PHP 具有非常强大的功能，所有的 CGI 的功能 PHP 都能实现；③ PHP 支持几乎所有流行的数据库以及操作系统；④ PHP 可以用 C、C++ 进行程序的扩展。

- Python 语言

Python 是一种面向对象的解释型程序设计语言，由荷兰人 Guido van Rossum 于 1989 年发明，第一个公开发行版发行于 1991 年。Python 是纯粹的自由软件，源代码和解释器 CPython 遵循 GPL（General Public License）协议。Python 语法简洁清晰，特色之一是强制用空白符（WhiteSpace）作为语句的缩进。

特点：简单，易学，速度快，免费，高级语言，面向对象，具有可移植性、解释性和可扩展性。

应用：系统编程，图形处理，数学处理，文本处理，数据库编程，网络编程，多媒体应用，pymo 引擎，黑客编程。

- Ruby 语言

Ruby 是一种简单快捷的面向对象的脚本语言，20 世纪 90 年代由日本的松本行弘（Yukihiro Matsumoto）开发，遵守 GPL 协议和 Ruby License。它的灵感与特性来自 Perl、Smalltalk、Eiffel、Ada 以及 Lisp 语言。

特点：语法简单，普通的面向对象功能（类、方法调用等），特殊的面向对象功能（Mixin、特殊方法等），操作符重载，错误处理功能，迭代器和闭包，垃圾回收，动态载入，可移植性高。

2.1.3.3　网络基础知识

计算机网络的定义：采用通信手段，将地理位置分散的具备自主功能的若干台计算机有机地连接起来组成一个复合系统，以实现通信交往、资源共享和协同工作的目标。

计算机网络的功能：计算机之间或计算机用户之间的相互通信与交往；共享资源（硬件、软件、数据、信息）；计算机之间或计算机用户之间的协同工作。

1. 网络的分类

根据网络覆盖的地理范围的大小，计算机网络可以分为广域网（Wide Area Network，WAN）、城域网（Metropolitan Area Network，MAN）和局域网（Local Area Network，LAN）。

- 局域网。基本特征是：① 网络的所有物理设备分布在半径不超过几 km 的有限地理范围之内；② 整个网络由同一个组织或机构所拥有；③ 在局域网中可实现相当高的数据传输速率；④ 网络连接相当规整，有严格的标准可遵循。

- 城域网。覆盖范围为 10km 左右，覆盖一个地区或城市。城域网的目标是满足几十 km 范围内大量企业、机关、公司的多个局域网互联，以提供数据、语音、图形等服务。一般采用与 LAN 相似的技术，也曾制定过一种访问控制规程——分布式队列双总线（Distributed Queue Dual Bus，DQDB）。

- 广域网。跨越大的地域的网络，通常覆盖一个国家、地区（几十 km 到几千 km）。基本特征是：① 网络中信息的传输距离相对很长，可达几千 km，涉及对远程(非本地)计算机的存取；② 通常分属于多个单位或部门所有，资源子网中的各类资源与通信子网分别由各单位或部门自己管辖与负责；③ 长距离通信线路上传输速率相对较低，一般在几十 Kb/s 至几 Mb/s 的数量级之间；④ 网络的相互连接结构通常不规整。

- 互联网（Internet）。互联网又称国际网络，指的是网络与网络之间所串联成的庞大网络，这些网络以一组通用的协议相连，形成逻辑上的单一巨大国际网络。

  互联网、因特网、万维网（World Wide Web）三者的关系是：互联网包含因特网，因特网包含万维网，凡是能彼此通信的设备组成的网络就叫互联网。所以，即使仅有两台机器，不论用何种技术使其彼此通信，也叫互联网。国际标准的互联网写法是 Internet，因特网是互联网的一种。因特网可不是仅有两台机器组成的互联网，它是由上千万台设备组成的互联网。因特网是基于 TCP/IP 实现的，TCP/IP 由很多协议组成，不同类型的协议又被放在不同的层，其中，位于应用层的协议就有很多，比如 FTP、HTTP、SMTP。只要应用层使用的是 HTTP，就称为万维网。

按信息交换方式可将网络分为电路交换网、分组交换网和综合交换网。

按网络的拓扑结构可将网络分为星形、树形、环形和总线型。

2. 协议体系结构

（1）OSI 参考模型

OSI（Open System Interconnection，开放系统互连）模型，于 1981 年由 ISO（国际标准化组织）发布，由物理层（Physical Layer）、数据链路层（Data Link Layer）、网络层（Network Layer）、传输层（Transport Layer）、会话层（Session Layer）、表示层（Presentation Layer）和应用层（Application Layer）组成，简称七层协议。

- 物理层

物理层是 OSI 中唯一设计通信介质的一层，它提供与通信介质的连接，描述这种连接的机械、电气、功能和规程特性，以建立、维护和释放数据链路实体之间的物理连接。物理层向上层提供位信息的正确传送。

- 数据链路层

数据链路层的主要任务是加强物理层传输原始比特的功能，使之对网络层显现为一条无错链路。它在相邻网络实体之间建立、维持和释放数据链路连接，并传输数据链路数据单元(帧，frame)。

它是将位收集起来按包处理的第一个层次，它完成发送包前的最后封装，以及对到达包进行首次检视。其主要功能有如下几点：

1）数据链路连接的建立与释放：在每次通信前后，双方相互联系以确认一次通信的开始和结束。数据链路层一般提供三种类型的服务：无应答无连接服务、有应答无连接服务和面向连接的服务。

2）数据链路数据单元的构成：在上层交付的数据的基础上加入数据链路协议控制信息，形成数据链路协议数据单元。

3）数据链路连接的分裂：当数据量很大时，为提高传输速率和效率，将原来在一条物理链路上传输的数据改用多条物理链路来传输（与多路复用相反）。

4）定界与同步：从物理连接上传输数据的比特流中识别出数据链路数据单元的开始和结束，以及识别出其中的每个字段，以便实现正确的接收和控制。

5）顺序和流量控制：用以保证发送方发送的数据单元能以相同的顺序传输到接收方，并保持发送速率与接收速率的匹配。

6）差错的检测与恢复：检测出传输、格式和操作等错误，并对错误进行恢复，如不能恢复则向相关网络实体报告。

- 网络层

网络层关系到子网的运行控制，其关键问题之一是确定分组从源端到目的端如何选择路由。本层维护路由表，并确定哪一条路由是最快捷的以及何时使用替代路由。路由既可以选用网络中固定的静态路由表（几乎保持不变），也可以在每一次会话开始时决定（如通过终端协商决定），还可以根据当前网络的负载状况高度灵活地为每一个分组决定路由。

网络层的另一重要功能是传输和流量控制，当子网中同时出现过多的分组时，它提供有效的流量控制服务来控制网络连接上传输的分组，以免发生信息"堵塞"或"拥挤"现象。

网络层提供两种类型的网络服务，即无连接的服务（数据报服务）和面向连接的服务（虚电路服务）。网络层使较高层与连接系统所用的数据传输和交换技术相独立。

IP 工作在本层，它提供"无连接的"或"数据报"服务。

- 传输层

传输层的基本功能是从会话层接收数据，在必要时把它们划分成较小的单元传递给网络层，并确保到达对方的各段信息准确无误。而且，这些任务都必须高效率地完成。

传输层是在网络层的基础上再增添一层软件，使之能屏蔽掉各类通信子网的差异，为用户进程提供一个能满足其要求的服务。传输层具有一个不变的通用接口，使用户进程只需了解该接口便可方便地在网络上使用网络资源并进行通信。

通常情况下，会话层每请求建立一个传输连接，传输层就为其创建一个独立的网络连接。如果传输连接需要较高的信息吞吐量，传输层也可以为之创建多个网络连接，让数据在这些网络连接上分流，以提高吞吐量。此外，如果创建或维持一个网络连接不合算，传输层可以将几个传输连接复用到一个网络连接上，以降低费用。在任何情况下，都要求传输层能使多路复用对会话层透明。

传输层是真正的从源到目标"端到端"的层，也就是说，源端机上的某程序，利用报文头和控制报文与目标机上的类似程序进行对话。在传输层以下的各项层中，协议是每台机器和它直接相邻的机器间的协议，而不是最终的源端机和目标机之间的协议，在它们中间可能还有多个路由器。

TCP 工作在本层，它提供可靠的基于连接的服务，即它在两个端点之间提供可靠的数据传送，并提供端到端的差错恢复与流控。

- 会话层

会话层允许不同机器上的用户之间建立会话关系，即正式的连接。这种正式的连接使得信息的收发具有高可靠性。会话层的目的就是有效地组织和同步进行合作的会话服务用户之间的对话，并对它们之间的数据交换进行管理。

会话层服务之一是管理对话，它允许信息同时双向传输，或任意时刻只能单向传输。会话层属于后者（类似于单线铁路），它将记录此时该轮到哪一方了。另一种与会话有关的服务是令牌管理（Token Management），令牌可以在会话双方之间交换，只有持有令牌的一方可以执行某种关键操作。

另一种会话服务是同步（Synchronization）。同步是在连续发送大量信息时，为了使发送的数据更加精细地结构化，在用户发送的数据中设置同步点，以便记录发送过程的状态，并且在错误发生导致会话中断时，会话实体能够从一个同步点恢复会话继续传送，而不必从开头恢复会话。

TCP/IP 体系中没有专门的会话层，但是在其传输层协议（TCP）实现了本层部分功能。

- 表示层

表示层完成某些特定的功能，由于这些功能常被请求，因此人们希望找到通用的解决办法，而不是让每个用户来实现。值得一提的是，表示层以下的各层只关心可靠的传输比特流，而表示层关心的是所传输的信息的语法和语义。

表示层尚未完整定义和广泛使用，如 TCP/IP 体系中就没有定义表示层。表示层完成应用层所用数据所需的任何转换，以提供标准化的应用接口和公共的通信服务。数据格式转换、数据压缩/解压和数据加密/解密可能在表示层进行。

- 应用层

应用层包含大量人们普遍需要的协议。应用层处理安全问题与资源的可用性。最近几年，应用层协议发展很快，经常用到的应用层协议有：FTP、TELNET、HTTP、SMTP 等。

OSI 模型的各层之间任务明确，它们只与上下相邻层打交道：接收下层提供的服务，向上层提供服务。由于所有的网络协议都是分层的，像堆栈一样，因此经常将协议各层统称协议栈。它们的工作模式一般为：发送时接收上层的数据，将它分隔打包，然后交给下层；接收时接收下层的数据包，将它拆包重组，然后交给上层。这样，一个包的传输过程是：发送主机的应用程序将数据传递给网络协议栈实现（网络通信程序），网络协议栈实现将数据层层打包，最后交由物理层在数据链路上发送；接收主机收到数据后，逐层拆包向上传递，直到最后达到应用层，应用程序得到对方的数据。

（2）TCP/IP

TCP/IP（Transmission Control Protocol/Internet Protocol，传输控制协议/网际协议），是国际

互联网所使用的协议，体系结构从低到高的各层为网络接口层、网络层、传输层和应用层。

3. 传输介质

在计算机局域网中常见的传输介质有双绞线（Twisted-Pair Cable）、同轴电缆（Coaxial-Cable）、光纤（Fiber-Optic Cable）等。

双绞线包括两个绝缘的铜质电线，它们相互扭绞在一起。这种扭绞避免了相邻电缆产生的串音、干扰现象。双绞线按其传输速率，可分为以下几种：

1）一类线，语音级双绞电话线，不适合于数据传输。

2）二类线，数据传输速率可达到 4Mb/s。

3）三类线，数据传输速率可达到 10Mb/s，常用于 10Mb/s 以太网，如 10Base-T 网络。

4）四类线，数据传输速率适合于 16Mb/s 的令牌环网络。

5）五类线，数据传输速率为 100Mb/s，适合于构建 100Mb/s 的局域网，如 100Base-TX、100VG-AnyLAN 等网络。

6）超五类线，数据传输速率高于 100Mb/s。

双绞线分为屏蔽双绞线（STP）和非屏蔽双绞线（UTP）。它们的唯一区别在于屏蔽双绞线在电线和外部塑料外套之间有一个屏蔽层，这使得屏蔽双绞线比非屏蔽双绞线有更强的抗电磁干扰（Electro Magnetic Interference，EMI）能力。但是，由于价格的因素，一般的网络建设中都使用的是非屏蔽双绞线而不是屏蔽双绞线。我们一般所说的几类线都是指几类非屏蔽双绞线，用于数据传输的双绞线（三、四、五类线）常见的有 4 芯（两对铜线）和 8 芯（四对铜线）两种。

计算机局域网使用的同轴电缆类同于有线电视使用的闭路天线，它有两种导体共享同一根中心轴。在电缆的中心，一根坚硬的铜线贯穿于整条电缆，这根铜线的外部包裹着由塑料制成的泡沫绝缘层。在泡沫的外面则包裹着另一种导体，即由金属丝网、金属箔或由两者同时制成的一个套子。金属丝网的作用是防止内部电线遭到电磁干扰的影响，通常把这层金属丝网叫作屏蔽层。目前，以太网已经演化为星形网络，不再使用同轴电缆，而是使用双绞线或光纤。以往计算机网络工程中使用的同轴电缆有以下几种：

- 用于以太网的阻抗为 50Ω 的细缆（Thin Ethernet），即 RG-58 同轴电缆。
- 用于以太网的阻抗为 50Ω 的粗缆（Thick Ethernet），即 RG-8 和 RG-11 同轴电缆。
- 用于 ARCnet 网络的阻抗为 93Ω 的同轴电缆，即 RG-62 同轴电缆。

光纤传输的是光信号，不是电信号。与其他网络传输介质相比，它是效率最高的一种。如果网络建设的费用允许，光纤是网络配线的最佳选择。每条光纤的内部有一个由玻璃或塑料制成的核心，光信号便是通过这个核心传送的。内部核心的外面则环绕着一个包层，这通常也是由玻璃或塑料纤维制成的，它能将内部辐射出来的光信号反射回去，每条光纤都用塑料包裹着。

光纤一般分为单模光纤和多模光纤。单模光纤只用一条单独的光纤通路，典型的情况下使用激光进行信号传输，同多模光纤相比，单模光纤有更大的传输速度，单段线缆的长度也可以长得多，但它的成本更高，价格自然更昂贵。多模光纤用多条光纤通路，它的物理特点使所有来自不同通路的信号可以同时到达，接收方几乎在同一脉冲收到所有这些信号。多模光纤使用发光二极管（LED）。同激光相比，发光二极管是一种更经济的光源。所以，多模光纤同使用激光的单模光纤相比，价格要便宜得多。一般网络工程中使用的光纤都是多模光纤。

4. 常用网络设备与服务器

（1）网卡

网卡也叫作网络适配器或网络接口卡（Network Interface Card，NIC）。

计算机要在网络上发送数据时，首先把相应的数据从内存中传送给网卡，网卡便对数据进行处理：把这些数据分隔成数据块，并对数据块进行校验，同时加上地址信息。这种地址信息包含了目标网卡的地址及自己的地址，从而知道数据来自哪里，将发送到哪里（注意，以太网卡和令牌环网卡出厂时，已经把地址固化在了网卡上，这种地址是全球唯一的），这种地址属于 ISO/OSI-RM 的第二层地址，即数据链路层地址。然后观察网络是否允许自己发送这些数据，如果网络允许则发出，否则就等待时机再发送。反之，当网卡接收到网络上传来的数据时，它分析该数据块中的目标地址信息，如果正好是自己的地址时，就把数据取出来传送到计算机的内存中交给相应的程序处理，否则将不予理睬。

无线网卡：实际上是一种终端无线网络设备，它是在无线局域网的覆盖下通过无线连接的方式来连接网络的。换句话说无线网卡就是使我们的计算机可以利用无线连接来上网的一个装置。有了无线网卡，还需要一个可以连接的无线网络，因此就需要配合无线路由器或者无线 AP 使用。IEEE 802.11 标准系列是现今 WLAN（无线局域网）实现技术的主流，它相对简单，通信可靠，具有灵活、高吞吐量和快速安装的特点，而且技术发展存在渐进性和继承性，升级较为方便。

（2）网桥

以下两种情况下常使用网桥（Bridge）：

1）当想连接两个相同类型，但使用不同协议或传输介质的网络时。

2）当一个网络中有很多的计算机，造成网络数据流量大、运行速度慢时。

当网桥做成一个独立的设备时，常被称为外桥。在实际网络工程中，常在服务器上插上多个网卡，然后每个网卡连接一个网络或网段，此时，服务器就充当了网桥的角色，这种网桥称为内桥。

（3）路由器

如果想把两个不同类型的网络（如以太网和令牌环网）连接在一起，就必须使用路由器（Router）。路由器是处在 ISO/OSI-RM 模型的网络层位置的交换设备。路由器可互连局域网和广域网，并且当网络中某两台计算机之间的通信可通过多条路径实现时，路由器还可提供交通控制和筛选最佳路径的功能。

与网桥相比，路由器的功能更强，主要表现在：

- 网桥只能连接同类型的网络（如以太网与以太网），路由器则可连接不同类型的网络（如以太网与 ARCnet）。
- 网桥是依据网络数据包中包含的数据链路层地址（即网卡上固化的地址）来传送的，路由器则是依据网络数据包中包含的网络地址及数据链路层地址来传送的。
- 网桥在传送过程中，只会按一条路径传送，路由器则会随时调整路径（如果一条路径太拥挤，它会自动改选别的路径），选择最佳的路径传送。

● 网桥无法让网络免于广播风暴（如一台工作站的网卡坏了，它可能会不停地发送数据包使整个网络线路拥挤不堪，最后造成网络崩溃）；路由器可避免这种情况的发生。

● 路由器比网桥更具智能性，功能更强大，当然价格也更贵。

路由器按其实现的形式可分为两种：一种是单独的设备，称为硬路由；另一种是由一台计算机运行路由软件来实现的，称为软路由。现在已经很少用软路由了，因为它的性能远远不如硬路由好。在现在的实际网络工程中，把局域网连接到广域网上所用的一般都是路由器。

（4）网关

网关（Gateway）不像网桥仅在网络之间传递信息而不进行转换，为了和目的网络匹配，网关常常要重新包装信息或改变它的句法。网关具有路由器的功能，能够帮助网络将数据包正确有效地传送到目的地。同时，它充当使用不同通信协议、数据结构形式和体系结构的两个网络之间的翻译器，例如：当一个 Windows NT 网络与 IBM 的主机网络相连时，网络要能正常工作，除了能把数据包在网络中正确传送，还要让 Windows NT 网络中的数据能被 IBM 的主机系统理解，反之亦然。因为，Windows NT 网络的数据一般是用 ASCII 编码来表示，而 IBM 主机系统用的是EBCDIC 编码来表示数据。

（5）集线器

如果要用双绞线组建星形网络，就需要用集线器（Hub），集线器上提供多个 RJ45 端口。集线器可分为无源集线器（Passive Hub）和有源集线器（Active Hub）。

网络使用集线器有以下好处：

1）使用结构化布线和集线器可以逐步地扩充网络。
2）集线器能适应许多不同的网络，包括以太网、令牌环网等。
3）集线器提供了集中管理和网络信息自动收集的功能。
4）集线器提供了容错功能，从而保证网络线路系统的正常工作。

用集线器组建的网络的典型拓扑结构是星形结构。不过，在令牌环网中，虽然在物理上网络是星形结构，但在逻辑上这类网络是环形拓扑结构。

（6）交换机

交换机（Switch）外形上和集线器一样，连接网络的方式也一样，但是性能上却大为不同。

集线器是共享式的，当它的任意两个端口通信时，其他所有端口都不能再通信。也就是说，集线器上所连接的任意两台计算机在通信时，那么其他的计算机就只能等候。交换机不一样，它的工作原理类同电话交换机，它上面的任意两个端口通信时，不会干扰其他端口。也就是说，连接到交换机上的各台计算机，可以两两同时通信。

（7）调制解调器

当单台计算机采用通过公共交换电话网络（PSTN）的方法直接登录广域网（如 Internet）或者通过 PSTN 同另一台计算机进行通信时，调制解调器（Modem）是必选设备。因为，普通的电话线路上的信号是模拟信号，而计算机处理的是数字信号，故计算机要通过电话线传输数据时，就必须进行数据转换。

5. 局域网基础知识

局域网由计算机、传输介质、网络连接部件与转发设备、网络操作系统和局域网应用软件组成。局域网中计算机又可分为服务器和工作站两类；连接部件与转发设备包括介质的连接器件、网卡、集线器和交换机等；不同类型和不同应用的局域网，其操作系统和应用软件是不同的。常见局域网拓扑结构为星形、总线型和环形，常用局域网传输介质为双绞线、同轴电缆、光纤和地面微波。

局域网的分类：按网络的转接方式划分为共享介质局域网和交换式局域网；按网络的资源管理方式划分为对等式局域网和非对等式局域网；按网络中传输的信号形式划分为基带局域网和宽带局域网；按网络的拓扑结构划分为星形、环形和总线型局域网；按网络的传输介质划分为同轴电缆、双绞线、光纤和无线局域网；按网络的介质控制访问方式划分为以太局域网、令牌总线局域网和令牌环局域网。

6. 互联网基础知识

互联网又称国际网络，指的是网络与网络之间所串联成的庞大网络，这些网络以一组通用的协议相连，形成逻辑上的单一巨大国际网络。互联网是通过 TCP/IP 将分布在世界各地的成千上万个网络、上千万台计算机连接在一起的一个全球性网络。

互联网受欢迎的根本原因在于它的成本低，其主要优点有：互联网能够不受空间限制来进行信息交换；信息交换具有时域性（更新速度快）；交换信息具有互动性（人与人、人与信息之间可以互动交流）；信息交换的使用成本低（通过信息交换代替实物交换）；信息交换的发展趋向于个性化（容易满足每个人的个性化需求）；使用者众多；有价值的信息被资源整合，信息储存量大、高效、快速；信息交换能以多种形式存在（视频、图片、文字等）。

功能分类：通信（即时通信，电邮，QQ，微信，百度 HI）；社交（微信，微博，QQ 空间，博客，论坛，朋友圈等）；网上贸易（网购，售票，转账汇款，工农贸易）；云端化服务（网盘，笔记，资源，计算等）；资源的共享化（电子市场，门户资源，论坛资源，媒体视频、音乐、文档、游戏，信息）；服务对象化（互联网电视直播媒体，数据以及维护服务，物联网，网络营销等）。

7. TCP/IP

计算机网络是由许多计算机组成的，要实现网络中计算机之间的传输数据，必须要做两件事：确保数据传输目的地址正确和具有保证数据迅速可靠传输的措施。这是因为数据在传输过程中很容易丢失或传错。Internet 使用一种专门的计算机语言（协议），以保证数据安全、可靠地到达指定的目的地，这种语言分为 TCP（Transmission Control Protocol，传输控制协议）和 IP（Internet Protocol，网际协议）两部分。

TCP/IP 所采用的通信方式是分组交换方式。所谓分组交换，简单说就是数据在传输时分成若干段，每个数据段称为一个数据包，TCP/IP 的基本传输单位就是数据包。TCP/IP 主要包括两个主要的协议，即 TCP 和 IP，这两个协议可以联合使用，也可以与其他协议联合使用，它们在数据传输过程中主要完成以下功能：

1）首先由 TCP 把数据分成若干数据包，给每个数据包写上序号，以便接收端把数据还原成原来的格式。

2）IP 给每个数据包写上发送主机和接收主机的地址，一旦写上源地址和目的地址，数据包就可以在物理网上传送数据了。IP 还具有利用路由算法进行路由选择的功能。

3）这些数据包可以通过不同的传输途径（路由）进行传输。由于路径不同，加上其他的原因，可能出现顺序颠倒、数据丢失、数据失真甚至重复的现象。这些问题都由 TCP 来处理，它具有检查和处理错误的功能，必要时还可以请求发送端重发。简而言之，IP 负责数据的传输，而 TCP 负责数据的可靠传输。

8. 简单网络管理

网络管理包括对硬件、软件和人力的使用、综合与协调，以便对网络资源进行监视、测试、配置、分析、评价和控制，这样就能以合理的价格满足网络的一些需求，如实时运行性能、服务质量等。另外，当网络出现故障时能及时报告和处理，并协调、保持网络系统的高效运行等。网络管理常简称为网管。

常见的网络管理方式有 SNMP 管理技术、RMON 管理技术和基于 Web 的网络管理。

- SNMP 管理技术

SNMP 是专门设计用于在 IP 网络上管理网络节点（服务器、工作站、路由器、交换机及集线器等）的一种标准协议，它是一种应用层协议。SNMP 使网络管理员能够管理网络效能，发现并解决网络问题以及规划网络的增长。SNMP 具有以下技术优点：

1）基于 TCP/IP，传输层协议一般采用 UDP。

2）自动化网络管理。网络管理员可以利用 SNMP 平台在网络上的节点检索信息、修改信息、发现故障、完成故障诊断、进行容量规划和生成报告。

3）屏蔽不同设备的物理差异，实现对不同厂商产品的自动化管理。SNMP 只提供最基本的功能集，使得管理任务与被管设备的物理特性和实际网络类型相对独立，从而实现对不同厂商设备的管理。

4）简单的请求—应答方式和主动通告方式相结合，并有超时和重传机制。

5）报文种类少，报文格式简单，方便解析，易于实现。

6）SNMP v3 版本提供了认证和加密安全机制，以及基于用户和视图的访问控制功能，增强了安全性。

- RMON 管理技术

RMON（Remote Network Monitoring，远端网络监控）最初的设计是用来解决从一个中心点管理各局域分网和远程站点的问题。RMON 规范是由 SNMP MIB 扩展而来。在 RMON 中，网络监视数据包含了一组统计数据和性能指标，它们在不同的监视器（或称为探测器）和控制台系统之间相互交换。结果数据可用来监控网络利用率，以用于网络规划、性能优化和协助网络错误诊断。

- 基于 Web 的网络管理

基于 Web 的网络管理（Web-Based Management，WBM）有两种实现方式。第一种方式是代理方式，即在一个内部工作站上运行 Web 服务器（代理）。这个工作站轮流与端点设备通信，浏览器用户与代理通信，同时代理与端点设备之间通信。在这种方式下，网络管理软件成为操作系统上的一个应用，介于浏览器和网络设备之间。在管理过程中，网络管理软件负责将收集到的网络信息传送到浏览器（Web 服务器代理），并将传统管理协议（如 SNMP）转换成 Web 协议（如 HTTP）。第二种实现方式是嵌入式，它将 Web 功能嵌入网络设备中，每个设备有自己的 Web 地址，管理员可通过浏览器直接访问并管理该设备。在这种方式下，网络管理软件与网络设备集成在一起。

2.1.3.4 数据库基础知识

1. 数据库系统基本概念

数据库系统（Data Base System，DBS）通常由软件、数据库和数据管理员组成。其软件主要包括操作系统、各种宿主语言、实用程序以及数据库管理系统（DBMS）。数据库由数据库管理系统统一管理，数据的插入、修改和检索均要通过数据库管理系统进行。数据库系统是为适应数据处理的需要而发展起来的一种较为理想的数据处理的核心机构，计算机的高速处理能力和大容量存储器提供了实现数据管理自动化的条件。在数据库领域，目前广泛应用的数据模型主要有三类：层次模型、网状模型、关系模型。数据库系统有：大型数据库系统（如 SQL Server、Oracle、DB2 等），中小型数据库系统（如 FoxPro、Access、MySQL）。

一个完整的数据库系统是由计算机系统、数据库、数据库管理系统、应用程序集合及数据库管理人员组成的。

1）计算机系统。计算机系统指的是进行数据管理的计算机硬件资源和基本软件资源。

2）数据库。数据库正是数据库系统要管理的对象，通过前面的说明，我们知道它们是以一定的组织方式存储在一起的、能为多用户共享的、与应用程序彼此独立的相互关联的数据集合。

3）数据库管理系统。用户一般不直接加工或使用数据库中的数据，而必须通过数据库管理系统进行操作。DBMS 的主要功能是维持数据库系统的正常活动，接收并响应用户对数据库的一切访问要求，包括建立和删除数据文件，检索、统计、修改和组织数据库中的数据，以及为用户提供对数据库的维护手段等。

4）应用程序集合及数据库管理人员。应用程序是计算机专业人员开发的面向最终用户的软件。

2. 关系数据库理论

关系数据库是建立在关系数据库模型基础上的数据库，借助于集合代数等概念和方法来处理数据库中的数据，同时也是一个被组织成一组拥有正式描述的表格。该形式的表格实质上装载着数据项的特殊收集体，其中的数据能以许多不同的方式被存取或重新召集，而不需要重新组织数据库表格。每个表格（有时被称为一个关系）包含用列表示的一个或多个数据种类。每行包含一个唯一的数据实体，这些数据是被列定义的种类。当创造一个关系数据库的时候，我们能定义数据列的可能值的范围和可能应用于那个数据值的进一步约束。SQL 是标准用户和应用程序到关系数据库的接口。其优势是扩充容易，且在最初的数据库创建之后，可以添加一个新的数据种类而不需要修改所有的现有应用软件。主流的关系数据库有 Oracle、DB2、SQL Server、Sybase、MySQL 等。

（1）关系模型结构

单一的数据结构——关系（表文件）：关系数据库的表采用二维表格来存储数据，是一种按行与列排列的具有相关信息的逻辑组，它类似于 Excel 工作表。一个数据库可以包含任意多个数据表。在用户看来，一个关系模型的逻辑结构是一张二维表，由行和列组成。这个二维表就叫关系，通俗地说，一个关系对应一张表。

元组（记录）：表中的一行即为一个元组，或称为一条记录。

属性（字段）：数据表中的每一列称为一个字段，表是由其包含的各种字段定义的，每个字段描述了它所含有的数据的意义，数据表的设计实际上就是对字段的设计。创建数据表时，为每个字段分配一个数据类型，定义它们的数据长度和其他属性。字段可以包含各种字符、数字，甚至图形。

属性值：行和列的交叉位置表示某个属性值。

主码：也称为主键或主关键码，是表中用于唯一确定一个元组的数据。关键码用来确保表中记录的唯一性，可以是一个字段或多个字段，常用作一个表的索引字段。每条记录的关键码都是不同的，因而可以唯一地标识一个记录。

域：属性的取值范围。

关系模式：关系的描述称为关系模式。对关系的描述，一般表示为关系名（属性 1，属性 2，…，属性 n），例如，课程（课程号，课程名称，学分，任课老师）。关系模型的这种简单的数据结构能够表达丰富的语义，描述出现实世界的实体以及实体间的各种关系。

（2）关系操作

关系模型中，关系操作有关系代数和关系演算两种形式，这两种形式的功能是等价的，一个是代数表示，一个是逻辑表示。关系操作用关系代数表示，常用的有选择、投影、连接、除、并、交、差等。

（3）关系数据库的基本操作

1）数据查询。

数据查询分为垂直查询和水平查询。垂直查询又称投影操作，是一个单目运算（或称为一元运算），即对一个关系或多个关系表，给定字段名，构成新的关系表。水平查询又称选择操作，是在给定的关系表中选取满足某些条件的行构成新的关系表。

当上述操作有多个关系时，需先将两个关系合并成一个，再将合并结果与第三个关系合并，以此类推，形成一张关系表。所以数据查询包括"投影""选择"和"合并"三种操作。

2）数据更新。

● 数据插入：整行数据插入到关系表中。

● 数据修改：修改某些行的某些字段值。

● 数据删除：删除某些行。

3. 数据库设计

数据库设计是指对于一个给定的应用环境，构造最优的数据库模式，建立数据库及其应用系统，使之能够有效地存储数据，满足各种用户的应用需求。数据库设计的目标是能够正确地反映现实世界。

数据库设计属于软件工程的范畴。一个大型数据库的设计是一个庞大的工程，涉及多种技术和多个学科，主要是计算机科学、程序设计、软件工程、数据库理论与技术等。数据库设计应与应用系统的设计相结合。

数据库设计的目标有：

1）减少有害的数据冗余，提高共享程序。

2）消除异常插入、删除。

3）保持数据的独立性，可修改，可扩充。

4）访问数据库的时间要短。

5）数据库的存储空间要小。

6）要保证数据的安全性和保密性。

7）易于维护。

（1）数据库设计方法

有相当长的一段时间，数据库设计主要采用手工试凑法。此后，人们努力探索提出了许多数据库设计方法。这些方法主要应用了软件工程的成果，提出了一系列的设计规范，形成了规范设计法。

规范设计法主要是将设计的步骤分为需求分析、概念设计、逻辑设计和物理设计等四个步骤，并采用了许多规范化的手段和工具完成每个阶段的任务。比如基于 E-R（实体-关系或实体-联系）模型的数据库设计方法、基于 3NF（第三范式）的设计方法、基于抽象语法规则的设计方法等。

规范设计法仍旧是一种手工方法。现在，人们进一步研制了很多系统用于数据库设计，甚至应用编程，前提是设计人员必须采用规范化的设计手段。规范化的设计会给后期的开发带来很大的方便。对于一个大型的项目而言，设计阶段的工作量要远远大于开发和维护阶段的工作量。对于大型的项目，规范化是必须遵循的设计思想。

（2）数据库的设计步骤

数据库的设计与应用系统的设计是不能分离的。一个数据库设计人员对程序设计技术完全不懂是不行的。数据库的设计过程也是应用系统的设计过程。在这个过程中，充分利用软件工程的研究成果，与用户充分地交流，搞清楚应用环境，把数据和数据处理的需求收集、分析、抽象、设计等工作在各个设计阶段都相互参照和相互补充，以完善两方面的设计。

按照上述原则和规范化的设计方法，数据库的设计过程分为 6 个阶段。

1）需求分析。这个阶段的工作是要充分调查研究，了解用户需求；了解系统运行环境，确定系统的功能；收集基础数据，包括输入、处理和输出数据。在这个过程中，要从系统的观点出发，既要调查数据，又要考虑数据处理，也就是数据库和应用系统同时进行设计。

结构化分析方法（SA）是常用的分析用户需求的规范化方法，表达用户需求的是数据字典和数据流图（DFD），这些文档成为下个阶段的概念设计的基础，也是将来系统维护的基础。对规范化的设计来说，这些文档是必不可少的。

2）概念结构设计。概念结构是整个系统的信息结构，是现实世界的真实反映，包括实体与实体之间的关系。可以拿它和用户交换意见，而用户的意见又是至关重要的。概念结构是独立于各种数据模型的，它是各种数据模型的基础，易于向关系、网状、层次模型转换。概念结构设计的有力工具是 E-R 图。

概念结构设计的第一步是对需求分析阶段收集到的数据进行分析，参照数据流图和数据字典，逐步确定实体、实体的属性、实体间的联系（一对一或一对多等），设计出局部 E-R 图。第二步是将多个分 E-R 图逐步集成。集成的过程是一个合并调整的过程，在这个过程中，要消除各种冲突，例如，年龄的表示，在各个分 E-R 图中可能有不同的表示方法，有的用年龄，有的用出生日期；又如同一个实体有不同的名字，或反过来，不同的实体用了同一个名字。还要消除冗余的数据和联系，冗余会给系统的维护带来困难。最后生成基本 E-R 图。

图 2-8 是 E-R 图的例子。在 E-R 图中，长方形表示实体，椭圆形表示实体的属性，菱形表示实体间的关系。

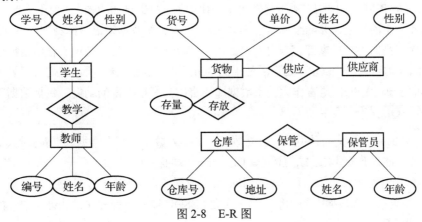

图 2-8　E-R 图

3）逻辑结构设计。这个阶段的任务是将概念结构转换成与选用的 DBMS 所支持的数据模型相符合的结构。一般情况下，应该是向适合概念模型的数据模型转换，然后再挑选合适的软件 DBMS 和机器。但是实际情况往往不是这样，当概念模型向数据模型转化时，一个实体型转换为一个关系模式，而是实体的属性就是关系的属性，属性间的联系转换为一个关系模式。

数据库逻辑设计的结果不是唯一的，还要对数据模型进行优化。优化是指适当地修改、调整数据模型的结构，提高数据库应用系统的性能。主要措施有记录的垂直分隔、水平分隔、适当增加冗余（提高速度等）。

规范化理论就用于优化数据库的逻辑设计，用模式分解的概念和算法指导设计。用规范化理论分析关系模式的合理程度。

4）数据库物理设计。这个阶段的任务是为一个给定的逻辑数据模型选取一个合适的物理结构，并对物理结构进行评估。评估的内容包括存储空间、响应时间等。如符合要求，则转向物理实施；如不符合要求，则还要从前面的某一阶段开始再次重复上述过程，修改数据模型、重新设计、修改物理结构等。

在进行物理设计时，必须了解 DBMS 的功能，了解应用环境，理解设备的特性，扬长避短。物理设计的主要内容有数据库的存放策略、数据库结构等。在设计完成后，还要进行性能评估和预测。物理设计过程需要对时间、空间效率、维护代价和各种用户要求进行权衡，对多种方案进行比较和细致评估，最终选择一个较好的方案。

5）数据库实施和维护。进入这个阶段后，就要按照逻辑设计和物理设计的结果利用 DBMS 的数据定义语言把数据库描述出来，采用某种设计语言设计应用程序，经过反复调试生成目标模式，然后组织数据入库并试运行。

6）数据的载入。数据的载入是一个复杂的工作。可以人工输入，也可以利用原来的数据转录，但是数据质量的控制是很重要的，这种检验由应用程序和数据库完整性检查来完成。试运行的主要工作是检查应用程序的功能，测量系统的性能指标，在物理设计阶段所做的评估是否正确，此时就可以得到检验。在试运行时，数据量一定要从小到大地增加，以免不必要的重复劳动。试运行时发现问题，随时改正问题，并且不断增加数据。一个系统从试运行到稳定运行是需要一定的时间的。

4. 数据库语言

SQL 语言是 IBM 公司于 1974 年首先实现并使用的。由于它功能强大、使用简单、易于掌握，大受计算机界人士的欢迎，并陆续颁布了 SQL 语言作为关系数据库语言的美国标准和国际标准。现在的数据库产品的各个厂家都使自己的产品支持 SQL 语言，也就是说不管出自哪个厂家的产品，都使用同样的语言——SQL，它们所使用的 SQL 语法大同小异。所以我们有必要了解一些关于 SQL 语言的知识。SQL 语言作为关系数据库语言，具有很丰富的功能，包括数据库定义、查询、控制等。SQL 具有以下特点：

1）SQL 能够完成定义关系模式、建立数据库、插入数据、查询数据、更新数据、删除数据、安全性控制等功能，具有集 DDL、DML、DCL 于一体的特点。

SQL 的使用有两种形式：一种是直接用于操作数据库，比如在一些数据库管理系统中，提供了直接用 SQL 语句操作数据库的功能；另一种是将 SQL 嵌入一种程序设计语言中，如常用的开发工具 VB、PB 等。

2）在使用 SQL 语句时，只需要指出"干什么"，而无须关心"怎么干"。用户不必考虑存取路径等问题。该语言是一种高度非过程化的语言。

3）SQL 语言使用类似于英语的语法，易于使用和看懂。SQL 语言只是使用了有限的几个动词，易于掌握。

（1）数据定义功能

如下有关数据定义功能的 SQL 语句，分别用来定义表、定义视图、定义索引、删除表、删除视图、删除索引、修改表结构：

```
CREATE TABEL
CREATE VIEW
CREATEINDEX
DROP TABEL
DROP VIEW
DROP IN-DEX
ALTER TABEL
```

在下面这个例子中，用 SQL 语言定义一个表：

```
CREATE TABEL s(S#CHAR(2)NOT NULL,
SN CHAR(8),
SEX CHAR(2));
```

执行这条语句后，就在数据库中建立了一个表，有关这个表的数据字典就保存在了数据库中，可能是以系统表的形式保存。在上面的例子中，S# 是学号，NOT NULL 表示不能为空，SN 是姓名，SEX 是性别，数据类型都是字符型，长度分别为 2、8、2 字节。NULL 表示空值，空值不是 0 或空格，而是不能使用的值，除非在建表时特别指明（如 S# 字段），否则，任何列可以有 NULL 值。建成的表结构如图 2-9 所示。

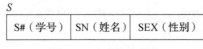

图 2-9　建成的表结构

其他有关定义的语句不再举例。

（2）数据操纵功能

SQL 语言使用 SELECT 语句完成查询功能，用 INSERT、DELETE、UPDATE 语句完成增加（插入）、删除、修改的功能。

1）SELECT 语句的语法是：

```
SELECT 目标列 FROM 表
[WHERE 条件表达式]
[GROUP BY 列名 1 [HAVING 内部函数表达式]]
[ORDER BY 列名 [ASC | DESC];
```

上面的 SQL 语句中，SELECT 子句表示从基本表中选取目标列组成结果表；WHERE 子句表示从基本表中选取目标行的条件；GROUP 子句是将选取结果按照列名 1 分组，分组的附加条件用 HAVING 加函数表达式给出；ORDER 子句是将结果集排序，升序 ASC 或降序 DESC。"[ ]"内的内容为可选项。

SELECT 语句的成分丰富多样，使用非常灵活和便利。下面是一个使用 SELECT 语句进行查询的例子。从上面建立的表中查询性别为男的学生的学号和姓名：

```
SELECT S#，SN FROM S WHERE SEX='男'
```

SELECT 子句中可以用 "*" 代表选取表中的所有列，例如：

```
SELECT * FROM S WHERE SEX='男'
```

当查询涉及两个表时，称为连接查询。一般是自然连接或等值连接。连接谓词的比较符是"="时，就是等值连接的情况。如果在相同目标列中去掉相同的字段名，则为自然连接。连接查询是 SELECT 语句的一个很重要的查询功能。在表 R（见图 2-10）和表 S（见图 2-11）中，我们要查询所有学生的语文成绩：

```
SELECT R·S#，R·SN，S·YW
FROM R，S
WHERE R·S#=S·S#
```

查询结果如图 2-12 所示。

R

S#（学号）	SN（姓名）
01	张三
02	李四
03	王五

图 2-10　表 R

S

SN（姓名）	YW（语文）
01	90
02	88
03	80
04	70

图 2-11　表 S

结果

S#（学号）	SN（姓名）	YW（语文）
01	张三	90
02	李四	88
03	王五	30

图 2-12　查询结果

SELECT 语句还有更多的用法，此处不再举例。下面我们看看插入、删除和更新数据的情况。

2）SQL 使用下面的语句插入数据：

```
INSERT INTO 表名[(字段名，[字段名]…)]
VALUES(常量[，常量]…)
```

例如：

```
INSERT INTO S
VALUES('05'，'赵六'，'男')
```

这个 SQL 语句在前面定义的表 S 中插入一条数据。一般的数据库管理系统在执行插入时，会检查完整性，当完整性检查通过时，执行插入操作，否则拒绝执行。

3）使用 DELETE 语句删除数据：

```
DELETE FROM 表名[WHERE 子句]
```

例如：

```
DELETE FROM S WHERE S#='03'
```

在表 S 中将学号为"03"的记录删掉。删除时，系统也要检查完整性。如果删除记录会破坏完整性，删除将不会被执行。

4）使用 UPDATE 修改数据：

```
UPDATE 表名
SET 字段=表达式 [，字段=表达式] …
[WHERE 子句]
```

例如：

```
UPDATE S
SET SN='张一'
WHERE S#='01'
```

将学号为"01"的学生的姓名改为"张一"。

SQL 语句的使用非常灵活，语法也很丰富，在此不一一列举。需要说明的是，在不同公司的产品中 SQL 语句的语法是不完全相同的。前面我们列举的这些例子都是对表进行操作，但是，实际上，SQL 语句还可以运用于视图、快照等。

5）视图的概念在数据库中也是很重要的。它是从一个或多个表中选取某些行和列组成的表，它和表都是数据库的外模式的组成，是面向用户的。

视图的存在可以使安全性控制和使用变得非常灵活。比如，对某些用户的权限可以规定在视图上，而视图可以是表的某些列组成的，这样，就向用户隐藏了某些需保密的数据。这只是需要使用视图的一个例子，其他还有很多。视图的特点概括起来有：

● 增加了数据的逻辑独立性，避免了因为数据库结构的改变而引起的程序的改变。

● 减轻了用户的负担，用户可以在视图上操作，不用关心数据库其他数据的结构。

● 增加了管理的方便程度。比如像我们刚刚举过的例子，在安全管理上十分方便。还有，不同用户使用同一数据时，可以各自建立方便自己使用的视图，互不干扰，这样做显然是灵活的。

2.1.3.5　多媒体基础知识

1. 多媒体基本概念

多媒体（Multimedia）是多种媒体的综合，一般包括文本、声音和图像等多种媒体形式。在计算机系统中，多媒体是指组合两种或两种以上媒体的一种人机交互式信息交流和传播的媒体。多媒体技术是通过计算机对语言文字、数据、音频、视频等各种信息进行存储和管理，使用户能够通过多种感官跟计算机进行实时信息交流的技术。多媒体技术所展示、承载的内容实际上都是计算机技术的产物。多媒体可分为五大类：感觉媒体、表示媒体、表现媒体、存储媒体和传输媒体。在计算机领域中，媒体主要是传输和存储信息的载体，传输的信息包括语言文字、数据、视频、音频等；存储的载体包括硬盘、软盘、磁带、磁盘、光盘等。多媒体是把各种媒体的功能科学地进行整合，联手为用户提供多种形式的信息展现，使用户得到的信息更加直观生动。

多媒体技术的主要特点有：

1）集成性。能够对信息进行多通道统一获取、存储、组织与合成。

2）控制性。多媒体技术以计算机为中心，综合处理和控制多媒体信息，并按用户的要求以多种媒体形式表现出来，同时作用于人的多种感官。

3）交互性。交互性是多媒体应用有别于传统信息交流媒体的主要特点之一。传统信息交流媒体只能单向地、被动地传播信息，而多媒体技术则可以实现人对信息的主动选择和控制。

4）非线性。多媒体技术的非线性特点将改变传统顺序性的读写模式。以往人们的读写方式大都采用章、节、页的框架，循序渐进地获取知识，而多媒体技术将借助超文本链接（Hyper Text Link）的方法，把内容以一种更灵活、更具变化的方式呈现给读者。

5）实时性。当用户给出操作命令时，相应的多媒体信息都能够得到实时控制。

6）互动性。它可以形成人与机器、人与人及机器间的互动，形成互相交流的操作环境及身临其境的场景，人们根据需要进行控制。人机相互交流是多媒体最大的特点。

7）信息使用的方便性。用户可以按照自己的需要、兴趣、任务要求、偏爱和认知特点来使用信息，任意选取图、文、声等信息表现形式。

8）信息结构的动态性。"多媒体是一部永远读不完的书"，用户可以按照自己的目的和认知特征重新组织信息，增加、删除或修改节点，重新建立链接。

多媒体信息的类型及特点有：

1）文本。文本是以文字和各种专用符号表达的信息形式，是现实生活中使用得最多的一种信息存储和传递方式。它主要用于对知识的描述性表示，如阐述概念、定义、原理、问题，以及显示标题、菜单等内容。用文本表达信息给人充分的想象空间。

2）图像。图像是多媒体软件中最重要的信息表现形式之一，它是决定一个多媒体软件视觉效果的关键因素。

3）动画。动画是利用人的视觉暂留特性，快速播放一系列连续变化的图形图像，也包括画面的缩放、旋转、变换、淡入淡出等特殊效果。通过动画可以把抽象的内容形象化，使许多难以理解的教学内容变得生动有趣。合理使用动画可以达到事半功倍的效果。

4）声音。声音是人们用来传递信息、交流感情最方便、最熟悉的方式之一。在多媒体课件中，按其表达形式，可将声音分为讲解、音乐、效果三类。

5）视频影像。视频影像具有时序性和丰富的信息内涵，常用于交代事物的发展过程。视频非常类似于我们熟知的电影和电视，有声有色，在多媒体中充当着重要的角色。

2. 常用多媒体文件格式类型

（1）常用图像文件格式

1）BMP 格式：这是一种与硬件设备无关的图像文件格式，使用非常广泛。它采用位映射存储格式，除了图像深度可选以外，不采用其他任何压缩，因此，BMP 文件所占用的空间很大。BMP 文件的图像深度可选为 1 位、4 位、8 位及 24 位。BMP 文件存储数据时，图像的扫描顺序是从左到右、从下到上。

2）PCX 文件：这是 PC 画笔的图像文件格式。PCX 的图像深度可选为 1 位、4 位、8 位。这种文件格式出现较早，不支持真彩色。PCX 文件采用 RLE 行程编码，文件体中存放的是压缩后的图像数据。因此，将采集到的图像数据写成 PCX 文件格式时，要对其进行 RLE 编码；而读取一个 PCX 文件时首先要对其进行 RLE 解码，才能进一步显示和处理。

3）TIFF（Tag Image File Format）文件：TIFF 文件是由 Aldus 和 Microsoft 公司为扫描仪和桌上出版系统研制开发的一种较为通用的图像文件格式。TIFF 格式灵活易变，它定义了四类不同的格式：TIFF-B 适用于二值图像；TIFF-G 适用于黑白灰度图像；TIFF-P 适用于带调色板的彩色图像；TIFF-R 适用于 RGB 真彩图像。TIFF 支持多种编码方法，包括 RGB 无压缩、RLE 压缩及下面要介绍的 JPEG 压缩等。

4）GIF（Graphics Interchange Format）文件：GIF 是 CompuServe 公司在 1987 年开发的图像文件格式。GIF 文件的数据是经过压缩的，它采用了可变长度等压缩算法。GIF 的图像深度从 1 位到 8 位，也即 GIF 最多支持 256 种色彩的图像。GIF 格式的另一个特点是其在一个 GIF 文件中可以保存多幅彩色图像，如果把存储于一个文件中的多幅图像数据逐幅读出并显示到屏幕上，就可构成一种最简单的动画。

5）JPEG（Joint Photographic Experts Group）文件：JPEG 是由 CCITT（国际电报电话咨询委员会）和 ISO 联合组成的一个图像专家组。该专家组制定了第一个压缩静态数字图像的国际标准，其名称为"连续色调静态图像的数字压缩和编码（Digital Compression and Coding of Continuous-tone Still Image）"，简称为 JPEG 算法。JPEG 采用对称的压缩算法，也即在同一系统环境下压缩和解压缩所用的时间相同。采用 JPEG 压缩编码算法压缩的图像，其压缩比约为 1：5 至 1：50，甚至更高。

（2）常用音频文件格式

音频文件通常分为两类：声音文件和 MIDI 文件。声音文件指的是通过声音录入设备录制的原始声音，直接记录了真实声音的二进制采样数据，通常文件较大；MIDI 文件则是一种音乐演奏指令序列，相当于乐谱，由于不包含声音数据，其文件尺寸较小。

- 声音文件

数字音频同 CD 音乐一样，是将真实的数字信号保存起来，播放时通过声卡将信号恢复成悦耳的声音。然而，这样存储声音信息所产生的声音文件是相当庞大的，因此，绝大多数声音文件采用了不同的音频压缩算法，在基本保持声音质量不变的情况下尽可能地获得更小的文件。

Wave 文件：*.WAV。Wave 格式是 Microsoft 公司开发的一种声音文件格式，用于保存 Windows 平台的音频信息资源，被 Windows 平台及其应用程序所广泛支持。文件尺寸较大，多用于存储简短的声音片段。

MPEG 音频文件：*.MP1/*.MP2/*.MP3/*.mp4。MPEG 是 Moving Picture Experts Group（运动图像专家组）的英文缩写，代表 MPEG 运动图像压缩标准，这里的音频文件格式指的是 MPEG 标准中的音频部分，即 MPEG 音频层（MPEG Audio Layer）。MPEG 音频文件的压缩是一种有损压缩，根据压缩质量和编码复杂程度的不同可分为三层（MPEG Audio Layer1/2/3），分别对应 MP1、MP2 和 MP3 这三种声音文件。MPEG 音频编码具有很高的压缩率，MP1 和 MP2 的压缩率分别为 4：1 和 6：1～8：1，而 MP3 的压缩率则高达 10：1～12：1，也就是说一分钟 CD 音质的音乐，未经压缩需要 10MB 存储空间，而经过 MP3 压缩编码后只需要 1MB 左右，同时其音质基本保持不失真。因此，目前使用最多的是 MP3 文件格式。

RealAudio 文件：*.RA/*.RM/*.RAM。RealAudio 文件是 RealNetworks 公司开发的一种新型流式音频（Streaming Audio）文件格式，它包含在 RealNetworks 公司所制定的音频、视频压缩规范 RealMedia 中，主要用于在低速率的广域网上实时传输音频信息。网络连接速率不同，客户端所获得的声音质量也不尽相同：对于 14.4Kb/s 的网络连接，可获得调幅（AM）质量的音质；对于 28.8Kb/s 的连接，可以获得广播级质量的声音；如果拥有 ISDN 或更快的线路连接，则可获得 CD 音质的声音。

● MIDI 文件

MIDI 文件：*.MID/*.RMI。MIDI 是 Musical Instrument Digital Interface（乐器数字接口）的英文缩写，是数字音乐/电子合成乐器的统一国际标准，它定义了计算机音乐程序、合成器及其他电子设备交换音乐信号的方式，还规定了不同厂家的电子乐器与计算机连接的电缆和硬件及设备间数据传输的协议，可用于为不同乐器创建数字声音，可以模拟大提琴、小提琴、钢琴等常见乐器。相对于保存真实采样数据的声音文件，MIDI 文件显得更加紧凑，其文件尺寸通常比声音文件小得多。

（3）常用视频文件格式

AVI 文件：*.AVI。AVI 是 Audio Video Interleaved（音频视频交错）的英文缩写，它是 Microsoft 公司开发的一种数字音频与视频文件格式。AVI 文件目前主要应用在多媒体光盘上，用来保存电影、电视等各种影像信息，有时也出现在互联网上，供用户下载和欣赏影片的精彩片段。

QuickTime 文件：*.MOV/*.QT。QuickTime 是 Apple 计算机公司开发的一种音频、视频文件格式，用于保存音频和视频信息，具有先进的视频和音频功能。

MPEG 文件：*.MPEG/*.MPG/*.DAT。MPEG 文件格式是运动图像压缩算法的国际标准，它采用有损压缩方法减少运动图像中的冗余信息，同时保证每秒 30 帧的图像动态刷新率，已被几乎所有的计算机平台支持。MPEG 压缩标准是针对运动图像而设计的，其基本方法是：在单位时间内采集并保存第一帧信息，然后只存储其余帧相对第一帧发生变化的部分，从而达到压缩的目的。MPEG 的平均压缩比为 50：1，最高可达 200：1，压缩效率非常高，同时图像和音响的质量也非常好，并且在微机上有统一的标准格式，兼容性相当好。

RealVideo 文件：*.RM。RealVideo 文件是 RealNetworks 公司开发的一种新型流式视频文件格式，主要用来在低速率的广域网上实时传输活动影像，用户可以根据网络数据传输速率的不同而采用不同的压缩比率，从而实现视频数据的实时传送和实时播放，在数据传输过程中边下载边播放视频，而不必像大多数视频文件那样必须先下载然后才能播放。目前，互联网上已有不少网站利用 RealVideo 技术进行重大事件的实况转播。

2.1.3.6　系统性能指标

衡量系统性能的常见指标有如下几个：

（1）响应时间

响应时间（Response Time）就是用户感受软件系统为其服务所耗费的时间。对于网站系统来说，响应时间就是从点击一个页面开始计时，到这个页面完全在浏览器里展现时计时结束的这一段时间间隔。看起来很简单，但其实在这段响应时间内，软件系统在幕后经过了一系列的处理工作，贯穿了整个系统节点。根据"管辖区域"的不同，响应时间可以细分为：

1）服务器端响应时间，这个时间指的是服务器完成交易请求执行的时间，不包括客户端到服务器端的反应（请求和耗费在网络上的通信时间）。服务器端响应时间可以度量服务器的处理能力。

2）网络响应时间，是网络硬件传输交易请求和交易结果所耗费的时间。

3）客户端响应时间，是客户端在构建请求和展现交易结果时所耗费的时间。

客户感受的响应时间=客户端响应时间+服务器端响应时间+网络响应时间。

（2）吞吐量

吞吐量（Throughput）是常见的一个软件性能指标，对于软件系统来说，"吞"进去的是请求，"吐"出来的是结果，而吞吐量反映的就是软件系统的"饭量"，也就是系统的处理能力，具体说来，就是指软件系统在每单位时间内能处理多少个事务/请求/单位数据等。但它的定义比较灵活，在不同的场景下有不同的诠释，比如数据库的吞吐量指的是单位时间内，不同 SQL 语句的执行数量；网络的吞吐量指的是单位时间内在网络上传输的数据流量。吞吐量的大小由负载（如用户的数量）或行为方式来决定。

（3）资源使用率

常见的资源使用率（Resource Utilization）有 CPU 占用率、内存使用率、磁盘 I/O、网络 I/O。

（4）点击数

点击数（Hits per Second）是衡量 Web 服务器处理能力的一个很有用的指标。需要明确的是：点击数不是我们通常理解的用户鼠标点击次数，而是按照客户端向 Web 服务器发起了多少次 HTTP 请求计算的，一次鼠标可能触发多个 HTTP 请求，这需要结合具体的 Web 系统实现来计算。

（5）并发用户数

并发用户数（Concurrent User）用来度量服务器并发容量和同步协调能力。在客户端是指一批用户同时执行一个操作。并发数反映了软件系统的并发处理能力，和吞吐量不同的是，它大多是占用套接字、句柄等操作系统资源。

另外，度量系统的性能指标还有系统恢复时间等，其实凡是与用户有关的资源和时间的要求都可以视作性能指标，都可以作为系统的度量，而性能测试就是为了验证这些性能指标是否被满足。

（6）周转时间

对进程来说，一个重要的指标是它执行所需要的时间。从进程提交到进程完成的时间间隔为周转时间。也就是等待进入内存的时间、在就绪队列中等待的时间、在 CPU 中执行的时间和 I/O 操作的时间的总和。

除上述指标之外，还有可靠性、可维护性、可扩展性、可移植性、可用性、可重用性、安全性。

2.1.3.7　计算机应用基础知识

1. 常用办公软件操作方法

常用办公软件是指可以进行文字处理（Word）、表格制作（Excel）、幻灯片制作（PowerPoint）、简单数据库的处理等方面工作的软件。常用的办公软件有：

1）微软的 Office 系列。老牌的办公软件，商业版本，功能强大，缺点就是资源消耗过多。Office 包括了 Word、Excel、PowerPoint、Outlook、Publisher、OneNote、Groove、Access、InfoPath 等组件。

2）金山 WPS 系列。金山 WPS 经过多年的发展，功能强大且小巧方便，在使用上更加符合中国人的习惯。金山 WPS 是在微软系统之前，最为流行的文字处理软件。

3）红旗 RedOffice 系列。RedOffice 是国内首家跨平台的办公软件，同样包含文字、表格、幻灯片、绘图、公式和数据库六大组件。从文字撰写到报表编制、图表分析、幻灯演示等各类型文档均可以轻松制作。它的功能跟微软 Office 不相上下。

4）永中 Office 系列。完全自主知识产权的 Office 办公软件，实现文字处理、表格制作、幻灯片制作等功能，精确双向兼容微软 DOC、DOCX 等格式。

当然常用软件还不止这几个，具体的操作方法建议大家在工作或学习中不断熟悉和总结，也可借助其他的学习资料去进一步了解，这里就不再详细介绍了。

2. 计算机应用

计算机的主要应用领域有：

（1）科学计算（或数值计算）

科学计算是指利用计算机来完成科学研究和工程技术中提出的数学问题的计算。在现代科学技术工作中，科学计算问题是大量且复杂的，利用计算机的高速计算、大存储容量和连续运算的能力，可以实现人工无法解决的各种科学计算问题。

例如，建筑设计中为了确定构件尺寸，通过弹性力学导出一系列复杂方程，但是长期以来由于计算方法跟不上而一直无法求解。计算机不但能求解这类方程，而且还引起弹性理论上的一次突破，出现了有限单元法。

（2）数据处理（或信息处理）

数据处理是指对各种数据进行收集、存储、整理、分类、统计、加工、利用、传播等一系列活动的统称。据统计，80%以上的计算机主要用于数据处理，这类工作量大而宽，决定了计算机应用的主导方向。

数据处理从简单到复杂已经历了三个发展阶段，各阶段的数据处理技术如下：

1）电子数据处理（Electronic Data Processing，EDP），它是以文件系统为手段，实现一个部门内的单项管理。

2）管理信息系统（Management Information System，MIS），它是以数据库技术为工具，实现一个部门的全面管理，以提高工作效率。

3）决策支持系统（Decision Support System，DSS），它是以数据库、模型库和方法库为基础，帮助管理决策者提高决策水平，改善运营策略的正确性与有效性。

目前，数据处理已广泛地应用于办公自动化、企事业计算机辅助管理与决策、情报检索、图书管理、电影电视动画设计、会计电算化等各行各业。信息正在形成独立的产业，多媒体技术使得展现在人们面前的信息不仅是数字和文字，也有声情并茂的声音和图像信息。

（3）辅助技术（或计算机辅助设计与制造）

计算机辅助技术包括 CAD、CAM 和 CAI 等。

- 计算机辅助设计（Computer Aided Design，CAD）。计算机辅助设计是利用计算机系统辅助设计人员进行工程或产品设计，以实现最佳设计效果的一种技术。它已广泛地应用于飞机、汽车、机械、电子、建筑和轻工等领域。例如，在电子计算机的设计过程中，利用 CAD 技术进行体系结构模拟、逻辑模拟、插件划分、自动布线等，从而大大提高了设计工作的自动化程度。又如，在建筑设计过程中，可以利用 CAD 技术进行力学计算、结构计算、绘制建筑图纸等，这样不仅提高了设计速度，而且大大提高了设计质量。

- 计算机辅助制造（Computer Aided Manufacturing，CAM）。计算机辅助制造是利用计算机系统进行生产设备的管理、控制和操作的过程。例如，在产品的制造过程中，用计算机控制机器的运行，处理生产过程中所需的数据，控制和处理材料的流动以及对产品进行检测等。使用 CAM 技术可以提高产品质量，降低成本，缩短生产周期，提高生产率和改善劳动条件。

    将 CAD 和 CAM 技术集成实现设计生产自动化，这种技术被称为计算机集成制造系统（CIMS）。它的实现将真正做到无人化工厂（或车间）。

- 计算机辅助教学（Computer Aided Instruction，CAI）。计算机辅助教学是利用计算机系统使用课件来进行教学。课件可以用著作工具或高级语言来开发制作，它能引导学生循序渐进地学习，使学生轻松自如地从课件中学到所需要的知识。CAI 的主要特色是交互教育、个别指导和因材施教。

（4）过程控制（或实时控制）

过程控制是利用计算机及时采集检测数据，按最优值迅速地对控制对象进行自动调节或自动控制。采用计算机进行过程控制，不仅可以大大提高控制的自动化水平，而且还可以提高控制的及时性和准确性，从而改善劳动条件、提高产品质量及合格率。因此，计算机过程控制已在机械、冶金、石油、化工、纺织、水电、航天等部门得到广泛的应用。

例如，在汽车工业方面，利用计算机控制机床控制整个装配流水线，不仅可以实现精度要求高、形状复杂的零件加工自动化，而且还可以使整个车间或工厂实现自动化。

（5）人工智能（或智能模拟）

人工智能（Artificial Intelligence，AI）是计算机模拟人类的智能活动，诸如感知、判断、理解、学习、问题求解和图像识别等。现在人工智能的研究已取得不少成果，有些已开始走向实用阶段。例如，能模拟高水平医学专家进行疾病诊疗的专家系统、具有一定思维能力的智能机器人等。

（6）网络应用

计算机技术与现代通信技术的结合构成了计算机网络。计算机网络的建立不仅解决了一个单位、一个地区、一个国家中计算机与计算机之间的通信，各种软、硬件资源的共享，也大大促进了国际上的文字、图像、视频和声音等各类数据的传输与处理。

2.2　真题精解

2.2.1　真题练习

1.【2017 年上半年试题 1】在 Windows 资源管理中，如果选中的某个文件，再按 Delete 键可以将该文件删除，但需要时还能将该文件恢复。若用户同时按下 Delete 和＿＿＿＿＿＿组合键，则可以删除此文件且无法从"回收站"恢复。

　　A. Ctrl　　　　　　　B. Shift　　　　　　　C. Alt　　　　　　　D. Alt 和 Ctrl

2.【2017 年上半年试题 2】计算机软件有系统软件和应用软件，下列＿＿＿＿＿＿属于应用软件。

　　A. Linux　　　　　　B. Unix　　　　　　　C. Windows 7　　　　D. Internet Explorer

3.【2017 年上半年试题 3，4】某公司 2016 年 10 月员工工资表如下所示。若要计算员工的实发工资，可先在 J3 单元格中输入 (1) ，再向垂直方向拖动填充柄至 J12 单元格，则可自动算出这些员工的实发工资。若要将缺勤和全勤的人数统计分别显示在 B13 和 D13 单元格中，则可在 B13 和 D13 中分别填写 (2) 。

编号	姓名	部门	基本工资	全勤奖	岗位	应发工资	扣款1	扣款2	实发工资
2016年10月份员工工资表									
1	赵莉娜	企划部	1650.00	300.00	1500.00	3450.00	100.00	0.00	
2	李学君	设计部	1800.00	0.00	3000.00	4800.00	150.00	50.00	
3	黎民星	销售部	2000.00	300.00	2000.00	4300.00	100.00	0.00	
4	胡慧敏	企划部	1950.00	0.00	2000.00	3950.00	100.00	0.00	
5	赵小勇	市场部	1900.00	300.00	1800.00	4000.00	150.00	50.00	
6	徐小龙	办公室	1650.00	300.00	1800.00	3750.00	100.00	0.00	
7	王成军	销售部	1850.00	300.00	2600.00	4750.00	200.00	100.00	
8	吴春红	办公室	2000.00	0.00	2000.00	4000.00	150.00	50.00	
9	杨晓凡	市场部	1650.00	300.00	3000.00	4950.00	0.00	0.00	
10	黎志军	设计部	1950.00	300.00	2800.00	5050.00	100.00	0.00	

（1）A. =SUM(D\$3:F\$3)−(H\$3:I\$3)　　　B. =SUM(D\$3:F\$3)+(H\$3:I\$3)

　　　C. =SUM(D3:F3)−SUM(H3:I3)　　　D. SUM(D3:F3)+SUM(H3:I3)

（2）A. =COUNT(E3:E12, >=0)和=COUNT(E3:E12, =300)

　　　B. =COUNT(E3:E12, ">=0")和 COUNT(E3:E12, "=300")

        C. =COUNTIF(E3:E12, >=0)和 COUNTIF(E3:E12, =300)

        D. =COUNTIF(E3:E12, "=0")和 COUNTIF(E3:E12, "=300")

4. 【2017 年上半年试题 5】统一资源地址（URL）http://www.xyz.edu.cn/index.html 中的 http 和 index.html 分别表示_____。

    A. 域名、请求查看的文档名   B. 所使用的协议、访问的主机

    C. 访问的主机、请求查看的文档名   D. 所使用的协议、请求查看的文档名

5. 【2017 年上半年试题 6】以下关于 CPU 的叙述中，正确的是_____。

    A. CPU 中的运算单元、控制单元和寄存器组通过系统总线连接起来

    B. 在 CPU 中，获取指令并进行分析是控制单元的任务

    C. 执行并行计算任务的 CPU 必须是多核的

    D. 单核 CPU 不支持多任务操作系统而多核 CPU 支持

6. 【2017 年上半年试题 7】计算机系统采用_____技术执行程序指令时，多条指令执行过程的不同阶段可以同时进行处理。

    A. 流水线   B. 云计算   C. 大数据   D. 面向对象

7. 【2017 年上半年试题 8】总线的带宽是指_____。

    A. 用来传送数据、地址和控制信号的信号线总数

    B. 总线能同时传送的二进制位数

    C. 单位时间内通过总线传输的数据总量

    D. 总线中信号线的种类

8. 【2017 年上半年试题 9】以下关于计算机系统中高速缓存（Cache）的说法中，正确的是_____。

    A. Cache 的容量通常大于主存的存储容量

    B. 通常由程序员设置 Cache 的内容和访问速度

    C. Cache 的内容是主存内容的副本

    D. 多级 Cache 仅在多核 CPU 中使用

9. 【2017 年上半年试题 10】_____是计算机进行运算和数据处理的基本信息单位。

    A. 字长   B. 主频   C. 存储速度   D. 存取容量

10. 【2017 年上半年试题 11】通常，用于大量数据处理为主的计算机对_____要求较高。

    A. 主机的运算速度、显示器的分辨率和 I/O 设备的速度

    B. 显示器的分辨率、外存储器的读写速度和 I/O 设备的速度

    C. 显示器的分辨率、内存的存取速度和外存储器的读写速度

    D. 主机的内存容量、内存的存取速度和外存储器的读写速度

11. 【2017 年上半年试题 14】_____图像通过使用色彩查找表来获得图像颜色。

    A. 真彩色   B. 伪彩色   C. 黑白   D. 矢量

12. 【2017 年上半年试题 15】在显存中，表示黑白图像的像素点最少需_____个二进制位。

    A. 1   B. 2   C. 8   D. 16

13. 【2017 年上半年试题 23，24】在 Windows 时系统中对用户组默认权限由高到低的顺序是__(1)__。如果希望某用户对系统具有完全控制权限，则应该将该用户添加到用户组__(2)__中。

    （1）   A. everyone→administrators→power users→users

        B. administrators→power users →users→everyone

        C. power users→users→everyone→administrators

        D. users→everyone→administrators →power users

（2）A. everyone   B. users   C. power users   D. administrators

14.【2017 年上半年试题 25】在操作系统的进程管理中若系统中有 6 个进程要使用互斥资源 R，但最多只允许 2 个进程进入互斥段（临界区），则信号量 S 的变化范围是_____。

    A. -1～1   B. -2～1   C. -3～2   D. -4～2

15.【2017 年上半年试题 1】操作系统中进程的三态模型如下图所示，图中 a、b 和 c 处应分别填写_____。

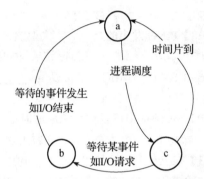

    A. 阻塞、就绪、运行   B. 运行、阻塞、就绪

    C. 就绪、阻塞、运行   D. 就绪、运行、阻塞

16.【2017 年上半年试题 27】在页式存储管理方案中，如果地址长度为 32 位，并且地址结构的划分如下图所示，则系统中页面总数与页面大小分别为_____。

20 位	12 位
页号	页内地址

    A. 4K,1024K   B. 1M,4K   C. 1K,1024K   D. 1M,1K

17.【2017 年上半年试题 57】应用系统的数据库设计中，概念设计阶段是在_____的基础上，依照用户需求对信息进行分类、聚集和概括，建立信息模型。

    A. 逻辑设计   B. 需求分析   C. 物理设计   D. 运行维护

18.【2017 年上半年试题 58】在数据库系统运行维护过程中，通过重建视图能够实现_____。

    A. 程序的物理独立性   B. 数据的物理独立性

    C. 程序的逻辑独立性   D. 数据的逻辑独立性

19.【2017 年上半年试题 59～62】在某高校教学管理系统中，有院系关系 D（院系号，院系名，负责人号，联系方式）、教师关系 T（教师号，姓名，性别，院系号，身份证号，联系电话，家庭住址）、课程关系 C（课程号，课程名，学分）。其中，"院系号"唯一标识 D 的每一个元组，"教师号"唯一标识 T 的每一个元组，"课程号"唯一标识 C 中的每一个元组。假设一个教师可以讲授多门课程，一门课程可以有多名教师讲授，则关系 T 和 C 之间的联系类型为 (1)。假设一个院系有多名教师，一个教师只属于一个院系，则关系 D 和 T 之间的联系类型为 (2)。关系 T (3)，其外键是 (4)。

    （1）A. 1:1   B. 1:*n*   C. *n*:1   D. *n*:*m*

    （2）A. 1:1   B. 1:*n*   C. *n*:1   D. *n*:*m*

    （3）A. 有 1 个候选键，为教师号   B. 有 2 个候选键，为教师号和身份证号

          C. 有 1 个候选键，为身份证号   D. 有 2 个候选键，为教师号和院系号

    （4）A. 教师号   B. 姓名   C. 院系号   D. 身份证号

20. 【2017 年上半年试题 66】HTML 语言中，可使用表单<input>的_____属性限制用户可以输入的字符数量。

    A. text   B. size   C. value   D. maxlength

21. 【2017 年上半年试题 67】为保证安全性，HTTPS 采用_____协议对报文进行封装。

    A. SSH   B. SSL   C. SHA-l   D. SET

22. 【2017 年上半年试题 68】PING 发出的是_____类型的报文，封装在 IP 数据中传送。

    A. TCP 请求   B. TCP 响应   C. ICMP 请求与响应 D. ICMP 源点抑制

23. 【2017 年上半年试题 69】SMTP 使用的传输协议是_____。

    A. TCP   B. IP   C. UDP   D. ARP

24. 【2017 年上半年试题 70】下面地址中可以作为源地址但是不能作为目的地址的是_____。

    A. 0.0.0.0   B. 127.0.0.1   C. 202.225.21.1/24   D. 202.225.21.255/24

25. 【2017 年下半年试题 3】在 Excel 中，设单元格 F1 的值为 38，若在单元格 F2 中输入公式 "= IF(AND(38<F1,F1<100), "输入正确", "输入错误")"，则单元格 F2 显示的内容为_____。

    A. 输入正确   B. 输入错误   C. TRUE   D. FALSE

26. 【2017 年下半年试题 4】在 Excel 中，设单元格 F1 的值为 56.323，若在单元格 F2 中输入公式 "=TEXT（F1，"¥0.00"）"，则单元格 F2 值为_____。

    A. ¥56   B. ¥56.323   C. ¥56.32   D. ¥56.00

27. 【2017 年下半年试题 5】采用 IE 浏览器访问清华大学校园网主页时，正确的地址格式为_____。

    A. Smtp://www.tsinghua.edu.cn   B. http://www.tsinghua.edu.cn

    C. Smtp:\\www.tsinghua.edu.cn   D. http\\www.tsinghua.edu.cn

28. 【2017 年下半年试题 6】CPU 中设置了多个寄存器，其中_____用于保存待执行指令的地址。

    A. 通用寄存器   B. 程序计数器   C. 指令寄存器   D. 地址寄存器

29. 【2017 年下半年试题 7】在计算机系统中常用的输入/输出控制方式有无条件传送、中断、程序查询和 DMA 等。其中，采用_____方式时，不需要 CPU 控制数据的传输过程。

    A. 中断   B. 程序查询   C. DMA   D. 无条件传送

30. 【2017 年下半年试题 8】以下存储器中，需要周期性刷新的是_____。

    A. DRAM   B. SRAM   C. FLASH   D. EEPROM

31. 【2017 年下半年试题 9】CPU 是一块超大规模集成电路，其主要部件有_____。

    A. 运算器、控制器和系统总线

    B. 运算器、寄存器组和内存储器

    C. 控制器、存储器和寄存器组

    D. 运算器、控制器和寄存器组

32. 【2017 年下半年试题 10】显示器的_____显示的图像越清晰，质量也越高。

　　A. 刷新频率越高　B. 分辨率越高　　　C. 对比度越大　　　D. 亮度越低

33. 【2017 年下半年试题 11】在字长为 16 位、32 位、64 位或 128 位的计算机中，字长为_____位的计算机数据运算精度最高。

　　A. 16　　　　　　B. 32　　　　　　C. 64　　　　　　D. 128

34. 【2017 年下半年试题 12】以下文件格式中，_____属于声音文件格式。

　　A. XLS　　　　　B. AVI　　　　　C. WAV　　　　　D. GIF

35. 【2017 年下半年试题 13】对声音信号采样时，_____参数不会直接影响数字音频数据量的大小。

　　A. 采样率　　　　B. 量化精度　　　　C. 声道数量　　　　D. 音量放大倍数

36. 【2017 年下半年试题 23】计算机加电自检后，引导程序首先装入的是_____，否则，计算机不能做任何事情。

　　A. Office 系列软件　B. 应用软件　　　C. 操作系统　　　　D. 编译程序

37. 【2017 年下半年试题 24】在 Windows 系统中，扩展名_____表示该文件是批处理文件。

　　A. com　　　　　B. sys　　　　　C. html　　　　　D. bat

38. 【2017 年下半年试题 25】当一个双处理器的计算机系统中同时存在 3 个并发进程时，同一时刻允许占用处理器的进程数_____。

　　A. 至少为 2 个　　B. 最多为 2 个　　C. 至少为 3 个　　D. 最多为 3 个

39. 【2017 年下半年试题 26】假设系统有 n（$n \geqslant 5$）个并发进程共享资源 R，且资源 R 的可用数为 2。若采用 PV 操作，则相应的信号量 S 的取值范围应为_____。

　　A. $-1 \sim n-1$　　B. $-5 \sim 2$　　C. $-(n-1) \sim 1$　　D. $-(n-2) \sim 2$

40. 【2017 年下半年试题 27】在磁盘移臂调度算法中，_____算法在返程时不响应进程访问磁盘的请求。

　　A. 先来先服务　　B. 电梯调度　　　C. 单向扫描　　　D. 最短寻道时间优先

41. 【2017 年下半年试题 28】适合开发设备驱动程序的编程语言是_____。

　　A. C/C++　　　　B. Visual Basic　　C. Python　　　　D. Java

42. 【2017 年下半年试题 29】编译和解释是实现高级程序设计语言的两种方式，其区别主要在于_____。

　　A. 是否进行语法分析　　　　　　　B. 是否生成中间代码文件

　　C. 是否进行语义分析　　　　　　　D. 是否生成目标程序文件

43. 【2017 年下半年试题 30】若程序中定义了三个函数 $f1$、$f2$ 和 $f3$，并且函数 $f1$ 执行时会调用 $f2$、函数 $f2$ 执行时会调用 $f3$，那么正常情况下，_____。

　　A. $f3$ 执行结束后返回 $f2$ 继续执行，$f2$ 结束后返回 $f1$ 继续执行

　　B. $f3$ 执行结束后返回 $f1$ 继续执行，$f1$ 结束后返回 $f2$ 继续执行

　　C. $f2$ 执行结束后返回 $f3$ 继续执行，$f3$ 结束后返回 $f1$ 继续执行

　　D. $f2$ 执行结束后返回 $f1$ 继续执行，$f1$ 结束后返回 $f3$ 继续执行

44. 【2017 年下半年试题 31】下图所示的非确定有限自动机（$s0$ 为初态，$s3$ 为终态）可识别字符串_____。

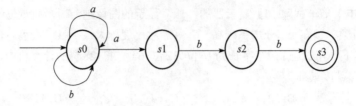

A. *bbaa*   B. *aabb*   C. *abab*   D. *baba*

45. 【2017 年下半年试题 32】表示"以字符 *a* 开头且仅由字符 *a*、*b* 构成的所有字符串"的正规式为_____。

　　A. *a*b**   B. *(a|b)*a*   C. *a(a|b)**   D. *(ab)**

46. 【2017 年下半年试题 33】在单入口单出口的 do…while 循环结构中，_____。

　　A. 循环体的执行次数等于循环条件的判断次数

　　B. 循环体的执行次数多于循环条件的判断次数

　　C. 循环体的执行次数少于循环条件的判断次数

　　D. 循环体的执行次数与循环条件的判断次数无关

47. 【2017 年下半年试题 34】将源程序中多处使用的同一个常数定义为常量并命名，_____。

　　A. 提高了编译效率   B. 缩短了源程序长度

　　C. 提高了源程序的可维护性   D. 提高了程序的运行效率

48. 【2017 年下半年试题 36】函数 main()、f() 的定义如下所示。调用函数 f() 时，第一个参数采用传值（call by value）方式，第二个参数采用传引用（call by reference）方式，main() 执行后输出的值为_____。

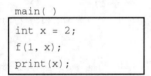

```
main( )

int x = 2;
f(1, x);
print(x);
```

```
f(int x, int&a)

x=2*a+1;
a=x+3;
return;
```

　　A. 2   B. 4   C. 5   D. 8

49. 【2017 年下半年试题 44，45】采用面向对象程序设计语言 C++/Java 进行系统实现时，定义类 *S* 及其子类 *D*。若类 *S* 中已经定义了一个虚方法 int fun(int a, int b)，则方法　(1)　不能同时在类 *S* 中。*D* 中定义方法 int fun(int a, int b)，这一现象称为　(2)　。

　（1）　A. int fun(int x, double y)   B. int fun(double a, int b)

　　　　C. double fun(int x, double y)   D. int fun(int x, int y)

　（2）A. 覆盖/重置   B. 封装   C. 重载/过载   D. 多态

50. 【2017 年下半年试题 59】张工负责某信息系统的数据库设计。在局部 E-R 模式的合并过程中，张工发现小杨和小李所设计的部分属性值的单位不一致，例如人的体重小杨用公斤，小李却用市斤。这种冲突被称为_____冲突。

　　A. 结构   B. 命名   C. 属性   D. 联系

51. 【2017 年下半年试题 60~62】某企业职工关系 EMP(E_no, E_name, DEPT, E_addr, E_tel) 中的属性分别表示职工号、姓名、部门、地址和电话；经费关系 FUNDS(E_no, E_limit, E_used) 中的属性分别表示职工号、总经费金额和已花费金额。若要查询部门为"开发部"且职工号为 03015

的职工姓名及其经费余额，则相应的 SQL 语句应为：

SELECT （1）

FROM （2）

WHERE （3）

（1）A. EMP.E_no,E_limit-E_used　　　　　　B. EMP.E_name,E_used-E_limit

C. EMP.E_no,E_used-E_limit　　　　　　D. EMP.E_name,E_limit-E_used

（2）A. EMP　　　　　　B. FUNDS　　　　C. EMP,FUNDS　　　D. IN[EMP,FUNDS]

（3）A. DEPT='开发部' OR EMP.E_no=FUNDS.E_no OR EMP.E_no='03015'

B. DEPT='开发部' AND EMP.E_no=FUNDS.E_no AND EMP.E_no='03015'

C. DEPT='开发部' OR EMP.E_no=FUNDS.E_no AND EMP.E_no='03015'

D. DEPT='开发部' AND EMP.E_no=FUNDS.E_no OR EMP.E_no='03015'

52.【2017 年下半年试题 66】HTTP 协议的默认端口号是_____。

A. 23　　　　　　　B. 25　　　　　　C. 80　　　　　　D. 110

53.【2017 年下半年试题 67】某学校为防止网络游戏沉迷，通常采用的方式不包括_____。

A. 安装上网行为管理软件　　　　　B. 通过防火墙拦截规则进行阻断

C. 端口扫描，关闭服务器端端口　　D. 账户管理，限制上网时长

54.【2017 年下半年试题 68】在 Web 浏览器的地址栏中输入 http://www.abc.com/jx/jy.htm 时，表明要访问的主机名是_____。

A. http　　　　　　B. www　　　　　C. abc　　　　　　D. jx

55.【2017 年下半年试题 69】在 Windows 系统中，要查看 DHCP 服务器分配给本机的 IP 地址，使用_____命令。

A. ipconfig/all　　　　B. netstat　　　　C. nslookup　　　　D. tracert

56.【2017 年下半年试题 70】邮箱客户端软件使用_____协议从电子邮件服务器上获取电子邮件。

A. SMTP　　　　　　B. POP3　　　　　C. TCP　　　　　　D. UDP

57.【2019 年下半年试题 1】以下关于信息的描述，错误的是_____。

A. 信息具有时效性和可共享性　　　B. 信息必须依附于某种载体进行传输

C. 信息可反映客观事物的运动状态和方式　　D. 无法从数据中抽象出信息

58.【2019 年下半年试题 2】通常，不做全体调查只做抽样调查的原因不包括_____。

A. 全体调查成本太高　　　　　　　B. 可能会破坏被调查的个体

C. 样本太多难以统计　　　　　　　D. 总量太大不可能逐一调查

59.【2019 年下半年试题 3】在 Excel 中，"工作表"是由行和列组成的表格，列和行分别用_____标识。

A. 字母和数字　　　B. 数字和字母　　　C. 数字和数字　　　D. 字母和字母

60.【2019 年下半年试题 4】在 Excel 的 A1 单元格中输入公式"=MIN (SUM(5,4),AVERAGE(5,11,8))"，按回车键后，A1 单元格中显示的值为_____。

A. 4　　　　　　　　B. 5　　　　　　　C. 8　　　　　　　D. 9

61.【2019 年下半年试题 5】_____服务器的主要作用是提供文件的上传和下载服务。

A. Gopher　　　　　B. FTP　　　　　　C. Telnet　　　　　D. E-mail

62.【2019年下半年试题6】虚拟存储技术使_____密切配合来构成虚拟存储器。
    A. 寄存器和主存　B. 主存和辅存　　　C. 寄存器和 Cache　D. 硬盘和 Cache

63.【2019年下半年试题8】CPU 执行指令时，先要根据程序计数器将指令从内存读取出并送入_____，然后译码并执行。
    A. 数据寄存器　　B. 累加寄存器　　　C. 地址寄存器　　　D. 指令寄存器

64.【2019年下半年试题9】以下关于 CPU 与 I/O 设备交换数据所用控制方式的叙述中，正确的是_____。
    A. 中断方式下，CPU 与外设是串行工作的
    B. 中断方式下，CPU 需要主动查询和等待外设
    C. DMA 方式下，CPU 与外设可并行工作
    D. DMA 方式下，CPU 需要执行程序来传送数据

65.【2019年下半年试题10】衡量系统可靠性的指标是_____。
    A. 周转时间和故障率 λ　　　　　　　B. 周转时间和吞吐量
    C. 平均无故障时间 MTBF 和故障率 λ　D. 平均无故障时间 MTBF 和吞吐量

66.【2019年下半年试题11】某计算机的主存储器以字节为单位进行编址，其主存储器的容量为 1TB，也就是_____。
    A. 2^{30}B　　　　　　B. 2^{10}KB　　　　　C. 2^{10}MB　　　　　　D. 2^{10}GB

67.【2019年下半年试题12】_____是音频文件的扩展名。
    A. XLS　　　　　　B. AVI　　　　　　C. WAV　　　　　　　D. GIF

68.【2019年下半年试题13】声音信号的数字化过程就是在时间和幅度两个维度上的离散化过程，其中时间的离散化称为_____。
    A. 分时　　　　　　B. 采样　　　　　　C. 量化　　　　　　　D. 调频

69.【2019年下半年试题16】下列与电子邮件安全无关的是_____。
    A. 用户身份认证　B. 传输加密　　　　C. 存储加密　　　　　D. 邮箱地址保密

70.【2019年下半年试题20】计算机启动时 CPU 从_____读取硬件配置的重要参数。
    A. SRAM　　　　　B. CMOS　　　　　C. DRAM　　　　　　D. CD-ROM

71.【2019年下半年试题23】以下描述中，属于通用操作系统基本功能的是_____。
    A. 对计算机系统中各种软、硬件资源进行管理
    B. 对信息系统的运行状态进行监控
    C. 对数据库中的各种数据进行汇总和检索
    D. 对所播放的视频文件内容进行分析

72.【2019年下半年试题24，25】某计算机系统页面大小为 4K，进程 P 的页面变换表如下表所示。若 P 中某数据的逻辑地址为十六进制 2C18H，则该地址的页号和页内地址分别为__(1)__；经过地址变换后，地址应为十六进制__(2)__。

页号	物理块号
0	2
1	4
2	5
3	8

（1）A. 2 和 518H　　　B. 2 和 C18H　　　C. 5 和 518H　　　D. 5 和 C18H

（2）A. 2C18H　　　B. 4C18H　　　C. 5C18H　　　D. 8C18H

73. 【2019 年下半年试题 26】假设系统有 n（$n>5$）个并发进程，它们竞争互斥资源 R。若采用 PV 操作，当有 3 个进程同时申请资源 R，而系统只能满足其中 1 个进程的申请时，资源 R 对应的信号量 S 的值应为_____。

　　A. -1　　　　　　B. -2　　　　　　C. -3　　　　　　D. 0

74. 【2019 年下半年试题 27】若系统中有 4 个互斥资源 R，当系统中有 2 个进程竞争 R，且每个进程都需要 i（$i\leqslant 3$）个 R 时，该系统可能会发生死锁的最小 i 值是_____。

　　A. 1　　　　　　B. 2　　　　　　C. 3　　　　　　D. 4

75. 【2019 年下半年试题 28】以下关于汇编语言的叙述中，正确的是_____。

　　A. 汇编语言源程序只能由伪指令语句构成

　　B. 汇编语言源程序都是通过对某高级语言源程序进行编译而得到的

　　C. 汇编语言的每条指令语句可以没有操作码字段，但必须具有操作数字段

　　D. 汇编语言的每条指令语句可以没有操作数字段，但必须具有操作码字段

76. 【2019 年下半年试题 29】编译和解释是实现高级程序设计语言的两种基本方式，_____是这两种方式的主要区别。

　　A. 是否进行代码优化　　　　　　　　B. 是否进行语法分析

　　C. 是否生成中间代码　　　　　　　　D. 是否生成目标代码

77. 【2019 年下半年试题 30】某个不确定有限自动机（s_0 为初态，s_3 为终态）如下图所示，_____是该自动机可识别的字符串（即从初态到终态的路径中，所有边上标记的字符构成的序列）。

　　A. baabb　　　　B. bbaab　　　　C. aabab　　　　D. ababa

78. 【2019 年下半年试题 31】C 语言规定程序中的变量必须先定义（或声明）再引用，若违反此规定，则对程序进行_____时报错。

　　A. 汇编　　　　　　B. 编译　　　　　　C. 链接　　　　　　D. 运行

79. 【2019 年下半年试题 32】在 C 程序中，_____是合法的用户定义变量名。

　　①_123　　　　②form-7　　　　③short　　　　④form_7

　　A. ①③　　　　B. ②③④　　　　C. ②④　　　　D. ①④

80. 【2019 年下半年试题 33】在 C 程序中，设有"int a=3,b=2,c=1;"，则表达式 a>b>c 的值是_____。

　　A. 0　　　　　　B. 1　　　　　　C. 2　　　　　　D. 不确定

81. 【2019 年下半年试题 34】在 C 程序中，对于如下的两个 for 语句，其运行后 a 和 b 的值分别为_____。

```
for(int a=0;a==0;a++);
for(int b=0;b=0;b++);
```

A. 0,0   B. 0,1   C. 1,0   D. 1,1

82.【2019 年下半年试题 35】函数 main()、f() 的定义如下所示。调用函数 f() 时，第一个参数采用传值（call by value）方式，第二个参数采用传引用（call by reference）方式，main() 执行后输出的值为_____。

```
main()

int x = 2;
f(5, x);
print(x);
```

```
f(int x, int &a)

x=2*a-1;
a=x+5;
return;
```

A. 2   B. 3   C. 8   D. 10

83.【2019 年下半年试题 44，45】在面向对象方法中，__(1)__ 机制将数据和行为包装为一个单元。一个类定义一组大体上相似的对象，有些类之间存在一般和特殊的层次关系，如 __(2)__ 之间就是这种关系。

（1）A. 封装   B. 抽象   C. 数据隐蔽   D. 多态

（2）A. 卡车和轿车   B. 客机和货机   C. 学生和博士   D. 通识课和专业课

84.【2019 年下半年试题 46】对象收到消息予以响应时，不同类型的对象收到同一消息可以进行不同的响应，从而产生不同的结果，这种现象称为_____。

A. 继承   B. 绑定   C. 聚合   D. 多态

85.【2019 年下半年试题 58】数据库是按照一定的数据模型组织、存储和应用的_____的集合。

A. 命令   B. 程序   C. 数据   D. 文件

86.【2019 年下半年试题 59】关系数据库是表的集合。对视图进行查询，本质上就是从_____中查询获得的数据。

A. 一个视图   B. 一个或若干个索引文件

C. 一个或若干个视图   D. 一个或若干个基本表

87.【2019 年下半年试题 60】某银行信用卡额度关系 C（信用卡号，用户名，身份证号，最高消费额度，累计消费额）中，信用卡号唯一标识关系 C 的每一个元组。一个身份证只允许办理一张信用卡。有_____。

A. 1 个候选键，即信用卡号   B. 2 个候选键，即信用卡号、身份证号

C. 1 个候选键，即身份证号   D. 1 个候选键，即信用卡号、用户名

88.【2019 年下半年试题 61，62】给出关系 R（A，B，C）和 S（A，B，C），R 和 S 的函数依赖集 $F=\{A{\rightarrow}B, B{\rightarrow}C\}$。若 R 和 S 进行自然连接运算，则结果集有 __(1)__ 个属性。关系 R 和 S __(2)__。

（1）A. 3   B. 4   C. 5   D. 6

（2）A. 不存在传递依赖   B. 存在传递依赖 $A{\rightarrow}B$

C. 存在传递依赖 $A{\rightarrow}C$ D. 存在传递依赖 $B{\rightarrow}C$

89.【2019 年下半年试题 66】HTML 中使用_____标记对来标记一个超链接元素。

A. `<a></a>`   B. `<b></b>`   C. `<q></q>`   D. `<i></i>`

90.【2019 年下半年试题 67，68】ICMP 协议是 TCP/IP 网络中的 __(1)__ 协议，其报文封装在 __(2)__ 协议数据报中传送。

（1）A. 数据链路层　　　　B. 网络层　　　　　　C. 传输层　　　　　　D. 会话层

（2）A. IP　　　　　　　　B. TCP　　　　　　　C. UDP　　　　　　　D. PPP

91.【2019 年下半年试题 69】启动 IE 浏览器，在 URL 地址栏输入 ftp://ftp.tsinghua.edu.cn，进行连接时浏览器使用的协议是_____。

　　A. HTTP　　　　　　　B. HTTPS　　　　　　C. FTP　　　　　　　D. TFTP

92.【2019 年下半年试题 70】电子邮件发送多媒体文件附件时采用_____协议来支持邮件传输。

　　A. MIME　　　　　　　B. SMTP　　　　　　C. POP3　　　　　　D. IMAP4

93.【2020 年下半年试题 1】以下关于信息特性的描述中，错误的是_____。

　　A. 信息必须依附于某种载体进行传输

　　B. 通过感官的识别属于信息间接识别

　　C. 通过各种测试手段的识别属于信息间接识别

　　D. 信息在特定的范围内有效

94.【2020 年下半年试题 2】信息系统进入使用阶段后，主要任务是_____。

　　A. 进行信息系统开发与测试　　　　　　B. 进行信息系统需求分析

　　C. 对信息系统进行管理和维护　　　　　D. 对信息系统数据库进行设计

95.【2020 年下半年试题 3】5G 网络技术具有_____的特点。

　　A. 低带宽、低时延　　　　　　　　　　B. 低带宽、高时延

　　C. 高带宽、低时延　　　　　　　　　　D. 高带宽、高时延

96.【2020 年下半年试题 4】企业采用云计算模式部署信息系统所具有的优势中不包括_____。

　　A. 企业的全部数据、科研和技术都放到网上，以利共享

　　B. 全面优化业务流程，加速培育新产品、新模式、新业态

　　C. 从软件、平台、网络等各方面，加快两化深度融合步伐

　　D. 有效整合优化资源，重塑生产组织方式，实现协同创新

97.【2020 年下半年试题 5】_____是正确的统一资源地址（URL）。

　　A. stmp: \\www.xd.edu.cn/index.html

　　B. stmp://www.xd.edu.cn/index.html

　　C. http: \\www.xd.edu.cn/index.html

　　D. http://www.xd.edu.cn/index.html

98.【2020 年下半年试题 6】计算机中最基本的单位基准时间是_____。

　　A. 时钟周期　　　　　B. 指令周期　　　　C. 总线周期　　　　D. CPU 周期

99.【2020 年下半年试题 7】CPU 主要由运算器、控制器组成，下列不属于运算器的部件是_____。

　　A. 算术逻辑运算单元　　B. 程序计数器　　　C. 累加器　　　　　D. 状态寄存器

100.【2020 年下半年试题 8】将操作数包含在指令中的寻址方式称为_____。

　　A. 直接寻址　　　　　B. 相对寻址　　　　C. 间接寻址　　　　D. 立即寻址

101.【2020 年下半年试题 9】以下关于中断的叙述中，错误的是_____。

　　A. 电源掉电属于 CPU 必须无条件响应的不可屏蔽中断

    B. 打印机中断属于不可屏蔽的内部中断

    C. 程序运行错误也可能引发中断

    D. CPU 可通过指令限制某些设备发出中断请求

102. 【2020 年下半年试题 10】在计算机系统中，通常可以_____，以提高计算机访问磁盘的效率。

    A. 利用存储管理软件定期对内存进行碎片整理

    B. 利用磁盘碎片整理程序定期对磁盘进行碎片整理

    C. 利用系统资源管理器定期对 ROM 进行碎片整理

    D. 利用磁盘碎片整理程序定期对磁盘数据进行压缩

103. 【2020 年下半年试题 11】显示器的_____是指显示器屏幕上同一点最亮时（白色）与最暗时（黑色）的亮度的比值。

    A. 对比度   B. 点距   C. 分辨率   D. 刷新频率

104. 【2020 年下半年试题 12】使用图像扫描仪以 300DPI 的分辨率扫描一幅 3 英寸×3 英寸的图片，可以得到_____像素的数字图像。

    A. 100×100 B. 300×300 C. 600×600 D. 900×900

105. 【2020 年下半年试题 13】采用直线和曲线等元素来描述的图是_____。

    A. 点阵图   B. 矢量图   C. 位图   D. 灰度图

106. 【2020 年下半年试题 17】身份认证是证实需要认证的客户真实身份与其所声称的身份是否相符的验证过程。目前，计算机及网络系统中常用的身份认证技术主要有用户名/密码方式、智能卡认证、动态口令、生物特征认证等。生物特征认证不包括_____。

    A. 指纹   B. 面部识别   C. 虹膜   D. 击键特征

107. 【2020 年下半年试题 23】Windows 操作系统通常将系统文件保存在_____。

    A. "MyDrivers" 文件或 "update" 文件中

    B. "MyDrivers" 文件夹或 "update" 文件夹中

    C. "Windows" 文件或 "Program Files" 文件中

    D. "Windows" 文件夹和 "Program Files" 文件夹中

108. 【2020 年下半年试题 24】嵌入式操作系统的特点之一是可定制，这里的可定制是指_____。

    A. 系统构件、模块和体系结构必须达到应有的可靠性

    B. 对过程控制、数据采集、传输等需要迅速响应

    C. 在不同的微处理器平台上，能针对硬件变化进行结构与功能上的配置

    D. 采用硬件抽象层和板级支撑包的底层设计技术

109. 【2020 年下半年试题 25，26】假设有 6 个进程共享一个互斥段 N，如果最多允许 3 个进程同时访问互斥段 N，那么利用 PV 操作时，所用信号量 S 的变化范围为 (1) ；若信号量 S 的当前值为-1，则表示系统有 (2) 个正在等待该资源的进程。

    （1）A. 0～6   B. -1～5   C. -2～4   D. -3～3

    （2）A. 0   B. 1   C. 2   D. 3

110. 【2020 年下半年试题 27】假设分页存储管理系统中，地址用 32 个二进制位表示，其中页号占 12 位，页内地址占 20 位。若系统以字节编址，则该系统_____。

    A. 页面大小为 2MB，共有 4096 个页面

    B. 页面大小为 2MB，共有 1024 个页面

    C. 页面大小为 1MB，共有 4096 个页面

    D. 页面大小为 1MB，共有 1024 个页面

111. 【2020 年下半年试题 28】针对 C 语言源程序进行编译的过程，下面说法中正确的是_____。

    A. 需对未定义的变量报告错误   B. 需判断变量的值是否正确

    C. 需计算循环语句的执行次数   D. 需判断循环条件是否正确

112. 【2020 年下半年试题 29】以下关于高级程序设计语言的编译和解释的叙述中，正确的是_____。

    A. 编译方式和解释方式都是先进行语法分析再进行语义分析

    B. 编译方式下先进行语义分析再进行语法分析

    C. 解释方式下先进行语义分析再进行语法分析

    D. 编译方式和解释方式都是先进行语义分析再进行语法分析

113. 【2020 年下半年试题 30】关于下图所示的有限自动机 M（A 是初态、C 是终态）的叙述中，正确的是_____。

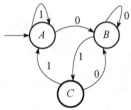

    A. M 是确定的有限自动机，可识别 1001

    B. M 是确定的有限自动机，可识别 1010

    C. M 是不确定的有限自动机，可识别 1010

    D. M 是不确定的有限自动机，可识别 1001

114. 【2020 年下半年试题 31】C 语言程序中如果定义了名字都为 a 的全局变量和局部变量，则_____。

    A. 编译时报告名字 a 重复定义错误

    B. 对 a 的引用固定指向全局变量

    C. 对 a 的引用固定指向局部变量

    D. 在局部变量 a 的作用域内屏蔽全局变量 a

115. 【2020 年下半年试题 32】在某 C 程序中有下面的类型和变量定义（设字符型数据占 1 字节，整型数据占 4 字节），则运行时系统为变量 rec 分配的空间大小为_____。

```
union{
   char ch;
   int num;
}rec;
```

    A. 1 字节   B. 4 字节   C. 5 字节   D. 8 字节

116. 【2020 年下半年试题 33】对于某 C 程序中的如下语句，_____。

```
int t=0;
if(0<t<5)printf("true");
else printf("false");
```

  A. 运行时输出 true   B. 编译时报告错误

  C. 运行时输出 false   D. 运行时报告异常

117. 【2020 年下半年试题 34】某 C 程序中含有下面语句，其执行后，tmp 的值是_____。

```
int x,y,z,tmp=0;
tmp=(x=2,y=4,z=8);
```

  A. 0   B. 2   C. 4   D. 8

118. 【2020 年下半年试题 35】函数 main()、f()的定义如下所示。调用函数 f()时，采用引用调用方式（call by reference），从函数 f()返回后，main()中 x 的值为_____。

```
main( )                          f(int &a)

int x = 5;                       int x = 2;
f(x);                            a=x-1;
print(x);                        return;
```

  A. 1   B. 2   C. 4   D. 5

119. 【2020 年下半年试题 44，45】在面向对象程序设计语言中，对象之间通过_(1)_方式进行通信。_(2)_不是面向对象程序设计语言必须提供的机制。

  (1) A. 继承   B. 引用   C. 消息传递   D. 多态

  (2) A. 支持被封装的对象   B. 支持类与实例的概念

     C. 支持继承和多态   D. 支持通过指针进行引用

120. 【2020 年下半年试题 57】数据库中常见的 check（约束机制）是为了保证数据的_____，防止合法用户使用数据库时向数据库加入不符合语义的数据。

  A. 完整性   B. 安全性   C. 可靠性   D. 并发控制

121. 【2020 年下半年试题 58，59】假设关系 $R1$、$R2$ 和 $R3$ 如下表所示，关系代数表达式 $R3=\underline{(1)}$，$R1=\underline{(2)}$。

$R1$		
员工号	姓名	部门
1001	王铭依	开发部
1002	刘黎刚	开发部

$R2$		
员工号	姓名	部门
1010	林晓华	销售部
1012	麻明明	销售部
1013	张敏	销售部

$R3$		
员工号	姓名	部门
1001	王铭依	开发部
1002	刘黎刚	开发部
1010	林晓华	销售部
1012	麻明明	销售部
1013	张敏	销售部

  (1) A. $R1 \times R2$ B. $R1 \cap R2$ C. $R1 \cup R2$ D. $R1 \div R2$

  (2) A. $R3 \times R2$ B. $R3 \cap R2$ C. $R3 \cup R2$ D. $R3-R2$

122. 【2020 年下半年试题 60，61】现有员工工资关系定义为（员工号，姓名，部门，基本工资，岗位工资，全勤奖，应发工资，扣款，实发工资）。如下 SQL 语句用于查询"部门人数大

于 2 的部门员工平均工资":

```
SELECT部门，AVG（应发工资）AS平均工资
FROM   工资表
        _____(1)_____
        _____(2)_____;
```

（1）　A. ORDER BY 姓名　　　　　　　B. ORDER BY 部门

　　　　C. GROUP BY 姓名　　　　　　　D. GROUP BY 部门

（2）　A. WHERE COUNT(姓名)>2　　　B. WHERE COUNT(DISTINCT(部门))>2

　　　　C. HAVING COUNT(员工号)>2　　D. HAVING COUNT(DISTINCT(部门))>2

123.　【2020 年下半年试题 62】假设系统中有运行的事务，此时若要转储全部数据库，那么应采用_____方式。

　　　　A. 静态全局转储　　　B. 动态全局转储　　　C. 静态增量转储　　　D. 动态增量转储

124.　【2020 年下半年试题 66】在网页中点击的超链接指向_____类型文件时，服务器不执行该文件，直接传递给浏览器。

　　　　A. ASP　　　　　　　B. HTML　　　　　　C. CGI　　　　　　D. JSP

125.　【2020 年下半年试题 67】用户打开某网站的主页面文件 index.html 时，看到一幅图像 X 并听到乐曲 Y，则_____。

　　　　A. 图像 X 存储在 index.html 中，乐曲 Y 以独立的文件存储

　　　　B. 乐曲 Y 存储在 index.html 中，图像 X 以独立的文件存储

　　　　C. 图像 X 和乐曲 Y 都存储在 index.html 中

　　　　D. 图像 X 和乐曲 Y 都以独立的文件存储

126.　【2020 年下半年试题 68】在电子邮件系统中，客户端代理_____。

　　　　A. 通常都使用 SMTP 协议发送邮件和接收邮件

　　　　B. 发送邮件通常使用 SMTP 协议，而接收邮件通常使用 POP3 协议

　　　　C. 发送邮件通常使用 POP3 协议，而接收邮件通常使用 SMTP 协议

　　　　D. 通常都使用 POP3 协议发送邮件和接收邮件

127.　【2020 年下半年试题 69】在 TCP/IP 网络中，RARP 的作用是_____。

　　　　A. 根据 MAC 地址查找对应的 IP 地址　　　B. 根据 IP 地址查找对应的 MAC 地址

　　　　C. 报告 IP 数据报传输中的差错　　　　　　D. 控制以太帧数据的正确传送

128.　【2020 年下半年试题 70】下面的网络地址中，不能作为目标地址的是_____。

　　　　A. 0.0.0.0　　　　　B. 127.0.0.1　　　　C. 10.255.255.255　　　D. 192.168.0.1

2.2.2　真题解析

1.【答案】B。

【解析】考查操作系统的基础知识。

Delete 键删除是把文件删除到回收站，需要手动清空回收站；Shift + Delete 组合键删除是把文件删除但不经过回收站，不需要再手动清空回收站。

2. 【答案】D。

【解析】考查 Internet 基础知识。

Internet Explorer 是微软公司推出的一款网页浏览器。计算机上常见的网页浏览器有 QQ 浏览器、Internet Explorer、Firefox、Safari、Opera、Google Chrome、百度浏览器、搜狗浏览器、猎豹浏览器、360 浏览器、UC 浏览器、傲游浏览器、世界之窗浏览器等，浏览器是最经常使用到的客户端程序。Linux、Unix 和 Windows 都是操作系统。

3. 【答案】（1）C；（2）D。

【解析】考查常用办公软件的基础知识。

1）Excel 表中的相对引用是将计算公式复制或填充到其他单元格时，单元格的引用会自动随着移动位置的变化而变化。本题应采用相对引用，故选 C。

2）由于 COUNT 是无条件统计函数，故 A、B 不正确。条件统计函数的格式为 CountIf（统计范围,"统计"），选项 C 缺少引号因而格式不正确，故应该选 D。

4. 【答案】D。

【解析】考查网络的基础知识。

超文本传输协议（HTTP）是互联网上应用最为广泛的一种网络协议。HTML 文件（即超文本标记语言文件）是由 HTML 命令组成的描述性文本。超文本标记语言是标准通用标记语言下的一个应用。超文本是指页面内可以包含图片、链接，甚至音乐、程序等非文字元素。超文本标记语言的结构包括头部（Head）和主体部分（Body），其中头部提供关于网页的信息，主体部分提供网页的具体内容。

5. 【答案】B。

【解析】考查 CPU 的基础知识。

CPU 中的主要部件有运算单元、控制单元和寄存器组，连接这些部件的是片内总线。系统总线是用来连接微机各功能部件从而构成一个完整的微机系统的，如 PC 总线、AT 总线（ISA 总线）、PCI 总线等。单核 CPU 可以通过分时实现并行计算。

6. 【答案】A。

【解析】考查计算机系统的基础知识。

流水线（Pipeline）技术是指在程序执行时多条指令重叠进行操作的一种准并行处理实现技术。为提高 CPU 的利用率，加快执行速度，将指令分为若干阶段，并行执行不同指令的不同阶段，从而使多个指令可以同时执行。在有效地控制流水线阻塞的情况下，流水线可以大大提高指令执行速度。

7. 【答案】C。

【解析】考查计算机系统的基础知识。

总线的带宽也就是数据传输率，即单位时间内通过总线传输的数据量，以 B/s（字节/秒）为单位。

8. 【答案】C。

【解析】考查计算机系统高速缓存的基础知识。

高速缓冲存储器（Cache）是存在于主存与 CPU 之间的一级存储器，由静态存储芯片（SRAM）组成，容量比较小但速度比主存高得多，接近于 CPU 的速度。Cache 通常保存着一份主存储器中部分内容的副本（拷贝），该内容副本是最近曾被 CPU 使用过的数据和程序代码。

9.【答案】A。

【解析】考查计算机系统性能方面的基础知识。

字长是指 CPU 进行运算和数据处理的最基本的信息位长度。PC 的字长已发展到现在的 32 位、64 位等。

10.【答案】D。

【解析】考查计算机系统性能方面的基础知识。

显示器的分辨率主要是针对图像的清晰程度,与数据处理的效率无关。选项 B 不正确。

对于不同用途的计算机,对不同部件的性能指标要求也有所不同,用作科学计算的计算机对主机的运算速度要求较高;用作大型数据库处理的计算机对主机的内存容量、存取速度和外存储器的读写速度要求比较高;用作网络传输的计算机对 I/O 速度的要求比较高。

11.【答案】B。

【解析】考查多媒体的基础知识。

在生成图像时,对图像中不同色彩进行采样,可产生包含各种颜色的颜色表,称为彩色查找表。描述图像每个像素的颜色也可以不由每个基色分量的数值直接决定,而是把像素值作为彩色查找表的表项入口地址,去找出相应的 R、G、B 强度值所产生的彩色。用这种方法描述的像素颜色称为伪彩色。

12.【答案】A。

【解析】考查多媒体的基础知识。

一个像素只需要一个二进制位就能表示出来,即用 0 表黑,用 1 表白,所以只需一位,故选 A。

13.【答案】(1)B;(2)D。

【解析】考查 Windows 系统中用户权限方面的基础知识。

Windows 系统中用户的默认权限如下:

1)administrators,管理页组,这个组中的用户对计算机/域有不受限制的完全访问权。分配给该组的默认权限允许对整个系统进行完全控制。

2)power users,高级用户组,可以执行除了为 administrators 组保留的任务外的其他任何操作系统任务。

3)users,普通用户组,这个组的用户无法进行有意或无意的改动。

4)everyone,所有的用户,这个计算机上的所有用户都属于这个组。

5)guests:来宾组,来宾组跟普通组的成员有同等访问权,但来宾账户的限制更多。

14.【答案】D。

【解析】考查操作系统进程管理方面的基础知识。

信号量初值为 2,当有进程运行时,其他进程访问信号量,信号量就会减 1,因此最小值为 2-6=-4。信号量 S 的变化范围为-4~2。

15.【答案】C。

【解析】考查操作系统进程管理方面的基础知识。

进程具有运行态、就绪态和阻塞态三种基本状态。当 CPU 空闲时,系统将选择处于就绪态的一个进程进入运行态;当 CPU 的一个时间片用完时,当前处于运行态的进程就进入了就绪态;

进程从运行到阻塞状态通常是进程释放 CPU，然后等待系统分配资源或等待某些事件的发生。

16. 【答案】B。

【解析】考查操作系统的基础知识。

页内地址的宽度就是页面大小，共有 12 位，即 2 的 12 次方，$2^{12}=4096=4K$。页号的宽度就是页面总数，共有 20 位，即 2 的 20 次方，$2^{20}=1024\times1024=1MB$。

17. 【答案】B。

【解析】考查数据库系统的基础知识。

概念设计是由分析用户需求到生成概念产品的一系列有序的、可组织的、有目标的设计活动，它表现为一个由粗到精、由模糊到清晰、由抽象到具体的不断进化的过程。

18. 【答案】D。

【解析】考查数据库系统原理的基础知识。

数据独立性是指应用程序和数据之间相互独立、不受影响，即数据结构的修改不会引起应用程序的修改。数据独立性包括：物理数据独立性和逻辑数据独立性。物理数据独立性是指数据库物理结构改变时不必修改现有的应用程序。逻辑数据独立性是指数据库逻辑结构改变时不用改变应用程序。

视图可以被看作虚拟表或存储查询。可通过视图访问的数据不作为独特的对象存储在数据库内。数据库实体的作用是逻辑数据独立性。视图可帮助用户屏蔽真实表结构变化带来的影响。

19. 【答案】（1）D；（2）B；（3）C；（4）A。

【解析】考查数据库系统的基础知识。

1）一个教师讲授多门课程，一门课程由多个教师讲授，因此一个 T 对应多个 C，一个 C 对应多个 T，因此是应该是 $n{:}m$（多对多）。

2）一个院系有多名教师，就是一个 D 对应多个 T，一个教师只属于一个院系，就是一个 T 对应一个 D，因此 D 和 T 之间是 $1{:}n$ 的关系（1 对多）。

3）"教师号"唯一标识 T 中的每一个元组，因此"教师号"是 T 的主键。而 T 中的教师号和身份证号是可以唯一识别教师的标志，因此"身份证号"是 T 的候选键。本题选 C。

主键（Primary Key）是表中的一个或多个字段，它的值用于唯一地标识表中的某一条记录。在两个表的关系中，主键用来在一个表中引用来自另一个表中的特定记录。主键是一种唯一关键码，表定义的一部分。一个表的主键可以由多个关键码共同组成，并且主键的列不能包含空值。主键是可选的。

4）如果公共关键码在一个关系中是主键，那么这个公共关键码被称为另一个关系的外键。由此可见，外键表示了两个关系之间的相关联系。以另一个关系的外键作主键的表被称为主表，具有此外键的表被称为主表的从表。外键又称作外关键码。T、C、D 之间按照教师号可以进行关联。因此教师号是 T 的外键。

20. 【答案】D。

【解析】考查 HTML 语言的基础知识。

HTML 语言中<input>表单用于接收用户的输入，text 属性用于规定表单中可以输入的文本类型；size 属性用于规定在表单中输入字符的大小；value 属性是 input 元素设定值； maxlength 属性用于确定用户可输入的最大字符数量。

21. 【答案】B。

【解析】考查 HTTPS 方面的基础知识。

HTTPS 是以安全为目标的 HTTP 通道，也就是 SSL 加密算法的 HTTP。为了数据传输的安全，HTTPS 在 HTTP 的基础上加入了 SSL 协议，SSL 依靠证书来验证服务器的身份，并为浏览器和服务器之间的通信加密。SSH 为 Secure Shell 的缩写，由 IETF 的网络小组（Network Working Group）制定；SSH 为建立在应用层基础上的安全协议。SSH 是目前较可靠的、专为远程登录会话和其他网络服务提供安全性的协议。利用 SSH 协议可以有效防止远程管理过程中的信息泄露问题。

22. 【答案】C。

【解析】考查 ICMP 相关基础知识。

Ping 发送一个 ICMP（Internet Control Message Protocol），即因特网控制报文协议；回声请求消息给目的地并报告是否收到所希望的 ICMPecho（ICMP 回声应答）。它是用来检查网络是否通畅或者网络连接速度的命令。

23. 【答案】A。

【解析】考查 SMTP 的基础知识。

SMTP 是一种 TCP 支持的提供可靠且有效电子邮件传输的应用层协议，是简单邮件传输协议。

24. 【答案】A。

【解析】考查 IP 地址的基础知识。

每一个字节都为 0 的地址（0.0.0.0）对应于当前主机，即源地址，不能作为目的地址。

127.0.0.1 是本地回送地址，既可作源地址也可作目的地址。

202.225.21.1/24 是主机单播地址，既可作源地址也可作目的地址。

202.225.21.255/4 是网络广播地址，只能作为目的地址，不能作为源地址。

25. 【答案】B。

【解析】考查常用办公软件 Excel 的基础知识。

主要考查 IF 函数的应用，题中 F1 的值为 38，不满足 if 条件，取表达式中最后一项，所以显示为"输入错误"。

26. 【答案】C。

【解析】考查常用办公软件 Excel 的基础知识。

主要考查 TEXT 函数的应用，TEXT 函数的功能是根据指定格式将数值转换为文本，公式转换后的结果为¥56.32。

27. 【答案】B。

【解析】考查网络的基础知识。

统一资源地址 URL 是用来在 Internet 上唯一确定位置的地址。通常用来指明所使用计算机资源的位置及查询信息的类型。http://www.tsinghua.edu.cn 中，http 表示所使用的协议，www.tsinghua.edu.cn 表示访问的主机和域名，其中 edu 是教育，cn 是中国。

28. 【答案】B。

【解析】考查计算机 CPU 的基础知识。

CPU 主要部件有运算单元、控制单元和寄存器组。

寄存器是 CPU 中的一个重要组成部分，它是 CPU 内部的临时存储单元。寄存器既可以用来存放数据和地址，也可以存放控制信息或 CPU 工作时的状态。

累加器在运算过程中暂时存放操作数和中间运算结果，不能用于长时间保存数据。标志寄存器也称为状态字寄存器，用于记录运算中产生的标志信息。

指令寄存器用于存放正在执行的指令，指令从内存取出后送入指令寄存器。

数据寄存器用来暂时存放由内存储器读出的一条指令或一个数据字；反之，当向内存写入一个数据字时，也暂时将它们存放在数据缓冲寄存器中。

程序计数器的作用是存储待执行指令的地址，实现程序执行时指令执行的顺序控制。

地址寄存器通常用来暂存访问（数据）内存单元的地址。

29.【答案】C。

【解析】考查计算机系统的基础知识。

直接程序控制（无条件传送/程序查询方式）、无条件传送：在此情况下，外设总是准备好的，它可以无条件地随时接收 CPU 发来的输出数据，也能够无条件地随时向 CPU 提供需要输入的数据。

程序查询方式：在这种方式下，利用查询方式进行输入/输出，就是通过 CPU 执行程序查询外设的状态，判断外设是否准备好接收数据或准备好向 CPU 输入数据。

中断方式：由程序控制 I/O 的方法，其主要缺点在于 CPU 必须等待 I/O 系统完成数据传输任务，在此期间 CPU 需要定期地查询 I/O 系统的状态，以确认传输是否完成。因此整个系统的性能严重下降。

直接主存存取（Direct Memory Access，DMA）是指数据在主存与 I/O 设备间的直接成块传送，即在主存与 I/O 设备间传送数据块的过程中，不需要 CPU 参与中间的过程，只需在过程开始启动（即向设备发出传送一块数据的命令）与过程结束（CPU 通过轮询或中断得知过程是否结束和下次操作是否准备就绪）时由 CPU 进行处理，中间的实际操作由 DMA 硬件直接完成，CPU 在传送过程中可做别的事情。

30.【答案】A。

【解析】考查计算机系统存储器方面的基础知识。

RAM（随机存储器）：既可以写入也可以读出，断电后信息无法保存，只能用于暂存数据。RAM 又可以分为 SRAM 和 DRAM 两种。

SRAM（静态随机存储器）：不断电情况下信息一直保持而不丢失。

DRAM（动态随机存储器）：信息会随时间逐渐消失，需要定时对其进行刷新来维持信息不丢失。

FLASH（闪存）：属于内存器件的一种，在没有电流供应的条件下也能够长久保存数据，其存储特性相当于硬盘，已成为各类便携型数字设备的常用存储介质。

EEPROM：是一种可擦除可编程的只读存储器。

31.【答案】D。

【解析】考查计算机系统硬件中 CPU 的基础知识。

CPU 主要由运算器、控制器、寄存器组和内部总线等部件组成。

32.【答案】B。

【解析】考查计算机性能方面的基础知识。

刷新频率是指图像在显示器上更新的速度，也就是图像每秒在屏幕上出现的帧数，单位为 Hz，刷新频率越高，屏幕上的图像的闪烁感就越小，图像越稳定，视觉效果也越好。一般刷新频率在 75Hz 以上时，影像的闪烁才不易被人眼察觉。

显示分辨率是显示屏上能够显示出的像素数目，屏幕能够显示的像素越多，分辨率越高，显示的图像越清晰，质量也越高。

33. 【答案】D。

【解析】考查计算机性能方面的基础知识。

字长是计算机运算部件一次能同时处理的二进制数据的位数，字长越长，数据的运算精度也就越高，计算机的处理能力就越强。

34. 【答案】C。

【解析】考查多媒体文件格式类型的基础知识。

常见音频格式：WAV、SOUND、VOICE、MOD、MP3、RealAudio、CDAudio、MIDI 等。

35. 【答案】D。

【解析】考查多媒体的基础知识。

波形声音信息是一个用来表示声音振幅的数据序列，它是通过对模拟声音按一定间隔采样获得的幅度值，再经过量化和编码后得到的便于计算机存储和处理的数据格式。声音信号数字化后，它的数据传输率（每秒位数）与信号在计算机中的实时传输有直接关系，而其总数据量又与计算机的存储空间有直接关系 。

未压缩声音数据量的计算公式为：数据量（B/s）=采样频率（Hz）×采样位数（b）×声道数÷8。

36. 【答案】C。

【解析】考查操作系统的基本知识。

操作系统是在硬件之上、所有其他软件之下，是其他软件的共同环境与平台。操作系统的主要部分是被频繁用到的，因此它是常驻内存的（Reside）。计算机加电以后，首先引导操作系统。不引导操作系统，计算机不能做任何事。

37. 【答案】D。

【解析】考查操作系统的基础知识。

常见扩展名.bat 是批处理文件；.com 为 DOS 可执行命令文件；.sys 为系统文件；.html 为网页文件；.exe 为可执行文件；.txt 为文本文件；.bmp 为图像文件；.wav 为声音文件；.swf 为 Flash 文件；.zip 为压缩文件；.doc 或.docx 为 Word 文件；.c 为 C 语言源程序；.java 为 Java 语言源程序。

38. 【答案】B。

【解析】考查计算机系统的基础知识。

一个双处理器的计算机系统中尽管同时存在 3 个并发进程，但同一时刻允许占用处理器的进程数最多为 2 个 。

39. 【答案】D。

【解析】考查计算机系统的基础知识。

初始值资源数为 2，n 个并发进程申请资源，信号量最大为 2，最小为 $2-n$。

40. 【答案】C。

【解析】考查计算机系统方面的知识。

在操作系统中常用的磁盘调度算法有：先来先服务、最短寻道时间优先、扫描算法、循环扫描算法等。移臂调度算法又叫磁盘调度算法，根本目的在于有效利用磁盘，保证磁盘的快速访问。

1）先来先服务算法：该算法实际上不考虑访问者要求访问的物理位置，而只是考虑访问者提出访问请求的先后次序。有可能随时改变移动臂的方向。

2）最短寻找时间优先调度算法：从等待的访问者中挑选寻找时间最短的那个请求执行，而不管访问者的先后次序。这也有可能随时改变移动臂的方向。

3）电梯调度算法：从移动臂当前位置沿移动方向选择最近的那个柱面的访问者来执行，若该方向上无请求访问，就改变臂的移动方向再选择。

4）单向扫描调度算法。不考虑访问者等待的先后次序，总是从 0 号柱面开始向里道扫描，按照各自所要访问的柱面位置的次序去选择访问者。在移动臂到达最后一个柱面后，立即快速返回到 0 号柱面，返回时不为任何的访问者提供服务，在返回到 0 号柱面后，再次进行扫描。

41. 【答案】A。

【解析】考查程序设计语言的基础知识。

汇编：和机器语言一样具有高效性，功能强大；编程很麻烦，难以发现程序中哪里出现错误。在运行效率要求非常高时内嵌汇编。

C：执行效率很高，能对硬件进行操作的高级语言；不支持面向对象程序设计（OOP）。适用于开发操作系统和驱动程序。

C++：执行效率也高，支持 OOP，功能强大；难学。适用于编写大型应用软件和游戏。

C#：简单，可用于网络编程，但执行效率低于 C/C++。适用于快速开发应用软件。

Java：易移植，执行效率低于 C/C++。适用于网络编程、手机等的开发。

42. 【答案】D。

【解析】考查程序设计语言的基础知识。

在实现程序语言的编译和解释两种方式中，编译方式下会生成用户源程序的目标代码，而解释方式下则不产生目标代码。目标代码经链接后产生可执行代码，可执行代码可独立加载运行，与源程序和编译程序都不再相关。而在解释方式下，在解释器的控制下执行源程序或其中间代码，因此相对而言，用户程序执行的速度比编译方式下要慢。

43. 【答案】A。

【解析】考查程序设计语言中函数调用方面的基础知识。

当程序设计语言允许嵌套调用函数时，应遵循先入后出的规则。即函数 $f1$ 调用 $f2$、$f2$ 调用 $f3$，返回时应先从 $f3$ 返回 $f2$，然后从 $f2$ 返回 $f1$。

44. 【答案】B。

【解析】考查程序设计语言的基础知识。

有限自动机（确定或非确定的）识别字符串的过程都是从初态出发，找出到达终态的一条路径，使得路径上的字符序列与所识别的字符串相同。

对于 $bbaa$，若路径为 $s0{\rightarrow}s0{\rightarrow}s0{\rightarrow}s0{\rightarrow}s1$，则所识别的 $bbaa$ 结束时 $s1$ 不是终态；换一条路径 $s0{\rightarrow}s0{\rightarrow}s0{\rightarrow}s1$，此时不存在从 $s1$ 出发可以识别 $bbaa$ 中的最后 1 个 a 的状态转移，由于不存在其他可能的路径，所以 $bbaa$ 不能被该自动机识别。

对于 $aabb$，若路径为 $s0{\rightarrow}s0{\rightarrow}s0{\rightarrow}s0{\rightarrow}s0$，则字符串 $aabb$ 结束时 $s0$ 不是终态；换一条路径 $s0{\rightarrow}s0{\rightarrow}s1{\rightarrow}s2{\rightarrow}s3$，所识别的 $aabb$ 结束时 $s3$ 是终态，所以 $aabb$ 可以被该自动机识别。

对于 $abab$，若路径为 $s0{\rightarrow}s0{\rightarrow}s0{\rightarrow}s0{\rightarrow}s0$，则所识别的 $abab$ 结束时 $s0$ 不是终态；换一条路

径 $s0{\rightarrow}s0{\rightarrow}s0{\rightarrow}s1{\rightarrow}s2$，则所识别的 *abab* 结束时 $s2$ 不是终态，由于不存在其他可能的路径，所以 *abab* 不能被该自动机识别。

对于 *baba*，若路径为 $s0{\rightarrow}s0{\rightarrow}s0{\rightarrow}s0{\rightarrow}s0$，则所识别的 *baba* 结束时 $s0$ 不是终态；换一条路径 $s0{\rightarrow}s0{\rightarrow}s0{\rightarrow}s0{\rightarrow}s1$，则所识别的 *baba* 结束时 $s1$ 不是终态；再换一条路径 $s0{\rightarrow}s0{\rightarrow}s1{\rightarrow}s2$，此时不存在从 $s2$ 出发可识别 *baba* 中的最后 1 个 *a* 的状态转移，由于没有其他可能的路径，所以 *baba* 不能被该自动机识别。

45.【答案】C。

【解析】考查程序设计语言的基础知识。

正规式 a*b*表示的是若干个 *a* 后面跟若干个 *b* 的字符串；(a|b)*a 表示的是以 *a* 结尾的所有由 *a*、*b* 构成的字符串；(ab)*表示 *b* 在 *a* 之后且 *a*、*b* 交替出现的字符串；a(a|b)*表示以字符 *a* 开头且仅由字符 *a*、*b* 构成的所有字符串。

46.【答案】A。

【解析】考查程序设计语言的基础知识。

do…while 循环每执行 1 次循环体就会判断 1 次循环条件，所以循环体的执行次数等于循环条件的判断次数。

47.【答案】C。

【解析】考查程序设计语言的基础知识。

编写源程序时，将程序中多处引用的常数定义为一个符号常量可以简化对此常数的修改操作（只需改一次），并提高程序的可读性，以便于理解和维护。

48.【答案】D。

【解析】考查程序设计语言的基础知识。

实现函数调用时，形参具有独立的存储空间。在传值方式下，是将实参的值复制给形参；在传引用方式下，是将实参的地址传递给形参，或者理解为被调用函数中形参名为实参的别名，因此，对形参的修改实质上就是对实参的修改。

题中函数调用 f(1, x)执行时，形参 x 的初始值为 1，a 的值为 2，经过运算"x=2*a+1"修改了函数 f 的形参 x 的值（x 的值改为 5），再经过运算"a=x+3"后，a 的值改为 8，a 实质上是 main 函数中 x 的别名，因此返回 main 函数之后，x 的值为 8。

49.【答案】（1）D；（2）A。

【解析】考查面向对象程序设计的基础知识。

在使用面向对象程序设计语言（如 C++/Java）进行程序设计时，可以采用方法重载/过载，使得在定义一个类时，类中可以定义多个具有相同名称且参数列表不同的方法。参数列表不同包括参数的个数不同、参数的类型不同以及参数类型的顺序不同。即应该满足使用唯一的参数类型列表来区分方法重载/过载，不能具有同名且完全相同的参数类型列表的方法，返回值类型不同以及参数名称的不同均不满足方法重载/过载。

如在类 S 中定义了虚方法 int add(int a, int b)，与之可以构成重载的方法包括 add(int, int, int)、add(int, float)。如果 S 中定义 add(int, float)方法，则与其可以构成重载的方法还包括 add(float, int)。与 add(int, int)不可以同时定义在 S 中的不满足重载的同名方法有 int add(int x, int y)或 double add(int a, int b)。

在方法重载/过载时，还需要注意方法的参数类型向上提升，即一个尺寸较小的数据类型转换为尺寸较大的数据类型，如 float 与 double。即在方法调用时，如果有严格匹配的数据类型列表的方法，则调用；如果没有严格匹配，而有通过类型向上转换后匹配的方法，则调用经过类型提升之后而匹配的方法。如一个类中定义了 add(int, double)，而没有定义 add(int, float)，那么对于调用 add(100, 20.5f)，就会匹配 add(int, double)方法；如果既定义了 add(int, double)，又定义了 add(int, float)，那么对于调用 add(100, 20.5f)，就会匹配 add(int, float)。

在父类中定义的虚/抽象方法，使用继承定义子类，由子类实现虚/抽象方法或者进一步再由其子类实现。子类继承父类中的所有方法，对虚/抽象方法加以实现，也可以补充定义自己特有的方法。子类在定义自己特有的方法时，也需要满足方法重载的条件。在继承关系的保证下，子类继承了所有父类中的方法，子类实现或重写父类中定义的方法，称为方法的覆盖/重置。

50.【答案】C。

【解析】考查应试者对数据库设计中概念结构设计的掌握。

联系冲突不是数据库设计中的概念；属性冲突是指属性域冲突（值的类型、取值域不同）和取值单位不同；结构冲突是指同一对象在不同局部应用（子系统）中分别被当作实体和属性，或同一实体在不同局部应用中所具有的属性不完全相同。故答案应选 C。

51.【答案】（1）D；（2）C；（3）B。

【解析】考查数据库 SQL 语言的基础知识。

用 SQL 查询语句查询"开发部"的职工号为 03015 的职工姓名及其经费余额应为：

```
SELECT EMP.E_name, E_limit -E_used
FORM EMP, FUNDS
WHERE DEPT='开发部' AND EMP.E_no=FUNDS.E_no AND EMP.E_no='03015'
```

52.【答案】C。

【解析】考查网络基础中 HTTP 默认端口的知识。

超文本传输协议（HyperText Transfer Protocol，HTTP）是互联网上应用最为广泛的一种网络协议。所有的 WWW 文件都必须遵守这个标准。HTTP 是一个客户端和服务器端请求和应答的标准。客户端是终端用户，服务器端是网站。通过使用 Web 浏览器、网络爬虫或者其他的工具，客户端发起一个到服务器上指定端口（默认端口为 80）的 HTTP 请求。

53.【答案】C。

【解析】考查网络的基础知识。

一台服务器既可以是 Web 服务器，也可以是 FTP 服务器，还可以是邮件服务器等，其中一个很重要的原因是各种服务采用不同的端口分别提供不同的服务，比如：通常 TCP/IP 规定 Web 采用 80 号端口，FTP 采用 21 号端口等，而邮件服务器采用 25 号端口。这样，通过不同端口，计算机就可以与外界进行互不干扰的通信。网络端口一般是为了保证计算机安全。

54.【答案】B。

【解析】考查网络基础中 URL 方面的知识。

域名地址：protocol://hostname[:port]/path/filename。其中，protocol 指定使用的传输协议，最常见的是 HTTP 或者 HTTPS 协议，也可以是其他协议，如 file、ftp、gopher、mms、ed2k 等；hostname 是指主机名，即存放资源的服务域名或者 IP 地址；port 是指各种传输协议所使用的默认端口号，例如 http 的默认端口号为 80，一般可以省略；path 是指路径，由一个或者多个"/"分隔，一般用来表示主机上的一个目录或者文件地址；filename 是指文件名，该选项用于指定需要打开的文件名称。一般情况下，一个 URL 可以采用"主机名.域名"的形式打开指定页面，也可以单独使用"域名"来打开指定页面，但是这样实现的前提是需进行相应的设置。

55.【答案】A。

【解析】考查网络的基础知识。

ipconfig 是调试计算机网络的常用命令，通常使用它来显示计算机中网络适配器的 IP 地址、子网掩码及默认网关。

56.【答案】B。

【解析】考查电子邮件协议方面的基础知识。

客户端代理是提供给用户的界面，在电子邮件系统中，发送邮件通常使用 SMTP 协议，而接收邮件通常使用 POP3 协议。

57.【答案】D。

【解析】本题考查信息化的基础知识。

信息的主要特征包括：可识别性、时效性、动态性、普遍性、可存储性、可压缩性、可转换性、可度量性和可共享性。可识别性是信息的主要特征之一，不同的信息源有不同的识别方法，并从数据中抽象出信息。

58.【答案】B。

【解析】考查初等统计应用方面的基础知识。

抽样调查是一种非全面调查，是按照随机原则从总体中抽取一部分单位作为样本来进行观察研究，以抽样样本的指标去推算总体的一种调查。同其他调查相比，抽样调查既能解决调查成本太高的问题，又能解决在某种情况下，样本太多难以统计和总量太大不可能逐一调查的问题。在统计工作中，不做全体调查的原因有多种，下面是几个典型的例子：对全国进行全面的人口统计，其成本很高，只能每 10 年做一次，其间每年只能对少部分人进行抽样调查；检查某市某天大气的污染程度，只能进行抽样检查，不能对所有地点的空气进行检查，其原因就是总量太多不可能逐一检查。

59.【答案】A。

【解析】考查办公软件 Excel 的基础知识。

工作表是用行和列组成的表格，列和行分别用字母和数字标识，单元格的标记为"列号+行号"，如 A5（第一列第 5 行）、C2（第 3 列第 2 行）。

60.【答案】C。

【解析】考查办公软件 Excel 的基础知识。

sum 函数表示求和，average 函数表示求平均值，min 函数表示求最小值。函数 SUM(5,4)的结果为 9，函数 AVERAGE(5,11,8)的结果为 8，而函数 MIN(SUM(5,4),AVERAGE(5,11,8))的含义是从 SUM(5,4)和 AVERAGE(5,11,8)中选一个较小的，结果为 8。

61.【答案】B。

【解析】考查网络基础知识中网络服务器的知识。

Internet 网络提供的服务有多种，每一种服务都对应一种服务器，常见的几种服务器如下：

Gopher 服务器：提供分类的文档查询及管理。它将网络中浩瀚如海的信息分门别类地整理成菜单形式，提供给用户快捷查询并选择使用。

Telnet 服务器：提供远程登录服务。一般使用 Telnet 协议。使用 Telnet 可以实现远程计算机资源共享，也就是指使用远程计算机就和使用本地计算机一样。

FTP 服务器：提供文件的上传和下载服务。使用该协议可以实现文件共享，可以远程传递较大的文件。同时，该服务器也提供存放文件或软件的磁盘空间。

E-mail 服务器：提供电子邮件服务。使用 SMTP 协议进行发送邮件和 POP3 协议进行接收邮件。用来存放用户的电子邮件并且维护用户的邮件发送。

Web 服务器：提供 WWW 服务。一般使用 HTTP 协议来实现。浏览器软件必须通过访问 Web 服务器才能获取信息。

62.【答案】B。

【解析】考查计算机系统的基础知识。

虚拟存储器（Virtual Memory）是为了给用户提供更大的随机存取空间而采用的一种存储技术。它将内存（主存）与外存（辅存）结合起来使用，就像是一个容量极大的内存储器，其工作速度接近于主存，每位的成本又与辅存相近，在整机形成多层次存储系统。虚拟存储区的容量与物理主存大小无关，而受限于计算机的地址结构和可用磁盘容量。虚拟存储器由硬件和操作系统自动实现存储信息的调度和管理。

63.【答案】D。

【解析】考查计算机系统的基础知识。

CPU 执行指令时，先要根据程序计数器（PC）将指令从内存读取出来并送入指令寄存器，然后译码并执行。程序计数器和指令寄存器都属于控制器的主要部件，程序计数器用于存放下一条指令所在单元的地址，指令寄存器用于存放当前正在执行的指令。当执行一条指令时，首先需要根据 PC 中存放的指令地址，将指令由内存取到指令寄存器中。与此同时，程序计数器中的地址或自动加 1 或由转移指针给出下一条指令的地址。此后经过启动指令译码器对指令进行分析，最后发出相应的控制信号和定时信息，控制和协调计算机的各个部件有条不紊地工作，以完成指令所规定的操作。完成第一条指令的执行，而后根据程序计数器取出第二条指令的地址，如此循环，执行每一条指令。

64.【答案】C。

【解析】考查计算机系统的基础知识。

CPU 与 I/O 设备交换数据时常见的控制方式有程序查询方式、中断方式、DMA 方式和通道方式等。在程序查询方式下，CPU 执行指令查询外设的状态，在外设准备好的情况下才输入或输出数据。在中断方式下，外设准备好接收或发送数据时发出中断请求，CPU 无须主动查询外设的状态。在 DMA 方式下，数据传送过程是直接在内存和外设间进行的，不需要 CPU 执行程序来进行数据传送。DMA 方式简化了 CPU 对数据传送的控制，提高了主机与外设并行工作的程度，实现了外设和主存之间成批数据的快速传送，使系统的效率明显提高。

65.【答案】C。

【解析】考查计算机系统性能方面的基础知识。

计算机系统的可靠性是指从它开始运行（$t=0$）到某时刻 t 这段时间内能正常运行的概率，用 $R(t)$ 表示。故障率是指单位时间内失效的元件数与元件总数的比例，用 λ 表示。两次故障之间系统能正常工作的时间的平均值称为平均无故障时间（MTBF），MTBF$=1/\lambda$。衡量系统可靠性的指标是平均无故障时间 MTBF 和故障率 λ。

66. 【答案】D。

【解析】考查计算机系统存储容量的基础知识。

存储器容量一般用 KB（千字节）、MB（兆字节）、GB（吉字节）、TB（太字节）、PB（帕字节）、EB（艾字节）等来表示，1 字节是 8 个二进制位。

$$1KB=2^{10}B$$
$$1MB=2^{10}KB=2^{20}B$$
$$1GB=2^{10}MB=2^{30}B$$
$$1TB=2^{10}GB=2^{40}B$$
$$1PB=2^{10}TB=2^{50}B$$
$$1EB=2^{10}PB=2^{60}B$$

67. 【答案】C。

【解析】考查多媒体的基础知识。

常见的音频文件有 MP3、VOC、SND、WAV 等。

XLS 一般指 Microsoft Excel 工作表（一种常用的电子表格格式）的文件扩展名。

AVI（Audio Video Interleaved）是微软开发的一种符合 RIFF 文件规范的数字音频与视频文件格式。

WAV 文件是 Windows 系统中使用的标准音频文件格式，它来源于对声音波形的采样，即波形文件。

GIF 是 CompuServe 公司开发的图像文件格式，它以数据块为单位来存储图像的相关信息。

68. 【答案】B。

【解析】考查多媒体的基础知识。

声音的数字化过程包含采样、量化、编码三个阶段。

采样：把时间连续的模拟信号在时间轴上离散化的过程。在某些特定的时刻获取声音信号幅值叫作采样。核心指标是采样频率（采样周期：每隔相同时间采样一次）。

量化：把在幅度上连续取值（模拟量）的每一个样本转换为离散值（数字量），即对样本的幅度值进行 A/D 转换（模数转换）。核心指标是量化精度（量化分辨率），样本用二进制表示，位数多少反映精度。

编码：按照一定格式进行数据编码及组织成文件，可选择数据的压缩编码来存储，以减少存储量。

69. 【答案】D。

【解析】考查网络安全中电子邮件安全方面的基础知识。

安全电子邮件需要解决几个核心问题：

1）身份认证问题：防止"用户名+口令"的弱认证机制被脱库、撞库、字典攻击等。

2）传输加密问题：邮件内容及附件不再以明文方式传输，并不改变用户的使用习惯。

3）邮件存储安全：加密存储电子邮件，保证邮件系统数据库存储的电子邮件的安全。

基于上述三点，电子邮件安全需要考虑的基础技术问题是用户身份认证、传输加密和存储加密所使用的密钥管理问题。

70. 【答案】B。

【解析】考查计算机系统的基础知识。

SRAM（Static Random Access Memory，静态随机存取存储器）是指这种存储器只要保持通电，里面存储的数据就可以恒常保持。DRAM（Dynamic Random Access Memory，动态随机存取存储器）隔一段时间要刷新充电一次，否则内部的数据会消失。注意：SRAM 和 DRAM 都属于RAM，其中存储的内容在断电之后会消失，每次开机后内容随机，不固定。CMOS（Complementary Metal Oxide Semiconductor，互补金属氧化物半导体）是指制造大规模集成电路芯片用的一种技术或用这种技术制造出来的芯片，是计算机主板上的一块可读写的 RAM 芯片，用来保存 BIOS 设置的计算机硬件参数。

71.【答案】A。

【解析】考查操作系统的基本功能的知识。

通用操作系统的五大功能为：

1）进程管理：进程控制、进程同步、进程通信、进程调度。

2）文件管理：文件存储空间管理、目录管理、文件的读写管理、存取控制。

3）存储管理：存储分配与回收、存储保护、地址映射（变换）、主存扩充。

4）设备管理：硬件设备管理，对输入/输出设备的分配、启动、完成和回收。

5）作业管理：任务和界面管理、人机交互、图形界面、语音控制、虚拟现实。

因此，答案选择 A。

72.【答案】（1）B；（2）C。

【解析】考查分页存储管理的知识。

根据题意，计算机的系统页面大小为 4K，即 2^{12}，表示需要用 12 位二进制（3 位十六进制）来表示页面大小，所以在逻辑地址（4 位十六进制表示下）中，后 3 位为页内地址，前 1 位为页号。因此，逻辑地址为十六进制 2C18H，其页号为 2，页内地址为 C18H。查页表后可知，页号为 2 的页会存储到物理块号为 5 的页内，所以该地址经过变换后，其物理地址应为物理块号 5 加上页内地址 C18H，即十六进制 5C18H。

73.【答案】B。

【解析】考查操作系统中信号量机制的基本概念方面的基础知识。

根据题目叙述"若采用 PV 操作，当有 3 个进程分别申请 1 个资源 R，系统只能满足 1 个进程的申请"，意味着有 2 个进程等待资源 R。按照信号量的物理意义"当 $S \leq 0$ 时，其绝对值等于等待该资源的进程数"，故 $S=-2$。

74.【答案】C。

【解析】考查操作系统中死锁的基础知识。

假设每个进程都需要 1 个资源 R，此时 2 个进程需要分配 2 个资源，进程都能得到所需资源，故不会发生死锁。假设每个进程都需要 2 个资源 R，此时 2 个进程需要分配 4 个资源，进程都能得到所需资源，故不会发生死锁。

假设每个进程都需要 3 个资源 R，此时系统最多有 4 个互斥资源 R，因此不能满足所有进程得到所有资源的需求。假如此时为 2 个进程各分配 2 个资源 R，任何一个进程都需要再申请 1 个资源，但系统剩余可用资源数为 0，进程都无法执行，故发生死锁。

75.【答案】D。

【解析】考查程序设计语言中汇编语言的基础知识。

汇编语言（Assembly Language）是一种低级语言，亦称为符号语言。在汇编语言中，用助记符代替机器指令的操作码，用地址符或标号代替指令或操作数的地址。汇编语言不能直接由机器执行，需要通过汇编程序翻译为机器语言后再执行。汇编语句可以有四个组成部分：标号（可选），指令助记符（操作码，必需），操作数（通常是必需的），注释（可选）。

76.【答案】D。

【解析】考查程序设计语言的基础知识。

解释程序和编译程序都是针对高级语言进行处理的程序，两者在词法、语法和语义分析方面与编译程序的工作原理基本相同，但是在运行用户程序时，解释程序直接执行源程序或源程序的内部形式，并不产生源程序的目标代码，而编译程序一定会生成目标代码，因此是否生成目标代码是解释和编译程序的主要区别。

77.【答案】A。

【解析】考查程序设计语言有限自动机的基础知识。

有限自动机是高级程序设计语言翻译过程中进行词法分析的概念工具。对于字符集（本题为 $\{a,b\}$）中的任何字符串 ω，若有限自动机 M 中存在一条从初态结点到某一终态结点的路径，且这条路径上所有弧的标记符连接成的字符串等于 ω，则称 ω 可由 M 识别（接收或读出）。若一个 M 的初态结点同时又是终态结点，则空字符串 ε 可由该 DFA 识别（或接收）。从图示可以看出，要想到达终态结点，结尾必须是 abb 字符串，因此选择 A 选项。可以验证下：对于 $baabb$，存在 $s_0 \to s_0 \to s_0 \to s_1 \to s_2 \to s_3$（终态）的识别路径。

78.【答案】B。

【解析】考查程序设计语言编译程序的基础知识。

将 C 语言源程序翻译为可执行程序的过程为：首先进行编辑，编辑后进行预处理，之后进行编译形成目标代码（若目标代码为汇编语言形式，则需要进一步汇编），最后进行链接以生成可执行程序代码。如果没有对变量进行声明（定义）就使用，则在编译时会报错，属于语法错误，只有不存在语法错误及静态语义错误的程序才能编译为目标代码。

79.【答案】D。

【解析】考查程序设计语言的基础知识。

C 语言规定用户定义的标识符（变量名、函数名、数组名等）必须以字母或下划线开头且由字母、数字和下划线构成，同时不能使用语言的保留字（或者叫作关键字，如 for、short、int、while 等）。short 是表示短整型数据的关键字，form-7 中包含的 "-" 不符合规定。_123 和 form_7 是合法的用户定义标识符。

80.【答案】A。

【解析】考查 C 语言的基础知识。

关系运算符 ">" 为左结合，先计算 "a>b"，即 "3>2"，关系成立，结果为 1，然后计算 "1>c" 即 "1>1"，关系不成立，结果为 0。

注意：C 语言中没有专门的逻辑值，会用 1 表示 TRUE（真）；0 表示 FALSE（假）。

81.【答案】C。

【解析】考查 C 语言的基础知识。

for 循环的结构是：for(表达式 1; 表达式 2; 表达式 3) {代码块;}。执行顺序是：执行表达式 1 后，判断表达式 2 是否成立，成立则执行大括号内的代码块，然后执行表达式 3 后，又回到表达式 2 进行判断，如果仍然成立，则继续循环执行；当表达式 2 不成立时，退出。值得注意的是，当代码块外没有大括号时，此时表达式 2 成立时，只会执行后续紧跟的第一条语句。语句 1 "for(int a=0;a==0;a++);" 的执行过程是：a 初始值为 0，判断 a 是否为 0，此时成立，执行 ";" 这个空语句，然后执行 "a++"，则 a 值为 1，再判断 a 是否为 0，此时不成立，因此退出，a 最终结果为 1。语句 2 "for(int b=0; b=0; b++);" 的执行过程是：b 初始值为 0，判断 b=0 的结果，其实是赋值语句，这条语句的结果是 b 最终的值为 0，那么 0 表示判断表达式不成立，直接退出循环，b 的值保持为 0，没有机会执行 b++。该题的主要考点就是关于 "==" （关系运算符，表示是否相等）和 "=" （赋值运算符，表示将右侧的值赋给左侧的变量）的区别，要注意区分。

82. 【答案】C。

【解析】考查程序设计语言的基础知识。

调用函数时，传值调用是将实参的值传递给形参，在被调用函数中对形参的修改不会影响到实参。引用调用（或传址调用）的实质是将实参的地址传给形参，在被调用函数中修改形参的实质是修改实参变量，因此形参改变时，会引起实参发生变化。函数 f() 执行时，其第一个参数 x 得到的值为 5，其第二个参数 a 是 main() 函数中 x 的引用，即在 f 中对 a 的修改就是对 main() 函数中 x 的修改。在函数 f() 中，x 的初始值为 5，a 的初始值为 2，运算 "x=2*a-1" (x=2*2-1) 的结果是将 f 的 x 值修改为 3，运算 "a=x+5" 即 "a=3+5"，将 a 的值修改为 8，也就是将 main() 函数中 x 的值修改为 8，因此输出的值为 8。

83. 【答案】（1）A；（2）C。

【解析】考查面向对象的基础知识。

在面向对象系统中，最基本的运行时实体是对象，如现实世界中的考生、试卷、老师、书本等。对象既包括数据，也包括作用于数据的操作，就是将数据和操作封装为一个整体，作为一个单元。一组大体相似的对象定义为类，把对象的共同特征加以抽象并存储在一个类中。一个类所包含的操作和数据描述了一组对象的共同行为和属性，类是对象之上的抽象。有些类之间存在一般和特殊的层次关系，一些类是某个类的特殊情况，某个类是一些类的一般情况，即特殊类是一般类的子类，一般类是特殊类的父类。例如，"汽车" 类、"轮船" 类、"飞机" 类都是一种 "交通工具" 类。同样，"汽车" 类还可以有更特殊的子类，如 "轿车" 类、"卡车" 类、"客车" 类等；"飞机" 类也有更特殊的子类，如 "客机" 类和 "货机" 类等。"通识课" 类和 "专业课" 类都是 "课程" 类，"博士" 类、"硕士" 类和 "中学生" 类都是 "学生" 类等。在这种关系下形成一种层次的关联。

84. 【答案】D。

【解析】考查面向对象的基础知识。

在采用面向对象技术开发的系统中，对象之间通过发送消息进行交互，对象在收到消息时予以响应。在继承关系的保证下，不同类型的对象收到同一消息可以进行不同的响应，产生完全不同的结果，这种现象叫作多态。在使用多态的时候，用户可以发送一个通用的消息，实现细节由接收对象自行决定。接收消息的对象在继承层次关系中处于较低层次，实现不同行为，有调用时，将需要执行的行为的实现和调用加以结合，即绑定，绑定不同代码也就产生对消息不同响应的效果。聚合是对象之间整体与部分的关系。继承是类与类之间的关系。

85. 【答案】C。

【解析】考查数据库系统方面的基础知识。

数据库是 "按照一定的数据模型组织、存储和应用的数据的集合"，是一个长期存储在计算机内的、有组织的、可共享的、统一管理的大量数据的集合。支持数据库各种操作的软件系统叫作数据库管理系统（DBMS）。

86.【答案】D。

【解析】考查关系数据库方面的基本概念。

在关系数据库中，所有的数据都存放在二维表中。在关系数据库中存放的是视图的定义，若用户对视图进行查询，其本质是对从一个或多个基本表中导出的数据进行查询。

87.【答案】B。

【解析】考查关系数据库的基本概念。

根据信用卡号唯一标识关系 C 的每一个元组可以确定信用卡可以作为候选键，然后一个身份证只允许办理一张信用卡，则信用卡号和身份证号都能唯一表示表中的每一个元组（行），因此信用卡号和身份证号都可以作为候选键。

88.【答案】（1）A；（2）C。

【解析】考查数据库中关系代数运算方面的基础知识。

当 R 和 S 进行自然连接运算时，结果集会去掉所有重复属性列，所以结果集有 3 个属性。根据题干"R 和 S 的函数依赖集 $F=\{A{\rightarrow}B，B{\rightarrow}C\}$"以及 Armstrong 公理系统的传递律规则（传递律：若 $X{\rightarrow}Y$ 和 $Y{\rightarrow}Z$ 在 R 上成立，则 $X{\rightarrow}Z$ 在 R 上成立）。可知，函数依赖"$A{\rightarrow}C$"为 F 所蕴涵。

89.【答案】A。

【解析】考查 HTML 方面的基础知识。

在 HTML 中，基本是使用标记对来对文本格式进行排版和提供一定的功能的。要在页面中使用超级链接，需使用标记<a>来实现。<a>标签定义超链接，用于从一个页面链接到另一个页面。<a>元素最重要的属性是 href 属性，它指示链接的目标。例如：<a href="http://www.educity.cn">网站页面</a>，该行代码的作用是为文字"网站页面"定义超链接功能，使其能够连接到 href 属性所指的页面上，在该例子中，当用户单击"网站页面"，将会跳转到 http：//www.educity.cn 页面。另外，<b>表示加粗，<i>表示倾斜标签，<q>标签定义短的引用。

90.【答案】（1）B；（2）A。

【解析】考查 ICMP 的相关知识。

ICMP 是控制报文协议，它是 TCP/IP 协议簇的一个子协议，用于在 IP 主机和路由器之间传递控制消息。

ICMP 属于网络层协议，其报文封装在 IP 数据单元中传送。

91.【答案】C。

【解析】考查浏览器 URL 方面的基础知识。

URL：协议名://主机名.组名.最高层域名，如 http://www.baidu.com。

URL protocol ://hostname[:port] /path /filename 中，protocol 指定使用的传输协议，最常见的是 HTTP 或者 HTTPS 协议，也可以有其他协议，如 FILE、FTP、GOPHER、MMS、ED2K 等；hostname 是指主机名，即存放资源的服务域名或者 IP 地址；port 是指各种传输协议所使用的默认端口号，例如 http 的默认端口号为 80，一般可以省略；path 是指路径，由一个或者多个"/"分隔，一般用来表示主机上的一个目录或者文件地址；filename 是指文件名，该选项用于指定需要打开的文件。因此，在 IE 浏览器的 URL 地址栏输入 ftp://ftp.tsinghua.edu.cn，会使用 FTP 发起连接。

92.【答案】A。

【解析】考查电子邮件方面的基础知识。

常用的电子邮件协议有 SMTP、POP3、MAP4，它们都隶属于 TCP/IP 协议簇，默认状态下，分别通过 TCP 端口 25、110 和 143 建立连接。MIME（Multipurpose Internet Mail Extensions，多用途互联网邮件扩展）是设定某种扩展名的文件用一种应用程序来打开的类型，当该扩展名文件被访问的时候，浏览器会自动使用指定应用程序来打开。MIME 是一个互联网标准，扩展了电子邮件标准，使其能够支持非 ASCII 字符文本、非文本格式附件（二进制、声音、图像等）、由多部分组成的消息体、包含非 ASCII 字符的头信息。

93.【答案】B。

【解析】考查信息处理技术中信息和数据的基础知识。

信息是可以识别的，不同的信息源有不同的识别方法。识别分为直接识别和间接识别，直接识别是指通过感官的识别，间接识别是指通过各种测试手段的识别。很明显 B 选项"通过感官的识别属于信息间接识别"的说法是错误的。其他选项说法正确，都是关于信息的准确描述。

94.【答案】C。

【解析】考查信息处理技术中信息和数据的基础知识。

系统交付使用后的主要任务就是运行管理和维护，而选项 A、B、D 都是信息系统开发阶段需要做的工作。

95.【答案】C。

【解析】考查信息处理技术中信息新技术的知识。

5G 技术（第五代移动通信技术）具有高带宽、低时延的特点，可用于大数据量的高速传输，实时响应以满足远程医疗、自动驾驶等需要。

96.【答案】A。

【解析】考查信息处理技术中信息和数据的基础知识。

企业采用云计算模式部署信息系统时，一般都会考虑将哪些数据放在公有云或私有云上，如何保护企业的商业秘密以及企业员工的隐私，尚在研发的未成熟的技术数据如何保存、保护和管理。

97.【答案】D。

【解析】考查信息处理技术中信息和数据的基础知识。

URL 的基本结构为"协议名://服务器名（或 IP 地址）/路径和文件名"。最常用的协议名为 http（或 https），对比发现 D 选项书写正确。

98.【答案】A。

【解析】考查计算机系统中指令系统的基础知识。

时钟周期又叫作振荡周期、节拍周期，定义为时钟晶振频率的倒数。时钟周期是计算机中最基本的、最小的时间单位。在一个时钟周期内，CPU 仅完成一个最基本的动作。指令周期是指取出并完成一条指令所需的时间，一般由若干个机器周期组成。在计算机中，为了便于管理，常把一条指令的执行过程划分为若干个阶段，每一阶段完成一项工作，例如取指令、存储器读、存储器写等。每一项工作称为一个基本操作，完成一个基本操作所需要的时间称为机器周期（也称为 CPU 周期）。通常把 CPU 通过总线对微处理器外部（存储器或 I/O 端口）进行一次访问所需要的时间称为一个总线周期。综上所述，正确的答案为 A 选项。

99.【答案】B。

【解析】考查计算机系统组成的基础知识。

CPU 主要由运算器、控制器、寄存器组和内部总线组成。

运算器主要完成算术运算和逻辑运算，实现对数据的加工与处理，包括算术逻辑运算单元（ALU）、累加器（AC）、状态字寄存器（PSW）、寄存器组及多路转换器等逻辑部件。

控制器的主要功能是从内存中取出指令，并指出下一条指令在内存中的位置，将取出的指令送入指令寄存器，启动指令译码器对指令进行分析，最后发出相应的控制信号和定时信息，控制和协调计算机的各个部件有条不紊地工作，以完成指令所规定的操作。

控制器主要由程序计数器（PC）、指令寄存器（IR）、指令译码器、状态字寄存器（PSW）、时序产生器和微操作信号发生器等组成。

100.【答案】D。

【解析】计算机系统中指令系统的基础知识。

若操作数就包含在指令中，则是立即寻址。

若操作数存放在内存单元中，指令中直接给出操作数所在存储单元的地址，则是直接寻址。

间接寻址是相对于直接寻址而言的，指令地址字段的形式地址不是操作数的真正地址，而是操作数地址的指示器。若操作数存放在某一寄存器中，指令中给出存放操作数的寄存器名，则是寄存器寻址。若操作数存放在内存单元中，操作数所在存储单元的地址在某个寄存器中，则是寄存器间接寻址。

101.【答案】B。

【解析】考查计算机系统 I/O 接口与设备的基础知识。

中断是这样一个过程：在 CPU 执行程序的过程中，由于某一个外部或 CPU 内部事件的发生，使 CPU 暂时中止正在执行的程序，转去处理这一事件，当事件处理完毕后又回到原先被中止的程序，接着中止前的状态继续向下执行。引起中断的事件就称为中断源。若中断是由 CPU 内部发生的事件引起的，这类中断源就称为内部中断源；若中断是由 CPU 外部的事件引起的，则称为外部中断源。

中断包括软件中断（不可屏蔽）和硬件中断。软中断为内核触发机制引起，模拟硬件中断。硬件中断又分为外部中断（可屏蔽）和内部中断（不可屏蔽）。外部中断为一般外设请求；内部中断包括硬件出错（掉电、校验、传输）和运算出错（非法数据、地址、越界、溢出等）。打印机中断属于可屏蔽的外部中断。

102.【答案】B。

【解析】考查计算机系统性能方面的基础知识。

文件在磁盘上一般是以块（或扇区）的形式存储的。有的文件可能存储在一个连续的区域内，有的文件则被分割成若干个"片"存储在磁盘中不连续的多个区域。这种情况对文件的完整性没有影响，但由于文件过于分散，将增加计算机读盘的时间，从而降低了计算机的效率。磁盘碎片整理程序可以在整个磁盘系统范围内对文件重新进行安排，将各个文件碎片在保证文件完整性的前提下转换到连续的存储区内，提高对文件的读取速度。

103.【答案】A。

【解析】考查计算机系统方面图形和图像的基础知识。

显示器的对比度指的是显示器屏幕上同一点最亮时（白色）与最暗时（黑色）的亮度的比值。高的对比度意味着相对较高的亮度和颜色的艳丽度。品质优异的 LCD 显示器面板和优秀的背光源亮度，两者合理配合就能获得色彩饱满明亮清晰的画面。

104.【答案】D。

【解析】考查多媒体的相关计算的基础知识。

分辨率为每英寸 300DPI 时，3 英寸为 3×300=900 像素。

105.【答案】B。

【解析】考查多媒体图形和图像的基础知识。

矢量图是根据几何特性、通过多个对象组合生成的图形，矢量可以是一个点或一条线。矢量文件中的图形元素称为对象。每个对象都是一个自成一体的实体，它具有颜色、形状、轮廓、大小和屏幕位置等属性。位图也称为点阵图、像素图等，构成位图的最小单位是像素，位图就是由像素阵列的排列来实现其显示效果的，每个像素有自己的颜色信息。在对位图图像进行编辑操作的时候，可操作的对象是每个像素，可以改变图像的色相、饱和度、明度，从而改变图像的显示效果。对位图进行缩放时会失真。

106.【答案】D。

【解析】考查计算机系统中网络安全技术手段的基础知识。

生物特征识别技术是指通过计算机利用人体所固有的生理特征（指纹、虹膜、面相、DNA等）或行为特征（步态、声音、笔迹等）来进行个人身份鉴定的技术。

107.【答案】D。

【解析】考查 Windows 操作系统方面的基础知识。

在操作系统中，文件是保存在文件夹（根目录或子目录）中的，故选项 A、选项 C 是错误的。Windows 系统中，系统文件是计算机上运行 Windows 所必需的文件。系统文件通常保存在"Windows"文件夹或"Program Files"文件夹中，可见选项 B 也是错误的。根据排除法，正确选项为 D。注意：默认情况下，系统文件是隐藏的，以避免将其意外修改或删除。

108.【答案】C。

【解析】考查嵌入式操作系统的基本概念。

嵌入式操作系统的主要特点包括微型化、可定制、实时性、可靠性和易移植性。其中，可定制是指从减少成本和缩短研发周期考虑，要求嵌入式操作系统能运行在不同的微处理器平台上，能针对硬件变化进行结构与功能上的配置，以满足不同应用需要。

109.【答案】（1）D；（2）B。

【解析】 考查操作系统中进程管理同步与互斥方面的基础知识。

系统中有 6 个进程共享一个互斥段 N，如果最多允许 3 个进程同时进入 N，那么信号量 S 的初值应设为 3。假设 6 个进程依次进入 N，那么当第一个进程进入 N 时，信号量 S 减 1，等于 2；当第二个进程进入 N 时，信号量 S 减 1，等于 1；当第三个进程进入 N 时，信号量 S 减 1，等于 0；当第四个进程进入 N 时，信号量 S 减 1，等于-1；当第五个进程进入 N 时，信号量 S 减 1，等于-2；当第六个进程进入 N 时，信号量 S 减 1，等于-3。可见，信号量的变化范围是-3～3。根据 PV 操作定义，当信号量的值小于 0 时，其绝对值表示等待资源的进程数，所以试题中信号量 S 的当前值为-1，表示系统中有 1 个进程请求资源得不到满足。

110.【答案】C。

【解析】考查操作系统中分页存储管理系统的基础知识。

根据题意可知页内地址的长度为 20 位，2^{20}=1024×1024=1024KB=1MB，所以该系统页的大小为 1MB。又因为页号的地址的长度为 12 位，2^{12}=4096，所以该系统共有 4096 个页面。

111.【答案】A。

【解析】考查计算机系统中 C 语言的基础知识。

对 C 语言源程序进行翻译的过程包括预处理、编译、链接等过程，编译过程中需要进行词法分析、语法分析、语义分析、中间代码生成、优化和目标代码生成，以及出错管理和符号表管理等。程序的语义包括静态语义和动态语义，编译过程中可以处理静态语义，在运行时处理动态语义。未定义的变量可在编译时报告错误，关于变量的值、循环条件的值及循环体语句的执行次数等都属于动态语义。

112.【答案】A。

【解析】考查计算机系统中编译程序的基础知识。

用高级程序设计语言或汇编语言编写的程序称为源程序，源程序不能直接在计算机上执行。如果源程序是用汇编语言编写的，则需要一个称为汇编程序的翻译程序将其翻译成目标程序后才能执行。如果源程序是用某种高级语言编写的，则需要对应的解释程序或编译程序对其进行翻译，然后在机器上运行。解释程序（也称为解释器）可以直接解释执行源程序，或者将源程序翻译成某种中间表示形式后再加以执行；而编译程序（也称为编译器）则首先将源程序翻译成目标语言程序，将目标程序与库函数链接后形成可执行程序，然后在计算机上运行可执行程序。无论是编译还是解释方式，都需要对源程序依次进行词法分析、语法分析、语义分析。

113.【答案】A。

【解析】考查程序设计语言翻译有限自动机的基础知识。

首先关于其是否是确定的有限自动机和不确定的有限自动机的判断，就是看关于该结点的路径中相同数字是否到达不同的结点，如果相同数字不同结点就是不确定的有限自动机。很明显图示未存在这样的情况，属于确定的有限自动机。能够识别的字符串必须要达到终点，故 1001 是能够被识别的，而 1010 不能够被识别，综合答案选择 A 选项。

114.【答案】D。

【解析】考查 C 语言的基础知识。

通常来说，一段程序代码中所用到的名字并不总是有效可用的，而限定这个名字的可用性的代码范围就是这个名字的作用域，包括静态作用域原则和最近嵌套原则。静态作用域原则是指编译时就可以确定名字的作用域，也可以说，仅从静态读程序可确定名字的作用域。当作用域形成嵌套关系时，如块包含在函数中，函数包含在文件中，则最接近引用处定义的名字有效。从名字被定义的代码位置开始，局部变量若是定义在复合语句中，则仅在其所定义的复合语句中可引用；若是定义在函数中，则在其所定义的函数中可引用。而全局变量则可在多个函数或多个程序中被引用。如果有相同名字的全局变量和局部变量 a，则在引用名字 a 的代码所在作用域中，局部变量 a 的作用域内屏蔽全局变量 a。

115.【答案】B。

【解析】考查 C 语言的基础知识。

共用体变量的大小取决于其所需存储空间最大的成员，最大的成员为整型，故而占 4 字节。

116.【答案】A。

【解析】考查 C 语言的基础知识。

数学运算关系 "a<b<c" 在不同的编程语言中可能有不同的规定。在 C 语言中，需要将复合关系拆解为单一关系后用逻辑运算符连接，才能表达复合关系的本意。对于 "a<b<c"，在 C 语言中需表示为 "a<b && b<c"。若直接表示为 "a<b<c"，则先对 "a<b" 求值，结果为 0（关系

不成立）或 1（关系成立），之后对"0<c"或"1<c"求值。在本题目中，对表达式"(0<t<5)"求值时，t 的值为 0，因此"0<0"不成立，结果为 0，然后"0<5"成立，所以"(0<t<5)"的结果为 1，因此该语句的运行结果总是输出 true。实际上，无论 t 的初始值是什么，表达式"(0<t<5)"的结果都为 1。

117.【答案】D。

【解析】考查 C 程序语言的基础知识。

逗号表达式的求值过程为：从左至右依次处理由逗号运算符（,）连接的运算对象，先对左侧的表达式求值，结果丢弃，最后保留右侧表达式的值。对 tmp 的赋值结果来自逗号表达式（x=2,y=4,z=8），该表达式最后的结果为 8，因此 tmp 的值为 8。

118.【答案】A。

【解析】考查程序设计语言中传值和传址调用的基础知识。

引用调用（即传址调用）是指在被调用函数中，形参是实参的引用（或别名），在被调用函数中对形参的操作即是对实参的操作，因此结束调用后对实参进行修改的结果得以保留。在本例中，形参 a 即 main 中的实参 x，在 f 中 a 为本地变量 x 减去 1，结果为 1，main 中的 x 被修改为 1，因此最后输出为 1。在具体实现中，引用参数的实现是将实参的地址传递给形参，借助指针实现对实参变量的访问。

119.【答案】（1）C；（2）D。

【解析】考查面向对象的基础知识。

在采用面向对象技术开发的系统中，最基本的运行时实体是对象，对象既包括数据（属性），又包括作用于数据的操作（行为），即对象把属性和行为封装为一个整体。对象之间通过发送消息进行交互，对象在收到消息时予以响应。

面向对象程序设计语言满足面向对象程序设计范型，采用对象、类及其相关概念进行程序设计，即面向对象程序设计语言中提供对象及其引用、类、消息传递、继承、多态等机制，而并不限定必须支持通过指针进行引用。

120.【答案】A。

【解析】考查数据库技术方面的知识。

数据库的完整性是指数据库的正确性和相容性，是防止合法用户使用数据库时向数据库加入不符合语义的数据，保证数据库中数据是正确的，避免非法的更新。数据库完整性重点需要掌握的内容有：完整性约束条件的分类、完整性控制应具备的功能。完整性约束条件作用的对象有关系、元组、列三种。在数据库系统中常见的 check（约束机制）就是为了保证数据的完整性，check 约束可以应用于 1 个或多个列。例如：学生关系 S（学号，课程号，成绩），若要求该关系中的"成绩"不能为负值，则可用"check (成绩>=0)"进行约束。

121.【答案】（1）C；（2）D。

【解析】考查数据库中关系代数的基础知识。

试题（1）选项 C 是正确的。因为，∪是并运算符，$R1 \cup R2$ 的含义为 $R1$ 关系的记录（元组）与 $R2$ 关系的记录（元组）进行合并运算，所以 $R3=R1 \cup R2$。

试题（2）选项 D 是正确的。因为，–是差运算符，$R3-R2$ 的含义为 $R3$ 关系的记录（元组）与 $R2$ 关系的记录（元组）进行差运算，即去掉 $R3$ 和 $R2$ 关系中的重复记录，所以 $R1=R3-R2$。

122.【答案】（1）D；（2）C。

【解析】考查数据库的 SQL 语言中查找的基础知识。

试题（1）的正确答案为选项 D。因为，本题是按部门进行分组，ORDER BY 子句的含义是对其后跟着的属性进行排序，故选项 A 和 B 均是错误的；GROUP BY 子句就是对元组进行分组，保留字 GROUP BY 后面跟着一个分组属性列表。根据题意，要查询部门员工的平均工资，选项 C 显然是错误的，正确答案为选项 D。

试题（2）的正确答案为选项 C。因为 WHERE 语句是对表进行条件限定，所以选项 A 和 B 均是错误的。在 GROUP BY 子句后面跟一个 HAVING 子句可以对元组在分组前按照某种方式加上限制。COUNT(*)是某个关系中所有元组数目之和，但 COUNT(A)却是 A 属性非空的元组个数之和。COUNT(DISTINCT(部门))的含义是对部门属性值相同的只统计 1 次。HAVING COUNT(DISTINCT(部门))语句分类统计的结果均为1，故选项 D 是错误的；HAVING COUNT(员工号)语句是分类统计各部门员工，故正确答案为选项 C。

123.【答案】B。

【解析】考查数据库技术方面的基础知识。

数据的转储分为静态转储和动态转储、海量转储和增量转储。① 静态转储和动态转储：静态转储是指在转储期间不允许对数据库进行任何存取、修改操作；动态转储是在转储期间允许对数据库进行存取、修改操作，故转储和用户事务可并发执行。② 海量转储和增量转储：海量转储是指每次转储全部数据；增量转储是指每次只转储上次转储后更新过的数据。综上所述，假设系统中有正在运行的事务，若要转储全部数据库，那么应采用动态全局转储方式。

124.【答案】B。

【解析】考查网络的基础知识。

ASP（Active Server Pages）是服务器端脚本编写环境，使用它可以创建和运行动态、交互的 Web 服务器应用程序。使用 ASP 可以组合 HTML 页、VBScript 脚本命令和 JavaScript 脚本命令等，以创建交互的 Web 页和基于 Web 的功能强大的应用程序。HTML 文件描述静态网页内容。当客户机通过 IE 浏览器向 Web 服务器请求提供网页内容时，Web 服务器仅仅是将已经设计好的静态 HTML 文档传送给用户浏览器。CGI 主要的功能是在 WWW 环境下，通过先从客户端传递一些信息给 Web 服务器，再由 Web 服务器去启动所指定的程序来完成特定的工作。所以更明确地说，CGI 仅是在 Web 服务器上可执行的程序，它的工作就是控制信息请求，产生并传回所需的文件。JSP（Java Server Pages）是由 Sun Microsystems 公司倡导和许多公司参与共同创建的一种技术标准，用于使软件开发者可以响应客户端请求，并动态生成 HTML、XML 或其他格式文档的 Web 网页。

125.【答案】D。

【解析】考查网络的基础知识。

index.html 一般表示网站首页的文件名称，除此以外还有 default.html 或者 home.html 等，还有动态页面结尾的.asp/.php/jsp/aspx 等形式。

网页中的图片和乐曲都是以独立的文件存储的。

126.【答案】B。

【解析】考查网络的基础知识。

电子邮件传输原理如下：

1）发信人使用主机上的客户端软件编写好邮件，同时输入发件人、收件人地址。通过 SMTP

协议与所属发送方邮件服务器建立连接，并将要发送的邮件发送到所属发送方邮件服务器。

2）发送方邮件服务器查看接收邮件的目标地址，如果收件人为本邮件服务器的用户，则将邮件保存在收件人的邮箱中。如果收件人不是本邮件服务器的用户，则将交由发送方邮件服务器的 SMTP 客户进程处理。

3）发送方邮件服务器的客户进程向收件人信箱所属邮件服务器发出连接请求，确认后，邮件按 SMTP 协议的要求传输到收件人信箱邮件服务器。收件人信箱邮件服务器收到邮件后，将邮件保存到收件人的邮箱中。

4）当收件人想要查看其邮件时，启动主机上的电子邮件应用软件，通过 POP3 取信协议进程向收件人信箱邮件服务器发出连接请求。

5）确认后，收件人信箱邮件服务器上的 POP3 服务器进程检查该用户邮箱，把邮箱中的邮件按 POP3 协议的规定传输到收信人主机的 POP3 客户进程，最终交给收信人主机的电子邮件应用软件，供用户查看和管理。

127.【答案】A。

【解析】考查网络的基础知识。

RARP 协议是反向地址转换协议，作用是将局域网中某个主机的物理地址（MAC 地址）转换为 IP 地址。

128.【答案】A。

【解析】考查网络 IP 地址与子网划分的基础知识。

在 IPv4 中，0.0.0.0 地址被用于表示一个无效的、未知的或者不可用的目标。

以 127 开头的 IP 地址都是本机回送地址（Loop Back Address，或称为回环地址），它所在的回送接口一般被理解为虚拟网卡，并不是真正的路由器接口。发送给 127 开头的 IP 地址的数据包会被发送的主机自己接收，根本传不出去，外部设备也无法通过回送地址访问到本机。127.0.0.1 经常被默认配置为 localhost 的 IP 地址。一般会通过 ping 127.0.0.1 来测试某台机器上的网络设备是否工作正常。

一个 A 类 IP 地址由 1 字节的网络地址和 3 字节的主机地址组成，而且网络地址的最高位必须是 0。A 类 IP 中的 10.0.0.0 到 10.255.255.255 是私有地址，一个 A 类网络可提供的主机地址为 16 777 214 个，也就是 $256 \times 256 \times 256 - 2$ 个，减 2 的原因是主机地址全 0 表示"本主机"所连接到的单个网络地址，而全 1 表示"所有"，即该网络上的所有主机。

2.3 难点精练

本节针对重难知识点进行模拟练习并讲解，强化重难知识点及题型。

2.3.1 重难点练习

1. 编译程序在语法分析阶段能检查出_____错误。
　　A. 表达式中的括号不匹配　　　　B. 以零作除数
　　C. 数组下标越界　　　　　　　　D. 无穷递归

2. 计算机能直接识别和执行的语言是 (1) ，该语言是由 (2) 组成的。

　　（1）A. 机器语言　　　　B. C 语言　　　　　C. 汇编语言　　　　　D. 数据库语言

　　（2）A. ASCII 语言　　 B. SQL 语句　　　　C. 0、1 序列　　　　D. BCD 码

3. 在下面的程序中，若调用 f1(x)时，参数传递采用传值方式，调用 f2(y)时，参数传递采用引用方式，则输出结果为 (1) ；若调用 f1(x)时，参数传递采用引用方式，调用 f2(y)时，参数传递采用传值方式，则输出结果为 (2) 。

```
main                   procedure  f1(x)        procedure  f1(y)
int a = 2              f2(x);                   y= y*y;
f1(a);                 x = x+x;                 return;
write(a)               return;
```

　　（1）A. 2　　　　　　B. 4　　　　　　　C. 6　　　　　　　　D. 8

　　（2）A. 2　　　　　　B. 4　　　　　　　C. 6　　　　　　　　D. 8

4. ＿＿＿＿＿不属于存储媒体。

　　A. 光盘　　　　　　B. ROM　　　　　C. 硬盘　　　　　　　D. 扫描仪

5. 声音信号的数字化过程包括采样、＿＿＿＿＿、编码。

　　A. 合成　　　　　　B. 去噪　　　　　C. 量化　　　　　　　D. 压缩

6. 某数码相机的分辨率设定为 1600×1200 像素，颜色深度为 256 色，若不采用压缩存储技术，则 32MB 的存储卡最多可以存储＿＿＿＿＿张照片。

　　A. 8　　　　　　　　B. 17　　　　　　C. 34　　　　　　　　D. 69

7. 执行算术右移指令的操作过程是＿＿＿＿＿。

　　A. 操作数的符号位填 0，各位顺次右移 1 位，最低位移至进位标志位中

　　B. 操作数的符号位填 1，各位顺次右移 1 位，最低位移至进位标志位中

　　C. 操作数的符号位不变，各位顺次右移 1 位，最低位移至进位标志位中

　　D. 操作数的进位移至符号位，各位顺次右移 1 位，最低位移至进位标志位中

8. 用二进制数 0 与累加器 X 的内容进行＿＿＿＿＿运算，并将结果放在累加器 X 中，一定可以完成对 X 的"清 0"操作。

　　A. 与　　　　　　　B. 或　　　　　　C. 异或　　　　　　　D. 比较

9. 对 8 位累加器 A 中的数据 7EH 逻辑左移一次，则累加器 A 中的数据为＿＿＿＿＿。

　　A. 3FH　　　　　　B. 7CH　　　　　C. EFH　　　　　　　D. FCH

10. 8 位累加器 A 中的数据为 FCH，将其与 7EH 相异或，则累加器 A 中的数据为＿＿＿＿＿。

　　A. FEH　　　　　　B. 7CH　　　　　C. 82H　　　　　　　D. 02H

11. 在一个办公室内，将 6 台计算机用交换机连接成网络，该网络的物理拓扑结构为＿＿＿＿＿。

　　A. 星形　　　　　　B. 总线型　　　　C. 树形　　　　　　　D. 环形

12. 属于物理层的互连设备是＿＿＿＿＿。

　　A. 中继器　　　　　B. 网桥　　　　　C. 交换机　　　　　　D. 路由器

13. TCP/IP 网络的体系结构分为应用层、传输层、网络互联层和网络接口层。属于传输层协议的是＿＿＿＿＿。

　　A. TCP 和 ICMP　　B. IP 和 FTP　　　C. TCP 和 UDP　　　D. ICMP 和 UDP

14. 在 WWW 服务器与客户端之间发送和接收 HTML 文档时，使用的协议是＿＿＿＿＿。

A. FTP   B. Gopher   C. HTTP   D. NNTP

15. 为了在 Internet 上浏览网页，需要在客户端安装浏览器，不属于浏览器软件的是_____。

    A. Internet Explorer   B. Fireworks

    C. Hot Java   D. Netscape Communicator

16. 使用常用文字编辑工具编辑正文时，为改变该文档的文件名，常选用 (1) 命令；在"打印预览"方式下，单击" (2) "按钮可返回编辑文件；将正文所有"Computer"改写为"计算机"，常选用 (3) 命令。

    （1）A. "文件"→"另存为"   B. "文件"→"保存"

           C. "插入"→"对象"   D. "工具"→"选项"

    （2）A. 打印预览   B. 放大镜   C. 关闭   D. 全屏显示

    （3）A. "编辑"→"查找"   B. "编辑"→"替换"

           C. "编辑"→"定位"   D. "文件"→"搜索"

17. MAC 地址通常固化在计算机的_____上。

    A. 内存   B. 网卡   C. 硬盘   D. 高速缓冲区

18. 在 Windows 操作系统中，选择一个文件图标，执行"剪切"命令后，"剪切"的文件放在 (1) 中；选定某个文件后， (2) ，可删除该文件夹。

    （1）A. 回收站   B. 硬盘   C. 剪贴板   D. 软盘

    （2）A. 在键盘上单击退格键

         B. 右击打开快捷菜单，再选择"删除"命令

         C. 在"编辑"菜单中选用"剪切"命令

         D. 将该文件属性改为"隐藏"

19. 某计算机内存按字节编址，内存地址区域为 44000H～6BFFFH，共有 (1) KB。若采用 16K×4b 的 SRAM 芯片，构成该内存区域共需 (2) 片。

    （1）A. 128   B. 160   C. 180   D. 220

    （2）A. 5   B. 10   C. 20   D. 32

20. CPU 执行程序时，为了从内存读取指令，需要先将 (1) 的内容输送到 (2) 上。

    （1）A. 指令寄存器   B. 程序计数器

           C. 标志寄存器   D. 变址寄存器

    （2）A. 数据总线   B. 地址总线   C. 控制总线   D. 通信总线

21. _____技术是在主存中同时存放若干个程序，并使这些程序交替执行，以提高系统资源的利用率。

    A. 多道程序设计   B. Spooling   C. 缓冲   D. 虚拟设备

22. 在下列存储管理方案中， (1) 是解决内存碎片问题的有效方法。虚拟存储器主要由 (2) 组成。

    （1）A. 单一连续分配   B. 固定分区

           C. 可变分区   D. 可重定位分区

    （2）A. 寄存器和软盘   B. 软盘和硬盘

           C. 磁盘区域与主存   D. CD-ROM 和主存

23. 某系统中有一个缓冲区，进程 $P1$ 不断地生产产品并将产品送入缓冲区，进程 $P2$ 不断地

从缓冲区中取出产品并消费。假设该缓存区只能容纳一个产品。进程 *P*1 与 *P*2 的同步模型如下图所示。

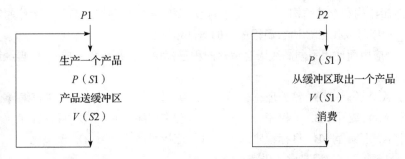

为此，应设信号量 *S*1 的初值为__(1)__，信号量 *S*2 的初值为__(2)__。

（1）A. -2　　　　B. -1　　　　C. 0　　　　D. 1

（2）B. -2　　　　B. -1　　　　C. 0　　　　D. 1

24. 数据库管理技术是在__(1)__的基础上发展起来的。数据模型的三要素是数据结构、数据操作和__(2)__。建立数据库系统的主要目的是减少数据的冗余，提高数据的独立性，并集中检查__(3)__。

（1）A. 文件系统　　　　　　　　B. 编译系统
　　　 C. 应用程序系统　　　　　D. 数据库管理系统

（2）A. 数据安全　　　　　　　　B. 数据兼容
　　　 C. 数据约束条件　　　　　D. 数据维护

（3）A. 数据操作系统　　　　　　B. 数据兼容性
　　　 C. 数据完整性　　　　　　D. 数据可维护性

25. 在关系代数运算中，_____运算结果的关系模式与原关系模式相同。

　　 A. 并　　　　B. 笛卡儿积　　　　C. 投影　　　　D. 自然连接

26. 学生关系模式为 *S*（Sno，Sname，SD，Sage），其中，Sno 表示学生学号，Sname 表示学生姓名，SD 表示学生所在系，Sage 表示学生年龄。试将下面的 SQL 语句空缺部分补充完整，使其可以查询计算机系学生的学号、姓名和年龄。

```
SELECT Sno, Sname, Sage
FROM S
WHERE _____;
```

　　 A. SD=计算机　　　　　　　　B. SD='计算机'
　　 C. 'SD'=计算机　　　　　　　D. 'SD=计算机'

27. _____不是通信协议的基本元素。

　　 A. 格式　　　　B. 语法　　　　C. 传输介质　　　　D. 计时

28. 使用 FTP 进行文件下载时，_____。

　　 A. 包括用户名和口令在内，所有传输的数据都不会被自动加密
　　 B. 包括用户名和口令在内，所有传输的数据都会被自动加密
　　 C. 用户名和口令是加密传输，而其他数据则以明文方式传输
　　 D. 用户名和口令是不加密传输的，其他数据是加密传输的

29. 数据结构主要研究数据的_____。
    A. 逻辑结构　　　　　　　　B. 存储结构
    C. 逻辑结构和存储结构　　　D. 逻辑结构和存储结构及其运算的实现

30. __(1)__程序可以找出 C 语言源程序中的语法错误。
    为实现某个应用而使用不同高级语言编写的程序模块经分别编译生成__(2)__再经过__(3)__处理后形成可执行程序。
    （1）A. 汇编　　　B. 预处理　　　C. 编辑　　　D. C 语言编译
    （2）A. 汇编程序 B. 子程序　　　C. 动态程序　　D. 目标程序
    （3）A. 汇编程序 B. 目标程序　　C. 连接程序　　D. 模块化

31. SQL 是一种_____程序设计语言。
    A. 过程式　　　B. 非过程式　　　C. 面向对象　　　D. 逻辑程序设计

32. 已知函数 f1()、f2()的定义如下图所示，如果调用函数 f1 时传递给形参 x 的值是 2，若 a 和 y 以引用调用（call by reference）的方式传递信息，则函数 f1 的返回值为__(1)__；若 a 和 y 以值调用（call by value）的方式传递信息，则函数 f1 的返回值为__(2)__。

```
f1(int x)                      f2(int y)

int a = x +1;                  y = 2*y + 1
f2(a);                         return;
return a*x;
```

    （1）A. 6　　　B. 10　　　C. 14　　　D. 随机数
    （2）A. 4　　　B. 6　　　C. 10　　　D. 12

33. 以下关于编辑风格的叙述中，不应提倡的是_____。
    A. 使用括号以改善表达式的清晰性
    B. 用计数方法而不是文件结束符来判断文件的结束
    C. 一般情况下，不要直接进行浮点数的相等比较
    D. 使用清晰含义的标识符

34. _____使用文字、图形、图像、动画和声音等多种媒体来表示内容，并且使用超级链接来组织这些媒体。
    A. 多媒体压缩技术　　　　　B. 多媒体存储技术
    C. 超文本技术　　　　　　　D. 超媒体技术

35. 以下文件格式中，_____不是声音文件。
    A. Wave 文件（.wav）　　　B. MPEG 文件（.mp3）
    C. TIFF 文件（.tif）　　　D. MIDI 文件（.mid）

36. CPU 中，保存当前正在执行的指令的寄存器是__(1)__表征指令执行结果的寄存器__(2)__。
    （1）A. 程序计数器　　　　　B. 从网站下载软件
    　　　C. 堆栈指示器　　　　　D. 指令寄存器
    （2）A. 程序计数器　　　　　B. 标志寄存器
    　　　C. 堆栈指示器　　　　　D. 指令寄存器

37. 1000BaseLX 使用的传输介质是_____。

A. UTP   B. STP   C. 同轴电缆   D. 光纤

38. 在星形局域网结构中，连接文件服务器与工作站的设备是_____。

A. 网卡   B. 集线器   C. 收发器   D. 网关

39. 浏览器与 WWW 服务器之间传输信息时使用的协议是_____。

A. HTTP   B. HTML   C. FTP   D. SNMP

40. 定点运算器的内部总线结构有 3 种形式，_____的描述是对应三总线结构的运算器。

A. 执行一次操作需要 3 步

B. 在此运算器中至少需要设置两个暂存器

C. 在运算器中的两个输入和一个输出上至少需要设置一个暂存器

D. 在运算器中的两个输入和一个输出上不需要设置暂存器

2.3.2 练习精解

1.【答案】A。

【解析】考查的是编译程序的基本工作原理和概念。

编译程序的功能是把某高级语言书写的源程序翻译成与之等价的目标程序（汇编语言程序或机器语言程序）。编译程序的工作过程可以分为词法分析、语法分析、语义分析、中间代码生成、代码优化和目标代码生成等 6 个阶段。

1）词法分析阶段的任务是对源程序从前到后（从左到右）逐个字符地扫描，从中识别出一个个"单词"符号。

2）语法分析阶段根据语言的语法规则将单词符号序列分解成语法单位，如"表达式""语句""程序"等。语法规则就是各类语法单位的构成规则。通过语法分析确定整个输入串是否构成一个语法上正确的程序。如果源程序中没有语法错误，语法分析后就能正确地构造出其语法树；否则就指出语法错误，并给出相应的诊断信息。

3）语义分析阶段主要检查源程序是否包含语义错误，并收集类型信息供后面的代码生成阶段使用。只有语法和语义都正确的源程序才能被翻译成正确的目标代码。

试题选项 B、选项 C 和选项 D 是错误的，因为它们都是动态语义错误，也称动态错误。所谓动态错误，是指源程序中的逻辑错误，它们发生在程序运行的时候，例如算法逻辑上的错误、变量取值为 0 而被用作除数、引用数组元素时下标越界等。词法和语法错误是指有关语言结构上的错误，如单词拼写错误就是一种词法错误，表达式中缺少操作数、括号不匹配是不符合语法规则要求的语法错误等。静态的语义错误是指分析源程序时可以发现前期语言意义上的错误，如乘法运算的两个操作数中一个是整型变量名，而另一个是数组等。

试题选项 A "表达式中的括号不匹配"属于语言结构上的错误，所以可在语法分析阶段检查出该错误。

2.【答案】（1）A；（2）C。

【解析】考查的是程序设计语言的基本概念。

计算机的硬件只能识别由 0、1 字符串组成的机器指令序列，即机器指令程序，因此机器指令程序是最基本的计算机语言。为了提高程序设计的效率，人们就用容易记忆的符号代替 0、1

序列，来表示机器指令中的操作码和操作数，例如，用 ADD 表示加法，SUB 表示减法等。用符号表示的指令称为汇编指令，汇编指令的集合被称为汇编语言。虽然使用汇编语言编写程序的效率和程序的可读性有所提高，但汇编语言是一种和计算机的机器语言十分接近的语言，它的书写格式在很大程度上取决于特定计算机的机器指令，因此它仍然是一种面向机器的语言，人们称机器语言和汇编语言为低级语言。

3. 【答案】（1）A；（2）B。

【解析】考查的是程序中形式参数与实际参数方面的基础知识。

在过程（或函数）首部声明的参数称为形式参数，简称形参；过程（或函数）调用时的参数称为实际参数，简称实参。调用语句实现了对过程（或函数）体的执行，调用时首先要进行实参与形参间的参数传递。简单地说，以传值方式进行参数传递时，需要先计算出实参的值并将其传递给对应的形参，然后执行所调用的过程（或函数），在过程（或函数）执行时对形参的修改不影响实参的值。若参数传递采用引用方式，则调用时首先计算实际参数的地址，并将此地址传递给被调用的过程，因此对应的形参既得到了实参的值又得到了实参的地址，然后执行被调用过程（或函数）。在过程（或函数）的执行过程中，针对形式参数的修改将反映在对应的实际参数变量中。

题目中若调用 f1(x)时参数传递采用传值方式，则主过程中的实际参数 a 的值不会被改变，所以输出结果为 2。若调用 f1(x)时参数传递采用引用方式，调用 f2(y)时参数传递采用传值方式，则在函数 f1 中调用 f2 不会改变 f1 中 x 的值，而在 f1 中对 x 值的修改会反映在主过程 main 的实参 a 中，因此输出结果为 4。

4. 【答案】D。

【解析】考查的是多媒体方面的基本概念。

媒体的概念范围相对广泛，按照国际电话电报咨询委员会（CCITT）的定义，媒体可以归类为感觉媒体、表示媒体、表现媒体、存储媒体、传输媒体。其中，表示媒体是指传输感觉媒体的中介媒体，即用于数据交换的编码；存储媒体是指用于存储表示媒体的物理介质，如硬盘、软盘、磁盘、光盘、ROM 及 RAM 等；表现媒体是指进行信息输入和输出的媒体，如键盘、鼠标、扫描仪、话筒、摄像机等为输入媒体，显示器、打印机、喇叭等为输出媒体。

5. 【答案】C。

【解析】考查的是多媒体声音处理方面的基本概念。

自然声音信号是一种模拟信号，计算机要对它进行处理，必须将它转换为数字声音信号，即用二进制数字的编码形式来表示声音。最基本的声音信号数字化方法是采样—量化法。它分为 3 个步骤。

1）采样：把时间连续的模拟信号转换成时间离散、幅度连续的信号。

2）量化：把在幅度上连续取值（模拟量）的每一个样本转换为离散值（数字量）。量化后的样本是用二进制数来表示的，二进制位数的多少反映了度量声音波形幅度的精度，称为量化精度。

3）编码：经过采样和量化处理后的声音信号已经是数字形式了，但为了便于计算机的存储、处理和传输，还必须按照一定的要求进行数据压缩和编码。

6. 【答案】B。

【解析】考查的是多媒体图像处理方面的基础知识。

描述一幅数字图像需要使用图像的属性。图像的基本属性包括分辨率、颜色深度、真/伪彩色、图像的表示法和种类等。

像素颜色深度为 256 色，则一个像素需要 8 位，即 1 字节来存储。一幅图像的像素数目为 1600×1200，则存储一幅图像占用的空间为 1600×1200×1=1 920 000 字节。

那么，32MB 的存储卡最多可以存储的照片数目为 32×1024×1024/1 920 000≈17.476。

7. 【答案】C。

【解析】考查的是计算机指令系统方面的基础知识。

在 CPU 执行算术右移指令时，均采用操作数的符号位保持不变，各位顺次右移 1 位，最低位移至进位标志位中这样的操作。

8. 【答案】A。

【解析】考查的是计算机指令系统方面的基础知识。

在 CPU 中，累加器 X 是一个功能很强的寄存器，它可以与不同的操作数进行算术及逻辑运算，并将运算结果放在累加器 X 中，例如立即数，即题中所说的对二进制进行算术及逻辑运算。由任何数与 0 进行逻辑"与"运算，其结果一定为 0。因此，将累加器 X 的内容与二进制数 0 进行逻辑"与"运算并将结果放在累加器 X 中，一定可以完成对 X 的"清 0"操作。

9. 【答案】D。

【解析】考查的是计算机指令系统方面的基础知识。

对操作数 7EH 逻辑左移一次，就是操作数各个位左移一位，最高位移到进位标志位中，低位补 0。故结果为 FCH。

10. 【答案】C。

【解析】考查的是计算机指令系统方面的基础知识。

8 位累加器 A 中的数据为 FCH，与 7EH 异或，其结果应为 82H。

11. 【答案】A。

【解析】主要考查网络拓扑结构的基础知识。

网络拓扑结构是指网络中通信路径和节点的几何排序，用以表示整个网络的结构外貌，反映各节点之间的结构关系。它影响着整个网络的设计、功能、可靠性和通信费用等重要方面，是计算机网络十分重要的要素。常用的网络拓扑结构有总线型、星形、环形、树形、分布式结构等。

在一个办公室内，将 6 台计算机用交换机连接成网络，该网络的物理拓扑结构为星形结构。在该结构中，使用中央交换单元以放射状连接到网中的各个节点，中央单元采用电路交换方式以建立所希望通信的两节点间专用的路径。通常用双绞线将节点与中央单元进行连接。其特点为：① 维护管理容易，重新配置灵活；② 故障隔离和检测容易；③ 网络延迟时间短；④ 各节点与中央交换单元直接连通，各节点之间通信必须经过中央单元进行转换；⑤ 网络共享能力差；⑥ 线路利用率低，中央单元负荷重。

12. 【答案】A。

【解析】主要考查物理层的互连设备方面的基础知识。

网络互连的目的是使一个网络的用户能访问其他网络的资源。在网络互连时，一般不能简单地直接相连而是通过一个中间设备来实现。按照 ISO/OSI 的分层原则，这个中间设备要实现不同网络之间的协议转换功能。根据它们工作的协议层进行分类，网络互连设备可以有中继器（实现物理层协议转换，电缆间转发二进制信号）、网桥（实现物理层和数据链路层协议转换）、路由器（实现网络层和以下各层协议转换）、网关（提供从底层到传输层或以上各层的协议转换）、交换机等。

物理层的互连设备有中继器（Repeater）和集线器（Hub）。

中继器在物理层上实现局域网网段互连，用于扩展局域网网段的长度。由于中继器只在两个局域网网段间实现电气信号的恢复与整形，因此它仅用于连接相同的局域段。理论上说，可以用中继器把网络延长到任意长的传输距离，但是，局域网中接入的中继器的数量将受时延和衰耗的影响，因而必须加以限制，例如在以太网中最多使用 4 个中继器。以太网设计连线时指定两个最远用户之间的距离，包括用于局域网的连接电缆不得超过 500m。即便使用了中继器，典型的以太局域网（Ethernet）应用要求从头到尾整个路径不超过 1500m。中继器的主要优点是安装简便、使用方便、价格便宜。

集线器可以被看作一种特殊的多路中继器，亦具有信号放大功能。使用双绞线的以太网多用集线器扩大网络，同时也便于网络的维护。以集线器为中心的网络的优点是：当网络系统中某条线路或某节点出现故障时，不会影响网上其他节点的正常工作。集线器可分为无源（Passive）集线器、有源（Active）集线器和智能（Intelligent）集线器。无源集线器只负责把多段介质连接在一起，不对信号做任何处理，每一种介质段只允许扩展到最大有效距离的一半；有源集线器类似于无源集线器，但它具有对传输信号进行再生和放大的功能从而延长介质传输的距离；智能集线器除具有有源集线器的功能外，还可以将网络的部分功能集成到集线器中，如网络管理、选择网络传输线路等。

13. 【答案】C。

【解析】主要考查 TCP/IP 网络的体系结构中传输层的协议方面的基础知识。

TCP/IP 作为 Internet 的核心协议，该协议是对数据在计算机或设备之间传输时的表示方法进行定义和描述的标准。协议规定了如何进行传输、如何检测错误以及确认传送信息等。TCP/IP 是个协议簇，它包含了多种协议。

TCP/IP 分层模型由 4 个层次构成，即应用层、传输层、网际层和网络接口层，各层的功能简述如下：

1）应用层。应用层处在分层模型的最高层，用户调用应用程序来访问 TCP/IP 互联网络，以享受网络上提供的各种服务。应用程序负责发送和接收数据。在该层中，有 FTP、Telent、SMTP、SNMP 等协议。

2）传输层。传输层的基本任务是提供应用程序之间的通信服务。这种通信又叫端到端的通信。传输层既要系统地管理数据信息的流动，还要提供可靠的传输服务，以确保数据准确而有序地到达目的地。在该层中，有 TCP、UDP 等协议。

3）网际层。网际层又称 IP 层，它接收传输层的请求，传送某个具有目的地址信息的分组。在该层中，有 IP、ICMP、ARP、RARP 等协议。

4）网络接口层。网络接口层又称数据链路层，处于 TCP/IP 层之下，负责接收 IP 数据报，并把数据报通过选定的网络发送出去。该层包含设备驱动程序，也可能是一个复杂的使用自己的数据链路协议的子系统。在该层中，有 IEEE 802.3、IEEE 802.5 等协议标准。

14. 【答案】C。

【解析】考查的是 WWW 服务器与客户端发送和接收 HTML 文档时所使用的协议方面的基

础知识。

　　万维网（World Wide Web，WWW）是一种交互式图形界面的 Internet 服务，具有强大的信息连接功能，是目前 Internet 中最受欢迎的、增长最快的一种多媒体信息服务系统。万维网整个系统由 Web 服务器、浏览器和 HTTP 通信协议 3 部分组成。Web 服务器提供信息资源。Web 浏览器将信息显示出来。HTTP 是为分布式超媒体信息系统而设计的一种网络协议，主要用于域名服务器和分布式对象管理，它能够传送任意类型的数据对象，以满足 Web 服务器与客户之间多媒体通信的需要，从而成为 Internet 中发布多媒体信息的主要协议。

　　超文本传输协议（HTTP）是一个 Internet 上的应用层协议，是 Web 服务器和 Web 浏览器之间进行通信的语言。所有的 Web 服务器和 Web 浏览器必须遵循这一协议才能发送或接收超文本文件。HTTP 是客户端/服务器体系结构，提供信息资源的 Web 节点可称作 HTTP 服务器，Web 浏览器则是 HTTP 服务器的客户。WWW 上的信息检索服务系统就是遵循 HTTP 协议运行的。在 HTTP 的帮助下，用户可以只关心要检索的信息，而无须考虑这些信息存储在什么地方。在 Internet 上，HTTP、Web 服务器和 Web 浏览器是构成 WWW 的基础，Web 服务器提供信息资源，Web 浏览器将信息显示出来，而超文本传输协议是 Web 服务器和浏览器之间联系的工具。从信息资源的角度来讲，WWW 是 HTTP 服务器网络系统集合体，也是用 HTTP 可读写的全球信息的总体。

　　15.【答案】B。
　　【解析】考查的是浏览器软件方面的基础知识。

　　浏览器（Browser）是一个软件程序，用于与 WWW 建立连接，并与之进行通信。它可以在 WWW 系统中根据链接确定信息资源的位置，并将用户感兴趣的信息资源取回来，对 HTML 文件进行解释，然后将文字图像显示出来，或者将多媒体信息还原出来。

　　在 Web 的客户端服务器的工作环境中，Web 浏览器起着控制的作用。Web 浏览器的任务是使用一个起始的 URL 来获取一个 Web 服务器上的 Web 文档，解释 HTML，并将文档内容以用户环境所许可的效果最大限度地显示出来。目前有适合不同平台、操作系统以及图形界面的 Web 浏览器，它们大致分为两类：线模式的和图形模式的。

　　线模式的 Web 浏览器是使用箭头键等来浏览 HTML 连接，支持书签和表格功能。例如 Kansas 大学的 Lynx 浏览器，它是一个全屏幕字符界面的浏览器。

　　图形模式的 Web 浏览器是使用超链导航来浏览图形、文字、视频等信息。例如 SLAC 的 MidasWWW、Illinois 的 Mosaic、Netscape 的 Netscape Navigator、Microsoft Internet Explorer、Java 的 Hot Java 等。

　　目前典型的 WWW 浏览器 Netscape Navigator、Mosaic、Internet Explorer、WinWeb、Lynx、Opera、Hot Java 等，它们适于各种不同的环境。其中最为流行和普及的是 Internet Explorer，它借助于和 Windows 捆绑的独特优势，已经成为市场占有率超过 90%的浏览器，微软在 Windows 平台上的最新浏览器是 Edge。

　　16.【答案】（1）A；（2）C；（3）B。
　　【解析】考查的是计算机文字处理中的基本操作。

　　使用常用文字编辑工具编辑正文时，为改变该文档的文件名，常选用主菜单栏上的"文件"子菜单，再选择"另存为"命令，此时系统弹出对话框，用户可以键入新的文件名，达到更改文件的目的。

在"打印预览"方式下，单击"关闭"按钮可返回编辑文件。

将正文中所有"Computer"改写为"计算机"，常选用主菜单栏上的"编辑"子菜单，再在"替换为"栏中键入"计算机"。

17. 【答案】B。

【解析】考查的是计算机网络中网络设备地址方面的基础知识。

网卡的 MAC 地址是全球唯一码，它能够使工作站、服务器、打印机或其他节点通过网络介质接收并发送数据。网卡常被称为网络适配器。因为它们只传输信号而不分析高层数据，所以属于 OSI 模型的物理层。在有些情况下，网卡也可以对承载的数据做基本的解释，而不只是简单地把信号传送给 CPU，让 CPU 去解释。所以说 MAC 地址通常固化在计算机的网卡上。

18. 【答案】（1）C；（2）B。

【解析】考查的是 Windows 操作系统的基本应用。

在 Windows 操作系统中，选择一个文件夹图标，执行"剪切"命令后，"剪切"的文件放在"剪贴板"中。选定某个文件夹后，右击打开快捷菜单，再选择"删除"命令，可删除该文件夹。利用 Windows "资源管理器"删除文件或文件夹的主要方法有：

1）在"资源管理器"中选择要删除的文件或文件夹，打开窗口的"文件"菜单，单击"删除"命令，即可删除文件或文件夹。

2）在驱动器或文件夹的窗口中选择要删除的文件或文件夹，直接敲击 Delete 键。

3）在"资源管理器"中选择要删除的文件或文件夹，用鼠标直接拖曳选中的文件夹到"回收站"。

4）在要删除的文件或文件夹图标上右击，选择"删除"命令。

5）在驱动器或文件夹窗口中，选择要删除的文件同时按下 Shift 和 Delete 键。

19. 【答案】（1）B；（2）C。

【解析】本题是一个计算题。只要考生对计算机内存构成和十六进制有一个基本了解，就很容易正确计算。计算过程如下：

题（1）求解：首先，将大地址 6BFFFH 加 1，等于 6C00H，再将 6C000H 减去小地址 44000H，即 6C000H-44000H=28000H。 $(28000)_{16}=2^{17}+2^{15}=128K+32K=160K$。

题（2）求解：由于内存是按字节编址的，也就是说，每 16K 个内存单元需两片 SRAM 芯片。因此要构成 160KB 的内存，共需 20 片。

20. 【答案】（1）B；（2）B。

【解析】考查的是计算机读取指令过程的基本概念。

CPU 执行程序时，首先要从内存中读取指令（在取指周期内）。读取指令的过程是：首先将程序计数器的内容送到地址总线上，同时发送出内存的读控制信号；再将所选中的内存单元的内容读入 CPU，并将其存放在指令寄存器中。

21. 【答案】A。

【解析】考查的是操作系统中多道程序方面的基础知识。

引入多道程序技术是为了进一步提高系统资源的利用率。多道程序技术实质上是在内存中同时存放若干道程序，并允许这些程序在系统中交替运行。采用多道程序设计技术，从宏观上看多个程序在同时执行，但微观上看它们是在交替执行或称并发执行。

22. 【答案】（1）D；（2）C。

【解析】考查的是操作系统存储管理方面的基础知识。

可变分区可以使主存分配更灵活，同时也提高了主存利用率。但是其缺点是由于系统在不断地分配和回收中，必定会出现一些不连续的小空闲区，尽管这些小的空闲区的总和超过了某一个作业要求的空间，但是由于其不连续而无法分配，产生了碎片。解决碎片的方法是拼接（或称紧凑），即向一个方向（例如向低地址端）移动已分配的作业，使那些零散的小空闲区在另一方向连成一片。分区的拼接技术，一方面要求能够对作业进行重定位，另一方面系统在拼接时要耗费较多的时间。

可重定位分区是解决碎片问题的简单而有效的方法。基本思想：移动所有已分配好的分区，使之成为连续区域。分区"靠拢"的时机：当用户请求空间得不到满足时或某个作业执行完毕时。由于靠拢是要代价的，因此通常在用户请求空间得不到满足时进行。

一个作业在运行之前，没有必要把作业全部装入主存，而仅将要运行的那部分页面或段先装入主存便可启动运行，其余部分暂时留在磁盘上。

程序在运行时如果它所要访问的页（段）已调入主存，便可继续执行下去；如果程序所要访问的页（段）尚未调入主存（称为缺页或缺段），这时程序应利用 OS 提供的请求调入页（段）功能，将它们调入主存，以使进程能继续执行下去。

如果此时主存已满，无法再装入新的页（段），则还须再利用页（段）的置换功能，将主存中暂时不用的页（段）调至磁盘上，腾出足够的主存空间后，再将所要访问的页（段）调入主存，使程序继续执行下去。这样，便可使一个大的用户程序在较小的主存空间中运行；也可使主存中同时装入更多的进程并发执行。从用户角度看，该系统所具有的主存容量，将比实际主存容量大得多，人们把这样的存储器称为虚拟存储器。

虚拟存储器是具有请求调入功能和置换功能，仅把作业的一部分装入主存便可运行作业的存储器系统，是能从逻辑上对主存容量进行扩充的一种虚拟的存储器系统。其逻辑容量由主存和外存容量之和以及 CPU 可寻址的范围来决定，其运行速度接近于主存速度，而成本却下降很多。可见，虚拟存储技术是一种性能非常优越的存储器管理技术，故被广泛地应用于大、中、小型机器和微型机中。

23.【答案】（1）D；（2）C。

【解析】考查的是操作系统 PV 操作方面的基础知识。

根据题意可知，系统中只有一处缓冲区，一次只允许一个用户使用，所以需要设置一个互斥信号量 $S1$，且初值为 1，表示缓冲区为空，可以将产品送入缓冲区。为实现 $P1$ 与 $P2$ 进程间的同步，设置另一个信号量 $S2$，且初值为 0，表示缓冲区有产品。这样，当生产者进程 $P1$ 生产的产品送入缓冲区时，需要判断缓冲区是否为空，需要执行 $P(S1)$，产品放入缓冲区后需要执行 $V(S2)$，通知消费者缓冲区已经有产品。而消费者进程 $P2$ 在取出产品消费之前必须判断缓冲区是否有产品，需要执行 $P(S2)$，取走产品后缓冲区空了，需要执行 $V(S1)$，释放缓冲区。

24.【答案】（1）A；（2）C；（3）C。

【解析】考查的是数据库方面的基础知识。

数据库（DB）是通过数据库管理系统把相互关联的数据系统地组织起来，为多种应用服务，且使冗余度尽可能最小的数据集合。数据库管理系统（DBMS）是为了在计算机系统上实现某种数据模型而开发的软件系统。数据系统是在文件系统的基础上发展起来的。数据库系统由数据库、数据库管理系统、硬件和用户组成。

数据库结构的基础是数据模型，是用来描述数据的一组概念和定义。数据模型的三要素是数据结构、数据操作和数据约束条件。例如，以大家熟悉的文件系统为例，它所包含的概念有文件、记录、字段。其中，数据结构和约束条件用以定义每个字段的数据类型和长度；文件系统的数据操作包括打开、关闭、读、写等文件操作。以上描述的仅是一个简单的数据模型，没有描述数据间的联系。

数据库管理技术的主要目的包括：

1）实现不同的应用对数据的共享，减少数据的重复存储，消除潜在的不一致性。

2）实现数据独立性，使应用程序独立于数据的存储结构和存取方法，从而不会因为对数据结构的更改而要修改应用程序。

3）由系统软件提供数据安全性和完整性上的数据控制和保护功能。

25.【答案】A。

【解析】考查的是关系代数方面的基础知识。

在关系代数中"并"运算是一个二元运算，要求参与运算的两个关系的结构必须相同，故运算结果的结构与原关系模式的结构相同。笛卡儿积和自然连接尽管也是一个二元运算，但不要求参与运算的两个关系的结构相同。投影运算是向关系的垂直方向的运算，运算结果要去掉某些属性列，所以运算结果的结构与原关系模式的不同。

26.【答案】B。

【解析】考查的是 SQL 与关系代数方面的基础知识。

试题要查询计算机系学生的学号、姓名和年龄。计算机是一个字符型数据。选项 A 中计算机未用引号，所以无法正确地查询。选项 B 是正确的。选项 C 将属性名 SD 用引号引起，而计算机未用引号引起，所以是无法正确查询的。选项 D 将条件全部用引号引起，所以也是无法正确查询的。正确的 SQL 语句如下：

```
SELECT Sno, Sname, Sage
FROM S
WHERE  SD='计算机';
```

27.【答案】C。

【解析】考查的是网络通信协议的一些基本概念。

计算机网络通信协议就是计算机双方必须共同遵守的一组约定，例如怎样建立连接，怎样互相识别。因此，协议是共同遵守的一组约定、语法、语义和计时。计时的目的是实现同步。

28.【答案】A。

【解析】考查的是 FTP 传输数据的基本知识。

FTP 是文件传输协议，可以用于上传或下载文件，是一种广泛应用的应用层协议。但是，在安全方面，它也有弱点：FTP 在传输时并不对数据进行加密操作，所有被传输的数据都是明文，甚至对用户名和口令等敏感信息也是这样。

29.【答案】D。

【解析】考查的是数据结构方面的基本概念。

计算机加工的数据元素不是互相孤立的，它们彼此间存在着某些联系，这些联系在对数据进行存储和加工时需要反映出来。因此，数据结构是相互之间存在一种或多种特定关系的数据元素的集合，即数据的组织形式。数据结构的三要素：数据之间的逻辑关系、数据在计算机中的存储关系以及在这些数据上定义的运算。

数据的逻辑结构是数据间关系的描述，它只抽象地反映数据元素间的逻辑关系，而不管其在计算机中的存储方式。数据的逻辑结构是从逻辑关系上描述数据，它与数据的存储无关。

数据的存储结构是逻辑结构在计算机存储器中的表示（又称映像），包括数据元素的表示和关系的表示。存储结构主要分为顺序结构和链式结构。

数据的运算是在数据上所施加的一系列操作，称为抽象运算。它只考虑这些操作功能是怎样的，而暂不考虑是如何实现完成的。只有在确定了存储结构之后，才会具体考虑这些操作的实现。

无论怎样定义数据结构，都应该将数据的逻辑结构、数据的存储结构以及数据的运算这三方面看成一个整体。

30. 【答案】（1）D；（2）D；（3）C。

【解析】考查的是程序设计方面的基本概念。

用汇编语言和各种高级语言编写的源程序必须翻译成机器语言程序后才能在机器上运行。实现高级语言（或汇编语言）到机器语言的翻译程序有编译程序和解释程序。

编译程序将高级语言编写的程序翻译成目标程序后保存在另一个文件中，该目标程序经连接处理后可脱离源程序和编译程序而直接在机器上反复多次运行。解释程序是将翻译和运行结合在一起进行，翻译一段源程序后，紧接着就执行它，不保存翻译的结果。

程序语言不同，其编译程序或解释程序也不同。C 语言是一种通用的高级程序设计语言，需要用针对 C 语言的编译程序对其进行翻译。对于程序设计语言而言，编辑程序的主要任务都不涉及程序中的错误处理。

31. 【答案】B。

【解析】考查的是程序设计语言方面的概念。

SQL 是结构化查询语言，是在关系数据库中应用最普遍的语言。SQL 除了具有查询数据库的功能之外，还具有定义数据结构、修改数据和说明安全性约束条件等特征。目前，主要有 3 个标准：ANSI（美国国家标准机构）SQL；对 ANSI SQL 进行修改后在 1992 年采用的标准，称之为SQL—92 或 SQL2；最近的 SQL—99 标准，也称 SQL3 标准。

本试题主要考查的是过程式语言和非过程式语言的概念。对于过程式语言不仅要指出做什么，还要指出怎么做。例如，若数据存储在一维数中，则被删除元素的后继元素需要依次向前移动。而在非过程式语言 SQL 中，程序员使用 "delete from r where p" 删除关系 r（结构化的数据元素集合）中所有满足条件 p 的元组，至于数据的存储结构和删除时需要的具体操作就无须关心了。

32. 【答案】（1）C；（2）B。

【解析】考查的是程序设计语言中有关形参、实参应用方面的基础知识。

引用调用和值调用是进行过程（函数）调用时在实参与形参间传递信息的两种基本方式。形参是指过程（或函数）首部声明的参数；实参是指过程（或函数）调用时的参数。调用语句实现了对过程（或函数）语句的执行，调用首先要进行实参与形参间的参数传递。

以值调用方式进行参数传递时，需要先计算实际参数的值并将其传递给对应的形参，然后执行所调用的过程（或函数），在过程（或函数）执行时对形参的修改不影响实参的值。引用调用时首先计算实际参数地址，并将此地址传递给被调用的过程，然后执行被调用的过程（或函数）。

因此在被调用的过程（函数）中，既得到了实参的值又得到了实参的地址。本题引用调用方式下，被调用过程（函数）执行时针对形式参数的修改结果就是 a 的值，即 a 的值在 f2 中被改为 7（即 y=2*3+1），在 f1 中没有修改 x 的值，所以 f1 的返回值为 14（7*2）。在值调用方式下，在 f2 中修改 y 的值不会影响实参 a，所以 f1 的返回值为 6（3*2）。

33. 【答案】B。

【解析】考查的是程序设计语言方面的基本概念。

程序员编程风格的不同在很大程度上影响着程序的质量。编程风格涉及源程序中的内部文档、数据说明、语句构造以及输入/输出。

编程最主要的工作就是书写语句，书写语句的原则很多，目的是每条语句尽可能简单明了，能直截了当地反映程序员的意图，使用括号清晰地表达式出逻辑表达式和算术表达式的运算次序是语句构造的规则之一。

源程序的内部文档的要求包括选择标识符的名字、适当的注释和程序的视觉组织。在使用标识符的名字时要求含义明确，使它能正确提示标识符所代表的实体。

在编写输入和输出程序段时，如果遇到需要计数的情况，应使用数据结束标记（如数据文据结束标识），而不应要求用户输入数据的个数。

在计算机内部，浮点数采用科学记数法表示。但是有些十进制小数无法精确地表示成二进制小数。因此应尽量避免对两个浮点数直接进行"＝＝"和"！＝"比较运算（特别是在循环条件中），如果需要，可采用判断两者的差的绝对值是否小于某个很小的数来实现。

34. 【答案】D。

【解析】考查的是多媒体方面的基本概念。

超媒体是超文本技术和多媒体技术相结合的产物。传统的文本是以线性方式组织的，而超文本是以非线性方式组织的。在超媒体中，不仅可以包含文字，而且可以包含图形、图像、动画、声音和电视片段，这些媒体之间也是用超级链接组织。

超媒体与超文本之间的不同之处是：超文本主要以文字的形式表示信息，建立的链接关系主要是文本之间的链接关系；超媒体除了使用文本外，还使用图形、图像、声音、动画或影视片段等多种媒体来表示信息，建立的链接关系是文本、图形、图像、声音、动画或影视片段等媒体之间的链接关系。

35. 【答案】C。

【解析】考查的是多媒体声音文件方面的基本概念。

数字声音在计算机中存储和处理时，其数据必须以文件的形式进行组织，所选用的文件格式必须得到操作系统和应用软件的支持。常用的声音文件格式有：

1）Wave 文件，其扩展名为.wav，是 Microsoft 公司的音频文件格式，来源于声音模拟波形的采样。

2）MPEG 音频文件，其扩展为.mp3，压缩率比较大，音质相对较好，是现在比较流行的声音文件格式。

3）RealAudio 文件，其扩展名为.ra，为解决网络传输带宽资源而设计，具有强大的压缩量和较小的失真。

4）MIDI 文件，其扩展名为.mid/.rmi，是目前较成熟的音乐格式，实际上已经成为产业标准，也是音乐工业的数据通信标准。

5）Voice 文件，其扩展名为.voc，Creative 波形音频文件，也是声卡使用的音频文件夹格式。

C 选项中 TIFF 文件是图像文件的一种格式。

36. 【答案】（1）D；（2）B。

【解析】考查的是计算机指令系统方面的基础知识。

指令寄存器用来保存 CPU 从内存取出的指令，然后再执行该指令。

程序计数器用来保存下一次要执行的指令的地址。在指令执行过程中，CPU 取指令的内存地址由程序计数器来决定，并且 CPU 每从内存中取出一条指令，程序计数器的内容就自动增量，以指向下一次要执行的指令。

标志寄存器（PSW）在 CPU 中，用以记录指令执行结果。

37. 【答案】D。

【解析】本题考查的是计算机网络方面的基础知识。

1000BaseLX 是使用长波激光作信号源的网络介质，既可以驱动多模光纤，也可以驱动单光纤，用于千兆以太网。光纤规格包括：62.5μm 多模光纤、50μm 多模光纤、9μm 单模光纤。其中，使用多模光纤时，在全双工模式下，最长传输距离可以达到 550m；使用单模光纤时，全双工模式下的最长距离为 5km。系统采用 8B/10B 编码方案，连接光纤所使用的 SC 型光纤连接器与快速以太网 100BaseFX 所使用的连接器的型号相同。

1000BaseSX 使用短波激光作为信号源的网络介质，不支持单模光纤，只能驱动多模光纤。具体包括以下两种：62.5μm 多模光纤，50μm 多模光纤。全双工模式下最长有效距离为 550m。系统采用 8B/10B 编码方案，1000BaseSX 所使用的光纤连接器与 1000BaseLX 一样，也是 SC 型连接器。

1000BaseCX 是使用铜缆作为网络介质的千兆以太网，使用一种特殊规格的高质量平衡双绞线对的屏蔽铜缆，最长有效距离为 25m，使用 9 芯 D 型连接器连接电缆，系统采用 8B/10B 编码方案。1000BaseCX 适用于交换机之间的短距离连接，尤其适合于千兆主干交换机和主服务器之间的短距离连接。以上连接往往可以在机房配线架上以跨线方式实现，不需要再使用长距离的铜缆或光纤。

1000BaseT 是使用 5 类 UTP 作为网络传输介质的千兆以太网，最长有效距离与 100BaseTX 一样，可以达到 100m。用户可以采用这种技术在原有的快速以太网系统中实现从 100Mb/s 到 1000Mb/s 的平滑升级。与我们在前面所介绍的其他 3 种网络介质不同，1000BaseT 不支持 8B/10B 编码方案，需要采用专门的更加先进的编码/译码机制。

38. 【答案】B。

【解析】考查的是计算机网络组成结构方面的基础知识。

局域网拓扑结构通常分为总线型拓扑结构、星形拓扑结构和环形拓扑结构 3 种。

总线型结构是使用同一媒体或电缆连接所有端用户的一种方式，连接端用户的物理媒体由所有设备共享。

星形结构存在中心节点，每个节点通过点对点的方式与中心节点相连，任何两个节点之间的通信都要通过中心节点来转接。

环形结构在局域网中使用较多。这种结构中的传输媒体从一个端用户到另一个端用户，直到将所有端用户连成环形。

在星形局域网结构中，连接文件服务器与工作站的设备可以是集线器、交换机或中继器等设备。因此正确答案为 B。

39.【答案】A。

【解析】考查的是计算机网络应用方面的基础知识。

WWW 浏览器是用来浏览互联网主页的工具软件。WWW 浏览器的功能非常强大，利用它可以方便地访问互联网上的各类信息，浏览器由一组客户、一组解释器和一个管理它们的控制器所组成。控制器形成了浏览器的中心部件，它解释了鼠标点击与键盘输入，并且调用其他组件来执行用户指定的操作。WWW 的工作步骤是：当用户启动客户端浏览器，在浏览器地址栏输入想要访问网页的 URL 时，浏览器软件通过 HTTP 向 URL 地址所在的 Web 服务器发出服务请求。服务器根据浏览器软件送来的请求，把 URL 地址转化成页面所在服务器上的文件路径，找出相应的网页文件。当网页中仅包含 HTML 文档时，服务器直接使用 HTTP 将该文档发送给客户端；如果 HTML 文档中还包含有 JavaScript 或 VBScript 脚本程序代码，这些代码也将随同 HTML 文档一起下载；如果网页中还嵌套有 CGI 或 ASP 程序，这些程序将由服务器执行，并将运行结果发送给客户端。浏览器解释 HTML 文档，并将结果在客户端浏览器上向用户显示。

40.【答案】D。

【解析】考查的是计算机总线方面的基础知识。

在采用三总线结构的运算器中，三条总线分别与运算器的两个输入和一个输出相连接，各自有自己独立的通路。因此执行一次操作只需一步即可完成，而且在运算器的两个输入和一个输出上不再需要设置暂存器。

第3章

系统开发和运行

3.1 考点精讲

3.1.1 考纲要求

3.1.1.1 考点导图

系统开发和运行部分的考点如图 3-1 所示。

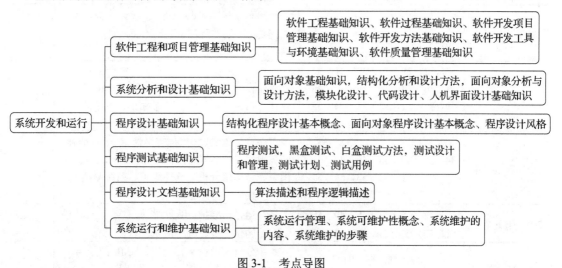

图 3-1 考点导图

3.1.1.2 考点分析

这一章主要是要求考生了解软件工程、软件过程、软件开发以及系统开发和运行等基础知识。根据近年来的考试情况分析得出：

- 难点

这部分知识在程序员考试中属于了解性知识，没什么难度，建议重点放在数据流图、结构化分析方法上。

● 考试题型的一般分布

1）软件的生存周期。
2）数据流图。
3）模块间的关系。
4）软件测试的分类。
5）软件质量管理（标准）。

● 考试出现频率较高的内容

1）数据流图。
2）黑盒/白盒测试。
3）面向对象技术的概念。

3.1.2　考点分布

历年考题知识点分布统计如表 3-1 所示。

表 3-1　历年考题知识点分布统计

年份	题号	知识点	分值
2016 年上半年	44，45，46，47，48，49，50，51，52，53，54，55，56	面向对象基础知识、UML、设计模型、软件工程基础、软件测试、数据流图、软件运行与维护	13
2016 年下半年	1，2，28，29，30，31，32，33，34，44，45，46，47，48，49，50，51，52，53，54，55，56，57	程序设计语言基础、面向对象、UML、软件设计、系统运行与维护基础知识、系统测试	23
2017 年上半年	28，29，30，31，32，33，34，35，44，45，46，47，48，49，50，51，52，53，54，55，56	程序设计语言、程序语言翻译、C 语言基础、函数调用、表达式、面向对象、UML、设计模型、结构化分析、软件维护、系统测试、软件工程	21
2017 年下半年	1，2，46，47，48，49，50，51，52，53，54，55，56，57	系统运行与维护、函数调用、UML、设计模型、结构化分析、程序测试、软件工程	14
2018 年上半年	46，47，48，49，50，51，52，53，54	系统分析和设计基础知识、UML 图基础、设计模式、软件工程基础、用户界面（UI）、敏捷开发方法、软件测试	9
2018 年下半年	44，45，46，47，48，49，51，53，54	程序设计语言基础、面向对象、UML、软件设计、软件工程基础、软件运行与维护	9
2019 年上半年	2，46，47，48，49，50，51，53，54	软件工程基础、程序员素养、UML 图基础、软件测试、测试用例	9
2019 年下半年	47，48，49，50，51，52，53，54，57	UML 图基础、设计模式、软件工程、测试用例、数据流图、内聚和耦合	9
2020 年下半年	46，47，48，49，50，51，52，53，54，55，56	UML 图基础、软件工程基础、软件测试	11

3.1.3　知识点精讲

3.1.3.1　软件工程和项目管理基础知识

1. 软件工程基础知识

软件工程是指用计算机科学、数学及管理科学等原理，以工程化的原则和方法来解决软件问题的工程，其目的是提高软件生产率和软件质量，降低软件成本。软件工程已经成为计算机软件的一个重要分支和研究方向。

同任意事物一样，一个软件产品或软件系统也要经历孕育、诞生、成长、成熟、衰亡等许多阶段，一般称其为软件生存周期。根据这一思想，把上述基本的过程活动进一步展开，可以得到软件生存周期的 6 个阶段，即制订计划、需求分析、设计、程序编制、测试以及运行维护。

常用的软件开发模型：瀑布模型、演化模型、螺旋模型、喷泉模型。

软件工程的三要素：方法、过程、工具。

从软件开发的观点看，它就是使用适当的资源（包括人员、软硬件资源、时间等），为开发软件进行的一组开发活动，在活动结束时输入（即用户的需求）转化为输出（最终符合用户需求的软件产品）。

2. 软件过程基础知识

软件过程评估是软件改进和软件评价的前提。

CMM 是对软件组织进化阶段的描述，随着软件组织定义、实施、测量、控制和改进其软件过程，软件组织的能力得以逐步提高。CMM 将软件过程改进分为 5 个成熟度级别，分别为初始级（Initial）、可重复级（Repeatable）、已定义级（Defined）、已管理级（Managed）和优化级（Optimized）。

3. 软件开发项目管理基础知识

软件管理是指软件生存周期中管理者所进行的一系列活动，其目的是在一定的时间和预算范围内，有效地利用人力、资源、技术和工具，使软件系统或软件产品按原定的计划和质量要求按期完成。

（1）成本估算

通常可以根据以往开发类似软件的经验估算成本；也可以将软件项目计划分成若干个子系统或按软件生存周期的各个阶段分别估算成本，然后汇总整个软件的成本；还可以使用下述方法进行估算。

一种估算方法是：开发费用=人月数×每个人月的费用。

另一种估算方法是：开发费用=源代码行数×每行平均费用。

软件开发项目成本估算有 Putnam 和 COCOMO 两种模型。

（2）风险分析

风险分析由 4 个不同的活动构成：风险识别，风险预测，风险评估和风险控制。风险分为项目风险、技术风险和商业风险。风险构成有性能风险、成本风险、支持风险和进度风险。

（3）进度管理

合理的进度安排是如期完成软件人员的分组，也可以按不同的开发活动对软件人员分组。为了控制软件的质量，还可以有质量保证组。程序设计小组的组织形式可以有多种，如主程序员式、无主程序员式、层次式。

4. 软件开发方法基础知识

软件开发方法主要有结构化法（SD）、面向对象方法（OO）、面向服务方法（SO）以及原型法（Prototyping）。也有些人把敏捷开发和统一过程（UP/RUP）称为软件开发方法。

（1）结构化法

即面向过程的开发方法。其基本思想是"自上而下，逐步求精"，把一个复杂的系统拆分，化繁为简，形成一个个的构件。它讲究的是用户至上，系统开发过程工程化、文档化，以及标准化。严格地区分各工作阶段，每个阶段都有明确的任务和应得的成果。

（2）面向对象方法

面向对象的开发方法是自下而上的，主要表现为和现实事物结合起来，把世间万物抽象出来，形成一个个的抽象对象。面向对象方法相比结构化法有更好的复用性，分析、设计、实现三个阶段界限不明确，其关键点在于建立一个全面的、合理的、统一的模型。

（3）面向服务方法

面向服务方法是面向对象方法的延伸。其服务建模又分为服务发现（分析）、服务规约（约定规范）和服务实现（具体实现）三个阶段。主要有三个级别：操作、服务、业务流程。分为三个层次：基础设计层（底层的构建）、应用服务层（服务之间的接口和服务级的协调）、业务组织层（业务流程的建模和服务流程的编排）。

（4）原型法

原型法适用于需求不明确的场景，包括抛弃型原型和演变型原型。抛弃型原型，业务做完之后原型就已经没有用处了；演变型模型，在原来的模型基础之上逐步修改并一直沿用。

5. 软件开发工具与环境基础知识

（1）软件工具

用来辅助软件开发、运行、维护、管理、支持等过程中的活动的软件称为软件工具。按照软件过程中的活动，软件工具可以分为：

- 软件开发工具：对应于软件开发过程中的各种活动，通常有需求分析工具、设计工具、编码与排错工具、测试工具等。
- 软件维护工具：辅助软件维护过程中的活动的软件称为软件维护工具，它辅助维护人员对软件代码及其文档进行各种维护活动。软件维护工具主要有版本控制工具、文档分析工具、开发信息库工具、逆向工程工具和再工程工具。
- 软件管理和软件支持工具：用来辅助管理人员和软件支持人员的管理活动和支持活动，以确保软件高质量地完成。常用的软件管理和软件支持工具有项目管理工具、配置管理工具和软件评价工具。

（2）软件开发环境

软件开发环境（Software Development Environment）是支持软件产品开发的软件系统。环境集成机制包括数据集成、控制集成和界面集成。

集成型开发环境是一种把支持多种软件开发方法和开发模型的软件工具集成在一起的软件开发环境。集成型开发环境中除数据集成、控制集成和界面集成外，还可以有方法集成、过程集成、平台集成、工具集成等。

6. 软件质量管理基础知识

软件质量特性反映了软件的本质。讨论一个软件的质量问题，最终要归结到定义软件的质量特性，而定义一个软件的质量，就等价于为该软件定义一系列质量特性。

McCall 质量模型中的质量概念基于 11 个特性之上，这 11 个特性分别面向软件开发工具包产品的运行、修正和转移。McCall 认为，特性是软件质量的反映，软件属性可用作评价准则，定量化地度量软件属性可知软件质量的优劣。

ISO/IEC126—1991 质量特性标准中建立了三层质量模型：第一层称为质量特性，第二层称为质量子特性，第三层称为度量。该标准定义了 6 个质量特性，并推荐了 21 个子特性，但不作为标准。

软件质量保证是为了向用户及社会提供满意的高质量的产品而进行的有计划的、系统的管理活动。参与软件质量保证活动的人员有两种：软件开发人员和质量保证人员。

软件开发人员通过采用恰当的技术方法和措施，进行正式的技术评审，执行计划周密的软件测试来保证软件产品的质量。软件质量保证人员辅助软件开发人员以得到高质量的产品。

3.1.3.2　系统分析和设计基础知识

1. 面向对象基础知识

面向对象（Object Oriented）是一种软件开发方法，是一种编程范式。面向对象的概念和应用已超越了程序设计和软件开发，扩展到如数据库系统、交互式界面、应用结构、应用平台、分布式系统、网络管理结构、CAD 技术、人工智能等领域。面向对象是一种对现实世界的理解和抽象的方法，是计算机编程技术发展到一定阶段后的产物。

面向对象是相对于面向过程来讲的，面向对象方法把相关的数据和方法组织为一个整体来看待，从更高的层次来进行系统建模，更贴近事物的自然运行模式。

可以理解为：面向对象=对象＋分类＋继承＋通过消息的通信。如果一个软件系统是使用这样 4 个概念设计和实现的，则认为这个软件系统是面向对象的。面向对象的三大特点（封装、继承、多态）缺一不可。

（1）对象

在面向对象系统中，对象是基本运行时的实体，它既包括数据（属性），也包括作用于数据的操作（行为）。因此，一个对象把属性和行为封装为一个整体。封装是一种信息隐蔽技术，其目的是使对象的使用者和生产者分离，使对象的定义和实现分开。

（2）消息

对象之间进行通信的一种构造叫作消息。当一个消息发送给某个对象时，该消息包含要求接收对象去执行某些活动的信息。接收到信息的对象经过解释，然后予以响应。这种通信机制叫作消息传递。发送消息的对象不需要知道接收对象如何对请求予以响应。

（3）类

一个类定义了一组大体上相似的对象。一个类所包含的方法和数据描述一组对象的共同行为和属性。把一组对象的共同特征加以抽象并存储在一个类中是面向对象技术最重要的一种能力；是否建立了一个丰富的类库是衡量一个面向对象程序设计语言成熟与否的重要标志。

类是在对象之上的抽象；对象是类的具体化，是类的实例（Instance）。

（4）继承

继承是父类和子类之间共享数据和方法的机制，这是类之间的一种关系。在定义和实现一个类的时候，可以在一个已经存在的类的基础上进行，把这个已经存在的类所定义的内容作为自己的内容，并加入若干新的内容。

继承分为单重继承和多重继承。

（5）多态

收到消息时，对象要予以响应。不同的对象收到同一消息可以产生完全不同的结果，这一现象叫作多态。

（6）动态绑定

动态绑定是和类的继承以及多态相联系的。

2. 结构化分析和设计方法

结构化分析（Structured Analysis，SA）方法是采用"自顶向下，由外到内，逐层分解"的思想对复杂的系统进行分解化简，从而有效地控制系统分析中每一步的难度，最初着眼于数据流，考虑数据流在系统中的传递和变换，自顶向下，逐层分解，建立系统的处理流程，以数据流图（DFD）和数据词典为主要工具，建立系统的逻辑模型。

数据流图（DFD）的基本成分有：数据流、加工、数据存储和外部实体。

结构化设计（Structured Design，SD）方法是一种面向数据流的设计方法，它可以与 SA 方法衔接。SD 方法采用结构图（Structure Chart，SC）来描述程序的结构。

（1）结构图

结构图的基本成分有模块、调用和输入/输出数据。模块用矩形表示；模块间用线段连接，表示调用关系；输入/输出数据可写在调用线段的旁边。

（2）信息流的类型

- 变换流：信息沿输入通路进入系统，同时由外部形式变换成内部形式，进入系统的信息通过变换中心，经加工处理以后再沿输出通路变换成外部形式离开软件系统，当信息流具有这些特征时就叫变换流。
- 事务流：数据沿输入通路到达一个处理（T），这个处理根据输入数据的类型在若干个动作序列中选出一个来执行，当信息流具有这些特征时就叫事务流。它被用于识别一个系统的事务类型并把这些事务类型作为设计的组成部分。分析事务流是设计事务处理程序的一种策略，采用这种策略通常有一个上层事务中心，其下将有多个事务模块，每个模块只负责一个事务类型，转换分析将会分别设计每个事务。

3. 面向对象分析与设计方法

面向对象分析（Object-Oriented Analysis，OOA）的目标是建立待开发软件系统的模型。OOA 模型描述了某个特定应用领域中的对象、对象间的结构关系和通信关系，反映了现实世界强加给软件系统的各种规则和约束条件。OOA 模型还规定了对象如何协同工作和完成系统的职责。

面向对象设计（Object-Oriented Design，OOD）是设计分析模型和实现相应的源码。在目标代码环境中，这种源码可以被执行。概念模型、分析模型装入相应的执行环境中，还需要被修改。对象设计的目标是分析对象设计过程，这也是发现对象的过程，这个过程称为再处理。

也就是说，面向对象设计的目标是定义系统构造蓝图，并根据系统构造蓝图在特定的环境中实现系统。较为流行的面向对象分析与设计方法有：Booch 方法、Coad 和 Yourdon 方法、Jocobson 方法、统一建模语言（Unified Modeling Language，UML）。

（1）UML

UML 由三个要素构成：UML 的基本构造块、支配这些构造块如何放置在一起的规则及运用和整个语言的一些公共机制。

UML 提供了 9 种图：类图、对象图、用例图、序列图、协作图、状态图、活动图、构件图和部署图。

面向对象的设计重点与难点：

1）对象可以定义为系统中用来描述客观事物的一个实体，它是构成系统的一个基本单位，是一组属性以及这组属性上的专用操作的封装体。

2）类可以看作一组对象的模板，它抽象地描述了属于该类的全部对象的属性及其操作。

3）如果一个子类只继承一个父类的特征，这种继承称为单继承；如果一个子类可以继承多个父类特征，这种继承称为多继承。

4）消息是一个对象与另一个对象的通信单元，是要求某个对象执行类中定义的某个操作的规格说明。

5）动态绑定把函数调用与目标代码块的连接延迟到运行时进行。这样，在运行过程中，当一个对象发送消息请求服务时，要根据接收对象的具体情况将请求的操作与实现的方法进行连接。

6）多态分为通用的多态和特定的多态。其中，参数多态和包含多态称为通用的多态，过载多态和强制多态称为特定的多态。

（2）实体-联系图（E-R 图）

实体-联系图（Entity Relationship Diagram）提供了表示实体类型、属性和联系的方法，用来描述现实世界的概念模型。

它是描述现实世界关系概念模型的有效方法，是表示概念关系模型的一种方式。用矩形框表示实体类型，矩形框内写明实体名称；用椭圆图框或圆角矩形表示实体的属性，并用实心线段将其与相应关系的实体类型连接起来；用菱形框表示实体类型之间的联系成因，在菱形框内写明联系名，并用实心线段分别与相关实体类型连接起来，同时在实心线段旁标注联系的类型（1:1、1:n 或 $m:n$）。

关系模型中的相关概念如下：

1）关系：一个关系对应一个二维表，二维表名就是关系名。

2）元组（记录）：关系的一行（表中的值）即为一个元组。

3）属性（字段）：关系的一列（字段）称为属性，列的值称为属性值。

4）主关键码（主键）：唯一标识的。

5）关系模式：二维表中的行定义即是对关系的描述。

表示为：关系（属性 1,属性 2,属性 3,…,属性 n）。

作图步骤是：

1）确定所有的实体集。

2）选择实体集应包含的属性。

3）确定实体集之间的联系。

4）确定实体集的关键码，用下划线在属性上表明关键码的属性组合。

5）确定联系的类型，在用线将表示联系的菱形框连接到实体集时，在线旁注明 1 或 n（多）来表示联系的类型。

4. 模块化设计、代码设计、人机界面设计基础知识

（1）模块化设计

简单地说就是程序的编写不是一开始就逐条录入计算机语句和指令，而是用主程序、子程序、子过程等框架把软件的主要结构和流程描述出来，并定义和调试好各个框架之间的输入、输出链接关系。逐步求精的结果是得到一系列以功能块为单位的算法描述。以功能块为单位进行程序设计，实现其求解算法的方法称为模块化。模块化的目的是降低程序复杂度，使程序设计、调试和维护等操作简单化。改变某个子功能只需改变相应模块即可。

模块是模块化设计和制造的功能单元，具有三大特征：

1）相对独立性。可以对模块单独进行设计、制造、调试、修改和存储，这便于由不同的专业化企业分别进行生产。

2）互换性。模块接口部位的结构、尺寸和参数标准化，容易实现模块间的互换，从而使模块满足更大数量的不同产品的需要。

3）通用性。有利于实现横系列、纵系列产品间的模块的通用，实现跨系列产品间的模块的通用。

一个系统由很多程序模块组成，这些程序模块可以归纳为以下几种基本类型：

1）控制模块。控制模块包括主控制模块和各级控制模块。

2）输入模块。输入模块主要用来输入数据。

3）输入数据校验模块。该模块对已经输入计算机中的数据进行校验，以保证原始数据的正确性。校验的方法通常有重复输入校验和程序校验两种。

4）输出模块。输出模块用来将计算机的运行结果通过屏幕、打印机、磁盘、磁带等设备输出给用户。

5）处理模块。根据信息系统的不同应用要求，处理模块包括：文件更新模块、分类合并模块、计算模块、数据检索模块、预测或优化模块。

（2）代码设计

代码设计就是将系统中具有某些共同属性或特征的信息归并在一起，并利用一些便于计算机或者人识别的符号来表示这些信息。

（3）人机界面设计

人机界面设计是指通过一定的手段对用户界面进行目标和计划的一种创作活动，主要包括三个方面：设计软件构件之间的接口，设计模块和其他非人的信息生产者和消费者的界面，设计人（如用户）和计算机间的界面。对于人机界面设计的检验标准，它既不是某个项目开发组领导的意见，也不是项目成员投票的结果，而是最终用户的感受，所以界面设计要和用户研究紧密结合，是一个不断为最终用户设计达到满意视觉效果的过程。我们把人-软件之间的接口称作"用户界面"，也就是 UI。UI 设计则是指对软件的人机交互、操作逻辑、界面美观的整体设计。好的 UI 设计不仅让软件变得有个性有品位，还让软件的操作变得舒适、简单、自由，充分体现软件的定位和特点。

3.1.3.3　程序设计基础知识

1. 结构化程序设计基本概念

结构化程序设计（Structured Programming）是进行以模块功能和处理过程设计为主的详细设计的基本原则。结构化程序设计是过程式程序设计的一个子集，它对写入的程序使用逻辑结构，使得理解和修改更有效、更容易。

结构化程序设计采用自顶向下、逐步求精的设计方法，各个模块通过"顺序、选择、循环"的控制结构进行连接，并且只有一个入口和一个出口。

结构化程序设计的原则可表示为：程序=（算法）+（数据结构）。

算法是一个独立的整体，数据结构（包含数据类型与数据）也是一个独立的整体。两者分开设计，以算法（函数或过程）为主。

随着计算机技术的发展，软件工程师越来越注重系统整体关系的表述，于是出现了数据模型技术（把数据结构与算法看作一个独立功能模块），这便是面向对象程序设计的雏形。

结构化程序设计的基本结构包括：

1）顺序结构：表示程序中的各个操作是按照它们出现的先后顺序执行的。

2）选择结构：表示程序的处理步骤出现了分支，它需要根据某一特定的条件选择其中的一个分支执行。选择结构有单选择、双选择和多选择三种形式。

3）循环结构（也称为重复结构）：表示程序反复执行某个或某些操作，直到某条件为假（或为真）时才终止循环。循环结构的基本形式有两种：当型循环和直到型循环。

- 当型循环：表示先判断条件，当满足给定的条件时执行循环体，并且在循环终端处流程自动返回到循环入口；如果条件不满足，则退出循环体直接到达循环流程出口处。因为是"当条件满足时执行循环"，即先判断后执行，所以称为当型循环。
- 直到型循环：表示从结构入口处直接执行循环体，在循环终端处判断条件，如果条件不满足，则返回入口处继续执行循环体，直到条件为真时再退出循环到达循环流程出口处。因为是"直到条件为真时为止"，即先执行后判断，所以称为直到型循环。

2. 面向对象程序设计基本概念

面向对象程序设计（Object Oriented Programming，OOP）作为一种新方法，其本质是建立模型体现出抽象思维过程和面向对象的方法。面向对象程序设计方法是尽可能模拟人类的思维方式，使得软件的开发方法与过程尽可能接近人类认识世界、解决现实问题的方法和过程，也即使得描述问题的问题空间与问题的解决方案空间在结构上尽可能一致，把客观世界中的实体抽象为问题域中的对象。

面向对象程序设计的优点是：

1）数据抽象的概念可以在保持外部接口不变的情况下改变内部实现，从而减少甚至避免对外界的干扰。

2）通过继承大幅减少冗余的代码，并可以方便地扩展现有代码，提高编码效率，也减少出错概率，降低软件维护的难度。

3）结合面向对象分析、面向对象设计，允许将问题域中的对象直接映射到程序中，减少软件开发过程中间环节的转换过程。

4）通过对对象的辨别、划分可以将软件系统分隔为若干相对独立的部分，在一定程度上更便于控制软件复杂度。

5）以对象为中心的设计可以帮助开发人员从静态（属性）和动态（方法）两个方面把握问题，从而更好地实现系统。

6）通过对象的聚合、联合可以在保证封装与抽象的原则下实现对象在内在结构以及外在功能上的扩充，从而实现对象由低到高的升级。

3. 程序设计风格

程序设计风格指一个人编制程序时所表现出来的特点、习惯和逻辑思路等。在程序设计中要使程序结构合理、清晰，形成良好的编程习惯，对程序的要求就不仅是可以在机器上执行，给出正确的结果，而且是要便于程序的调试和维护。这就要求编写的程序不仅自己看得懂，也要让别人能看懂。

也可以理解为，程序设计风格的本质就是一种好的规范，包括良好的代码设计、函数模块、接口功能以及可扩展性等，也包括了代码的风格，即缩进、注释、变量及函数的命名等。

程序设计风格的原则如下：

1）源程序文档化。

① 标识符应按意取名。

② 程序应加注释。注释是程序员与读者之间通信的重要工具，用自然语言或伪码描述。它说明了程序的功能，特别是在维护阶段，对理解程序提供了明确指导。注释分序言性注释和功能性注释。序言性注释应置于每个模块的起始部分，主要内容有：

- 说明每个模块的用途、功能。
- 说明模块的接口：调用形式、参数描述及从属模块的清单。
- 数据描述：重要数据的名称、用途、限制、约束及其他信息。
- 开发历史：设计者、审阅者姓名及日期，修改说明及日期。

功能性注释嵌入在源程序内部，说明程序段或语句的功能以及数据的状态。注意以下几点：

- 注释用来说明程序段，而不是每一行程序都要加注释。
- 使用空行或缩格或括号，以便很容易区分注释和程序。
- 修改程序也应修改注释。

2）数据说明原则。为了使数据定义更易于理解和维护，有以下指导原则：

① 数据说明顺序应规范，使数据的属性更易于查找，从而有利于测试、纠错与维护。例如以下顺序：常量说明、类型说明、全程量说明、局部量说明。

② 一个语句说明多个变量时，各变量名按字典序排列。

③ 对于复杂的数据结构，要加注释，说明在程序实现时的特点。

3）语句构造原则。简单直接，不能为了追求效率而使代码复杂化；为了便于阅读和理解，不要一行多个语句；不同层次的语句采用缩进形式，使程序的逻辑结构和功能特征更加清晰；要避免复杂的判定条件，避免多重的循环嵌套；表达式中使用括号以提高运算次序的清晰度；等等。

4）输入和输出原则。在编写输入和输出程序时考虑以下原则：

① 输入操作步骤和输入格式尽量简单。

② 应检查输入数据的合法性、有效性，报告必要的输入状态信息及错误信息。

③ 输入一批数据时，使用数据或文件结束标志，而不要用计数来控制。

④ 交互式输入时，提供可用的选择和边界值。

⑤ 当程序设计语言有严格的格式要求时，应保持输入格式的一致性。

⑥ 输出数据表格化、图形化。

输入、输出风格还受其他因素的影响，如输入、输出设备，用户经验及通信环境等。

5）追求效率原则。指处理器时间和存储空间的使用，对效率的追求明确以下几点：

① 效率是一个性能要求，目标在需求分析时给出。

② 追求效率建立在不损害程序可读性或可靠性的基础上，要先使程序正确，再提高程序效率。

③ 提高程序效率的根本途径在于选择良好的设计方法、良好的数据结构算法，而不是靠编程时对程序语句做调整。

3.1.3.4 程序测试基础知识

1. 程序测试

程序测试（Program Testing）是指对一个完成了全部或部分功能、模块的计算机程序在正式使用前进行检测，以确保该程序能按预定的方式正确地运行。

（1）程序测试的目的

程序测试的目的就是以最少的人力和时间发现潜在的各种错误和缺陷。测试是为了发现错误而执行程序的过程，成功的测试是发现了至今尚未发现的错误的测试。程序测试应包括软件测试、硬件测试和网络测试。

（2）程序测试原则

1）应尽早并不断地进行测试。

2）测试工作应该避免由原开发软件的人或小组承担。一方面，开发人员往往不愿否认自己的工作，总认为自己开发的软件没有错误；另一方面，开发人员的错误很难由本人测试出来，他们很容易根据自己编程的思路来制定测试思路，具有局限性。测试工作应由专门人员来进行，这样会更客观，更有效。

3）设计测试方案时，不仅要确定输入数据，还要根据系统功能确定预期的输出结果。将实际输出结果与预期结果相比较就能发现测试对象是否正确。

4）在设计测试用例时，不仅要设计有效合理的输入条件，也要包含不合理流动、失效的输入条件。

5）在测试程序时，不仅要检验程序是否做了该做的事，还要检验程序是否做了不该做的事。

6）严格按照测试计划来进行，避免测试的随意性。测试计划包括测试内容、进度安排、人员安排、测试环境、测试工具和测试资料等。

7）妥善保存测试计划、测试用例，将其作为软件文档的组成部分，为维护提供方便。

8）测试用例都是精心设计出来的，可以为重新测试或追回测试提供方便。

（3）程序测试对象

程序测试的对象包括程序、数据、文档。

（4）程序测试过程

测试是开发过程中一个独立且非常重要的阶段，测试过程基本上与开发过程平行进行。

一个规范化的测试过程通常包括以下基本测试活动：

1）拟订测试计划。测试计划的内容主要有：测试的内容、进度安排、测试所需的环境和条件、测试培训安排等。

2）编制测试大纲。测试大纲是测试的依据，它明确详尽地规定了在测试中针对系统的每一项功能或特性所必须完成的基本测试项目和测试完成的标准。

3）根据测试大纲设计和生成测试用例。在设计测试用例的时候，可综合利用前面介绍的测试用例和设计技术，产生测试设计说明文档，其内容主要有被测试项目、输入数据、测试过程、预期输出结果等。

（5）程序测试工具

1）开源测试管理工具：Bugfree、Bugzilla、TestLink、Mantis、ZenTaoPMS。

2）开源功能自动化测试工具：Watir、Selenium、MaxQ、WebInject。

3）开源性能自动化测试工具：Jmeter、OpenSTA、DBMonster、TPTEST、Web Application Load Simulator。

4）其他测试工具与框架：Rational Functional Tester、Borland Silk 系列工具、WinRunner、Robot 等。

5）禅道测试管理工具：功能比较全面的测试管理工具，功能涵盖软件研发的全部生命周期，为软件测试和产品研发提供一体化的解决方案，是一款优秀的国产开源测试管理工具。

6）Quality Center：基于 Web 的测试管理工具，可以组织和管理应用程序测试流程的所有阶段，包括指定测试需求、计划测试、执行测试和跟踪缺陷。

7）QuickTest Professional：用于创建功能和回归测试。

8）LoadRunner：预测系统行为和性能的负载测试工具。

9）国内免费软件测试工具：AutoRunner 和 TestCenter。

2. 黑盒测试、白盒测试方法

测试方法可分为人工测试和机器测试。人工测试又称代码审查，主要有个人复查、抽查和会审三种方法；机器测试可分为黑盒测试和白盒测试两种方法。

（1）黑盒测试

黑盒测试也称为功能测试，在完全不考虑软件内部结构和特性的情况下测试软件的外部特性。常用的黑盒测试技术有等价类划分、边值分析、错误猜测、因果图等。

（2）白盒测试

白盒测试也称为结构测试，根据程序的内部结构和逻辑来设计测试用例，对程序的路径和过程进行测试，检查是否满足设计的需要。白盒测试常用的技术是逻辑覆盖率，即考察用测试数据运行被测程序时对程序逻辑的覆盖程度。主要的覆盖标准有 6 种：语句覆盖、判定覆盖、条件覆盖、判定/条件覆盖、条件组合覆盖、路径覆盖。为了提高测试效率，希望选择最少的测试用例来满足指定的覆盖标准。

除以上两种方法之外，还有一种叫作灰盒测试。灰盒测试是介于白盒测试与黑盒测试之间的。可以这样理解，灰盒测试关注输出对于输入的正确性，同时也关注内部表现，但这种关注不像白盒那样详细、完整，只是通过一些表征性的现象、事件、标志来判断内部的运行状态。有时候输出是正确的，但内部其实已经错了，这种情况非常多，如果每次都通过白盒测试来操作，效率会很低，因此需要采取这样一种灰盒的方法。

3. 测试设计和管理

测试设计的过程输出的是各测试阶段使用的测试用例。测试设计也与软件开发活动同步进行，其结果可以作为各阶段测试计划的附件提交评审。测试设计的另一项内容是回归测试设计，即确定回归测试的用例集。对于测试用例的修订部分，也要求进行重新评审。

测试管理是采用适宜的方法对测试过程及结果进行监视，并在适用时进行测量，以保证测试过程的有效性。如果没有实现预定的结果，则应进行适当的调整或纠正。此外，测试与软件修改过程是相互关联、相互作用的。测试的输出（软件缺陷报告）是软件修改的输入。反过来，软件修改的输出（新的测试版本）又成为测试的输入。

4. 测试计划、测试用例、注意事项

（1）测试计划

测试计划包括测试内容、进度安排、人员安排、测试环境、测试工具和测试资料等。应严格按照测试计划来进行测试，避免测试的随意性。

测试一般可分为以下四步：

1）单元测试。单元测试也称为模块测试，在模块编写完成且无编译错误后就可以进行。如果选用机器测试，一般用白盒测试法，多个模块可以同时进行测试。

2）组装测试。组装测试也称为模块测试，就是把模块按系统设计说明书的要求组合起来进

行测试。通常组装测试有两种方法：非增量式集成测试和增量式集成测试。

3）确认测试。确认测试的任务就是进一步检查软件的功能和性能是否与用户要求的一样。系统方案说明书描述了用户对软件的要求，因此它是软件有效性验证的标准，也是确认测试的基础。

进行确认测试时，首先要进行有效性测试以及软件配置审查，然后进行验收测试和安装测试，经过管理部门的认可和专家的鉴定后，软件才可以交给用户使用。

4）系统测试。系统测试是指将已经确认的软件、计算机硬件、外设和网络等其他因素结合在一起，进行信息系统的各种组装测试，其目的是通过与系统的需求进行比较，发现所开发的系统与用户需求不符或矛盾的地方。系统测试是根据系统方案说明书来设计测试用例，常见的系统测试主要有以下内容：恢复测试、安全性测试、强度测试、性能测试、可靠性测试、安装测试。

（2）测试用例

在设计测试用例时，不仅要设计有效合理的输入条件，还要包含不合理流动的、失效的输入条件。在测试程序时，不仅要检验程序是否做了该做的事，还要检验程序是否做了不该做的事。

测试用例都是精心设计出来的，可以为重新测试或追回测试提供方便。应妥善保存测试计划、测试用例，将它们作为软件文档的组成部分，为维护提供方便。

（3）软件测试时的注意事项

1）软件测试在软件生存周期中横跨两个阶段，通常单元测试可放在编码阶段。对软件系统进行各种综合测试是测试阶段的工作。

2）单元测试需要依据详细设计说明书和源程序清单，了解该模块的 I/O 条件和模块的逻辑结构，主要采用白盒测试的测试用例，辅之以黑盒测试的测试用例。

3）集成测试是对由各模块组装而成的系统进行测试，检查各模块间的接口和通信。该测试主要发现设计中的问题，通常采用黑盒测试。

4）确认测试检查软件的功能、性能及其他特征是否与用户的要求一致。它以软件的需求规格说明书为依据，通常采用黑盒测试。

5）系统测试将已经确认的软件、计算机硬件、外设和网络等其他因素结合在一起，进行信息系统的各种组装测试和确认测试。

6）机器测试只能发现错误的症状，无法对问题进行定位。

3.1.3.5　程序设计文档基础知识

1. 算法描述

算法描述（Algorithm Description）是指对设计出的算法用一种方式进行详细的描述，以便与人交流。算法可采用多种描述语言来描述，各种描述语言在对问题的描述能力方面存在一定的差异，可以使用自然语言、伪代码，也可使用程序流程图，但描述的结果必须满足算法的五个特征。

算法的五个特征如下：

1）输入：一个算法必须有零个或多个输入量。

2）输出：一个算法应有一个或以上输出量，输出量是算法计算的结果。

3）明确性：算法的描述必须无歧义，以保证算法的实际执行结果精确地符合要求或期望，通常要求实际运行结果是确定的。

4）有限性：依据图灵的定义，一个算法是能够被任何图灵完备系统模拟的一串运算，而图灵机器只有有限个状态、有限个输入符号和有限个转移函数（指令）。一些定义更规定算法必须在有限个步骤内完成任务。

5）有效性：又称可行性。算法中描述的操作都可以通过已经实现的基本运算执行有限次来实现。

2.程序逻辑描述

程序逻辑是描述和论证程序行为的逻辑，又称霍尔逻辑。程序和逻辑有着本质的联系。如果把程序看成一个执行过程，程序逻辑的基本方法是先给出建立程序和逻辑间联系的形式化方法，然后建立程序逻辑系统，并在此系统中研究程序的各种性质。

程序说明书是对程序流程图进行注释的书面文件，以帮助程序设计人员进一步了解程序的功能和设计要求。它是程序流程图的配套文档，也是处理流程设计的配套文档。程序说明书由系统设计人员编写，交给程序设计人员使用。因此，程序说明书必须写得清楚明确，使程序设计人员更易理解所要设计的程序的处理过程和设计的要求。

程序说明书包括以下七个内容：

1）程序名称：包括反映程序功能的文字名称和标识符。

2）程序所属的系统、子系统或模块的名称。

3）编写程序所使用的语言。

4）输入的方式和格式：当程序有多种输入时，分别对每种输入方式与格式做出具体而细致的说明。

5）输出的方式与格式：当程序有多种内容按不同方式输出时，分别说明不同内容按不同方式输出时的格式。

6）程序处理过程说明：包括程序中使用的计算公式、数学模型和控制方法等。

7）程序运行环境说明：对程序运行所需要的输入/输出设备的类型和数量、计算机的内存及硬盘容量、支持程序运行的操作系统等内容进行说明。

3.1.3.6　系统运行和维护基础知识

1. 系统运行管理

（1）运行管理制度

管理规范的企业，每一项具体的业务都有一套科学的运行制度。信息系统也不例外，它同样需要一套管理制度，以确保信息系统的正常和安全运行。

● **各类机房安全运行管理制度**

信息系统的运行制度，首先表现为物理意义上的机房必须处于监控之中。机房安全运行制度应该包括如下主要内容：

1）身份登记与出入验证。

2）带入、带出物品检查。

3）参观中心机房必须经过审查。

4）专人负责启动、关闭计算机系统。

5）对系统运行状况进行监视，跟踪并详细记录运行信息。

6）对系统进行定期保养和维护。

7）操作人员在指定的计算机或终端上操作，对操作内容进行登记。

8）不做与工作无关的操作，不运行来历不明的软件。

9）不越权运行程序，不查阅无关参数。

10）操作异常，立即报告。

● 信息系统的其他管理制度

信息系统的运行管理还表现为软件、数据、信息等其他要素必须处于监控之中。信息系统的其他管理制度主要包括以下内容：

1）必须有重要的系统软件、应用软件管理制度，如系统软件的更新维护、应用软件的源程序与目标程序分离等。

2）必须有数据管理制度，如重要输入、输出数据的管理。

3）必须有网络通信安全管理制度，实行网络电子公告系统的用户登记和对外信息交流的管理制度。

4）必须有病毒的防治管理制度。及时检测、清除计算机病毒，并备有检测、清除的记录。

5）必须有人员调离的安全管理制度。例如，人员调离的同时马上收回钥匙、移交工作、更换口令、取账号并向被调离的工作人员申明其保密义务。

6）建立合作制度，加强与相关单位的合作，及时获得必要的信息和技术支持。

除此之外，任何信息系统的运行都必须遵守国家的相关法律和规定，特别是关于计算机信息系统安全的法律规定。

（2）日常运行管理内容

信息系统的日常运行管理是为了保证系统能长期、有效地正常运转，具体工作如下：

1）系统运行情况的记录。

2）审计踪迹。审计踪迹（Audit Trail）就是指系统中设置了自动记录功能，能通过自动记录的信息发现或判明系统的问题和原因。这里的审计有两个特点，一是每日都进行，二是主要进行技术方面的审查。在审计踪迹系统中，建立审计日志是一种基本的方法。

现在大多数的操作系统和数据库都提供了跟踪及自动记录功能，一些数据库系统中还提供审计踪迹数据字典，使用者可以用预先定义的审计踪迹数据字典视图来观察审计踪迹数据。对于审计内容，可以在三个层次上设定：语句审计、特权审计和对象审计。

3）审查应急措施的落实。

4）系统资源的管理。

（3）系统软件及文档管理

系统软件的管理除日常维护之外，还包括版本更新和升级等。

文档管理应从以下几个方面着手进行：

- 文档管理的制度化。
- 文档要标准化、规范化。
- 文档管理的人员保证。
- 维护文档的一致性。
- 维持文档的可追踪性。

2. 系统可维护性概念

系统的可维护性可以定性地定义为维护人员理解、改正、改动和改进这个软件的难易程度。提高可维护性是管理信息系统所有步骤的关键目的，系统是否能被很好地维护，可用系统的可维护性这一指标来衡量。

系统的可维护性的评价指标：可理解性、可测试性、可修改性。

文档是软件可维护性的决定因素。软件系统的文档可以分为用户文档和系统文档两类。用户文档主要描述系统的功能和使用方法，并不关心这些功能是怎样实现的；系统文档描述系统设计、实现和测试等各方面的内容。维护应该针对整个软件配置，不应该只修改源程序代码。

3. 系统维护的内容

系统维护主要包括硬件设备的维护、应用软件的维护和数据的维护。

（1）硬件维护

硬件的维护就由专职硬件维护人员负责。主要有两种类型的维护活动：一种是定期的设备保养性维护；另一种是突发性的故障维护。

（2）软件维护

软件维护主要是指根据需求变化或硬件环境的变化对应用程序进行部分或全部的修改。修改时应充分利用源程序，修改后要填写程序修改登记表，并在程序变更通知书上写明新旧程序的不同之处。

软件维护的内容一般有：正确性维护、适应性维护、完善性维护、预防性维护。

（3）数据维护

数据维护工作主要由数据库管理员来负责，主要负责数据库的安全性、完整性以及进行并发性控制。

数据维护中还有一项很重要的内容，那就是代码维护。不过代码维护发生的频率相对较小。代码的维护应由代码管理小组进行。

4. 系统维护的步骤

通常对系统的维护应执行以下步骤：

1）提出维护或修改要求。
2）领导审查并做出答复，如同意修改则列入维护计划。
3）领导分配任务，维护人员执行修改。
4）验收维护成果并登记修改信息。

在进行系统维护的过程中，还要注意维护的副作用。维护的副作用包括以下两个方面：

1）修改程序代码有时会发生灾难性的错误，造成原来运行比较正常的系统变得不能正常运行。为了避免这类错误，要在修改工作完成后进行测试，直至确认和复查无错为止。

2）修改数据库中的数据时，可能导致某些应用软件不再适应这些已经变化了的数据而产生错误。为了避免这类错误，一是要有严格的数据描述文件，即数据字典系统；二是要严格记录这些修改并进行修改后的测试工作。

3.2 真题精解

3.2.1 真题练习

1. 【2017 年上半年试题 28】用某高级程序设计语言编写的源程序通常被保存为_____。
   A. 位图文件　　　　B. 文本文件　　　　C. 二进制文件　　　　D. 动态链接库文件

2. 【2017 年上半年试题 29】将多个目标代码文件装配成一个可执行程序的程序称为_____。
   A. 编译器　　　　B. 解释器　　　　C. 汇编器　　　　D. 链接器

3. 【2017 年上半年试题 30】通用程序设计语言可用于编写多领域的程序，_____属于通用程序设计语言。
   A. HTML　　　　B. SQL　　　　C. Java　　　　D. Verilog

4. 【2017 年上半年试题 31】如果要使得用 C 语言编写的程序在计算机上运行，则对其源程序需要依次进行_____等阶段的处理。
   A. 预处理、汇编和编译　　　　　　B. 编译、链接和汇编
   C. 预处理、编译和链接　　　　　　D. 编译、预处理和链接

5. 【2017 年上半年试题 32】一个变量通常具有名字、地址、值、类型、生存期、作用域等属性，其中，变量地址也称为变量的左值（l-value），变量的值也称为其右值（r-value）。当以引用调用方式，实现函数调用时，_____。
   A. 将实参的右值传递给形参　　　　B. 将实参的左值传递给形参
   C. 将形参的右值传递给实参　　　　D. 将形参的左值传递给实参

6. 【2017 年上半年试题 33】表达式可采用后缀形式表示，例如，"$a+b$" 的后缀式为 "$ab+$"。那么，表达式 "$a*(b-c)+d$" 的后缀式表示为_____。
   A. $abc-*d+$　　　　B. $abcd*-+$　　　　C. $abcd-*+$　　　　D. $ab-c*d+$

7. 【2017 年上半年试题 34】对布尔表达式进行短路求值是指在确定表达式的值时，没有进行所有操作数的计算。对于布尔表达式 "$a\ or\ ((b>c)\ and\ d)$"，当_____时可进行短路计算。
   A. a 的值为 true　　　　　　　　B. d 的值为 true
   C. b 的值为 true　　　　　　　　D. c 的值为 true

8. 【2017 年上半年试题 35】在对高级语言编写的源程序进行编译时，可发现源程序中_____。
   A. 全部语法错误和全部语义错误　　B. 部分语法错误和全部语义错误
   C. 全部语法错误和部分语义错误　　D. 部分语法错误和部分运行错误

9. 【2017 年上半年试题 44，45】在面向对象的系统中，对象是运行时的基本实体，对象之间通过传递 (1) 进行通信。 (2) 是对对象的抽象，对象是其具体实例。

　　(1) A. 对象　　　　B. 封装　　　　C. 类　　　　　D. 消息

　　(2) A. 对象　　　　B. 封装　　　　C. 类　　　　　D. 消息

10. 【2017 年上半年试题 46，47】在 UML 中有 4 种事物：结构事物、行为事物、分组事物和注释事物。其中， (1) 事物表示 UML 模型中的名词，它们通常是模型的静态部分，描述概念或物理元素。以下 (2) 属于此类事物。

　　(1) A. 结构　　　　B. 行为　　　　C. 分组　　　　D. 注释

　　(2) A. 包　　　　　B. 状态机　　　C. 活动　　　　D. 构件

11. 【2017 年上半年试题 48】结构型设计模式涉及如何组合类和对象以获得更大的结构，分为结构型类模式和结构型对象模式。其中，结构型类模式采用继承机制来组合接口或实现，而结构型对象模式描述了如何对一些对象进行组合，从而实现新功能的一些方法。以下_____模式是结构型对象模式。

　　A. 中介者（Mediator）　　　　　　B. 构建器（Builder）

　　C. 解释器（Interpreter）　　　　　D. 组合（Composite）

12. 【2017 年上半年试题 49，50】某工厂业务处理系统的部分需求为：客户将订货信息填入订货单，销售部员工查询库存管理系统获得商品的库存，并检查订货单，如果订货单符合系统的要求，则将批准信息填入批准表，将发货信息填入发货单；如果不符合要求，则将拒绝信息填入拒绝表。对于检查订货单，需要根据客户的订货单金额（如大于或等于 5000 元，小于 5000 元）和客户目前的偿还款情况（如大于 60 天、小于或等于 60 天），采取不同的动作，如不批准、发出批准书、发出发货单和发催款通知书等。根据该需求绘制数据流图，则 (1) 表示为数据存储。使用 (2) 表达检查订货单的规则更合适。

　　(1) A. 客户　　　　B. 订货信息　　C. 订货单　　　D. 检查订货单

　　(2) A. 文字　　　　B. 图　　　　　C. 数学公式　　D. 决策表

13. 【2017 年上半年试题 51】某系统交付运行之后，发现无法处理 40 个汉字的地址信息，因此需对系统进行修改。此行为属于_____维护。

　　A. 改正性　　　　B. 适应性　　　　C. 完善性　　　　D. 预防性

14. 【2017 年上半年试题 52】某企业招聘系统中，对应聘人员进行了筛选，学历要求为本科、硕士或博士，专业为通信、电子或计算机，年龄不低于 26 岁且不高于 40 岁。_____不是一个好的测试用例集。

　　A. （本科，通信，26）、（硕士，电子，45）

　　B. （本科，生物，26）、（博士，计算机，20）

　　C. （高中，通信，26）、（本科，电子，45）

　　D. （本科，生物，24）、（硕士，数学，20）

15. 【2017 年上半年试题 53】以下各项中，_____不属于性能测试。

　　A. 用户并发测试　　　　　　B. 响应时间测试

　　C. 负载测试　　　　　　　　D. 兼容性测试

16. 【2017 年上半年试题 54】图标设计的准则不包括_____。

　　A. 准确表达响应的操作，让用户易于理解

B. 使用户易于区别不同的图标，易于选择

C. 力求精细、高光和完美质感，易于接近

D. 同一软件所用的图标应具有统一的风格

17.【2017年上半年试题55】程序员小张记录的以下心得体会中，不正确的是_____。

A. 努力做一名懂设计的程序员

B. 代码写得越急，程序错误越多

C. 不但要多练习，还要多感悟

D. 编程调试结束后应立即开始写设计文档

18.【2017年上半年试题56】云计算支持用户在任意位置、使用各种终端获取应用服务，所请求的资源来自云中不固定的提供者，应用运行的位置应对用户透明。云计算的这种特性就是_____。

A. 虚拟化　　　　B. 可扩展性　　　　C. 通用性　　　　D. 按需服务

19.【2017年下半年试题1】当一个企业的信息系统建成并正式投入运行后，该企业信息系统管理工作的主要任务是_____。

A. 对该系统进行运行管理和维护

B. 修改完善该系统的功能

C. 继续研制还没有完成的功能

D. 对该系统提出新的业务需求和功能需求

20.【2017年下半年试题2】通常企业在信息化建设时需要投入大量的资金，成本支出项目多且数额大。在企业信息化建设的成本支出项目中，系统切换费用属于_____。

A. 设施费　　B. 设备购置费　　C. 开发费用　　D. 系统运行维护费用

21.【2017年下半年试题46，47】UML中行为事物是模型中的动态部分，采用动词描述跨越时间和空间的行为。__(1)__属于行为事物，它描述了__(2)__。

（1）A. 包　　　　B. 状态机　　　　C. 注释　　　　D. 构件

（2）A. 在特定语境中共同完成一定任务的一组对象之间交换的消息组成

B. 计算机过程执行的步骤序列

C. 一个对象或一个交互在生命期内响应事件所经历的状态序列

D. 说明和标注模型的任何元素

22.【2017年下半年试题48】行为型设计模式描述类或对象如何交互和如何分配职责。以下_____模式是行为型设计模式。

A. 装饰器（Decorator）　　　　　B. 构建器（Builder）

C. 组合（Composite）　　　　　D. 解释器（Interpreter）

23.【2017年下半年试题49，50】在结构化分析方法中，用于对功能建模的__(1)__描述数据在系统中流动和处理的过程，它只反映系统必须完成的逻辑功能；用于行为建模的模型是__(2)__，它表达系统或对象的行为。

（1）A. 数据流图　　B. 实体-联系图　　C. 状态-迁移图　　D. 用例图

（2）A. 数据流图　　B. 实体-联系图　　C. 状态-迁移图　　D. 用例图

24.【2017年下半年试题51】若采用白盒测试法对下面流程图所示算法进行测试，且要满足语句覆盖，则至少需要__(1)__个测试用例，若表示输入和输出的测试用例格式为（A，B，X；X），

则满足语句覆盖的测试用例是 (2) 。

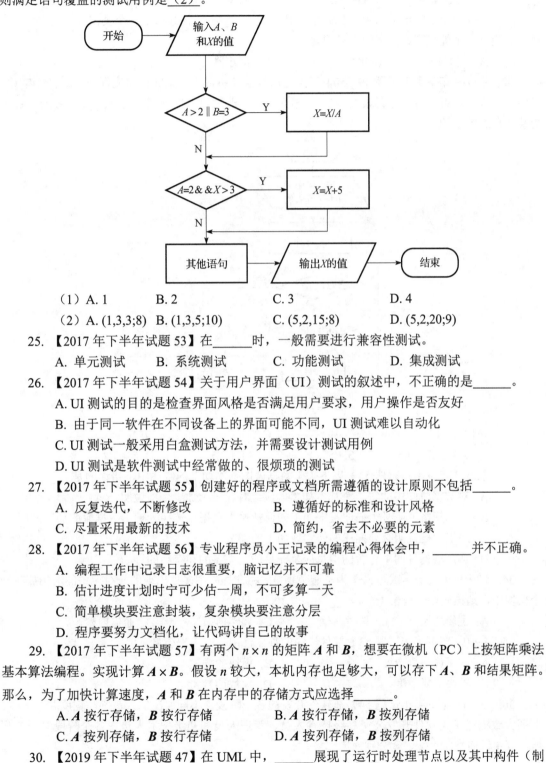

（1）A. 1　　　　　　B. 2　　　　　　　C. 3　　　　　　D. 4

（2）A. (1,3,3;8)　B. (1,3,5;10)　　　C. (5,2,15;8)　　　D. (5,2,20;9)

25. 【2017 年下半年试题 53】在_____时，一般需要进行兼容性测试。

A. 单元测试　　　　B. 系统测试　　　　C. 功能测试　　　　D. 集成测试

26. 【2017 年下半年试题 54】关于用户界面（UI）测试的叙述中，不正确的是_____。

A. UI 测试的目的是检查界面风格是否满足用户要求，用户操作是否友好

B. 由于同一软件在不同设备上的界面可能不同，UI 测试难以自动化

C. UI 测试一般采用白盒测试方法，并需要设计测试用例

D. UI 测试是软件测试中经常做的、很烦琐的测试

27. 【2017 年下半年试题 55】创建好的程序或文档所需遵循的设计原则不包括_____。

A. 反复迭代，不断修改　　　　　　　B. 遵循好的标准和设计风格

C. 尽量采用最新的技术　　　　　　　D. 简约，省去不必要的元素

28. 【2017 年下半年试题 56】专业程序员小王记录的编程心得体会中，_____并不正确。

A. 编程工作中记录日志很重要，脑记忆并不可靠

B. 估计进度计划时宁可少估一周，不可多算一天

C. 简单模块要注意封装，复杂模块要注意分层

D. 程序要努力文档化，让代码讲自己的故事

29. 【2017 年下半年试题 57】有两个 $n \times n$ 的矩阵 A 和 B，想要在微机（PC）上按矩阵乘法基本算法编程。实现计算 $A \times B$。假设 n 较大，本机内存也足够大，可以存下 A、B 和结果矩阵。那么，为了加快计算速度，A 和 B 在内存中的存储方式应选择_____。

A. A 按行存储，B 按行存储　　　　B. A 按行存储，B 按列存储

C. A 按列存储，B 按行存储　　　　D. A 按列存储，B 按列存储

30. 【2019 年下半年试题 47】在 UML 中，_____展现了运行时处理节点以及其中构件（制品）的配置，给出了体系结构的静态视图。

    A. 类图   B. 组件图   C. 包图   D. 部署图

31. 【2019 年下半年试题 48】创建型设计模式中，_____模式保证一个类仅仅创建出一个实例，并提供一个能够到此实例的全局访问点。

    A. 原型   B. 单例   C. 构建器   D. 工厂方法

32. 【2019 年下半年试题 49，50】下图是求数组 A 中最大元素的程序流程图，图中共有 (1) 条路径。假设数组 A 有 5 个元素（$n=5$），输入序列（即数组 A 的元素）为 (2) 时，执行过程不能覆盖所有的语句。

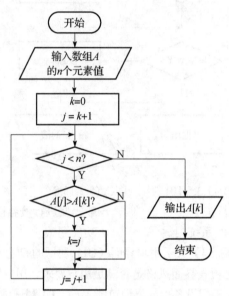

   （1）A. 1   B. 2   C. 3   D. 4

   （2）A. 1,2,3,4,5   B. 2,1,3,4,5   C. 3,1,4,2,5   D. 5,4,3,2,1

33. 【2019 年下半年试题 51】以下关于数据流图基本加工的叙述中，错误的是_____。

    A. 对数据流图中的每一个基本加工，应该对应一个加工规格说明

    B. 加工规格说明必须描述基本加工如何把输入数据流转换为输出数据流的加工规则

    C. 加工规格说明必须描述如何实现加工的细节

    D. 加工规格说明中包含的信息应是充足的、完备的和有用的

34. 【2019 年下半年试题 52】为了避免重复，将在程序中多处出现的一组无关的语句放在一个模块中，则该模块的内聚类型是_____。

    A. 逻辑内聚   B. 瞬时内聚   C. 偶然内聚   D. 通信内聚

35. 【2019 年下半年试题 53】软件模块的独立性由_____来衡量。

    A. 内聚度和耦合度   B. 模块的规模

    C. 模块的复杂度   D. 模块的数量

36. 【2019 年下半年试题 54】在软件开发的各个阶段，不同层次的人员参与程度并不一样。下图大致描述了某软件开发公司高级技术人员、管理人员和初级技术人员在各个阶段参与的程度，其中，曲线①、②、③分别对应_____。

    A. 高级技术人员、管理人员、初级技术人员

    B. 管理人员、高级技术人员、初级技术人员

C. 高级技术人员、初级技术人员、管理人员

D. 管理人员、初级技术人员、高级技术人员

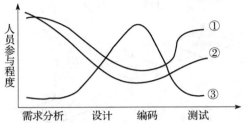

37. 【2019 年下半年试题 57】高并发是互联网分布式系统架构设计中必须考虑的因素之一。影响并发性能的因素不包括_____。

    A. 响应时间　　　　B. 吞吐量　　　　　C. 并发用户数　　　D. 注册用户总数

38. 【2020 年下半年试题 46】_____这两类事物之间存在一般和特殊的关系。

    A. 高铁与轮船　　　B. SARS 与新冠肺炎 C. 高铁与飞机　　　D. 肺炎与新冠肺炎

39. 【2020 年下半年试题 47，48】UML 中有 4 种事物：结构事物、行为事物、分组事物和注释事物。交互、状态机和活动属于__(1)__事物；一个依附于某一个元素或某一组元素且对它/它们进行约束或解释的简单符号属于__(2)__事物。

    （1）A. 结构　　　　B. 行为　　　　　C. 分组　　　　　D. 注释

    （2）A. 结构　　　　B. 行为　　　　　C. 分组　　　　　D. 注释

40. 【2020 年下半年试题 49】以下有关软件工程的叙述中，正确的是_____。

    A. 软件设计需要将软件需求规格说明书转换为软件源代码

    B. 为提高可交互性，应尽量减少用户操作需记忆的信息量

    C. 软件可重用性是指允许软件可以重复使用的次数或时间

    D. 软件开发过程模型是指软件的体系结构

41. 【2020 年下半年试题 50】软件开发中的增量模型具有 "_____" 的优点。

    A. 文档驱动　　　　　　　　　　　B. 关注开发新技术应用

    C. 开发早期反馈及时和易于维护　　D. 风险驱动

42. 【2020 年下半年试题 51】软件开发过程中，项目管理的目标不包括_____。

    A. 有效地控制产品的质量

    B. 保证项目按预定进度完成

    C. 合理利用各种资源，尽量减少浪费和闲置

    D. 提高软件开发团队各成员的水平

43. 【2020 年下半年试题 52】在白盒测试中，_____覆盖是指设计若干个测试用例，运行被测程序，使得程序中的每条语句至少执行一次。

    A. 语句　　　　　　B. 判定　　　　　　C. 条件　　　　　　D. 路径

44. 【2020 年下半年试题 53】判定覆盖法要求测试用例能使被测程序中每个判定表达式的每条分支都至少通过一次。若某程序的流程图如下图所示，则用判定覆盖法对该程序进行测试时，至少需要设计_____个测试用例。

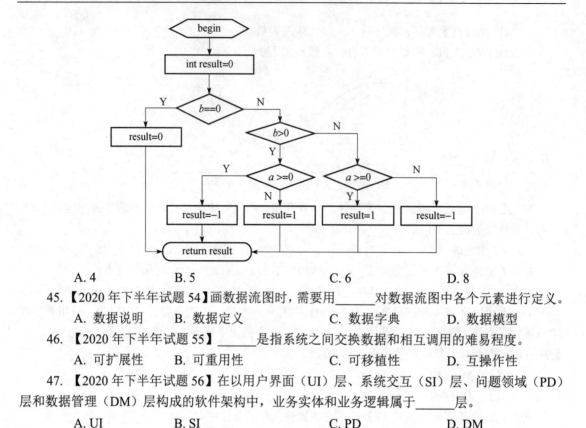

A. 4　　　　　　　　B. 5　　　　　　　　C. 6　　　　　　　　D. 8

45. 【2020 年下半年试题 54】画数据流图时，需要用_____对数据流图中各个元素进行定义。

A. 数据说明　　　B. 数据定义　　　　　C. 数据字典　　　　D. 数据模型

46. 【2020 年下半年试题 55】_____是指系统之间交换数据和相互调用的难易程度。

A. 可扩展性　　　B. 可重用性　　　　　C. 可移植性　　　　D. 互操作性

47. 【2020 年下半年试题 56】在以用户界面（UI）层、系统交互（SI）层、问题领域（PD）层和数据管理（DM）层构成的软件架构中，业务实体和业务逻辑属于_____层。

A. UI　　　　　　B. SI　　　　　　　　C. PD　　　　　　　D. DM

3.2.2　真题解析

1.【答案】B。

【解析】考查程序设计语言的基础知识。

源程序是指未经编译的、按照一定的程序设计语言规范书写的、人类可读的文本文件，通常由高级程序设计语言编写。源程序可以以书籍、磁带或者其他载体的形式出现，但最为常用的格式是文本文件，这种典型格式的目的是编译出计算机可执行的程序。将人类可读的程序代码文本翻译成计算机可以执行的二进制指令的过程叫作编译，由各种编译器来完成。一般用高级程序设计语言编写的程序称为源程序。

2.【答案】D。

【解析】考查程序设计语言的基础知识。

用高级程序设计语言编写的源程序不能在计算机上直接执行，需要进行解释或编译。将源程序编译后形成目标程序，再使用链接器链接上其他必要的目标程序后形成可执行程序。

3.【答案】C。

【解析】考查程序设计语言的基础知识。

汇编语言是与机器语言对应的程序设计语言，因此也是面向机器的语言。从适用范围而言，某些程序设计语言在较为广泛的应用领域被使用来编写软件，因此称为通用程序设计语言，常用的如 C/C++、Java 等。

关系数据库查询语言特指 SQL，用于存取数据以及查询、更新和管理关系数据库系统中的数据。函数式编程是一种编程范式，它将计算机中的运算视为函数的计算，函数式编程语言最重要的基础是 λ 演算（Lambda Calculus），它可以接收函数当作输入（参数）和输出（返回值）。

4.【答案】C。

【解析】考查 C 语言的基础知识。

C 语言是编译型程序设计语言，需要对其源程序进行预处理、编译和链接，最终生成可执行文件，将可执行文件加载至内存后方可执行。

5.【答案】B。

【解析】考查程序设计语言的基础知识。

首先了解一下函数调用时形参和实参的概念。

形参：全称为"形式参数"，是在定义函数名和函数体的时候使用的参数，目的是接收调用该函数时传入的参数。

实参：全称为"实际参数"，是在调用时传递给该函数的参数。函数调用时基本的参数传递方式有传值与传址两种。在传值方式下将实参的值传递给形参，因此实参可以是表达式（或常量），也可以是变量（或数组元素），这种信息传递是单方向的，形参不能再将值传回给实参。

在传址方式下，需要将实参的地址传递给形参，因此，实参必须是变量（或数组元素），不能是表达式（或常量）。这种方式下，被调用函数中对形式参数的修改实际上就是对实际参数的修改，因此客观上可以实现数据的双向传递。题干涉及的引用调用就是将实参的地址传递给形参的一种函数调用形式。

6.【答案】A。

【解析】考查程序设计语言的基础知识。

后缀形式表达式中是不包括括号的，运算符放在两个运算对象的后面，所有的计算按运算符出现的顺序，严格地从左向右进行。本题的转换，我们可以先看运算顺序，首先为 $b-c$，表示为 $bc-$，然后是 $a*(b-c)$，表示为 $abc-*$，最后 $a*(b-c)+d$ 表示为 $abc-*d+$。

7.【答案】A。

【解析】考查程序设计语言的基础知识。

对于布尔表达式 "a or $((b>c)$ and $d)$"，如果 a 的值为 true（真），即可确定该表达式的值为 true，不需要再去计算 "$((b>c)$ and $d)$" 的值，因此可以进行短路计算。

8.【答案】C。

【解析】考查程序设计语言的基础知识。

高级语言源程序中的错误分为两类：语法错误和语义错误。其中语义错误又可分为静态语义错误和动态语义错误。语法错误是指语言结构上的错误，静态语义错误是指编译时就能发现的程序含义上的错误，动态语义错误只有在程序运行时才能表现出来。

9.【答案】（1）D；（2）C。

【解析】考查面向对象分析与设计方面的基础知识。

面向对象方法以客观世界的对象为中心，采用符合人们思维方式的分析和设计思想，分析和设计的结果与客观世界的实际情况接近。在面向对象的系统中，对象是基本的运行时实例，它既包括数据（属性），也包括数据的操作（行为）。对象之间进行通信的一种构造叫作消息。封装是一种信息隐蔽技术，其目的是使对象的使用者和生产者分离，使对象的定义和实现分开。一个类定义了一组大体上相似的对象，类所包含的方法和数据描述了这组对象的共同行为和属性。类是对象之上的抽象，对象是类的具体化，是类的实例。

10.【答案】（1）A；（2）D。

【解析】考查统一建模语言（UML）的基础知识。

UML 有 3 种基本的构造块，分别是事物（元素）、关系和图。事物是 UML 中重要的组成部分。关系把事物紧密联系在一起。图是很多有相互关系的事物的组。

UML 中的事物也称为建模元素，包括结构事物、行为事物、分组事物和注释事物。这些事物是 UML 模型中最基本的面向对象的构造块。

结构事物在模型中属于最静态的部分，代表概念上或物理上的元素。

总共有 7 种结构事物：

第 1 种是类，类是描述具有相同属性、方法、关系和语义的对象的集合。

第 2 种是接口，接口是指类或组件提供的具有特定服务的一组操作的集合。

第 3 种是协作，协作定义了交互的操作，是一些角色和其他元素一起工作，提供一些合作的动作，这些动作比元素的总和要大。

第 4 种是用例，用例描述一系列的动作，这些动作是系统执行一个特定角色，并产生值得注意的结果的值。

第 5 种是活动类，活动类的对象有一个或多个进程或线程。

第 6 种是构件，构件是物理上可替换的系统部分，它实现了一个接口集合。在一个系统中，可能会遇到不同种类的构件，如 DCOM 或 EJB。

第 7 种是节点，节点是一个物理元素，它在运行时存在，代表一个可计算的资源，通常占用一些内存并具有处理能力。

11.【答案】D。

【解析】考查设计模式的基本概念。

结构型模式用于描述如何将类对象结合在一起，形成一个更大的结构。结构型模式描述两种不同的东西：类与类的实例。故可以将结构型模式分为类结构模式和对象结构模式。

在 GoF 设计模式中，结构型模式有：① 适配器（Adapter）；② 桥接（Bridge）；③ 组合（Composite）；④ 装饰器（Decorator）；⑤ 外观（Facade）；⑥ 享元（Flyweight）；⑦ 代理（Proxy）。

12.【答案】（1）C；（2）D。

【解析】考查结构化分析的基础知识。

数据存储表示暂时存储的数据。每个数据存储都有一个名字。对于一些在以后某个时间要使用的数据，可以组织成为一个数据存储来表示。题中客户和销售员工是外部实体，订货信息是数据流，检查订货单是加工，订货单是数据存储。

检查订货单加工具有多个不同的条件判断和多种行为，因此用决策表或决策树最为合适。

13.【答案】A。

【解析】考查软件维护的基础知识。

软件交付用户使用后，进入了软件维护阶段。

软件维护有四种类型：正确性维护（改正性维护），是指改正在系统开发阶段已发生而系统测试阶段尚未发现的错误；适应性维护，使应用软件适应信息技术变化和管理需求变化而进行的修改；完善性维护，为扩展功能和改善性能而进行的修改；预防性维护，改变系统的某些方面，以预防失效的发生。

由于系统测试不可能揭露系统存在的所有错误，因此系统投入运行后在频繁的实际应用过程中，就有可能暴露出系统内隐藏的错误。

14.【答案】D。

【解析】考查软件测试的相关知识。

测试用例设计是软件测试的一个重要内容，不同的软件测试用例应该能执行不同的软件路径并发现不同的软件错误。

选项 D 中，只能够对学历进行测试，而对于年龄和专业则不能很好地测试。

15.【答案】D。

【解析】考查软件工程的基础知识。

兼容测试：主要是检查软件在不同的软/硬件平台上是否可以正常地运行，即软件可移植性。

兼容的类型：细分为平台兼容、网络兼容、数据库兼容，以及数据格式兼容。

兼容测试的重点：对兼容环境的分析。通常，在运行软件的环境不是很确定的情况下，才需要做兼容测试。

兼容是同样的产品在其他平台上运行的可行性，这不属于产品本身的性能。

16.【答案】C。

【解析】考查软件工程的基础知识。

图标的设计应简单、清晰、易于理解、易于区别，可以类似于实物，但完全没有必要具有精细、高光和完美的质感（存储量过大，过于复杂），但同一软件所用的图标应具有统一风格。

图标设计的准则有：

1）定义准确形象：图标也是一种交互模块，只不过通常是以分隔突出界面和互动的形式来呈现的。

2）表达符合的行为习惯：在表达定义的时候，首页要符合一般使用的行为习惯。

3）风格表现统一：风格是一种具备独有特点的形态，具备差异化的思路和个性。

4）使用配色的协调：给图标添加颜色是解决视觉冲击力的一种表现手段。

17.【答案】D。

【解析】考查软件工程的基础知识。

计算机程序解决问题的过程：需求→需求分析→总体设计→详细设计→编码→单元测试→集成测试→试运行→验收。

程序设计文档应在程序设计之初，而不是在代码调试结束之后开始编写，并在程序设计、编写代码和调试过程中不断修改，补充完善。

18.【答案】A。

【解析】考查软件工程的基础知识。

云计算的特性包括虚拟化、可扩展性、通用性和按需服务等。

虚拟化指的是用户所需的资源和调用方式对用户透明，向用户提供方便、灵活的服务。

云计算支持用户在任意位置、使用各种终端获取应用服务。所请求的资源来自云，而不是固定的有形的实体。应用在云中某处运行，但用户无须了解也不用担心应用运行的具体位置，只需要一台笔记本计算机或者一个手机，就可以通过网络服务来实现我们需要的一切，甚至包括超级计算这样的任务。

19.【答案】A。

【解析】考查系统运行和维护的基础知识。

系统已经投入运行，则主要的工作是系统运行和维护。

20.【答案】D。

【解析】考查系统运行和维护的基础知识。

信息化建设过程中，随着技术的发展，原有的信息系统不断被功能更强大的新系统取代，所以需要系统转换。系统转换也就是系统切换与运行，是指以新系统替换旧系统的过程。系统成本分为固定成本和运行成本。其中设备购置费用、设施费用、软件开发费用属于固定成本，为购置长期使用的资产而发生的成本。而系统切换费用属于系统运行维护费用。

21.【答案】（1）B；（2）C。

【解析】考查统一建模语言的基础知识。

可视化统一建模语言 UML 由三个要素构成：UML 的基本构造块、支配这些构造块如何放置在一起的规则、用于整个语言的公共机制。UML 的词汇表包含三种构造块：对模型中最具有代表性成分抽象的事物、把事物结合在一起的关系和聚集了相关事物的图。

事物分为结构事物、行为事物、分组事物和注释事物。结构事物通常是模型的静态部分，是 UML 模型中的名词，描述概念或物理元素，包括类、接口、协作、用例、活动类、构件和节点。行为事物是模型中的动态部分，描述了跨越时间和空间的行为，包括交互和状态机。其中，交互由在特定语境中共同完成一定任务的一组对象之间交换的消息组成，描述一个对象群体的行为或单个操作的行为；状态机描述了一个对象或一个交互在生命期内响应事件所经历的状态序列。分组事物是一些由模型分解而成的组织部分，最主要的是包。注释事物用来描述、说明和标注模型的任何元素，主要是注解。

22.【答案】D。

【解析】考查设计模式的基本概念。

A、C 为结构型，B 为创建型。在面向对象系统设计中，每一个设计模式都集中于一个特定的面向对象设计问题或设计要点，描述了什么时候使用它、在另一些设计约束条件下是否还能使用，以及使用的效果和如何取舍。按照设计模式的目的可以分为创建型模式、结构型模式和行为型模式 3 大类。创建型模式与对象的创建有关；结构型模式处理类或对象的组合，涉及如何组合类和对象以获得更大的结构；行为型模式对类或对象怎样交互和怎样分配职责进行描述。创建型模式包括工厂方法（Factory Method）、抽象工厂（Abstract Factory）、构建器（Builder）、原型（Prototype）和单例（Singleton）；结构型模式包括适配器（Adapter）、桥接（Bridge）、组合（Composite）、装饰器（Decorator）、外观（Facade）、享元（Flyweight）和代理（Proxy）；行为型模式包括解释器（Interpreter）、模板方法（Template Method）、职责链（Chain of Responsibility）、命令（Command）、迭代器（Iterator）、中介者（Mediator）、备忘录（Memento）、观察者（Observer）、状态（State）、策略（Strategy）和访问者（Visitor）。

23.【答案】（1）A；（2）C。

【解析】考查结构化分析的基础知识。

数据流图是用图形的方式从数据加工的角度来描述数据在系统中流动和处理的过程，只反映系统必须完成的功能，是一种功能模型。

在结构化分析方法中用状态-迁移图来表达系统或对象的行为。

24.【答案】（1）A；（2）D。

【解析】考查软件测试的基础知识。

白盒测试方法：

1）语句覆盖。被测程序的每个语句至少执行一次，是一种很弱的覆盖标准。

2）判定覆盖。也称为分支覆盖，判定表达式至少获得一次真、假值。判定覆盖比语句覆盖强。

3）条件覆盖。每个逻辑条件的各种可能的值都满足一次。

4）路径覆盖。覆盖所有可能的路径。

5）判定/条件覆盖。每个条件所有可能的值（真/假）至少出现一次。

6）条件组合覆盖。每个条件的各种可能值的组合都至少出现一次。此处只需要一个测试用例就可以完成所有的语句覆盖。

25.【答案】B。

【解析】考查软件工程测试方面的基础知识。

软件兼容性测试是指检查软件之间能否正确地进行交互和共享信息。目标是保证软件按照用户期望的方式进行交互。根据软件需求规范的要求进行系统测试，确认系统满足需求的要求，系统测试人员相当于用户代言人，在需求分析阶段要确定软件的可测性，保证有效完成系统测试工作。系统测试主要内容有：① 所有功能需求得到满足；② 所有性能需求得到满足；③ 其他需求（如安全性、容错性、兼容性等）得到满足。

26.【答案】C。

【解析】考查软件工程用户界面方面的基础知识。

用户界面测试包括测试用户界面的功能模块的布局是否合理，整体风格是否一致，各个控件的放置位置是否符合客户使用习惯，操作是否便捷，导航是否简单易懂，界面中文字是否正确，命名是否统一，页面是否美观，文字、图片组合是否完美，等等。

用户界面测试通常不需要测试实例，也不需要了解程序内部处理方法，属于黑盒测试。

27.【答案】C。

【解析】考查软件工程的基础知识。

最新的技术很可能不够完善，或者容易被市场淘汰，一般不采用。

28.【答案】B。

【解析】考查软件工程的基础知识。

项目进度计划是在拟订年度或实施阶段完成投资的基础上，根据相应的工程量和工期要求，针对各项工作的起止时间和相互衔接协调关系所拟订的计划，同时对完成各项工作所需的时间、劳力、材料、设备的供应做出具体安排，最后制订出项目的进度计划。而且，预估时要保证在预定时间内可以完成任务。

29.【答案】B。

【解析】考查软件工程算法设计方面的基础知识。

矩阵相乘最重要的方法是一般矩阵乘积。它只有在第一个矩阵的列数（column）和第二个矩阵的行数（row）相同时才有意义。当矩阵 A 的列数等于矩阵 B 的行数时，A 与 B 可以相乘。乘积 C 的第 m 行第 n 列的元素等于矩阵 A 的第 m 行的元素与矩阵 B 的第 n 列元素的乘积之和。

30.【答案】D。

【解析】考查统一建模语言（UML）的基础知识。

UML 图，包括用例图、协作图、活动图、序列图、部署图、组件图、类图、状态图，是模型中信息的图形表达方式，可以从不同角度对系统进行可视化。UML 中的图可以归为两大类：静态视图和动态视图。类图、组件图、包图和部署图都是展示系统静态结构的视图。类图中包含类、接口、协作和它们之间的依赖、泛化和关联等关系，常用于对系统的词汇进行建模。组件图专注于系统静态实现视图，描述代码构件的物理结构以及各种构件之间的依赖关系。包图用于把模型本身组织成层次结构，描述类或其他 UML 构件如何组织成包及其之间的依赖关系。部署图给出了体系结构的静态实施视图，展示运行时的处理节点以及其中构件的配置，用于表示一组物理节点的集合及节点间的相互关系，从而建立了系统物理层面的模型。

31.【答案】B。

【解析】考查面向对象基础知识中设计模式的基本概念。

设计模式描述了在人们周围不断重复发生的问题，以及该问题的解决方案的核心。在面向对象系统设计中，每一个设计模式都集中于一个特定的面向对象设计问题或设计要点，描述了什么时候使用它、在另一些设计约束条件下是否还能使用，以及使用的效果和如何取舍。按照设计模式的目的可以分为创建型模式、结构型模式和行为型模式三大类。创建型模式有以下几种：

1）工厂方法（Factory Method）定义一个用于创建对象的接口，让子类决定实例化哪一个类。工厂方法使一个类的实例化延迟到其子类。

2）抽象工厂（Abstract Factory）提供一个创建一系列相关或相互依赖对象的接口，而无须指定它们具体的类。

3）构建器（Builder）将一个复杂对象的构建与它的表示分离，使得同样的构建过程可以创建不同的表示。

4）原型（Prototype）用原型实例指定创建对象的种类，并且通过复制这些原型创建新的对象。

5）单例（Singleton）保证一个类仅有一个实例，并提供一个访问它的全局访问点。

32.【答案】（1）C；（2）D。

【解析】考查软件工程中软件测试的基础知识。

本题的流程图中包含 3 条路径（循环的只计算 1 次），分别对应 Y→N，Y→Y→N，Y→N→N，因此第一空选择 C。而第二空的前 3 个选项的测试用例都有 $A[j]>A[k]$ 的情况，此时，第二个判断为 Y，会执行语句 $k=j$，覆盖所有的语句，而选项 D 给出的测试用例的第二个判断均为 N，不会执行 $k=j$ 这条语句。

33.【答案】C。

【解析】考查软件工程结构化分析的基础知识。

数据流图是结构化分析的核心模型，描述数据在系统中如何被传送或变换，以及描述如何对数据流进行变换的功能（子功能），用于功能建模。进行软件系统开发时，一般会建立分层的数据流图，不断细化对系统需求的理解。数据流图的基本要素包括外部实体、加工、数据流和数据存储。通过对加工的分解得到分级式数据流图，直到加工变成基本加工。此时应该对每个基本加工提供一个加工规格说明，描述基本加工如何把输入数据流转换为输出数据流的加工规则。在说明中，信息应是充足的、完备的和有用的。但是加工规格说明不是算法实现，因此不需要描述如何实现加工的细节。

34. 【答案】C。

【解析】考查软件设计的基础知识。

模块独立是软件设计时要考虑的重要方面，指每个模块完成一个相对独立的特定子功能，并且与其他模块之间的联系要简单。衡量模块独立程度的标准有两个：耦合性和内聚性。其中内聚性是一个模块内部各个元素彼此结合的紧密程度的度量，有多种类型：

1）功能内聚：最强的内聚，完成一个单一功能，各个部分协同工作，缺一不可。

2）顺序内聚：各个处理元素都与同一功能密切相关且必须按顺序执行，前一个功能元素的输出就是下一个功能元素的输入。

3）通信内聚：所有处理元素集中在一个数据结构的区域上，或者各处理使用相同的输入数据或产生相同的输出数据。

4）过程内聚：模块内部的处理成分是相关的，而且这些处理必须以特定的次序执行。

5）瞬时内聚（时间内聚）：把需要同时执行的动作组合在一起形成的模块。

6）逻辑内聚：模块内执行若干个逻辑上相似的功能，通过参数确定该模块完成哪一个功能。

7）偶然内聚（巧合内聚）：模块内的各处理元素之间没有任何联系，可能因为某种原因，将在程序中多处出现的一组无关的语句放在一个模块中。

35. 【答案】A。

【解析】考查软件工程的基础知识。

模块独立是软件设计时要考虑的重要方面，指每个模块完成一个相对独立的特定子功能，并且与其他模块之间的联系要简单。衡量模块独立程度的标准有两个：耦合度和内聚度。其中内聚是一个模块内部各个元素彼此结合的紧密程度的度量，耦合度衡量不同模块彼此间互相依赖（连接）的紧密程度。

36. 【答案】A。

【解析】考查软件工程的基础知识。

图中的曲线表示总体来说各类人员参与程度的概况，当某个阶段人员参与度高的时候，对应的 Y 值越大。软件开发的最初阶段是管理人员接到项目，然后着手安排人员等，随即高级技术人员参与需求分析和总体设计，在详细设计阶段初级技术人员才逐步参与。编码阶段工作量最大的是程序员（初级技术人员），但需要得到高级技术人员的指导和把控。测试阶段初期（单元测试）也是以程序员为主，系统测试后则以高级技术人员为主。测试过程中还可能出现反复。整个过程中管理人员需要控制进度、质量、资源的分配使用等，在编码阶段管理人员参与度最低。

37. 【答案】D。

【解析】考查软件工程的基础知识。

注册用户总数再多，如果同时使用的并发用户数不多，就不会造成高并发。

38. 【答案】D。

【解析】考查面向对象 UML 的基础知识。

在采用面向对象技术开发的系统中，有些类之间存在一般和特殊的关系，一些类是某个类的特殊情况，某个类是一些类的一般情况，即特殊类是一般类的子类，一般类是特殊类的父类。例如，"汽车"类、"火车"类、"轮船"类、"飞机"类都是一种"交通工具"类。同样，"汽车"类还可以有更特殊的子类，如"轿车"类、"卡车"类等；"火车"按速度有更特殊的子类"特快""直达列车""动车""高铁"等。"SARS"和"新冠肺炎"都是冠状病毒感染，相互之间不具有特殊与一般关系；"新冠肺炎"是病毒感染所致"肺炎"，在这种关系下形成一种一般和特殊的关系。

39. 【答案】（1）B；（2）D。

【解析】考查统一建模语言（UML）的基本知识。

UML 是一种面向对象软件的标准化建模语言，由 3 个要素构成：UML 基本构造块、支配这些构造块如何放置在一起的规则和运用于整个语言的一些公共机制。3 种构造块为：事物、关系和图。其中，事物包括结构事物、行为事物、分组事物和注释事物 4 种。结构事物是 UML 模型中的名词，通常是模型的静态部分，描述事物或物理元素，主要包括类、接口、协作等。行为事物是 UML 模型的动态部分，是模型中的动词，描述了跨越时间和空间的行为，主要包括交互、状态机和活动。分组事物是 UML 模型的组织部分，由模型分解成的"盒子"，把元素组织成组的机制，主要包括包。注释事物是 UML 模型的解释部分，用来描述、说明和标注模型的任何元素，主要包括注解，即依附于一个元素或者一组元素之上进行约束或解释的简单符号。

40. 【答案】B。

【解析】考查软件工程的基础知识。

软件设计是从软件需求规格说明书出发，根据需求分析阶段确定的功能设计软件系统的整体结构、划分功能模块、确定每个模块的实现算法，形成软件的具体设计方案。软件实现阶段才将软件设计具体方案转换成源代码。为提高可交互性，方便用户使用，应尽量减少用户操作需记忆的信息量。可重用性（Reusability）是指在其他应用中该程序可以被再次使用的程度（或范围）。软件开发过程模型是软件开发全部过程、活动和任务的结构框架。它能直观表达软件开发全过程，明确规定要完成的主要活动、任务和开发策略。

41. 【答案】C。

【解析】考查软件工程的基础知识。

增量模型强调对每一个增量均发布一个可操作的产品，这有利于发现问题和修改。以文档为驱动是瀑布模型，以风险为驱动是螺旋模型。

42. 【答案】D。

【解析】考查软件工程项目管理及质量保证的基础知识。

提高开发团队成员的水平主要靠学习、交流和实践经验积累，不是项目管理的目标。

43. 【答案】A。

【解析】考查软件工程软件测试的基础知识。

对程序模块进行白盒测试时，语句覆盖是指设计若干个测试用例，运行被测程序，使得程序中的每条语句至少执行一次。

44. 【答案】B。

【解析】考查软件工程测试用例的基础知识。

本题给出的流程图中，从 begin 到 return result 有 5 条路使所有的判定分支都至少通过一次：

① $b=0$；② b 为正数，a 为非负数；③ b 为正数，a 为负数；④ b 为非正数，a 为非负数；⑤ b 为非正数，a 为负数。而且，用例不能再少了。

45.【答案】C。

【解析】考查软件工程中软件需求分析的基础知识。

信息系统设计过程中需要画数据流图，其中包括四类元素——外部实体、输入流、处理加工和输出流，还需要用数据字典来定义各个元素及其内含的诸多参数。

46.【答案】D。

【解析】考查软件工程中软件设计的基础知识。

软件系统的诸多质量特性中，互操作性是指系统之间交换数据和相互调用的难易程度。

47.【答案】C。

【解析】考查软件工程的基础知识。

业务实体和业务逻辑属于企业需要解决的实际问题的领域。

3.3　难点精练

本节针对重难知识点模拟练习并讲解，强化重难知识点及题型。

3.3.1　重难点练习

1. 可行性分析的目的是在尽可能短的时间内用尽可能小的代价来确定问题是否有解。不属于可行性分析阶段进行的工作是 (1) 。可行性分析不包括对待开发软件进行 (2) 分析。

（1）A. 研究目前正在使用的系统
B. 根据待开发系统的要求导出新系统的逻辑模型
C. 提供几个可供选择的方案
D. 编制项目开发计划

（2）A. 技术可行性　　　　　　　　B. 经济可行性
C. 操作可行性　　　　　　　　D. 组织可行性

2. 在一列常见的软件开发模型中，主要用于描述面向对象的开发过程的是_____。
A. 瀑布模型　　　　　　　　B. 演化模型
C. 螺旋模型　　　　　　　　D. 喷泉模型

3. 下列说法中不正确的是_____。
A. 需求分析阶段产生的文档为需求规格说明书
B. 软件设计阶段产生的文档有程序清单
C. 软件测试阶段产生的文档有软件测试计划和软件测试报告
D. 软件维护阶段产生的文档有维护报告

4. 不会对耦合强弱造成影响的是_____。
A. 模块间接口的复杂程度　　　　B. 调用模块的方式
C. 通过接口的信息　　　　　　　D. 模块内部各个元素彼此之间的紧密结合程度

5. 使用白盒测试方法时，确定测试数据应根据_____和指定的覆盖标准。

    A. 程序内部逻辑   B. 程序的复杂结构

    C. 使用说明书   D. 程序的功能

6. 以下关于测试和调试说法中不正确的是_____。

    A. 测试是发现程序中错误的过程，调试是改正错误的过程

    B. 测试是程序开发过程中的必然阶段，调试是程序开发过程中可能发生的过程

    C. 调试一般由开发人员担任

    D. 调试和测试一般都由开发人员担任

7. 软件工程方法学的目的是使软件生产规范化和工程化，而软件工程方法得以实施的主要保证是_____。

    A. 硬件环境   B. 开发人员的素质

    C. 软件开发工具和软件开发的环境   D. 软件开发的环境

8. 从结构化的瀑布模型看，在软件生存周期中的几个阶段中，_____出错对软件的影响最大。

    A. 详细设计阶段   B. 概要设计阶段   C. 需求分析阶段   D. 测试和运行阶段

9. 检查软件产品是否符合需求定义的过程称为_____。

    A. 集成测试   B. 确认测试   C. 验证测试   D. 验收测试

10. 在软件的可行性研究中，可以从不同的角度进行研究，其中从软件的功能可行性角度考虑的是_____。

    A. 经济可行性   B. 技术可行性

    C. 操作可行性   D. 法律可行性

11. 做系统测试的目的是_____。

    A. 主要测试系统运行的效率   B. 主要测试系统是否满足要求

    C. 发现软件存在的错误   D. 双向同时通信

12. 软件工程学的目的应该是最终解决软件生产的_____问题。

    A. 提高软件的开发效率   B. 使软件生产工程化

    C. 消除软件的生产危机   D. 加强软件的质量保证

13. 支持设计、实现或测试特定的软件开发阶段的 CASE 工作台是一组_____。

    A. 工具集   B. 软件包   C. 平台集   D. 程序包

14. 准确地解决"软件系统必须做什么"是_____阶段的任务。

    A. 可行性研究   B. 详细设计   C. 需求分析   D. 编码

15. 所有的对象属于某对象类，每个对象类都定义了一组_____。

    A. 说明   B. 方法   C. 过程   D. 类型

16. 一个面向对象系统的体系结构通过它的成分对象和对象间的关系确定，与传统的面向数据流的结构化开发方法相比，它具有_____的优点。

    A. 设计稳定   B. 变换分析   C. 事务分析   D. 模块独立性

17. 瀑布模型中软件生存周期划分为 8 个阶段：问题的定义、可行性研究、软件需求分析、系统总体设计、详细设计、编码、测试和运行、维护。8 个阶段又可归纳为 3 个大的阶段：计划阶段、开发阶段和_____。

    A. 运行阶段   B. 可行性设计

　　C. 详细设计　　　　　　　　　　D. 测试与排错

18. 软件设计中划分模块的一个准则是 (1) 。两个模块之间的耦合方式中, (2) 耦合的耦合度最高, (3) 耦合的耦合度最低。一个模块内部的聚敛种类中, (4) 内聚的内聚度最高, (5) 内聚的内聚度最低。

　　(1) A. 低内聚低耦合　B. 低内聚高耦合　C. 高内聚低耦合　D. 高内聚高耦合
　　(2) A. 数据　　　　　B. 非直接　　　　C. 控制　　　　　D. 内容
　　(3) A. 数据　　　　　B. 非直接　　　　C. 控制　　　　　D. 内容
　　(4) A. 偶然　　　　　B. 逻辑　　　　　C. 功能　　　　　D. 过程
　　(5) A. 偶然　　　　　B. 逻辑　　　　　C. 功能　　　　　D. 过程

19. 以下说法错误的是_____。
　　A. 多态性防止了程序相互依赖性而带来变动影响
　　B. 多态性与继承性相结合使软件具有更广泛的重用性和可扩充性
　　C. 封装性是保证软件部件具有优良的模块的基础
　　D. 多态性是指相同的操作或函数、过程可作用于多种类型的对象上并获得不同结果

20. 软件部分的内部实现与外部可访问性分离, 这是指软件的_____。
　　A. 继承性　　　　　B. 共享性　　　　C. 封装性　　　　D. 抽象性

21. _____模型表示了对象的相互行为。
　　A. 对象　　　　　　B. 动态　　　　　C. 功能　　　　　D. 分析

22. UML 是一种面向对象的统一建模语言。它包括 10 种图, 其中, 用例图展示了外部 ACTOR 与系统所提供的用例之间的连接, UML 中的外部 ACTOR 是指 (1) 。状态图指明了对象所有可能的状态以及状态间的迁移。如果一个并发的状态由 N 个并发的子状态图组成, 那么, 该并发状态在某时刻的状态由 (2) 个子状态图中各取一个状态组合而成。协作图描述的是 (3) 之间的交互和链接。

　　(1) A. 人员　　　　　B. 单位　　　　　C. 人员或单位　　D. 人员或外部系统
　　(2) A. 每一　　　　　B. 任意一　　　　C. 任意二　　　　D. 任意 M（$M \leqslant N$）
　　(3) A. 对象　　　　　B. 类　　　　　　C. 用例　　　　　D. 状态

23. (1) 是面向对象程序设计语言不同于其他程序设计语言的主要特点。是否建立了丰富的 (2) 是衡量一个面向对象程序设计语言成熟与否的重要标志。 (3) 是在类及子类之间自动地共享数据和方法的一种机制。

　　(1) A. 继承性　　　　　B. 消息传递　　　C. 多态性　　　　D. 静态联编
　　(2) A. 函数库　　　　　B. 类库　　　　　C. 类型库　　　　D. 方法库
　　(3) A. 调用　　　　　　B. 引用　　　　　C. 消息传递　　　D. 继承

24. 白盒测试方法一般适合用于_____测试。
　　A. 单元　　　　　　B. 系统　　　　　C. 集成　　　　　D. 确认

25. 瀑布模型（Waterfall Model）突出的缺点是不适应_____的变动。
　　A. 算法　　　　　　B. 平台　　　　　C. 程序语言　　　D. 用户需求

26. 软件从一个计算机系统转换到另一个计算机系统运行的难易程度是指软件的 (1) 。在规定的条件下和规定的时间间隔内, 软件实现其规定功能的概率称为 (2) 。

　　(1) A. 兼容性　　　　　B. 可移植性　　　C. 可转换性　　　D. 可接近性

（2）A. 可使用性 　　 B. 可接近性 　　 C. 可靠性 　　 D. 稳定性

27. Jackson 设计方法是由英国的 M. Jackson 提出的，它是一种面向_____的软件设计方法。

    A. 对象 　　 B. 数据流 　　 C. 数据结构 　　 D. 控制结构

28. 采用面向对象技术开发的应用系统的特点是_____。

    A. 重用性更强 　　 B. 运行速度更快 　　 C. 占用存储量小 　　 D. 维护更复杂

29. 模块的控制范围包括它本身及它所有的从属模块，模块的作用范围是指模块内一个判定的作用范围，凡是受到这个判定影响的所有模块都属于这个判定的作用范围，理想的情况是_____。

    A. 模块的作用范围应在控制范围之内

    B. 模块的控制范围应在作用范围之内

    C. 模块的作用范围与控制范围交叉

    D. 模块的作用范围与控制范围分离

30. 关于模块设计的原则，以下叙述中正确的是_____。

    A. 模块的内聚性高，模块之间的耦合度高

    B. 模块的内聚性高，模块之间的耦合度低

    C. 模块的内聚性低，模块之间的耦合度高

    D. 模块的内聚性低，模块之间的耦合度低

31. 软件的用户界面作为人机接口起着越来越重要的作用，用户界面的_____是用户界面设计中最重要的也是最基本的目标。

    A. 灵活性 　　 B. 风格多样性 　　 C. 美观性 　　 D. 可使用性

32. 软件测试的目的是 （1） 。在进行单元测试时，常用的方法是 （2） 。

    （1）A. 证明软件系统中存在错误

        B. 找出软件系统中存在的所有错误

        C. 尽可能多地发现软件系统中的错误和缺陷

        D. 证明软件的正确性

    （2）A. 采用白盒测试，辅之以黑盒测试

        B. 采用黑盒测试，辅之以白盒测试

        C. 只使用白盒测试

        D. 只使用黑盒测试

33. 原型化方法是一种动态定义需求的方法，_____不具有原型化方法的特征。

    A. 简化项目管理 　　　　　　　　　 B. 尽快建立初步需求

    C. 加强用户参与和决策 　　　　　　 D. 提供严格定义的文档

34. 面向对象程序设计以 （1） 为基本的逻辑构件，用 （2） 来描述具有共同特征的一组对象；以 （3） 为共享机制，共享类中的方法和数据。

    （1）A. 模块 　　 B. 对象 　　 C. 结构 　　 D. 类

    （2）A. 类型 　　 B. 抽象 　　 C. 类 　　 D. 数组

    （3）A. 引用 　　 B. 数据成员 　　 C. 成员函数 　　 D. 继承

35. 软件的复杂性与许多因素有关，_____不属于软件的复杂性参数。

    A. 源程序的代码行数 　　　　　　　 B. 程序的结构

    C. 算法的难易程度 　　　　　　　　 D. 程序中注释的多少

36. 在面向对象程序设计语言中， （1） 是利用可重用成分构造软件系统的最有效的特性，它

不仅支持系统的可重用性，而且还有利于提高系统的可扩充性；__(2)__可以实现发送一个通用的消息而调用不同的方法；__(3)__是实现信息隐蔽的一种技术，其目的是使类的__(4)__相互分离。

（1）A. 封装　　　　　B. 消息传递　　　C. 引用　　　　　D. 继承

（2）A. 封装　　　　　B. 多态　　　　　C. 引用　　　　　D. 继承

（3）A. 引用　　　　　B. 继承　　　　　C. 封装　　　　　D. 多态

（4）A. 定义与实现　　B. 分析与测试　　C. 分析与设计　　D. 实现与测试

37. 软件开发环境是支持软件产品开发的软件系统，它由_____和环境集成机制构成，环境集成机制包括数据集成、控制集成和界面集成。

A. 软件工具集　　　　　　　　　　　B. 软件测试工具集

C. 软件管理工具集　　　　　　　　　D. 软件设计工具集

38. 源程序清单是在软件生存周期的_____阶段产生的文档。

A. 软件概要设计　　B. 编码　　　　　C. 软件详细设计　D. 测试

39. 黑盒测试也称为功能测试。黑盒测试不能发现_____。

A. 终止性错误　　　　　　　　　　　B. 输入是否被正确接收

C. 界面是否有误　　　　　　　　　　D. 是否存在冗余代码

40. 通常，在软件的输入/输出设计中，合理的要求是：_____。

A. 数据尽量由用户来输入，以便提供更大的自主性

B. 输入过程应尽量容易，以减少错误的发生

C. 不能在输入过程中检验数据的正确性

D. 在输入过程中，为了不干扰用户，应尽量避免提示信息

41. 在面向对象方法中，对象是类的实例。表示对象相关特征的数据称为对象的__(1)__，在该数据上执行的功能操作称为对象的__(2)__；一个对象通过发送__(3)__来请求另一个对象为其服务。通常把一个类和这个类的所有对象称为"类及对象"或"对象类"。在 UML 中，用来表示构成系统的对象类以及这些对象类之间的关系图是__(4)__。

（1）A. 数据变量　　　B. 数据结构　　　C. 属性　　　　　D. 定义

（2）A. 行为　　　　　B. 调用　　　　　C. 实现　　　　　D. 函数

（3）A. 调用语句　　　B. 消息　　　　　C. 命令　　　　　D. 函数

（4）A. 用例图　　　　B. 构件图　　　　C. 类图　　　　　D. 对象图

42. 一般地，可以将软件开发的生存周期划分为软件项目计划、_____、软件设计、编码、测试和运行/维护 6 个阶段。

A. 可行性分析　　　B. 初始调查　　　C. 需求分析与定义　D. 问题分析

43. 软件的__(1)__是指软件从一种计算机系统转换到另一种计算机系统运行的难易程度。在规定的条件下和规定的时间间隔内，软件实现其规定功能的概率称为__(2)__。

（1）A. 兼容性　　　　B. 可移植性　　　C. 可转换性　　　D. 可扩展性

（2）A. 可扩展性　　　B. 可接近性　　　C. 可靠性　　　　D. 稳定性

44. 以下关于程序测试的叙述中正确的是_____。

A. 程序测试是为了证明程序的正确性

B. 白盒测试也称为功能测试

C. 黑盒测试也称为结构测试

D. 程序测试要注意检验程序是否有多余的功能

3.3.2 练习精解

1.【答案】（1）D；（2）D。

【解析】可行性分析的任务是从技术上、经济上、操作上分析需解决的问题是否存在可行的解。技术可行性考虑现有的技术能否实现该系统；经济可行性考虑开发该系统能否带来经济效益；操作可行性考虑该软件的操作方式是否被用户接受。

在进行可行性分析时，通常要先研究目前正在使用的系统，然后根据待开发系统的要求导出新系统的高层逻辑模型。有时可提出几个供选择的方案，并对每个方案从技术上、经济上、操作上进行可行性分析，在对各方案进行比较后，选择其中的一个作为推荐方案，最后对推荐方案给出一个明确的结论，如"可行""不可行"或"等某条件成熟后可行"。

2.【答案】D。

【解析】为了指导软件的开发，有不同的方式将软件周期中的已有开发活动组织起来，形成不同的软件开发模型。常见的软件开发模型有瀑布模型、深化模型、螺旋模型和喷泉模型等。

瀑布模型将软件生存周期的各项活动规定为依固定顺序连接的若干阶段工作，形如瀑布流水，最终得到软件开发产品。优点包括：强调开发的阶段性；强调早期计划及需求调查；强调产品测试。缺点有：依赖于早期进行的唯一一次需求调查，不能适应需求的变化；由于是单一流程，开发中的经验教训不能反馈应用于本产品的过程；风险往往延迟至后期的开发阶段才显露，因而失去及早纠正的机会。

演化模型主要用于事先不能完整定义需求的软件开发。用户可以给出待开发系统的核心需求，并且当核心需求实现后，能够有效地提出反馈，以支持系统的最终设计和实现。软件开发人员根据用户的需求，首先开发核心系统。当该核心系统投入运行后，用户试用，完成他们的工作，并提出精化系统、增强系统能力的需求。软件开发人员根据用户的反馈，实施一切的迭代过程。第一迭代过程均由需求、设计、编码、测试、集成等阶段组成，为整个系统增加一个可定义的、可管理的子集。

螺旋模型的基本做法是在"瀑布模型"的每一个开发阶段之前，引入严格的风险识别、风险分析和风险控制，直到采取了消除风险的措施之后，才开始计划下一阶段的开发工作。否则，项目就很可能被取消。优点包括：强调严格的全过程风险管理；强调各开发阶段的质量；提供机会检讨项目是否有必要继续下去。缺点是引入非常严格的风险识别、风险分析和风险控制，这对风险管理的技能水平提出了很高的要求，这需要人员、资金和时间的投入。

喷泉模型用于描述面向对象的开发过程，与传统的结构化生存期相比，具有更多的增量和迭代性质，生存期的各个阶段可以相互重叠和多次反复，而且在项目的整个生存期中还可以嵌入生存期。就像水喷上去又可以落下来，可以落在中间，也可以落在最底部。

3.【答案】B。

【解析】软件生存周期包括需求分析、软件设计、编码、测试和维护。

需求分析：任务是确定待开发软件的功能、性能、数据、界面等要求，从而确定系统的逻辑模型，此阶段产生的文档为需求规格说明书。

软件设计：包括概要设计和详细设计。概要设计的任务是模块分解，确定软件的结构、模块的功能、模块间的接口，以及全局数据结构的设计；详细设计的任务是设计每个模块的实现细节和局部数据结构。此阶段产生的文档为设计说明书。

编码：任务是用某种程序语言为每个模块编写程序。产生的文档有清单。

软件测试：其任务是发现软件中的错误，并加以纠正。产生的文档有软件测试计划和软件测试报告。

因此，设计阶段产生的文档为设计说明书，而不是程序清单。

4.【答案】D。

【解析】耦合反映一个软件结构内不同模块之间互连的程度。耦合强弱与模块间接口的复杂程度、进入或访问一个模块的点，以及通过接口的数据有关。耦合是基于模块之间的关系形成的概念，所以与模块内部各元素无关。因此，模块内部各个元素彼此之间的紧密结合程度不会影响耦合的强弱。

5.【答案】A。

【解析】白盒测试是把程序看成一只通透的白盒子，测试者完全了解程序的结构和处理过程。它根据程序的内部逻辑来设计测试用例，检查程序中的逻辑通路是否都按预定的要求正确地工作。黑盒测试是把程序看成一只黑盒子，测试者完全不了解或不考虑程序的结构和处理过程。它根据规格说明书规定的功能来设计测试用例，检查程序的功能是否符合规格说明书的要求。

逻辑覆盖是一系列测试过程的总称，这组测试过程逐步进行越来越完整的通路测试。从覆盖源程序语句的详尽程度分析，测试数据覆盖（即执行）程序逻辑的程序由弱到强可划分成以下几个等级：

1）语句覆盖：选取足够多的测试数据，使得被测程序中每条语句至少执行一次。

2）判定覆盖：选取足够多的测试数据，使得不仅每条语句至少执行一次，而且每个判定的每种可能的结果都至少执行一次，也就是每个判定的每个分支都至少执行一次，因此判定覆盖又称为分支覆盖。

3）条件覆盖：选取足够多的测试数据，使得不仅每个语句至少执行一次，而且判定表达式中的每个条件都取到各种可能的结果。

4）判定/条件覆盖：同时满足判定覆盖和条件覆盖的标准，即选取足够多的测试数据，使得判定表达式中的每个条件都取到各种可能的值，而且每个判定表达式也都得到各种可能的结果。

5）条件组合覆盖：选取足够多的测试数据使得每个判定式中的条件的各种可能组合都至少出现一次。

6）路径覆盖：选取足够多的测试用例，使程序的每条可能路径都至少执行一次。

在测试时要设计测试用例达到指定的覆盖标准。因此在白盒测试时，应根据程序的内部逻辑和指定的覆盖标准来设计测试用例。

6.【答案】D。

【解析】测试与调试的区别包括：测试是发现程序中错误的过程，调试是改正错误的过程；测试是程序开发过程中的必然阶段，调试是程序开发过程中可能发生的过程，是被动的过程；调试一般由开发人员担任而测试是由另一组人员担任。D 中说调试和测试一般都由开发人员担任，所以不正确。

7.【答案】C。

【解析】软件工程方法得以实施的主要保证是：软件开发中要有良好的软件开发工具和支持环境，才能使好的软件开发方法学得到应用，因此方法与工具的结合以及配套的软件和软件开发环境是软件工程方法学得以实施的重要保证。

8.【答案】C。

【解析】在软件开发中，软件的生存周期的各个阶段的正确分析和设计是极其重要的。其中需求分析阶段要明确用户对软件系统的全部需求，准确确定系统的功能，即系统必须"做什么"。如果在需求阶段出错，将严重影响后期的开发，因为它的错误将放射式地扩展造成更多错误。

9.【答案】B。

【解析】系统测试又称确认测试，它包括功能测试和验收测试两种，它按软件需求说明书的功能逐项进行。

10.【答案】B。

【解析】经济可行性是从开发费用和软件回报的角度来分析开发该软件系统是否可行；技术可行性从软件实现的功能、用户要求的软件性能、是否有技术难题等方面考虑开发该软件的可行性；操作可行性是确定系统的操作方式在用户组织内是否可行；法律可行性对正在考虑开发的软件系统可能会涉及的任何侵犯、妨碍、责任等问题做出决定。

11.【答案】C。

【解析】系统设计完成后，需要做系统测试，目的是发现软件存在的错误，以便及时纠正错误。

12.【答案】C。

【解析】随着软件生产规模扩大化、设计的体系结构复杂化，软件生产中暴露出了许多问题，如软件的质量难保证、生产进度无法控制、可维护性差、开发成本高、需求定义不准确、需求增长得不到满足等。因而，许多大型软件生产商试图用工程化的方法生产软件，以解决软件危机，从而出现了"软件工程"的概念。

13.【答案】A。

【解析】CASE系统所涉及的技术有两类：一类是支持软件开发过程本身的技术，如支持规约、设计、实现、测试等；另一类是支持软件开发过程管理的技术，如支持建模、过程管理等。CASE为计算机辅助软件工程的缩写，是一组工具和方法的集合，可以辅助软件开发生存周期各阶段进行软件开发。

14.【答案】C。

【解析】软件可行性研究任务是用最小的代价在尽可能短的时间内确定该软件项目是否能够开发，是否值得去开发。需求分析确定"做什么"。详细设计确定"如何做"。编码是系统的实现阶段。

15.【答案】B。

【解析】一个类定义了一组大体上相似的对象，一个类所包含的方法和数据描述一组对象的共同行为和属性。

16.【答案】A。

【解析】面向对象方法以客观世界中的对象为中心，其分析和设计思想符合大众的思维方式，分析和设计的结果与现实世界比较接近，容易被人们接受。在面向对象方法中，分析和设计的界线并不明显，它们采用相同的符号表示，能方便地从分析阶段平滑地过渡到设计阶段。此外，在现实生活中，用户的需求经常会发生变化，但客观世界的对象以及对象关系相对比较稳定，因此用面向对象方法分析和设计的结构也相对比较稳定。

17.【答案】A。

【解析】生存周期可分为计划、开发、运行三大阶段。

18.【答案】（1）C；（2）D；（3）B；（4）C；（5）A。

【解析】模块独立性是指软件系统中每个模块只涉及软件要求的具体的子功能，而和软件系统中的其他模块的接口是简单的。一般采用两个准则来度量模块独立性，即模块间耦合和模块内聚；耦合反映模块之间的互相连接的紧密程度，耦合度从低到高依次为非直接耦合、数据耦合、标记耦合、控制耦合、外部耦合、公共耦合和内容耦合；内聚反映模块功能强度（一个模块内部各个元素彼此结合的紧密程度），从低到高依次为偶然内聚、逻辑内聚、瞬时内聚、过程内聚、通信内聚、顺序内聚和功能内聚。模块独立性比较强的应是高内聚低耦合的模块。

19.【答案】A。

【解析】多态性是指同一个操作作用于不同的对象上可以有不同的解释，并产生不同的执行结果。它有利于软件的可扩充性。封装性有利于软件的可重用性，可使软件具优良的模块性。多态性不能防止程序相互依赖带来的变动影响。

20.【答案】C。

【解析】封装就是把对象的属性服务结合成为一个独立的系统单位，并尽可能地隐蔽对象的内部细节，即将其内部实现与外部访问相分离。

21.【答案】B。

【解析】对象模型表示静态的、结构化的系统的"数据"性质。动态模型表示瞬时的、行为化的系统的"控制"性质，它从对象的事件和状态角度出发，表现了对象的相互行为。功能模型表示系统的"功能"性质，它指明了系统应该"做什么"。

22.【答案】（1）D；（2）A；（3）A。

【解析】ACTOR 表示系统用户能扮演的角色（Role）。这些用户可能是人，可能是其他计算机、一些硬件，甚至是其他软件系统。唯一的标准是它们必须要在被划分进用例的系统部分以外。它们必须能刺激系统部分并接收返回。

如果一个并发的状态由 N 个并发的子状态图组成，那么，该并发状态在某时刻的状态由这 N 个子状态图中每个图分别对应的一个状态组合而成。

协作图强调收发消息的对象的结构组织。产生一张协作图，首先要将参加交互的对象作为图的顶点，然后把连接这些对象的链接表示为图的边（也称为弧），最后，用对象发送和接收的消息来修饰这些链接。所以，协作图描述了协作的对象之间的交互和链接。

23.【答案】（1）A；（2）B；（3）D。

【解析】考查的是面向对象程序设计的基本概念。

在面向对象系统中，继承性是指类之间的一种关系，当定义和实现一个类时，可以在一个已经存在的类的基础上进行，即所谓的继承，把已经存在的类所定义的内容作为自己的内容，并加入若干新的内容。

继承是一种在类、子类以及对象之间自动地共享数据和方法的机制。类是对象之上的抽象，对象则是类的具体化，是类的实例。把一组对象的共同特性加以抽象并存储在一个类中的能力，是面向对象技术最重要的一点，是否建立了一个丰富的类库是衡量一个面向对象程序设计语言成熟与否的重要标志。

24.【答案】A。

【解析】考查的是软件测试方面的基础知识。

软件测试的目的就是在软件投入生产运行之前尽可能多地发现软件产品中的错误和缺陷。测试是对软件规格说明、设计和编码等的最后的复审，所以软件测试贯穿在软件开发期的全过程。软件测试的方法主要有三种：动态测试、静态测试和正确性测试。其中动态测试通常是指上机测试。测试是否能够发现错误，取决于测试实例的设计。其方法可分为两类：白盒测试和黑盒测试。其中白盒测试是把程序看成一个通透的盒子，允许测试人员利用程序内部的逻辑结构及有关信息，设计并选择测试用例，对程序所有逻辑路径进行测试，判定是否都按预定的要求正确地工作。因此白盒测试一般适用于单元测试，通常单元测试也称模块测试。

25. 【答案】D。

【解析】考查的是软件测试方面的基础知识。

瀑布模型规定了各项软件工程活动，该模型给出了软件生存期各阶段的固定顺序，上一阶段完成后才能进入下一阶段，整个过程就像流水下泻，故称为瀑布模型。该模型包括制订开发计划、进行需求分析和说明、软件设计、程序编码、测试及运行维护。瀑布模型为软件开发和软件维护提供了一种有效的管理模式，它在消除非结构化软件，降低软件的复杂度，促进软件开发工程化方面起了显著的作用。但该模型在大量的软件开发实践中也暴露出一些问题，其中最为突出的是该模型缺乏灵活性，特别是无法解决软件需求不明确或不准确的问题。这可能导致出现这样的情形，即直到软件开发完成时才发现所开发的软件并非用户所完全需要的。所以，其不适应用户需求的动态变化。

26. 【答案】（1）B；（2）C。

【解析】考查的是软件工程方面的基础知识。

软件质量定义为软件产品满足规定需求或隐含需求的能力的特征和特性全体。软件质量特性反映了软件的本质。确定一个软件的质量，最终要归结到定义软件的质量特性。而定义一个软件的质量，就等价于为该软件定义一系列质量特性，其中软件从一个计算机系统转换到另一个计算机系统运行的难易程度称为可移植性。在规定的条件下和规定的时间间隔内，软件实现其规定功能的概率称为可靠性。

27. 【答案】C。

【解析】考查的是软件工程方面的基础知识。

Jackson 系统开发方法是一种典型的面向数据结构的分析和设计方法。它是对输入、输出和内部信息的数据结构进行软件设计的，即把数据结构的描述映射成程序结构描述。若数据结构内有重复子结构，则对应程序一定有循环；若数据结构有描述选择性子结构，则对应程序一定有判定，以此揭示数据结构和程序结构之间的内在关系，设计出反映数据结构的程序结构。

28. 【答案】A。

【解析】面向对象系统的优势包括对象内在的可重用性、面向对象系统的可扩展性以及一些形式化规格说明方法与面向对象方法混合使用等。可重用代码长期以来是系统设计者的目标之一。通过经常使用的数学函数以及统计函数这样的库函数形式，在功能重用问题上已取得了有限的成功，但由于必须知道许多以列表形式给出的函数入口参数的有效性问题，我们在使用这些函数时也很困难，只有当数据在软件包外统一地变得不可见才行。这些原因成为自顶向下分解设计的部分理由。在这里，自顶向下分解的目的是努力把问题分解为很小的程序块，这种分解技术趋向于使得这些程序块与分解过程本身高度独立。自顶向下的功能分解是通过非常自然地应用特性来完成的，结果是最终的模型常常不具有任何通用性。自顶向下的设计方法极大地提高了模块重用的潜在可能性。

29.【答案】A。

【解析】考查的是模块分解时应遵循的准则。

分解时应遵循的准则如下：

1）满足信息隐蔽原则。

2）尽量使得模块的内聚度高，模块间耦合度低。

3）模块的大小适中（通常一个模块以 50～100 个语句行为宜）。

4）模块的调用深度不宜过大。一个模块 A 可以调用另一模块 B，模块 B 还可调用模块 C，称模块 A 直接调用模块 B，模块 A 间接调用模块 C。被间接调用的模块还可以调用其他模块，这样可形成一棵调用树。以某个模块为根结点的调用树的深度称为模块的调用深度。

5）模块的扇入应尽量大，扇出不宜过大。一个模块的扇入是指直接调用该模块的上级模块的个数。一个模块的扇出是指该模块直接调用的下级模块的个数。扇入大表示模块的复用程度高，扇出大表示模块的复杂度高。

6）设计单入口和单出口的模块。

7）模块的作用域应在控制域之内。模块的作用域是指受该模块内一个判定影响的所有模块的集合。模块的控制域是指该模块本身以及被该模块直接或间接调用的所有模块的集合。设计时，作用域应是控制域的子集，作用域最好是做出判定的模块本身以及它的直属下级模块（直接调用的模块）。

8）模块的功能应是可以预测的。功能可预测是指对相同的输入数据能产生相同的输出。

30.【答案】B。

【解析】考查的是软件工程方面的基础知识。

模块的控制范围包括它本身及它所有的从属模块。模块的作用范围是指模块内一个判定的作用范围，凡是受这个判定影响的所有模块都属于这个判定的作用范围。如果一个判定的作用范围包含在这个判定所在模块的控制范围之内，则这种结构是简单的，否则它的结构是复杂的。在一个设计得很好的系统模块结构中，所有受一个判定影响的模块应该是从属于该判定所在的模块，最好局限于做出判定的那个模块及其直接下属模块。这样可减少模块间数据的传送量和模块间的耦合程度。

31.【答案】D。

【解析】用户界面作为软件的重要组成部分，具有以下一些质量特征：可使用性、灵活性、复杂性和可靠性。其中用户界面的可使用性是用户界面设计最基本的目标，它包括：

1）使用的简单性：用户界面应能方便地处理各种经常进行的交互对话。问题的输入格式应当易于理解，附加的信息量少；能直接处理指定媒体上的信息和数据，其自动化程度高；操作简单；能按用户要求生成表格或图形输出，或把计算结果反馈到用户指定的媒体上。

2）用户界面中所使用术语的标准化和一致性：所有专业术语都应标准化；软件技术用语符合软件工程规范；应用领域的术语应符合软件面向专业的专业标准；在输入、输出说明里，同一术语的含义应完全一致。

3）拥有 HELP（帮助）功能：用户从 HELP 功能中获得软件系统所有规格说明和各种操作命

令的用法，HELP 功能应能联机调用。

4）快速的系统响应和较低的系统成本：在使用较多硬件设备并与许多其他软件系统连接时，会引入较大的系统开销，用户界面应在此情况下有较快的响应速度和较小的系统开销。

5）用户界面应具有容错能力，即应当具有错误诊断、修正错误以及出错保护功能。

32. 【答案】（1）C；（2）A。

【解析】考查的是软件工程中软件测试方面的基础知识。

软件测试的目的是尽可能多地发现软件产品（主要是指程序）中的错误和缺陷。明确测试的目的是一件非常重要的事，因为在现实世界中对测试工作存在着许多模糊或者错误的看法，这些看法严重影响着测试工作的顺利进行。有人认为测试是为了证明程序是正确的，也就是说，程序不再有错误，事实证明这是不现实的。要通过测试来发现程序中的所有错误就要穷举所有可能的输入数据，检查它们是否产生正确的结果。

单元测试也称模块测试。通常单元测试可放在编码阶段，程序员在编写好一个模块后，总会（也应该）对自己编写的模块进行测试，检查它是否实现了详细设计说明书中规定的模块功能和算法。单元测试主要发现编码和详细设计中产生的错误，通常采用白盒测试法，辅之以黑盒测试法。

33. 【答案】D。

【解析】考查的是软件工程方面的基础知识。

原型化方法实际是一种快速确定需求的策略，对用户需求进行提取、求精，快速建立最终系统工作模型的方法。它与结构化方法不同，不追求也不可能达到对需求的严格定义。为了加速模型建立，它需要加强用户的参与和决策，以求尽快地把需求确定下来，这样一个相对简化的模型（与最终系统相比）也就简化了该项目的管理。

34. 【答案】（1）B；（2）C；（3）D。

【解析】考查的是面向对象程序设计方面的基础知识。

在面向对象程序设计中，通过为对象（数据和代码）建立分块的内存区域，提供对程序进行模块化的一种程序设计方法。用类来描述一组具有相同属性和相同操作的对象的集合，并以继承作为共享机制，共享类中的方法和数据。

35. 【答案】D。

【解析】软件的复杂性可能来自它所反映的实际问题的复杂性，也可能来自程序逻辑结构的复杂性。注释是程序员对程序某部分的功能和作用所做的说明，是给人看的，对编译和运行不起作用，与软件的复杂性无关。

36. 【答案】（1）D；（2）B；（3）C；（4）A。

【解析】考查的是面向对象程序设计语言方面的基础知识。

在面向对象程序设计中，继承是父类和子类之间共享数据和方法的机制，这是类之间的一种关系。在定义和实现一个类的时候，可以在已经存在的类基础上进行，把这个已经存在的类所定义的内容作为自己的内容，并加入若干新的内容。在面向对象程序设计语言中，可以使用继承关系，利用可重用成分构造软件系统，它不仅支持系统的可重用性，而且还有利于提高系统的可扩充性。

一旦收到消息，对象就要予以响应。不同的对象收到同一消息可以产生完全不同的结果，这一现象称为多态。在使用多态时，用户可以发送一个通用的消息，而实现的细节则由接收对象自行决定。这样，同一消息就可以调用不同的方法。

封装是实现信息隐蔽的一种技术，其目的是使类的定义与实现相互分离。

37.【答案】A。

【解析】考查的是软件工程方面的基本概念。

软件开发环境是指支持软件产品开发的软件系统，它由软件工具集和环境集成机制构成。软件工具集应包括支持软件开发的相关过程、活动和任务的软件工具，以对软件开发提供全面的支持。环境集成机制为工具集成和软件开发、维护与管理提供统一的支持，它通常包括数据集成、控制集成和界面集成。

软件管理工具和软件测试工具都归类为软件工具。

38.【答案】B。

【解析】考查的是软件工程方面的基本概念。

同任何事物一样，一个软件产品或软件系统也要经历孕育、诞生、成长、成熟、衰亡等多个阶段，一般称为软件生存周期。

软件概要设计和软件详细设计是软件设计阶段的核心步骤。软件概要设计的任务是模块分解，确定软件的结构、模块的功能、模块间的接口，以及全局数据结构。软件详细设计的任务是设计每个模块的实现细节和局部数据结构。软件设计阶段产生的文档主要是设计规格说明书。

测试是保证软件质量的重要手段。测试阶段产生的文档主要是软件测试计划和软件测试报告。

编码阶段的任务是用某种程序设计语言为每个模块编写程序，这个阶段产生的文档是源程序清单。

39.【答案】D。

【解析】考查的是软件测试方面的基本概念。

黑盒测试是机器测试的一种。黑盒测试又称为功能测试，即将软件看成黑盒子，在完全不考虑软件内部结构和特征的情况下，测试软件的外部特征。黑盒测试的主要目的是测试：

1）是否有错误的功能或遗漏的功能。

2）界面是否有误，输入是否被正确接收，输出是否正确。

3）是否有数据结构或者外部数据库访问期间错误。

4）性能是否能够被接受。

5）是否有初始化或者终止性错误。

黑盒测试不能发现软件中是否存在冗余代码。

40.【答案】B。

【解析】考查的是软件工程系统设计方面的基本概念。

输入设计的目的是保证向系统输入正确的数据，因此应尽量做到输入方法简单、迅速、经济、方便。通常，输入设计应遵循以下原则：

1）最小量原则：在保证满足处理要求的前提下，使输入量最小。

2）简单性原则：输入的准备、输入的过程应尽量容易，以减少错误的发生。

3）早检验原则：对输入数据的校验应尽量接近源数据发生点，使错误能及时得到改正。

4）少转换原则：输入数据尽量使用其处理所需的形式记录，以免数据转换时发生错误。

5）为了使用户更好地理解输入的要求，应尽量提供相应的帮助。

41. 【答案】（1）C；（2）A；（3）B；（4）C。

【解析】考查的是面向对象方面的基本概念。

在面向对象方法中，对象是类的实例。其中表示对象相关特征的数据称为对象的属性，在该数据之上执行的功能操作称为对象的行为；一个对象通过发送消息来请求另一个对象为其服务。通常把一个类和这个类的所有对象称为"类及对象"或"对象类"。

在 UML 中，类图是显示一组类、接口、协作以及它们之间的关系的图。类图用于对系统的静态设计视图建模。

42. 【答案】C。

【解析】考查的是软件工程方面的基本概念。

同任何事物一样，一个软件产品或软件系统也要经历孕育、诞生、成长、成熟、衰亡等多个阶段，一般称为软件生存周期（也称为生命周期）。根据这一思想，把上述基本的过程活动进一步展开，可以得到软件生存周期的 6 个阶段工作：软件项目计划、需求分析定义、软件设计、编码、测试以及运行/维护。其中软件项目计划阶段的任务是确定待开发软件系统的总目标，对其进行可行性分析，并对资源分配、进度安排等做出合理的计划。

43. 【答案】（1）B；（2）C。

【解析】考查的是软件工程方面的基本概念。

软件质量是指反映软件系统或软件产品满足规定或隐含需求能力的特征和特性的全体。在 ISO/IEC9126 软件质量模型中定义了 6 个质量特征：功能性、可靠性、易使用性、效率、可维护性和可移植性。

软件的可移植性是软件从一种计算机系统转换到另一种计算机系统运行的难易程度。软件的可靠性是指在规定的条件下和规定的时间间隔内，软件实现其规定功能的概率。

44. 【答案】D。

【解析】考查的是软件测试的基础知识。

软件测试在软件生存周期中占有重要地位，这不仅是因为测试阶段占用的时间、花费的人力和成本占软件开发比重的 40%以上，而且还因为它是保证软件质量的关键步骤。软件测试有黑盒测试和白盒测试方法。黑盒测试方法又称功能测试，把程序看作一个黑盒子，在完全不考虑程序内部结构的情况下设计测试数据，主要测试程序的功能是否符合软件检查程序中的每条通路都能按要求正确运行。综上所述，选项 B 和 C 显然是错误的。

选项 A 也是错误的，原因是要证明程序的正确性的代价太大。因此，正确的答案为 D。

第4章

网络与信息安全基础

4.1 考点精讲

4.1.1 考纲要求

4.1.1.1 考点导图

网络与信息安全基础部分的考点如图 4-1 所示。

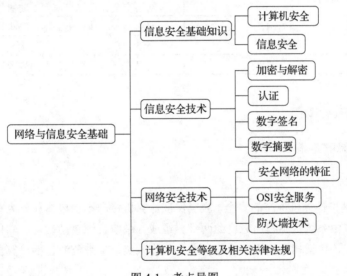

图 4-1 考点导图

4.1.1.2 考点分析

这一章主要是要求考生熟悉网络与信息安全的基础知识。根据近年来的考试情况分析得出：

● 难点

1）加密与解密基础知识。

2）IP 子网划分。

3）网络安全技术。

- 考试题型的一般分布

1）计算机安全基础知识。
2）加密与解密基础知识。

- 考试出现频率较高的内容

计算机安全。

4.1.2 考点分布

历年考题知识点分布统计如表 4-1 所示。

表 4-1 历年考题知识点分布统计

年份	题号	知识点	分值
2016 年上半年	17，18，68	网络安全、数字签名	3
2016 年下半年	17	网络安全、计算机病毒、防火墙	1
2017 年上半年	16，17，18	非对称加密、防火墙、网络安全	3
2017 年下半年	14，15，16	网络安全、计算机病毒、防火墙	3
2018 年上半年	16，17，18，59	数字信封、网络安全、信息安全	4
2018 年下半年	16，17，18	网络安全、计算机病毒、防火墙	3
2019 年上半年	17，18	网络安全、计算机病毒、防火墙	2
2019 年下半年	17，18	网络安全、数字签名、防火墙	2
2020 年下半年	16，18	信息安全基础知识、网络安全基础	2

4.1.3 知识点精讲

4.1.3.1 信息安全基础知识

1. 计算机安全

计算机安全是指计算机资产的安全，应当保证计算机资产不受自然和人为有害因素的威胁和危害。计算机资产由系统资源和信息资源两部分组成。系统资源包括硬件、软件、配套设备设施和相关文件资料，还包括相关的服务系统和业务工作人员；信息资源包括计算机系统中存储、处理和传输的大量信息。

信息安全有三个重要的目标或要求：完整性（Integrity）、机密性（Confidentiality）和可用性（Availability）。

（1）完整性

完整性要求信息必须是正确和完全的，而且能够免受非授权、意料之外或无意的更改。完整性还要求计算机程序的更改要在特定的和授权的状态下进行。普遍认同的完整性目标有：

1）确保计算机系统内的数据的一致性。
2）在系统失败事件发生后能够恢复到已知的一致状态。

3）确保无论是系统还是用户进行的修改都必须通过授权的方式进行。

4）维持计算机系统内部信息和外部真实世界中的一致性。

（2）机密性

机密性要求信息免受非授权的披露。它涉及对计算机数据和程序文件读取的控制，即谁能够访问那些数据。它和隐私、敏感性和秘密有关。例如它保护个人（健康）数据、市场计划、产品配方以及生产和开发技术等信息。

（3）可用性

可用性要求信息在需要时能够及时获得以满足业务需求。它确保系统用户不受干扰地获得诸如数据、程序和设备之类的系统信息和资源。

不同的应用系统对于这三项安全目标有不同的侧重，例如：

1）国防系统这样高度敏感的系统对保密信息的机密性要求很高。

2）电子金融汇兑系统或医疗系统对信息完整性的要求很高。

3）自动柜员机系统对三者都有很高的要求。如客户个人识别码需要保密，客户账号和交易数据需要准确，柜员机应能够提供 24 小时不间断服务。

2. 信息安全

国际标准化组织（ISO）对信息安全的定义为：为数据处理系统建立和采取的技术和管理的安全保护，为的是保护计算机硬件、软件、数据不因偶然和恶意的原因而遭到破坏、更改和泄露。

（1）信息安全的威胁

网络环境中信息安全的威胁有：

1）假冒：是指不合法的用户侵入系统，通过输入账号等信息冒充合法用户从而窃取信息的行为。

2）身份窃取：是指合法用户在正常通信过程中被其他非法用户拦截。

3）数据窃取：指非法用户截获通信网络的数据。

4）否认：指通信方在参加某次活动后却不承认自己参与了。

5）拒绝服务：指合法用户在提出正当的申请时，遭到了拒绝或者延迟服务。

6）错误路由。

7）非授权访问。

（2）信息安全指标

信息安全指标有：

1）保密性。在加密技术的应用下，网络信息系统能够对申请访问的用户展开筛选，允许有权限的用户访问网络信息，而拒绝无权限用户的访问申请。

2）完整性。在加密、散列函数（即哈希函数）等多种信息技术的作用下，网络信息系统能够有效阻挡非法与垃圾信息，提升整个系统的安全性。

3）可用性。网络信息资源的可用性不仅仅是向终端用户提供有价值的信息资源，还能够在系统遭受破坏时快速恢复信息资源，满足用户的使用需求。

4）授权性。在对网络信息资源进行访问之前，终端用户需要先获取系统的授权。授权能够明确用户的权限，这决定了用户能否对网络信息系统进行访问，是用户进一步操作各项信息数据的前提。

5）认证性。在当前技术条件下，人们能够接受的认证方式主要有两种：一种是实体性的认证，一种是数据源认证。之所以要在用户访问网络信息系统前展开认证，是为了让提供权限的用户和拥有权限的用户为同一对象。

6）抗抵赖性。网络信息系统领域的抗抵赖性，简单来说就是任何用户在使用网络信息资源的时候都会在系统中留下一定痕迹，操作用户无法否认自身在网络上的各项操作，整个操作过程均能够被有效记录。

4.1.3.2 信息安全技术

1. 加密与解密

数据加密过程就是通过加密系统把原始的数字信息（明文），按照加密算法变换成与明文完全不同的数字信息（密文）的过程。

（1）常用的数据加密技术

数据加密技术主要分为数据传输加密和数据存储加密。数据传输加密技术主要是对传输中的数据流进行加密，常用的有链路加密、节点加密和端到端加密三种方式。

链路加密是传输数据仅在物理层前的数据链路层进行加密，不考虑信源和信宿，它用于保护通信节点间的数据，接收方是传送路径上的各台节点机，信息在每台节点机内都要被解密和再加密，依次进行，直至到达目的地。

与链路加密类似的节点加密方法，是在节点处采用一个与节点机相连的密码设备，密文在该装置中被解密并被重新加密，明文不通过节点机，避免了链路加密节点处易受攻击的缺点。

端到端加密是为数据从一端到另一端提供的加密方式。数据在发送端被加密，在接收端被解密，中间节点处不以明文的形式出现。端到端加密是在应用层完成的。在端到端加密中，除报头外的报文均以密文的形式贯穿于全部传输过程，只是在发送端和接收端才有加、解密设备，而在中间任何节点报文均不解密，因此，不需要有密码设备，同链路加密相比，可减少密码设备的数量。另一方面，信息是由报头和报文组成的，报文为要传送的信息，报头为路由选择信息，由于网络传输中要涉及路由选择，在链路加密时，报文和报头两者均须加密。而在端到端加密时，由于通道上的每一个中间节点虽不对报文解密，但为了将报文传送到目的地，必须检查路由选择信息，因此，只能加密报文，而不能对报头加密。这样就容易被某些通信分析软件或设备发觉，而从中获取某些敏感信息。

链路加密对用户来说比较容易，使用的密钥较少，而端到端加密比较灵活，对用户可见。在对链路加密中各节点安全状况不放心的情况下也可使用端到端加密方式。

（2）常用数据加密算法

数据加密算法有很多种，密码算法标准化是信息化社会发展的必然趋势，是世界各国保密通信领域的一个重要课题。按照发展进程来分，数据加密算法经历了古典密码、对称密钥密码和公开密钥密码阶段。古典密码算法有替代加密、置换加密；对称加密算法包括 DES 和 AES；非对称加密算法包括 RSA、背包密码、McEliece 密码、Rabin、椭圆曲线、ElGamal D_H 等。

任何一个加密系统至少包括下面四个组成部分：

1）未加密的报文，也称明文。
2）加密后的报文，也称密文。
3）加密解密设备或算法。
4）加密解密的密钥。

发送方用加密密钥，通过加密设备或算法，将信息加密后发送出去。接收方在收到密文后，用解密密钥将密文解密，恢复为明文。如果传输中有人窃取信息，他只能得到无法理解的密文，从而对信息起到保密作用。

密码系统的两个基本要素是加密算法和密钥管理。加密算法是一些公式和法则，它规定了明文和密文之间的变换方法。由于密码系统的反复使用，仅靠加密算法已难以保证信息的安全了。事实上，加密信息的安全可靠依赖于密钥系统，密钥是控制加密算法和解密算法的关键信息，它的产生、传输、存储等工作是十分重要的。

目前在数据通信中普遍使用的算法有 DES 算法、RSA 算法、MD5 算法、ElGamal 算法等。

● DES 算法

DES 全称为 Data Encryption Standard，即数据加密标准，它是 IBM 公司于 1975 年研究成功并公开发表的。

● RSA 算法

RSA 算法的加密密钥和加密算法分开，使得密钥分配更为方便。它特别符合计算机网络环境。对于网上的大量用户，可以将加密密钥用电话簿的方式打印出。如果某用户想与另一用户进行保密通信，只需从公钥簿上查出对方的加密密钥，用它对所传送的信息加密发出即可。对方收到信息后，用仅为自己所知的解密密钥将信息解密，了解报文的内容。由此可以看出，RSA 算法解决了大量网络用户密钥管理的难题。RSA 并不能替代 DES，它们的优缺点正好互补，DES 加密速度快，适合加密较长的报文；而 RSA 可解决 DES 密钥分配的问题。即 DES 用于明文加密，RSA 用于 DES 密钥的加密。美国的保密增强邮件（PEM）就采用了 RSA 和 DES 结合的方法，目前已成为 E-mail 保密通信标准。

● MD5 算法

MD5 的全称是 Message-Digest Algorithm 5（信息-摘要算法 5），在 20 世纪 90 年代初由麻省理工学院计算机科学实验室（MIT Laboratory for Computer Science）和 RSA 数据安全公司（RSA Data Security Inc）的 Ronald L. Rivest 开发出来，经 MD2、MD3 和 MD4 发展而来。它的作用是让大容量信息在用数字签名软件签署私人密钥前被"压缩"成一种保密的格式（就是把一个任意长度的字节串变换成一定长的大整数）。不管是 MD2、MD4 还是 MD5，它们都需要获得一个随机长度的信息并产生一个 128 位的信息摘要。

● ElGamal 算法

ElGamal 算法既能用于数据加密也能用于数字签名，其安全性依赖于计算有限域上离散对数这一难题。

美国 DSS（Digital Signature Standard）的 DSA（Digital Signature Algorithm）是由 ElGamal 算法演变而来的。

2. 认证

认证是指由认证机构证明产品、服务、管理体系符合相关技术规范的强制性要求或者标准的合格评定活动，是一种信用保证形式。按照国际标准化组织和国际电工委员会（IEC）的定义，认证是指由国家认可的认证机构证明一个组织的产品、服务、管理体系符合相关标准、技术规范（TS）或其强制性要求的合格评定活动。

认可机构：中国合格评定国家认可委员会（英文缩写为 CNAS）是根据《中华人民共和国认证认可条例》的规定，由国家认证认可监督管理委员会（英文缩写为 CNCA）批准成立并确定的认可机构，统一实施对认证机构、实验室和检验机构等相关机构的认可工作。

认证按强制程度分为自愿性认证和强制性认证两种，按认证对象分为体系认证和产品认证。

网站认证（网站亮证）：网站亮证是指持有"官方网站认证证书"和"官方网站认证标志"的企业网上身份认证资质，将证书标志悬挂在官网的醒目位置。网站亮证经营是由于网络的虚拟性和开放性，市场主体应当遵循的网站运营规则，既保护网站权益又保障网民利益。

3. 数字签名

数字签名（又称公钥数字签名）是只有信息的发送者才能产生的别人无法伪造的一段数字串，这段数字串同时也是对信息的发送者发送信息真实性的一个有效证明。它类似于写在纸上的普通的物理签名，但是使用公钥加密领域的技术来实现，用于鉴别数字信息。一套数字签名通常定义两种互补的运算，一个用于签名，另一个用于验证。数字签名是非对称密钥加密技术与数字摘要技术的应用。

数字签名机制作为保障网络信息安全的手段之一，可以解决伪造、抵赖、冒充和篡改问题。数字签名的目的之一就是在网络环境中代替传统的手工签字与印章。

数字签名算法依靠公钥加密技术来实现。在公钥加密技术里，每一个使用者有一对密钥：一把公钥和一把私钥。公钥可以自由发布，但私钥则秘密保存。还有一个要求就是要让通过公钥推算出私钥的做法不可能实现。

普通的数字签名算法包括三种算法：密码生成算法、标记算法和验证算法。

数字签名技术大多基于哈希摘要和非对称密钥加密体制来实现。如果签名者想要对某个文件进行数字签名，他必须首先从可信的第三方机构（数字证书认证中心 CA）取得私钥和公钥，这需要用到 PKI 技术。

4. 数字摘要

数字摘要（也称数字指纹）是将任意长度的消息变成固定长度的短消息，它类似于一个自变量是消息的函数，也就是哈希（Hash）函数，也被称为散列函数。数字摘要就是采用单向哈希函数将需要加密的明文"摘要"成一串固定长度（128 位）的密文，这一串密文又称为数字指纹，它有固定的长度，而且不同的明文摘要成密文，其结果总是不同的，而对于同样的明文，它们的摘要必定是一致的。

数字摘要是一个消息或文本的对应的固定长度的唯一值，数字摘要技术属于消息认证的范畴。摘要的长度是固定的，算法不可逆，例如：MD5，128 位（16 字节）；SHA-1，160 位（20 字节）。

数字摘要的特点如下：

1）不同的明文映射的消息摘要的结果总是不同的，并且相同的明文的摘要必然一致。

2）消息摘要无法从明文中取出解密。

3）数字摘要是信息资源的"指纹"，我们把这一系列的信息称为数字指纹。

4）信息的完整性由数字指纹识别。只有当数字指纹完全一致时，才能证明信息在传输过程中是安全可靠的，并且没有被修改或篡改过。

4.1.3.3　网络安全技术

网络安全是指网络系统的硬件、软件及其系统中的数据受到保护，不因偶然的或者恶意的原因而遭到破坏、更改、泄露，系统可连续、可靠、正常地运行，网络服务不中断。

1. 安全网络的特征

安全网络有如下特征：

1）保密性。信息不泄露给非授权的用户、实体或进程。

2）完整性。完整性是数据未经授权不能进行改变的特征，即信息在存储或传输过程中保持不被修改、不被破坏和丢失的特性。

3）可用性。可用性是可被授权实体访问并按需求使用的特征。

4）不可否认性。不可否认性又称不可抵赖性，在信息交互过程中，确保参与者的真实同一性，即所有参与者都不能否认和抵赖曾经完成的操作和承诺，利用信息源证据可以防止发信方不真实地否认已发信息，利用提交接收证据可以防止收信方事后否认已经接收的信息。

5）可控制。可控性是人们对信息的传播路径、范围及其内容所具有的控制能力，即不容许不良内容通过公共网络进行传输。

2. OSI 安全服务

针对网络系统受到的威胁，为了达到系统安全保密的要求，OSI 安全体系结构设置了七种类型的安全服务。

1）对等实体认证服务。对等实体认证服务用于两个开放系统同等层次实体建立链接或数据传输阶段，对对方实体（包括用户或进程）的合法性、真实性进行确认，以防假冒。

2）访问控制服务。访问控制服务用于防止未授权用户非法使用系统资源，包括用户身份认证和用户权限确认。

3）数据保密服务。数据保密服务包括多种保密服务。

4）数据完整服务。数据完整性服务用于阻止非法实体对交换数据的修改、插入、删除及在数据交换过程中的数据丢失。

5）数据源点认证服务。数据源点认证服务用于确保数据发自真正的源点，防止假冒。

6）信息流安全服务。信息流安全服务保证信息在从源点到目的地的整个过程中是安全的。

7）不可否认服务。不可否认服务用于防止发送方在发送数据后否认自己发送过此数据，接收方在收到数据后否认自己收到此数据或伪造接收数据。

3. 防火墙技术

防火墙技术是通过有机结合各类用于安全管理与筛选的软件和硬件设备，帮助计算机网络于其内、外网之间构建一道相对隔绝的保护屏障，以保护用户资料与信息安全性的一种技术。防火墙是指设置在不同网络（如可信任的企业内部网和不可信的公共网）或网络安全域之间的一系列部件的组合。它是不同网络或网络安全域之间信息的唯一出入口，能根据企业的安全政策控制（允许、拒绝、监测）出入网络的信息流，且本身具有较强的抗攻击能力。它是提供信息安全服务，实现网络和信息安全的基础设施。

在逻辑上，防火墙是一个分离器，一个限制器，也是一个分析器，有效地监控了内部网和Internet之间的任何活动，保证了内部网络的安全。

防火墙技术的功能主要在于及时发现并处理计算机网络运行时可能存在的安全风险、数据传输等问题，其中处理措施包括隔离与保护，同时可对计算机网络安全当中的各项操作实施记录与检测，以确保计算机网络运行的安全性，保障用户资料与信息的完整性，为用户提供更好、更安全的计算机网络使用体验。主要功能体现在：① 网络安全的屏障；② 强化网络安全策略；③ 监控审计；④ 防止内部信息的外泄；⑤ 日志记录与事件通知。

防火墙技术可根据防范的方式和侧重点的不同而分为很多种类型，但总体来讲可分为两大类：分组过滤（Packet Filtering）、应用代理（Application Proxy）。

- 分组过滤：作用在网络层和传输层，它根据分组包头源地址、目的地址、端口号、协议类型等标志确定是否允许数据包通过。只有满足过滤逻辑的数据包才被转发到相应的目的地出口端，其余数据包则从数据流中丢弃。
- 应用代理：也叫应用网关（Application Gateway），它作用在应用层，其特点是完全"阻隔"了网络通信流，通过对每种应用服务编制专门的代理程序，实现监视和控制应用层通信流的作用。实际中的应用网关通常由专用工作站实现。

（1）分组过滤型防火墙

分组过滤或包过滤，是一种通用、廉价、有效的安全手段。之所以通用，因为它不针对各个具体的网络服务采取特殊的处理方式；之所以廉价，因为大多数路由器都提供分组过滤功能；之所以有效，因为它能很大程度地满足企业的安全要求。包过滤在网络层和传输层起作用。它根据分组包的源地址、目的地地址、端口号及协议类型等标志确定是否允许分组包通过。所根据的信息来源于 IP、TCP 或 UDP 包头。

（2）应用代理型防火墙

应用代理型防火墙是内部网与外部网的隔离点，起着监视和隔绝应用层通信流的作用。同时也常结合包过滤器的功能。它工作在 OSI 模型的最高层，掌握着应用系统中可用作安全决策的全部信息。

（3）复合型防火墙

由于对更高安全性的要求，常把基于包过滤的方法与基于应用代理的方法结合起来，形成复合型防火墙产品。这种结合通常有以下两种方案。

1）屏蔽主机防火墙体系结构：在该结构中，分组过滤路由器或防火墙与 Internet 相连，同时一个堡垒机安装在内部网络，通过在分组过滤路由器或防火墙上过滤规则的设置，使堡垒机成为 Internet 上其他节点所能到达的唯一节点，这确保了内部网络不受未授权的外部用户的攻击。

2）屏蔽子网防火墙体系结构：堡垒机放在一个子网内，形成非军事化区，两个分组过滤路由器放在这一子网的两端，使这一子网与 Internet 及内部网络分离。在屏蔽子网防火墙体系结构中，堡垒主机和分组过滤路由器共同构成了整个防火墙的安全基础。

4.1.3.4　计算机安全等级及相关法律法规

1. 计算机安全等级

计算机的安全等级也即计算机安全级别，安全级别有两个含义：一个是主客体信息资源的安全类别，分为有层次的安全级别和无层次的安全级别；另一个是访问控制系统实现的安全级别，这和计算机系统的安全级别是一样的，分为四组七个等级，具体为 D、C（C1、C2）、B（B1、B2、B3）和 A（A1），安全级别从 D 到 A 逐步提高，各级间向下兼容。1985 年美国国防部公布了《美国国防部可信计算机系统评估系统 TCSEC》。

（1）D 级别

D 级别是最低的安全级别，对系统提供最小的安全防护。系统的访问控制没有限制，无须登录系统就可以访问数据，这个级别的系统包括 DOS、Windows 98 等。

（2）C 级别

C 级别有两个子级别，即 C1 级和 C2 级。

C1 级称为选择性保护级（Discretionary Security Protection）可以实现自主安全防护，对用户和数据进行分离，保护或限制用户权限的传播。

C2 级具有访问控制环境的权限，比 C1 级的访问控制划分得更为详细，能够实现受控安全保护、个人账户管理、审计和资源隔离。这个级别的系统包括 Unix、Linux 和 Windows NT 系统。

C 级别属于自由选择性安全保护，在设计上有自我保护和审计功能，可对主体行为进行审计与约束。C 级别的安全策略主要是自主存取控制，可以实现：

1）保护数据，确保非授权用户无法访问。

2）对存取权限的传播进行控制。

3）个人用户数据的安全管理。

C 级别的用户必须提供身份证明（比如口令机制）才能够正常实现访问控制，因此用户的操作与审计自动关联。C 级别的审计能够针对实现访问控制的授权用户和非授权用户，建立、维护以及保护审计记录不被更改、破坏或受到非授权存取。这个级别的审计能够实现对所要审计的事件、事件发生的日期与时间、涉及的用户、事件类型、事件成功或失败等进行记录，同时能通过对个体的识别，有选择地审计任何一个或多个用户。C 级别的一个重要特点是有对审计生命周期保证的验证，这样可以检查是否有明显的旁路可绕过或欺骗系统，检查是否存在明显的漏路（违背对资源的隔离，造成对审计或验证数据的非法操作）。

（3）B 级别

B 级别包括 B1、B2 和 B3 三个级别，B 级别能够提供强制性安全保护和多级安全。强制防护是指定义及保持标记的完整性，信息资源的拥有者不具有更改自身的权限，系统数据完全处于访问控制管理的监督下。

B1 级称为标识安全保护（Labeled Security Protection）。

B2 级称为结构保护级别（Security Protection），要求访问控制的所有对象都有安全标签以实现低级别的用户不能访问敏感信息，对于设备、端口等也应标注安全级别。

B3 级别称为安全域保护级别（Security Domain），这个级别使用安装硬件的方式来加强域的安全，比如用内存管理硬件来防止无授权访问。B3 级别可以实现：

1）引用监视器参与所有主体对客体的存取以保证不存在旁路。

2）审计跟踪能力强，可以提供系统恢复过程。

3）支持安全管理员角色。

4）用户终端必须通过可信任通道才能实现对系统的访问。

5）防止篡改。

B 组安全级别可以实现自主存取控制和强制存取控制，通常的实现包括：

1）所有敏感标识控制下的主体和客体都有标识。

2）安全标识对普通用户是不可变更的。

3）可以审计：任何试图违反可读输出标记的行为、授权用户提供的无标识数据的安全级别和与之相关的动作、信道和 I/O 设备的安全级别的改变、用户身份和与之相应的操作。

4）维护认证数据和授权信息。

5）通过控制独立地址空间来维护进程的隔离。

B 组安全级别应该保证：

1）在设计阶段，应该提供设计文档、源代码以及目标代码，以供分析和测试。

2）有明确的漏洞清除和补救缺陷的措施。

3）无论是形式化的还是非形式化的模型，都能被证明该模型可以满足安全策略的需求。

4）监控对象在不同安全环境下的移动过程（如两进程间的数据传递）。

（4）A 级别

A 级别只有 A1 这一个级别，A 级别称为验证设计级（Verity Design），是最高的安全级别。在 A 级别中，安全的设计必须给出形式化设计说明和验证，需要有严格的数学推导过程，同时应该包含秘密信道和可信分布的分析，也就是说要保证系统的部件来源有安全保证，例如对这些软件和硬件在生产、销售、运输中进行严密跟踪和严格的配置管理，以避免出现安全隐患。

安全威胁中主要的可实现的威胁分为两类：渗入威胁和植入威胁。主要的渗入威胁有假冒、旁路控制、授权侵犯。主要的植入威胁有特洛伊木马、陷门。

《计算机信息系统安全保护等级划分准则》（GB17859—1999）规定了计算机系统安全保护能力的五个等级，即

第一级：用户自主保护级。

第二级：系统审计保护级。

第三级：安全标记保护级。

第四级：结构化保护级。

第五级：访问验证保护级。

2. 计算机安全相关法律法规

（1）中华人民共和国刑法（摘录与计算机犯罪相关的条款）

第二百八十五条　【非法侵入计算机信息系统罪；非法获取计算机信息系统数据、非法控制计算机信息系统罪；提供侵入、非法控制计算机信息系统程序、工具罪】违反国家规定，侵入国家事务、国防建设、尖端科学技术领域的计算机信息系统的，处三年以下有期徒刑或者拘役。

违反国家规定，侵入前款规定以外的计算机信息系统或者采用其他技术手段，获取该计算机信息系统中存储、处理或者传输的数据，或者对该计算机信息系统实施非法控制，情节严重的，处三年以下有期徒刑或者拘役，并处或者单处罚金；情节特别严重的，处三年以上七年以下有期徒刑，并处罚金。

提供专门用于侵入、非法控制计算机信息系统的程序、工具，或者明知他人实施侵入、非法控制计算机信息系统的违法犯罪行为而为其提供程序、工具，情节严重的，依照前款的规定处罚。

单位犯前三款罪的，对单位判处罚金，并对其直接负责的主管人员和其他直接责任人员，依照各该款的规定处罚。

第二百八十六条　【破坏计算机信息系统罪；网络服务渎职罪】违反国家规定，对计算机信息系统功能进行删除、修改、增加、干扰，造成计算机信息系统不能正常运行，后果严重的，处五年以下有期徒刑或者拘役；后果特别严重的，处五年以上有期徒刑。

违反国家规定，对计算机信息系统中存储、处理或者传输的数据和应用程序进行删除、修改、增加的操作，后果严重的，依照前款的规定处罚。

故意制作、传播计算机病毒等破坏性程序，影响计算机系统正常运行，后果严重的，依照第一款的规定处罚。

单位犯前三款罪的，对单位判处罚金，并对其直接负责的主管人员和其他直接责任人员，依照第一款的规定处罚。

第二百八十六条之一　【拒不履行信息网络安全管理义务罪】网络服务提供者不履行法律、行政法规规定的信息网络安全管理义务，经监管部门责令采取改正措施而拒不改正，有下列情形之一的，处三年以下有期徒刑、拘役或者管制，并处或者单处罚金：

（一）致使违法信息大量传播的；

（二）致使用户信息泄露，造成严重后果的；

（三）致使刑事案件证据灭失，情节严重的；

（四）有其他严重情节的。

单位犯前款罪的，对单位判处罚金，并对其直接负责的主管人员和其他直接责任人员，依照前款的规定处罚。

有前两款行为，同时构成其他犯罪的，依照处罚较重的规定定罪处罚。

第二百八十七条　【利用计算机实施犯罪的提示性规定】利用计算机实施金融诈骗、盗窃、贪污、挪用公款、窃取国家秘密或者其他犯罪的，依照本法有关规定定罪处罚。

第二百八十七条之一 【非法利用信息网络罪】利用信息网络实施下列行为之一，情节严重的，处三年以下有期徒刑或者拘役，并处或者单处罚金：

（一）设立用于实施诈骗、传授犯罪方法、制作或者销售违禁物品、管制物品等违法犯罪活动的网站、通讯群组的；

（二）发布有关制作或者销售毒品、枪支、淫秽物品等违禁物品、管制物品或者其他违法犯罪信息的；

（三）为实施诈骗等违法犯罪活动发布信息的。

单位犯前款罪的，对单位判处罚金，并对其直接负责的主管人员和其他直接责任人员，依照第一款的规定处罚。

有前两款行为，同时构成其他犯罪的，依照处罚较重的规定定罪处罚。

第二百八十七条之二 【帮助信息网络犯罪活动罪】明知他人利用信息网络实施犯罪，为其犯罪提供互联网接入、服务器托管、网络存储、通讯传输等技术支持，或者提供广告推广、支付结算等帮助，情节严重的，处三年以下有期徒刑或者拘役，并处或者单处罚金。

单位犯前款罪的，对单位判处罚金，并对其直接负责的主管人员和其他直接责任人员，依照第一款的规定处罚。

有前两款行为，同时构成其他犯罪的，依照处罚较重的规定定罪处罚。

（2）中华人民共和国计算机信息系统安全保护条例

（1994 年 2 月 18 日中华人民共和国国务院令第 147 号发布 根据 2011 年 1 月 8 日《国务院关于废止和修改部分行政法规的决定》修订）

第一章 总 则

第一条 为了保护计算机信息系统的安全，促进计算机的应用和发展，保障社会主义现代化建设的顺利进行，制定本条例。

第二条 本条例所称的计算机信息系统，是指由计算机及其相关的和配套的设备、设施（含网络）构成的，按照一定的应用目标和规则对信息进行采集、加工、存储、传输、检索等处理的人机系统。

第三条 计算机信息系统的安全保护，应当保障计算机及其相关的和配套的设备、设施（含网络）的安全，运行环境的安全，保障信息的安全，保障计算机功能的正常发挥，以维护计算机信息系统的安全运行。

第四条 计算机信息系统的安全保护工作，重点维护国家事务、经济建设、国防建设、尖端科学技术等重要领域的计算机信息系统的安全。

第五条 中华人民共和国境内的计算机信息系统的安全保护，适用本条例。

未联网的微型计算机的安全保护办法，另行制定。

第六条 公安部主管全国计算机信息系统安全保护工作。国家安全部、国家保密局和国务院其他有关部门，在国务院规定的职责范围内做好计算机信息系统安全保护的有关工作。

第七条 任何组织或个人，不得利用计算机信息系统从事危害国家利益、集体利益和公民合法利益的活动，不得危害计算机信息系统的安全。

第二章 安全保护制度

第八条 计算机信息系统的建设和应用，应当遵守法律、行政法规和国家其他有关规定。

第九条　计算机信息系统实行安全等级保护。安全等级的划分标准和安全等级保护的具体办法，由公安部会同有关部门制定。

第十条　计算机机房应当符合国家标准和国家有关规定。在计算机机房附近施工，不得危害计算机信息系统的安全。

第十一条　进行国际联网的计算机信息系统，由计算机信息系统的使用单位报省级以上人民政府公安机关备案。

第十二条　运输、携带、邮寄计算机信息媒体进出境的，应当如实向海关申报。

第十三条　计算机信息系统的使用单位应当建立健全安全管理制度，负责本单位计算机信息系统的安全保护工作。

第十四条　对计算机信息系统中发生的案件，有关使用单位应当在 24 小时内向当地县级以上人民政府公安机关报告。

第十五条　对计算机病毒和危害社会公共安全的其他有害数据的防治研究工作，由公安部归口管理。

第十六条　国家对计算机信息系统安全专用产品的销售实行许可证制度。具体办法由公安部会同有关部门制定。

第三章　安全监督

第十七条　公安机关对计算机信息系统保护工作行使下列监督职权：

（一）监督、检查、指导计算机信息系统安全保护工作；

（二）查处危害计算机信息系统安全的违法犯罪案件；

（三）履行计算机信息系统安全保护工作的其他监督职责。

第十八条　公安机关发现影响计算机信息系统安全的隐患时，应当及时通知使用单位采取安全保护措施。

第十九条　公安部在紧急情况下，可以就涉及计算机信息系统安全的特定事项发布专项通令。

第四章　法律责任

第二十条　违反本条例的规定，有下列行为之一的，由公安机关处以警告或者停机整顿：

（一）违反计算机信息系统安全等级保护制度，危害计算机信息系统安全的；

（二）违反计算机信息系统国际联网备案制度的；

（三）不按照规定时间报告计算机信息系统中发生的案件的；

（四）接到公安机关要求改进安全状况的通知后，在限期内拒不改进的；

（五）有危害计算机信息系统安全的其他行为的。

第二十一条　计算机机房不符合国家标准和国家其他有关规定的，或者在计算机机房附近施工危害计算机信息系统安全的，由公安机关会同有关单位进行处理。

第二十二条　运输、携带、邮寄计算机信息媒体进出境，不如实向海关申报的，由海关依照《中华人民共和国海关法》和本条例以及其他有关法律、法规的规定处理。

第二十三条　故意输入计算机病毒以及其他有害数据危害计算机信息系统安全的，或者未经许可出售计算机信息系统安全专用产品的，由公安机关处以警告或者对个人处以 5000 元以下的罚款、对单位处以 15000 元以下的罚款；有违法所得的，除予以没收外，可以处以违法所得 1 至 3 倍的罚款。

第二十四条　违反本条例的规定，构成违反治安管理行为的，依照《中华人民共和国治安管理处罚法》的有关规定处罚；构成犯罪的，依法追究刑事责任。

第二十五条 任何组织或者个人违反本条例的规定，给国家、集体或者他人财产造成损失的，应当依法承担民事责任。

第二十六条 当事人对公安机关依照本条例所作出的具体行政行为不服的，可以依法申请行政复议或者提起行政诉讼。

第二十七条 执行本条例的国家公务员利用职权，索取、收受贿赂或者有其他违法、失职行为，构成犯罪的，依法追究刑事责任；尚不构成犯罪的，给予行政处分。

第五章 附 则

第二十八条 本条例下列用语的含义：

计算机病毒，是指编制或者在计算机程序中插入的破坏计算机功能或者毁坏数据，影响计算机使用，并能自我复制的一组计算机指令或者程序代码。

计算机信息系统安全专用产品，是指用于保护计算机信息系统安全的专用硬件和软件产品。

第二十九条 军队的计算机信息系统安全保护工作，按照军队的有关法规执行。

第三十条 公安部可以根据本条例制定实施办法。

第三十一条 本条例自发布之日起施行。

4.2 真题精解

4.2.1 真题练习

1.【2017年上半年试题16】Alice 发给 Bob 一个经 Alice 签名的文件，Bob 可以通过_____验证该文件来源的合法性。

    A. Alice 的公钥　　　　B. Alice 的私钥　　　C. Bob 的公钥　　　D. Bob 的私钥

2.【2017年上半年试题17】防火墙不能实现_____的功能。

    A. 过滤不安全的服务　　　　　　　　B. 控制对特殊站点的访问

    C. 防止内网病毒传播　　　　　　　　D. 限制外部网对内部网的访问

3.【2017年上半年试题18】DDoS（Distributed Denial of Service）攻击的目的是_____。

    A. 窃取账号　　　　　　　　　　　　B. 远程控制其他计算机

    C. 篡改网络上传输的信息　　　　　　D. 影响网络提供正常的服务

4.【2017年下半年试题14、15】2017年5月，全球的十几万电脑受到勒索病毒 WannaCry 的攻击，电脑被感染后文件会被加密锁定，从而勒索钱财。在该病毒中，黑客利用_(1)_实现攻击，并要求以_(2)_方式支付。

    （1）A. Windows 漏洞　B. 用户弱口令　　C. 缓冲区溢出　　D. 特定网站

    （2）A. 现金　　　　　B. 微信　　　　　C. 支付宝　　　　D. 比特币

5.【2017年下半年试题16】以下关于防火墙功能特性的说法中，错误的是_____。

    A. 控制进出网络的数据包和数据流向　　B. 提供流量信息的日志和审计

    C. 隐藏内部 IP 以及网络结构细节　　　D. 提供漏洞扫描功能

6.【2019年下半年试题17】常用作网络边界防范的是_____。

　　　A. 防火墙　　　　　　　B. 入侵检测　　　C. 防毒墙　　　　　D. 漏洞扫描

　　7.【2019 年下半年试题 18】甲怀疑乙发给他的信息已遭人篡改，同时怀疑乙的公钥也是被人冒充的。为了消除甲的疑虑，甲、乙需要找一个双方都信任的第三方，即_____来签发数字证书。

　　　A. 注册中心 RA　　　　　　　　　　　B. 国家信息安全测评中心

　　　C. 认证中心 CA　　　　　　　　　　　D. 国际电信联盟 ITU

　　8.【2020 年下半年试题 16】在需要保护的信息资产中，_____是最重要的。

　　　A. 软件　　　　　　　B. 硬件　　　　　C. 数据　　　　　D. 环境

　　9.【2020 年下半年试题 18】从对信息的破坏性上看，网络攻击可以分为被动攻击和主动攻击。以下属于被动攻击的是_____。

　　　A. 伪造　　　　　　　B. 流量分析　　　C. 拒绝服务　　　D. 中间人攻击

4.2.2　真题解析

　　1.【答案】A。

　　【解析】考查公钥认证的基础知识。

　　数字签名是非对称加密算法的一种应用，非对称加密算法的两个密钥分别是加密密钥（公钥）和解密密钥（私钥）；公钥对公众开放，私钥用于加密需要保密的明文。

　　发送方使用自己的私钥加密数据文件（数字签名）。接收方接收到这个数字签名文件后，使用发送方的公钥来解密这个数字签名文件，如果能够解开，则表明这个文件是发送方发送过来的；否则为伪造的第三方发送过来的。对于发送方来讲这种签名有不可否认性。

　　2.【答案】C。

　　【解析】考查防火墙方面的基础知识。

　　防火墙可以实现过滤不安全的服务、控制对特殊站点的访问和限制外部网络的访问，认为内部网是可信赖的，而外部网是不安全和不可信任的，而不能防止内网病毒传播。

　　3.【答案】D。

　　【解析】考查网络安全的基本概念。

　　DDoS（分布式拒绝服务），俗称洪水攻击。DDoS 的攻击方式有很多种，最基本的 DDoS 攻击是借助 C/S 技术，将多个计算机联合起来作为攻击平台，对一个或多个目标发起 DDoS 攻击，主要目的是阻止合法用户对正常网络资源的访问。常见的 DDoS 攻击手段有 SYS Flood、ACK Flood、UDP Flood、ICMP Flood、Connections Flood、Script Flood、Proxy Flood 等。

　　4.【答案】（1）A；（2）D。

　　【解析】考查计算机安全中病毒方面的基础知识。

　　WannaCry（又叫 Wanna Decryptor），一种"蠕虫式"的勒索病毒软件，大小 3.3MB，由不法分子利用 NSA（National Security Agency，美国国家安全局）泄露的危险漏洞 EternalBlue（永恒之蓝）进行传播。当用户主机系统被该勒索软件入侵后，弹出勒索对话框，提示勒索目的并向用户索要比特币。而对于用户主机上的重要文件，如照片、图片、文档、压缩包、音频、视频、可执行程序等几乎所有类型的文件，都进行加密，并将加密文件的后缀名统一修改为".WNCRY"。

　　目前，安全业界暂未能有效破除该勒索软件的恶意加密行为，用户主机一旦被勒索软件渗透，只能通过重装操作系统的方式来解除勒索行为，但用户的重要数据文件不能直接恢复。

WannaCry 主要利用了微软 Windows 系统的漏洞，以获得自动传播的能力，能够在数小时内感染一个系统内的全部电脑。

勒索病毒的攻击者为了隐匿身份，收取赎金时不会采取现金、微信、支付宝等可能会被追查到的方式，而是在病毒发作后显示特定界面，要求用户通过比特币方式缴纳赎金。

5.【答案】D。

【解析】考查计算机安全中防火墙方面的基础知识。

防火墙认为内部网是可信赖的，而外部网是不安全和不可信任的。

防火墙是指一种由软硬件设备组合而成、在内外网之间架起的防御系统，用来保护内部的网络不受外界的侵害。它在内部网与外部网之间的界面上构造一个保护层，并强制所有的连接都必须经过此保护层，在此进行检查和连接。只有被授权的通信才能通过此保护层，从而保护内部网资源免遭非法入侵。防火墙主要用于实现网络路由的安全性，作为保护屏障，隔离了内网和外网。主要功能是对外来的行为进行控制，从而防止外部攻击。防火墙就是利用设置的条件，监测通过的包的特征来决定放行或者阻止数据，同时防火墙一般架设在提供某些服务的服务器前，具备网关的能力，用户对服务器或内部网络的访问请求与反馈都需要经过防火墙的转发，相对外部用户而言防火墙隐藏了内部网络结构。防火墙作为一种网络安全设备，安装有网络操作系统，可以对流经防火墙的流量信息进行详细的日志和审计。

漏洞扫描是指基于漏洞数据库，通过扫描等手段对指定的远程或者本地计算机系统的安全脆弱性进行检测，发现可利用漏洞的一种安全检测（渗透攻击）行为。由相应的扫描工具实现。

6.【答案】A。

【解析】考查网络安全的基础知识。

防火墙指的是一个由软硬件设备组合而成、在内外网之间架起的防御系统，防火墙主要由服务访问规则、验证工具、包过滤和应用网关组成。入侵检测是防火墙的合理补充，帮助系统对付网络攻击，扩展了系统管理员的安全管理能力，提高了信息安全基础结构的完整性。它从计算机网络系统中的若干关键点收集信息，并分析这些信息，看看网络中是否有违反安全策略的行为和遭到袭击的迹象。入侵检测被认为是防火墙之后的第二道安全闸门，在不影响网络性能的情况下能对网络进行监测，从而提供对内部攻击、外部攻击和误操作的实时保护。网络防毒墙主要用于防护网络层的病毒，包括邮件、网页、QQ、MSN 等病毒的传播。漏洞扫描是指基于漏洞数据库，通过扫描等手段对指定的远程或者本地计算机系统的安全脆弱性进行检测，发现可利用漏洞的一种安全检测（渗透攻击）行为。漏洞扫描器包括网络漏扫、主机漏扫、数据库漏扫等不同种类。

7.【答案】C。

【解析】考查信息安全的基础知识。

证书颁发机构（Certificate Authority，CA）即颁发数字证书的机构，是负责发放和管理数字证书的权威机构，并作为电子商务交易中受信任的第三方，承担公钥体系中公钥的合法性检验的责任。CA 中心为每个使用公开密钥的用户发放一个数字证书，以证明证书中列出的用户合法拥有证书中列出的公开密钥。CA 的数字签名使得攻击者不能伪造和篡改证书。

8.【答案】C。

【解析】考查信息安全的基础知识。

在信息资产中，软件、硬件及环境都具有可重构性，数据则存在不可完全恢复的可能性，因此是最重要的。

9.【答案】B。

【解析】考查网络安全的基础知识。

　　网络攻击是指针对计算机信息系统、基础设施、计算机网络或个人计算机设备进行任何类型的进攻动作。对于计算机和计算机网络来说，破坏、揭露、修改、使软件或服务失去功能、在没有得到授权的情况下盗取或访问计算机系统的数据，都会被视为对计算机和计算机网络的攻击。主动攻击会导致某些数据流的篡改和虚假数据流的产生。这类攻击可分为篡改、伪造消息数据和拒绝服务。被动攻击中的攻击者不对数据信息做任何修改，而是在未经用户同意和认可的情况下，攻击者获得了信息或相关数据。通常包括窃听、流量分析、破解弱加密的数据流等攻击方式。

4.3　难点精练

本节针对重难知识点模拟练习并讲解，强化重难知识点及题型。

4.3.1　重难点练习

1. 防火墙是建立在内外网络边界上的一类安全保护机制，它的安全架构是基于_____。

　　A. 流量控制技术　　　　　　　　　　B. 加密技术

　　C. 信息流填充技术　　　　　　　　　D. 访问控制技术

2. _____ 不属于数据加密技术的关键。

　　A. 加密算法　　　　B. 解密算法　　　　C. 密钥管理　　　　D. 明文密文

3. 以下关于非对称加密说法中不正确的是_____。

　　A. 非对称加密算法需要两个密钥：公开密钥和私有密钥

　　B. 若用公开密钥对数据进行加密，则只有用对应的私有密钥才能解密

　　C. 若用私有密钥对数据进行加密，则只有用对应的公开密钥才能解密

　　D. 只能用公开密钥对数据进行加密，而不能用私有密钥对数据进行加密

4. 计算机网络中，网络安全特别重要。在计算机上安装防火墙通常是提高网络系统安全的重要手段。有关防火墙的说法正确的是_____。

　　A. 防火墙是杀毒软件　　　　　　　　B. 防火墙阻止一切外部消息

　　C. 防火墙可以防止外部网对内部网的攻击　　D. 防火墙是网管

5. 文件的保密是指防止文件被_____。

　　A. 修改　　　　B. 破坏　　　　C. 删除　　　　D. 窃取

6. 目前，防火墙技术没有的功能是_____。

　　A. 过滤数据包　　　B. 线路过滤　　　C. 应用层代理　　　D. 清除病毒

7. VPN 主要采用了 4 项技术来保证安全，它们分别是加密技术、密钥管理技术、身份认证技术和_____。

　　A. 交换技术　　　B. 路由技术　　　C. 隔离技术　　　D. 隧道技术

8. 密码学中，破译密码被称为_____。

　　A. 密码结构学　　　B. 密码分析学　　　C. 密码方法学　　　D. 密码专业学

9. 现代密码体制使用的基本方法仍然是替换和_____。

    A. RSA   B. 换位   C. 一次性填充   D. DES

10. _____通过替换系统的合法程序，或者在合法程序中插入恶意代码，实现非授权进程，从而达到某种特定目的。

    A. 窃听   B. 拒绝服务   C. 假冒   D. 特洛伊木马

11. MD5 算法的特点是以任意长度的报文作为输入，产生一个_____比特的报文作为输出，输入是按照 512 比特的分组进行处理的。

    A. 64   B. 128   C. 256   D. 512

12. 只有得到允许的人才能修改数据，并能够识别出数据是否已经被篡改。这属于信息安全 5 个要素中的 (1) 。根据美国国防部和国家标准局的《可信计算机系统评测标准》，标记安全保护的安全级别为 (2) 。

    （1）A. 机密性   B. 完整性   C. 可用性   D. 可审查性

    （2）A. A1   B. B1   C. B2   D. B3

13. 关于入侵检测和防火墙的说法中，正确的是_____。

    A. 防火墙主要是防止内部网络的攻击

    B. 防火墙安装在网络外部

    C. 实时入侵检测能够对付内部的攻击

    D. 入侵检测技术和防火墙技术没有区别，只是说法不一样

14. 计算机的某种病毒仅包围宿主程序，并不修改宿主程序，当主程序运行时，该病毒程序也随之进入内存。该病毒的类型是_____。

    A. 操作系统型   B. 外壳型   C. 源码型   D. 入侵型

15. 防火墙是隔离内部和外部网的一类安全系统。通常防火墙中使用的技术有过滤和代理两种。路由器可以根据 (1) 进行过滤，以阻挡某些非法访问。 (2) 是一种代理协议，使用该协议的代理服务器是一种 (3) 网关。另外一种代理服务器使用 (4) 技术，它可以把内部网络中的某些私有 IP 地址隐藏起来。安全机制是实现安全服务的技术手段，一种安全机制可以提供多种安全服务，而一种安全服务也可采用多种安全机制。加密机制不能提供的安全服务是 (5) 。

    （1）A. 网卡地址   B. IP 地址   C. 用户标识   D. 加密方法

    （2）A. SSL   B. STT   C. SOCKS   D. CHAP

    （3）A. 链路层   B. 网络层   C. 传输层   D. 应用层

    （4）A. NAT   B. CIDR   C. BGP   D. OSPF

    （5）A. 数据保密性   B. 访问控制   C. 数字签名   D. 认证

16. 数字签名技术可以用于对用户身份或信息的真实性进行验证与鉴定，但是下列的_____行为不能用数字签名技术解决。

    A. 抵赖   B. 仿造   C. 篡改   D. 窃听

17. 当 n（$n \geqslant 1000$）个用户采用对称密码进行保密通信时，任意两个用户之间都需要一个安全的信道，系统中共有 (1) 个密钥，每个用户需要持有 (2) 密钥；而当 n 个用户采用公钥密码方法进行保密通信时，共有 $2n$ 个密钥，每个用户需要持有 (3) 个密钥（公开的、可任意使用的公钥不算在内）。

    （1）A. n B. $2n$ C. $n(n-1)/2$ D. $n(n-1)$

（2）A. *n*-1　　　　B. *n*　　　　　C. 2(*n*-1)　　　D. 2*n*

（3）A. 1　　　　　B. 2　　　　　C. *n*-1　　　　D. 2*n*

18. 在网络通信中，当消息发出后，接收方能确认消息确实是由声称的发送方发出的；同样，当消息接收后，发送方能确认消息确实已由声称的接收方收到。这样的安全服务称为_____服务。

　　A. 数据保密性　　　　B. 数据完整性　　　C. 不可否认性　　　D. 访问控制

19. OSI（Open System Interconnection）安全体系方案 X.800 将安全服务定义为通信开放系统协议层提供的服务，用来保证系统或数据传输有足够的安全性。X.800 定义了 5 类可选的安全服务。下列相关的选项中不属于 5 类安全服务的是_____。

　　A. 数据保密性　　　　B. 访问控制　　　　C. 认证　　　　　D. 数据压缩

20. 下列关于加密的叙述中，正确的是_____。

　　A. DES 属于公钥密码体制

　　B. RSA 属于公钥密码体制，其安全性基于大数因子分解的困难程度

　　C. 公钥密码体制中的密钥管理复杂

　　D. 公钥密码体制中，加密和解密采用不同的密钥，解密密钥是向社会公开的

21. _____不能减少用户计算机被攻击的可能性。

　　A. 选用比较长和复杂的用户登录口令

　　B. 使用防病毒软件

　　C. 尽量避免开放过多的网络服务

　　D. 定期扫描系统硬盘碎片

22. _____操作一般不会感染计算机病毒。

　　A. 打开电子邮件的附件　　　　　　　B. 从网站下载软件

　　C. 通过软盘传送计算机上的文件　　　D. 启动磁盘整理工具

4.3.2　练习精解

1. 【答案】D。

【解析】防火墙是建立在内外网络边界上的过滤封锁机制，其作用是防止未经授权地访问被保护的内部网络，它的安全架构是基于访问控制技术的。

2. 【答案】D。

【解析】数据加密技术的关键是加密/解密算法和密钥管理。加密技术包括两个元素：算法和密钥。数据加密的基本过程就是对原来为明文的文件和数据按某种加密算法进行处理，使其成为不读的一段代码，这段代码通常称为"密文"。"密文"只能在输入相应的密钥之后才能显示出原来的内容，通过这样的途径来达到保护数据不被窃取的目的。

3. 【答案】D。

【解析】与对称加密算法不同，非对称加密算法需要两个密钥：公开密钥和私有密钥。公开密钥与私有密钥是一对，如果用公开密钥对数据进行加密，那么只有用对应的私有密钥才能解密；如果用私有密钥对数据进行加密，那么只用对应的公开密钥才能解密。所以公开密钥和私有密钥都能用来对数据进行加密，D 选项的说法是不正确的。

4.【答案】C。

【解析】防火墙可以阻止外部网络对内部网络的攻击。目前防火墙还没有杀毒功能。它只对网络消息进行过滤，并不能阻止一切消息，更不能和网络管理员相提并论。因此本题答案为C。

5.【答案】D。

【解析】文件的保密是指防止文件被窃取。

6.【答案】D。

【解析】目前，防火墙还不具有杀毒功能。清除病毒不是防火墙的功能范围。

7.【答案】D。

【解析】VPN主要采用加密技术、密钥管理技术、身份认证技术和隧道技术来保证安全。

8.【答案】B。

【解析】密码学中，破译密码被称为密码分析学。破译密码的艺术和设计密码的艺术合起来被称为密码学或者密码术。

9.【答案】B。

【解析】历史上，加密的方法被分为两大类：置换密码和转置（换位）密码。现代密码体制使用的基本方法仍然是替换和换位。

10.【答案】D。

【解析】特洛伊木马程序通过替换系统的合法程序，或者在合法程序中插入恶意代码，实现非授权进程，从而达到某种特定目的。拒绝服务攻击或者删除通过某一连接的所有PDU（Protocol Data Unit，协议数据单元），或者将双方或单方PDU延迟。

11.【答案】B。

【解析】MD5首先将原始的消息填补到448位的长度，然后将消息长度追加成64位整数，因此输入长度为512位的倍数，最后将一个128位的缓冲区初始化成一个固定的值。MD5算法的特点是以任意长度的报文作为输入，产生一个128比特的报文作为输出，输入是按照512比特的分组进行处理。

12.【答案】（1）B；（2）B。

【解析】信息安全的5个要素为：机密性、完整性、可用性、可控性和可审查性。其中完整性被定义为：只有得到允许的人才能修改数据，并能够识别出数据是否已经被篡改。

美国国防部和国家标准局的《可信计算机系统评测标准》把系统划分为4组7个等级。标记安全保护是B1级别。

13.【答案】C。

【解析】防火墙主要是设置在内部网和外部网的交界处，防止外部网对内部网的攻击，它无法防止内部攻击。实时入侵检测能够对付内部的攻击，阻止黑客的入侵。

14.【答案】B。

【解析】按照特征把计算机病毒分为4种基本类型：操作系统型、外壳型、入侵型和源码型。其中外壳型计算机病毒仅包围宿主程序，并不修改宿主程序，当宿主程序运行时，该病毒程序也随之进入内存。

15.【答案】（1）B；（2）C；（3）D；（4）A；（5）B。

【解析】路由器是通过IP地址、UDP和TCP端口来筛选数据。

SOCKS是代理协议，工作在应用层。

NAT 技术可以将 IP 地址隐藏起来。

访问控制不能由加密来控制。

16.【答案】D。

【解析】本题考查的是信息安全方面的基础知识。

为了保证信息安全，不仅要对口令加密，有时还要对网上传送的文件加密。数字签名技术主要用于解决冒充、抵赖、仿造或篡改等问题，例如为了保证电子邮件的安全，人们采用了数字签名，提供基于加密的身份认证技术，对用户身份或信息的真实性进行验证和鉴定。窃听是指信息在传输过程中从已被监视的通信过程中泄漏出去，因此，窃听行为是不能用数字签名技术解决的，所以应选 D。

17.【答案】（1）C；（2）A；（3）A。

【解析】本题考查的是信息加密解密方面的基础知识。

保密通信进入计算机网络后，对称密码便暴露出它的严重弱点。对称密码要求在进行保密通信之前，双方必须通过安全通道传送所用的密钥，这对于相距较远的用户可能要付出极大的代价。若有 n（$n \geqslant 1000$）个用户，当这个用户采用对称密码保密通信时，任意两个用户之间都需要一个安全的信道，每个用户需要保存 $n-1$ 个密钥，则共需 $\frac{n(n-1)}{2}$ 个密钥。这样导致密钥过多，管理和必要的更换工程十分繁重。密钥只能记录在记录本上或存储在计算机上的内存和外存上，这本身就是不安全的。

而当 n 个用户采用公钥密码方法保密通信时，每个用户都有一对互不相同的加密密钥（公开）和解密密钥（保密），所以系统中一共有 $2n$ 个密钥，每个用户仅需要保管好他本人的（保密的）解密密钥，而每个用户公开的加密密钥可以很方便地送给其他用户。

18.【答案】C。

【解析】不可否认服务可以被看作常见的安全措施，如身份确认和认证服务的一种扩展。不可否认服务可以避免发生发送者拒绝承认曾发送过信息的情况，从而保护信息接收者的收益。同样，该服务也可以避免发生接收者拒绝承认接收过信息的情况，从而保护信息发送者的利益。通常，不可否认服务用于处理数据电子化传送中的问题。数据保密性服务可以防止敏感信息失窃。在本地存储环境下，敏感数据可以通过访问控制及数据加密机制来进行保护。数据完整性服务主要用于识别非法的数据修改。用户访问控制服务允许通过限制合法的、经认证的用户数据访问权限来保护某些敏感的系统资源。

19.【答案】D。

【解析】 OSI（Open System Interconnection）安全体系方案 X.800 定义了 5 类可选的安全服务，分别是：认证，数据保密性，访问控制，数据完整性，不可否认性。

20.【答案】B。

【解析】数据加密即是对明文（未经加密的数据）按照某种的加密算法（数据变换算法）进行处理，从而形成难以理解的密文（经加密后的数据）。即使密文被截获，截获方也无法或难以解码，从而防止泄露信息。

数据加密和数据解密是一对可逆的过程，数据加密是用加密算法 E 和加密密钥 K_1 将明文 P 表示为 $P=DK_2（C）$。

按照加密密钥 K_1 和解密密钥 K_2 的异同，有两种密钥体制：秘密密钥加密体制和公开密钥加密体制。

1）秘密密钥加密体制（$K_1=K_2$）：加密和解密采用相同的密钥，因而又称为对称密码体制。因为其加密速度快，通常用来加密大批量的数据。典型的方法有日本 NTT 公司的快速数据加密标准（FEAL）、瑞士的国际数据加密算法（IDEA）和美国的数据加密标准（DES）。DES 是国际标准化组织核准的一种加密算法。一般 DES 算法的密钥长度为 56 位，为了加速 DES 算法和 RSA 算法的执行过程，可以用硬件电路来实现加密和解密。针对 DES 密钥短的问题，科学家又研制了 80 位的密钥，以及在 DES 的基础上采用三重 DES 和双密钥加密的方法。即用两个 56 位的密钥 K_1、K_2，发送方用 K_1 加密，K_2 解密，再使用 K_1 加密。接收方则使用 K_1 解密，K_2 加密，再使用 K_1 解密，其效果相当于将密钥长度加倍。

2）公开密钥加密体制（$K_1 \neq K_2$）：又称不对称密码体制，其加密和解密使用一对密钥，其中一个密钥是公开的，另一个密钥是保密的。公开密钥加密体制的加密速度较慢，所以往往用在少量数据的通信中。典型的公开密钥加密方法有 RSA 和 NTT 的 ESIGN。RSA 算法的密钥长度为 512 位。RSA 算法的保密性取决于数学上将一个大数分解为两个素数的问题的难度，根据已有的数学方法，其计算量极大，破解很难，但是加密/解密时要进行大指数模运算，因此加密/解密速度很慢，影响推广使用。

21.【答案】D。

【解析】本题考查的是计算机日常操作安全方面的一些基础知识。

在实际应用中，人们往往为了"易于记忆""使用方便"而选择简单的登录口令，例如生日或电话号码等，但也因此易于遭受猜测攻击或字典式攻击。因此，使用比较长和复杂的口令有助于减小猜测攻击、字典式攻击或暴力攻击的成功率。使用防病毒软件，并且及时更新病毒库，有助于防止已知病毒的攻击。人们编制的软件系统经常会出现各种各样的问题（Bug），因此，尽量避免开放过多的网络服务，可以避免针对相应网络服务漏洞的攻击，至少能够有效减小对服务器攻击的成功率。定期扫描系统磁盘碎片对系统效率会有所帮助，但是对系统安全方面没有帮助。

22.【答案】D。

【解析】本题考查的是计算机安全方面的基础知识。

在有计算机病毒的环境下使用软盘，凡是贴了写保护签的，一般不会被计算机病毒感染。硬盘则由于无法贴写保护签，最容易感染病毒，并且成为继续传染其他软盘的病毒源，病毒又可以通过软盘再传染到其他计算机系统。因此，病毒往往能够很快地扩散，蔓延至更大范围，在短时间内造成大面积损害。打开电子邮件的附件（例如宏病毒或木马病毒）和从网站下载软件都容易感染计算机病毒。

第5章

标准化与知识产权基础

5.1 考点精讲

5.1.1 考纲要求

5.1.1.1 考点导图

标准化与知识产权基础部分的考点如图 5-1 所示。

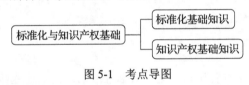

图 5-1 考点导图

5.1.1.2 考点分析

这一章主要是要求考生了解常用信息技术标准、安全性以及有关法律、法规的基础知识。根据近年来的考试情况分析得出：

● 难点

这部分内容需要理解记忆的较多，且需要不断关注新技术及新标准的发展现状，但是在程序员的考试中，涉及理解计算的难点不多。

● 考试题型的一般分布

1）软件行业标准。
2）知识产权法律、法规。

● 考试出现频率较高的内容

1）行业标准的类别。
2）知识产权法律、法规，计算机软件著作权。

5.1.2　考点分布

历年考题知识点分布统计如表 5-1 所示。

表 5-1　历年考题知识点分布统计表

年份	题号	知识点	分值
2016 年上半年	12，13	知识产权、软件著作权	2
2016 年下半年	12，13	知识产权、商标权、专利权	2
2017 年上半年	12，13	知识产权、软件著作权	2
2017 年下半年	17，18	知识产权、著作权	2
2018 年上半年	14，15	知识产权保护、软件著作权	2
2018 年下半年	14，15	知识产权、著作权	2
2019 年上半年	14，15	知识产权基础	2
2019 年下半年	14，15	知识产权、软件著作权	2
2020 年下半年	14，15	知识产权、专利权、商业秘密权	2

5.1.3　知识点精讲

5.1.3.1　标准化基础知识

1. 标准

GB/T20000.1—2014《标准化工作指南》对标准的描述为：通过标准化活动，按照规定的程序经协商一致制定，为各种活动或其结果提供规则、指南或特性，供共同使用和重复使用的一种文件。

国家标准 GB/T3935.1—1983 对标准的定义为：标准是对重复性事物和概念所做的统一规定，它以科学、技术和实践经验的综合为基础，经过有关方面协商一致，由主管机构批准，以特定的形式发布，作为共同遵守的准则和依据。

国家标准 GB/T3935.1—1996《标准化和有关领域的通用术语》中对标准的定义为：在一定的范围内获得最佳秩序，对活动或其结果规定共同的和重复使用的规则、导则或特性的文件。该文件经协商一致制定并经一个公认机构批准。它以科学、技术和实践经验的综合成果为基础，以促进最佳社会效益为目的。

国际标准化组织（ISO）的标准化原理委员会（STACO）对标准的定义为：标准是由一个公认的机构制定和批准的文件。它对活动或活动的结果规定了规则、导则或特殊值，供共同和反复使用，以实现在预定领域内最佳秩序的效果。

2. 标准化

标准化是指在经济、技术、科学和管理等社会实践中，对重复性的事物和概念，通过制订、发布和实施标准达到统一，以获得最佳秩序和社会效益。

为在一定的范围内获得最佳秩序，对实际的或潜在的问题制定共同的和重复使用的规则的活动称为标准化。它包括制定、发布及实施标准的过程。标准化的重要意义是改进产品、过程和服务的适用性，防止贸易壁垒，促进技术合作。

在国民经济的各个领域中，凡具有多次重复使用和需要制定标准的具体产品，以及各种定额、规划、要求、方法、概念等，都可称为标准化对象。标准化对象一般可以分为两大类：一类是标准化的具体对象，即需要制定标准的具体事物；另一类是标准化的总体对象，即各种具体对象的总和所构成的整体，通过它可以研究各种具体对象的共同属性、本质和普遍规律。

通过制定、发布和实施标准达到统一是标准化的实质。获得最佳秩序和社会效益则是标准化的目的。

标准化的主要作用表现在以下方面：

1）标准化为科学管理奠定了基础。所谓科学管理，就是依据生产技术的发展规律和客观经济规律对企业进行管理，而各种科学管理制度的形式都以标准化为基础。

2）促进经济全面发展，提高经济效益。标准化应用于科学研究，可以避免在研究上的重复劳动；应用于产品设计，可以缩短设计周期；应用于生产，可以使生产在科学、秩序的基础上进行；应用于管理，可促进统一、协调、高效率等。

3）标准化是科研、生产、使用三者之间的桥梁。一项科研成果，一旦纳入相应标准，就能迅速得到推广和应用。因此，标准化可使新技术和新科研成果得到推广应用，从而促进技术进步。

4）随着科学技术的发展，生产的社会化程度越来越高，生产规模越来越大，技术要求越来越复杂，分工越来越细，生产协作越来越广泛，这就必须通过制定和使用标准来保证各生产部门的活动，在技术上保持高度的统一和协调，以使生产正常进行。所以，我们说标准化为组织现代化生产创造了前提条件。

5）促进对自然资源的合理利用，保持生态平衡，维护人类社会当前和长远的利益。

6）合理发展产品品种，提高企业应变能力，以更好地满足社会需求。

7）保证产品质量，维护消费者利益。

8）在社会生产组成部分之间进行协调，确立共同遵循的准则，建立稳定的秩序。

9）在消除贸易障碍，促进国际技术交流和贸易发展，提高产品在国际市场上的竞争能力方面具有重大作用。

10）保障身体健康和生命安全，大量的环保标准、卫生标准和安全标准制定发布后，用法律形式强制执行，对保障人民的身体健康和生命财产安全具有重大作用。

11）标准化标志着一个行业新的标准的产生。

3. 标准的分类

为便于研究和应用的目的，可以从不同的角度和属性对标准进行分类。

1）根据适用范围分为：国际标准、国家标准、区域标准、行业标准、地方标准、企业标准、项目标准。

2）根据标准的对象性质分为：技术标准、管理标准、工作标准。

3）根据标准的对象和作用分为：基础标准、产品标准、方法标准、安全标准、卫生标准、环境标准、服务标准。

（1）国外标准代号及编号
国外标准代号形式各异，但基本结构为：标准代号+专业类号+顺序号+年代号。

其中，标准代号大多采用缩写字母，如 IEC 代表国际电工委员会（International Electrotechnical Commission）、API 代表美国石油协会（American Petroleum Institute）；专业类号因其所采用的分类方法不同而各异，有字母、数字、字母数字混合式三种形式；标准号中的顺序号及年号的形式与我国的基本相同。

国际标准 ISO 代号编号格式为：ISO+标准号+[-+分标准号]+:+发布年号。

（2）我国标准代号及编号

- 国家标准

国家标准的代号由大写汉语拼音字母构成。强制性国家标准的代号为"GB"，推荐性国家标准的代号为"GB/T"。国家标准的编号由国家标准的代号、国家标准发布的顺序号和国家标准发布的年号（即发布年份的后两位数字）构成。示例：GB××××，GB/T××××。

国家标准（GB）中的"T"是推荐的意思。例如：GB/T13387—1992《电子材料晶片参考面长度测量方法》是指该标准为推荐性标准。值得注意的是"T"的读音为汉语拼音中的"tui"。

- 地方标准

地方标准的代号是汉语拼音字母"DB"加上省、自治区、直辖市行政区划代码前两位数再加斜线，组成强制性地方标准代号，再加"T"，组成推荐性地方标准代号。

示例：山西省强制性地方标准代号：DB14/，山西省推荐性地方标准代号：DB14/T。

地方标准的编号由地方标准代号、地方标准顺序号和年号三部分组成。

强制性地方标准代号：DB××/×××—××。

推荐性地方标准代号：DB××/T×××—××。

- 行业标准

行业标准代号由国务院标准化行政主管部门规定。行业标准的编号由行业标准代号、标准顺序号及年号组成。

强制性行业标准编号：----××××--××。

推荐性行业标准编号：----/T××××--××。

（3）国际标准

ISO（国际标准化组织）/TC176 技术委员会通过其分技术委员会（SC）中的工作组（WG）制定质量体系标准。分技术委员会由各国技术委员会的代表组成。

（4）标准化机构

UL：美国保险商实验室（Underwriter Laboratories）。

ISO：国际标准化组织（International Organization for Standardization）。

IEC：国际电工委员会（International Electrotechnical Commission）。

ANSI：美国国家标准协会（American National Standards Institute）。

BSI：英国标准学会（British Standards Institution）。

DIN：德国标准化学会（Deutsches Institut fur Normung）。

AFNOR：法国标准化协会（Association Francaise de Normalisation）。

JISC：日本工业标准调查会（Japanese Industrial Standard Committee）。

ASME：美国机械工程师协会（American Society of Mechanical Engineers）。

IEEE：美国电气电子工程师学会（Institute of Electrical and Electronics Engineers）。

ITU：国际电信联盟（International Telecommunication Union）。

ASTM：美国材料与试验协会（American Society for Testing and Materials）。

NFPA：美国全国防火协会（National Fire Protection Association）。

IPC：美国印刷电路学会（Institute of Printed Circuits）。

4. 软件工程标准化

软件工程从使用程序设计语言编写程序扩展到整个软件生存期。诸如，从软件概念的形成、需求分析、设计、实现、测试、制造、安装和检验、运行和维护直到软件引退（被新的软件代替）。同时还有许多技术管理工作（如过程管理、产品管理、资源管理）以及确认与验证工作（如评审与审计、产品分析、测试等）常常跨越软件生存期的各个阶段。

软件工程标准化主要包括过程标准（如方法、技术、度量等）、产品标准（如需求、设计、部件、描述、计划、报告等）、专业标准（如道德准则、认证、特许、课程等）、记法标准（如术语、表示法、语言等），以及开发规范、文件规范、维护规范和质量规范等。

（1）软件工程的标准化意义

1）提高软件的可靠性、可维护性和可移植性（这表明软件工程标准化可提高软件产品的质量）。

2）提高软件的生产率。

3）提高软件人员的技术水平。

4）提高软件人员之间的通信效率，减少差错和误解。

5）有利于软件管理。

6）有利于降低软件产品的成本和运行维护成本。

7）有利于缩短软件开发周期。

（2）我国的软件工程国家标准

1）基础与管理：

GB/T1526—1989 信息处理 数据流程图、程序流程图、系统流程图、程序网络图和系统资源图的文件编制符号及约定

GB/T11457—2006 信息技术 软件工程术语

GB/T13502—1992 信息处理 程序构造及其表示的约定

GB/T14085—1993 信息处理系统 计算机系统配置图符号及约定

GB/T15535—1995 信息处理 单命中判定表规范

GB/T18234—2000 信息技术 CASE 工具的评价与选择指南

GB/T18492—2001 信息技术 系统及软件完整性级别

GB/Z18914—2002 信息技术 软件工程 CASE 工具的采用指南

GB/T19003—2008 软件工程 GB/T19001—2000 应用于计算机软件的指南

GB/T25644—2010 信息技术 软件工程 可复用资产规范

GB/T26236.1—2010 信息技术 软件资产管理 第 1 部分：过程

2）软件度量与评价：

GB/T14394—2008 计算机软件可靠性和可维护性管理

GB/T16260.1—2006 软件工程 产品质量 第 1 部分：质量模型

GB/T16260.2—2006 软件工程 产品质量 第 2 部分：外部度量

GB/T16260.3—2006 软件工程 产品质量 第 3 部分：内部度量

GB/T16260.4—2006 软件工程 产品质量 第 4 部分：使用质量的度量

GB/T18491.1—2001 信息技术 软件测量 功能规模测量 第 1 部分：概念定义

GB/T18491.2—2010 信息技术 软件测量 功能规模测量 第 2 部分：软件规模测量方法与 GB/T18491.1—2001 的符合性评价

GB/T18491.3—2010 信息技术 软件测量 功能规模测量 第 3 部分：功能规模测量方法的验证

GB/T18491.4—2010 信息技术 软件测量 功能规模测量 第 4 部分：基准模型

GB/T18491.5—2010 信息技术 软件测量 功能规模测量 第 5 部分：功能规模测量的功能域确定

GB/T18491.6—2010 信息技术 软件测量 功能规模测量 第 6 部分：GB/T18491 系列标准和相关标准的使用指南

GB/T18905.1—2002 软件工程 产品评价 第 1 部分：概述

GB/T18905.2—2002 软件工程 产品评价 第 2 部分：策划和管理

GB/T18905.3—2002 软件工程 产品评价 第 3 部分：开发者用的过程

GB/T18905.4—2002 软件工程 产品评价 第 4 部分：需方用的过程

GB/T18905.5—2002 软件工程 产品评价 第 5 部分：评价者用的过程

GB/T18905.6—2002 软件工程 产品评价 第 6 部分：评价模块的文档编制

GB/T20917—2007 软件工程 软件测量过程

GB/T25000.1—2010 软件工程 软件产品质量要求与评价（SQuaRE） SQuaRE 指南

GB/T25000.51—2010 软件工程 软件产品质量要求与评价（SQuaRE） 商业现货（COTS）软件产品的质量要求和测试细则

3）软件开发与维护：

GB/T8566—2007 信息技术 软件生存周期过程

GB/T8567—2006 计算机软件文档编制规范

GB/T9385—2008 计算机软件需求规格说明规范

GB/T9386—2008 计算机软件测试文档编制规范

GB/T15532—2008 计算机软件测试规范

GB/T16680—1996 软件文档管理指南

GB/Z18493—2001 信息技术 软件生存周期过程指南

GB/Z20156—2006 软件工程 软件生存周期过程 用于项目管理的指南

GB/T20157—2006 信息技术 软件维护

GB/T20158—2006 信息技术 软件生存周期过程 配置管理

GB/T20918—2007　信息技术　软件生存周期过程　风险管理

GB/T26223—2010　信息技术　软件重用　重用库互操作性的数据模型　基本互操作性数据模型

GB/T26224—2010　信息技术　软件生存周期过程　重用过程

GB/T26239—2010　软件工程　开发方法元模型

GB/Z26247—2010　信息技术　软件重用　互操作重用库的操作概念

（3）软件工程标准的层次

根据制定软件工程标准的不同层次和适用范围、软件工程标准可分为五个级别，即国际标准、国家标准、行业标准、企业（机构）标准及项目（课题）标准。

● 国际标准

由国际联合机构制定和公布，提供各国参考的标准。

ISO（International Standards Organization）——国际标准化组织。这一国际机构有广泛的代表性和权威性，它所公布的标准也有较大影响。标准通常标有 ISO 字样，如 ISO8631-86 Information processing-Program constructs and conventions for their representation（信息处理-程序构造及其表示法的约定。现已被我国收入国家标准）。

● 国家标准

由政府或国家级的机构制定或批准，适用于全国范围的标准，如：

1）GB——中华人民共和国国家技术监督局，是我国的最高标准化机构，它所公布实施的标准简称为"国标"。

2）ANSI（American National Standards Institute）——美国国家标准协会，是美国一些民间标准化组织的领导机构，具有一定权威性。

3）FIPS（NBS）[Federal Information Processing Standards（National Bureau of Standards）]——美国商务部国家标准局联邦信息处理标准。它所公布的标准均冠有 FIPS 字样，如，1987 年发表的 FIPS PUB132—87 Guideline for validation and verification plan of computer software（软件确认与验证计划指南）。

4）BS（British Standard）——英国国家标准。

5）JIS（Japanese Industrial Standard）——日本工业标准。

● 行业标准

由行业机构、学术团体或国防机构制定，并适用于某个业务领域的标准，如：

1）IEEE（Institute of Electrical and Electronics Engineers）——美国电气电子工程师学会。近年该学会专门成立了软件标准分技术委员会（SESS），积极开展了软件标准化活动，取得了显著成果，受到了软件界的关注。IEEE 通过的标准常常要报请 ANSI 审批，使其具有国家标准的性质。因此，我们看到 IEEE 公布的标准常冠有 ANSI 字头。例如，ANSI / IEEE Str828—1983 软件配置管理计划标准。

2）GJB——中华人民共和国国家军用标准。这是由我国国防科学技术工业委员会批准，适合于国防部门和军队使用的标准。例如，1988 年发布实施的 GJB473—1988 军用软件开发规范。

3）DOD-STD（Department of Defense-STanDards）——美国国防部标准。适用于美国国防部门。

4）MIL-S（MILitary-Standards）——美国军用标准。适用于美军内部。

此外，近年来我国许多经济部门（例如，航空航天部、原国家机械工业委员会、对外经济贸易部、石油化学工业总公司等）开展了软件标准化工作，制定和公布了一些适应于本部门工作需要的规范。这些规范大都参考了国际标准或国家标准，对各自行业所属企业的软件工程工作起了有力的推动作用。

- 企业规范

一些大型企业或公司，由于软件工程工作的需要，制定适用于本部门的规范。例如，美国 IBM 公司通用产品部（General Products Division）1984 年制定的《程序设计开发指南》，仅供该公司内部使用。

- 项目规范

由某一科研生产项目组织制定，且为该项任务专用的软件工程规范。例如，计算机集成制造系统（CIMS）的软件工程规范。

5. 软件文档标准

在项目开发过程中，应该按要求编写好 13 种文档，文档编制要求具有针对性、精确性、清晰性、完整性、灵活性、可追溯性。

1）可行性分析报告：说明该软件开发项目的实现在技术上、经济上和社会因素上的可行性，评述为了合理地达到开发目标可供选择的各种可能实施方案，说明并论证所选定实施方案的理由。

2）项目开发计划：为软件项目实施方案制订出具体计划，应该包括各部分工作的负责人员、开发的进度、开发经费的预算、所需的硬件及软件资源等。

3）软件需求说明书（软件规格说明书）：对所开发软件的功能、性能、用户界面及运行环境等做出详细的说明。它是在用户与开发人员双方对软件需求取得共同理解并达成协议的条件下编写的，也是实施开发工作的基础。该说明书应给出数据逻辑和数据采集的各项要求，为生成和维护系统数据文件做好准备。

4）概要设计说明书：该说明书是概要实际阶段的工作成果，它应说明功能分配、模块划分、程序的总体结构、输入/输出以及接口设计、运行设计、数据结构设计和出错处理设计等，为详细设计提供基础。

5）详细设计说明书：着重描述每一模块是怎样实现的，包括实现算法、逻辑流程等。

6）用户操作手册：该手册详细描述软件的功能、性能和用户界面，使用户能够对如何使用该软件有具体的了解，为操作人员提供该软件各种运行情况的有关知识，特别是操作方法的具体细节。

7）测试计划：为做好集成测试和验收测试，需为如何组织测试制订实施计划。计划应包括测试的内容、进度、条件、人员、测试用例的选取原则、测试结果允许的偏差范围等。

8）测试分析报告：测试工作完成以后，应提交测试计划执行情况的说明，对测试结果加以分析，并提出测试的结论意见。

9）开发进度月报：该月报系软件人员按月向管理部门提交的项目进展情况报告，报告应包括进度计划与实际执行情况的比较、阶段成果、遇到的问题和解决的办法以及下个月的打算等。

10）项目开发总结报告：软件项目开发完成以后，应与项目实施计划对照，总结实际执行的情况，如进度、成果、资源利用、成本和投入的人力，此外，还需对开发工作做出评价，总结出经验和教训。

11）软件维护手册：主要包括软件系统说明、程序模块说明、操作环境和支持软件的说明、维护过程的说明，便于软件的维护。

12）软件问题报告：指出软件问题的登记情况，如日期、发现人、状态、问题所属模块等，为软件修改提供准备文档。

13）软件修改报告：软件产品投入运行以后，发现了需对其进行修正、更改等问题，应将存在的问题、修改的考虑以及修改的影响做出详细的描述，提交审批。

5.1.3.2　知识产权基础知识

1. 知识产权

知识产权是"基于创造成果和工商标记依法产生的权利的统称"。最主要的三种知识产权是著作权、专利权和商标权，其中专利权与商标权也被统称为工业产权。知识产权的英文为"Intellectual Property"，也被翻译为智力成果权、智慧财产权或智力财产权。

2021 年 1 月 1 日实施的《中华人民共和国民法典》第一百二十三条规定："民事主体依法享有知识产权。知识产权是权利人依法就下列客体享有的专有的权利：（一）作品；（二）发明、实用新型、外观设计；（三）商标；（四）地理标志；（五）商业秘密；（六）集成电路布图设计；（七）植物新品种；（八）法律规定的其他客体。"

知识产权许可的内容有：① 著作权许可；② 专利和技术秘密的许可；③ 商标使用许可。

知识产权许可的类型有：① 根据知识产权许可授权的范围不同，可以分为独占许可、排他许可和普通许可；② 自愿许可和非自愿许可，其中非自愿许可包括著作权的法定许可、专利的强制许可等。

2. 计算机软件著作权

我国著作权法将计算机软件列为所保护的客体范围，确认计算机软件是作品的种类之一，从而划清了计算机软件与专利法保护客体的界线。计算机软件著作权的人身权和财产权与著作权保护的其他客体相比，计算机软件有其自身的特点，这种特点决定了计算机软件不能与其他作品使用完全相同的保护手段，也不可能把计算机软件所有者的权利和其他作品的著作权的权利范围确定为完全相同。所以，为了充分和更好地保护计算机软件，著作权法明确规定，计算机软件应由国务院制定专门的单行条例来进行保护。国务院制定和发布的《计算机软件保护条例》是计算机软件保护所适用的主要法律。计算机软件著作权的内容包括人身权和财产权。

（1）计算机软件著作权的人身权

计算机软件著作权的人身权包括三个方面。第一，发表权，即决定软件是否公之于众的权利。权利人可以自行采取某种方式发表软件作品。第二，署名权，即表明软件开发者身份，在软件上署名的权利。署不署名都是开发者的权利，但不是开发者就不能在软件上署名。任何人可以被许可或受让软件的使用权或再许可权，但他不能因此而受让、侵犯开发者的署名权。第三，修改权，即对软件进行增补、删节，或者改变指令、语句顺序的权利。

（2）计算机软件著作权的财产权

计算机软件著作权的财产权包括三个方面。第一，专有使用权。即在不侵害社会公共利益的前提下，以复制、发行、出租、翻译等方式使用软件的权利。使用权是开发者的专有权利，可由开发者许可给他人行使。软件著作权的继承权利人可以通过继承、受让获得对软件的使用权。第二，许可使用权，即软件著作权人可以许可他人行使其软件著作权，并有权获得报酬。第三，转让权，即软件著作权人可以全部或者部分转让其软件著作权，并有权获得报酬。软件著作权的转让一般以订立转让合同的方式进行，权利人和受让人在订立转让合同后可自愿到计算机软件登记机构进行登记。

《计算机软件保护条例》规定，软件著作权人享有发表权、署名权、修改权、复制权、发行权、出租权、信息网络传播权、翻译权、应当由软件著作权人享有的其他权利，以及许可使用权和转让权。

（3）软件合法持有人权利

软件的合法复制品所有人享有的权利：（一）根据使用的需要把该软件装入计算机等具有信息处理能力的装置内；（二）为了防止复制品损坏而制作备份复制品。这些备份复制品不得通过任何方式提供给他人使用，并在所有人丧失该合法复制品的所有权时，负责将备份复制品销毁；（三）为了把该软件用于实际的计算机应用环境或者改进其功能、性能而进行必要的修改；但是，除合同另有约定外，未经该软件著作权人许可，不得向任何第三方提供修改后的软件。

（4）保护期

《计算机软件保护条例》规定：自然人的软件著作权，保护期为自然人终生及其死亡后50年，截止于自然人死亡后第50年的12月31日；软件是合作开发的，截止于最后死亡的自然人死亡后第50年的12月31日。法人或者其他组织的软件著作权，保护期为50年，截止于软件首次发表后第50年的12月31日，但软件自开发完成之日起50年内未发表的，不再保护。

（5）著作权法

中华人民共和国著作权法

（1990年9月7日第七届全国人民代表大会常务委员会第十五次会议通过　根据2001年10月27日第九届全国人民代表大会常务委员会第二十四次会议《关于修改〈中华人民共和国著作权法〉的决定》第一次修正　根据2010年2月26日第十一届全国人民代表大会常务委员会第十三次会议《关于修改〈中华人民共和国著作权法〉的决定》第二次修正　根据2020年11月11日第十三届全国人民代表大会常务委员会第二十三次会议《关于修改〈中华人民共和国著作权法〉的决定》第三次修正）

第一章　总　则

第一条　为保护文学、艺术和科学作品作者的著作权，以及与著作权有关的权益，鼓励有益于社会主义精神文明、物质文明建设的作品的创作和传播，促进社会主义文化和科学事业的发展与繁荣，根据宪法制定本法。

第二条　中国公民、法人或者非法人组织的作品，不论是否发表，依照本法享有著作权。

外国人、无国籍人的作品根据其作者所属国或者经常居住地国同中国签订的协议或者共同参加的国际条约享有的著作权，受本法保护。

外国人、无国籍人的作品首先在中国境内出版的，依照本法享有著作权。

未与中国签订协议或者共同参加国际条约的国家的作者以及无国籍人的作品首次在中国参加的国际条约的成员国出版的，或者在成员国和非成员国同时出版的，受本法保护。

第三条　本法所称的作品，是指文学、艺术和科学领域内具有独创性并能以一定形式表现的智力成果，包括：

（一）文字作品；

（二）口述作品；

（三）音乐、戏剧、曲艺、舞蹈、杂技艺术作品；

（四）美术、建筑作品；

（五）摄影作品；

（六）视听作品；

（七）工程设计图、产品设计图、地图、示意图等图形作品和模型作品；

（八）计算机软件；

（九）符合作品特征的其他智力成果。

第四条　著作权人和与著作权有关的权利人行使权利，不得违反宪法和法律，不得损害公共利益。国家对作品的出版、传播依法进行监督管理。

第五条　本法不适用于：

（一）法律、法规，国家机关的决议、决定、命令和其他具有立法、行政、司法性质的文件，及其官方正式译文；

（二）单纯事实消息；

（三）历法、通用数表、通用表格和公式。

第六条　民间文学艺术作品的著作权保护办法由国务院另行规定。

第七条　国家著作权主管部门负责全国的著作权管理工作；县级以上地方主管著作权的部门负责本行政区域的著作权管理工作。

第八条　著作权人和与著作权有关的权利人可以授权著作权集体管理组织行使著作权或者与著作权有关的权利。依法设立的著作权集体管理组织是非营利法人，被授权后可以以自己的名义为著作权人和与著作权有关的权利人主张权利，并可以作为当事人进行涉及著作权或者与著作权有关的权利的诉讼、仲裁、调解活动。

著作权集体管理组织根据授权向使用者收取使用费。使用费的收取标准由著作权集体管理组织和使用者代表协商确定，协商不成的，可以向国家著作权主管部门申请裁决，对裁决不服的，可以向人民法院提起诉讼；当事人也可以直接向人民法院提起诉讼。

著作权集体管理组织应当将使用费的收取和转付、管理费的提取和使用、使用费的未分配部分等总体情况定期向社会公布，并应当建立权利信息查询系统，供权利人和使用者查询。国家著作权主管部门应当依法对著作权集体管理组织进行监督、管理。

著作权集体管理组织的设立方式、权利义务、使用费的收取和分配，以及对其监督和管理等由国务院另行规定。

第二章　著作权

第一节　著作权人及其权利

第九条　著作权人包括：

（一）作者；

（二）其他依照本法享有著作权的自然人、法人或者非法人组织。

第十条　著作权包括下列人身权和财产权：

（一）发表权，即决定作品是否公之于众的权利；

（二）署名权，即表明作者身份，在作品上署名的权利；

（三）修改权，即修改或者授权他人修改作品的权利；

（四）保护作品完整权，即保护作品不受歪曲、篡改的权利；

（五）复制权，即以印刷、复印、拓印、录音、录像、翻录、翻拍、数字化等方式将作品制作一份或者多份的权利；

（六）发行权，即以出售或者赠予方式向公众提供作品的原件或者复制件的权利；

（七）出租权，即有偿许可他人临时使用视听作品、计算机软件的原件或者复制件的权利，计算机软件不是出租的主要标的的除外；

（八）展览权，即公开陈列美术作品、摄影作品的原件或者复制件的权利；

（九）表演权，即公开表演作品，以及用各种手段公开播送作品的表演的权利；

（十）放映权，即通过放映机、幻灯机等技术设备公开再现美术、摄影、视听作品等的权利；

（十一）广播权，即以有线或者无线方式公开传播或者转播作品，以及通过扩音器或者其他传送符号、声音、图像的类似工具向公众传播广播的作品的权利，但不包括本款第十二项规定的权利；

（十二）信息网络传播权，即以有线或者无线方式向公众提供，使公众可以在其选定的时间和地点获得作品的权利；

（十三）摄制权，即以摄制视听作品的方法将作品固定在载体上的权利；

（十四）改编权，即改变作品，创作出具有独创性的新作品的权利；

（十五）翻译权，即将作品从一种语言文字转换成另一种语言文字的权利；

（十六）汇编权，即将作品或者作品的片段通过选择或者编排，汇集成新作品的权利；

（十七）应当由著作权人享有的其他权利。

著作权人可以许可他人行使前款第五项至第十七项规定的权利，并依照约定或者本法有关规定获得报酬。

著作权人可以全部或者部分转让本条第一款第五项至第十七项规定的权利，并依照约定或者本法有关规定获得报酬。

第二节　著作权归属

第十一条　著作权属于作者，本法另有规定的除外。

创作作品的自然人是作者。

由法人或者非法人组织主持，代表法人或者非法人组织意志创作，并由法人或者非法人组织承担责任的作品，法人或者非法人组织视为作者。

第十二条　在作品上署名的自然人、法人或者非法人组织为作者，且该作品上存在相应权利，但有相反证明的除外。

作者等著作权人可以向国家著作权主管部门认定的登记机构办理作品登记。

与著作权有关的权利参照适用前两款规定。

第十三条　改编、翻译、注释、整理已有作品而产生的作品，其著作权由改编、翻译、注释、整理人享有，但行使著作权时不得侵犯原作品的著作权。

第十四条　两人以上合作创作的作品，著作权由合作作者共同享有。没有参加创作的人，不能成为合作作者。

合作作品的著作权由合作作者通过协商一致行使；不能协商一致，又无正当理由的，任何一方不得阻止他方行使除转让、许可他人专有使用、出质以外的其他权利，但是所得收益应当合理分配给所有合作作者。

合作作品可以分割使用的，作者对各自创作的部分可以单独享有著作权，但行使著作权时不得侵犯合作作品整体的著作权。

第十五条　汇编若干作品、作品的片段或者不构成作品的数据或者其他材料，对其内容的选择或者编排体现独创性的作品，为汇编作品，其著作权由汇编人享有，但行使著作权时，不得侵犯原作品的著作权。

第十六条　使用改编、翻译、注释、整理、汇编已有作品而产生的作品进行出版、演出和制作录音录像制品，应当取得该作品的著作权人和原作品的著作权人许可，并支付报酬。

第十七条　视听作品中的电影作品、电视剧作品的著作权由制作者享有，但编剧、导演、摄影、作词、作曲等作者享有署名权，并有权按照与制作者签订的合同获得报酬。

前款规定以外的视听作品的著作权归属由当事人约定；没有约定或者约定不明确的，由制作者享有，但作者享有署名权和获得报酬的权利。

视听作品中的剧本、音乐等可以单独使用的作品的作者有权单独行使其著作权。

第十八条　自然人为完成法人或者非法人组织工作任务所创作的作品是职务作品，除本条第二款的规定以外，著作权由作者享有，但法人或者非法人组织有权在其业务范围内优先使用。作品完成两年内，未经单位同意，作者不得许可第三人以与单位使用的相同方式使用该作品。

有下列情形之一的职务作品，作者享有署名权，著作权的其他权利由法人或者非法人组织享有，法人或者非法人组织可以给予作者奖励：

（一）主要是利用法人或者非法人组织的物质技术条件创作，并由法人或者非法人组织承担责任的工程设计图、产品设计图、地图、示意图、计算机软件等职务作品；

（二）报社、期刊社、通讯社、广播电台、电视台的工作人员创作的职务作品；

（三）法律、行政法规规定或者合同约定著作权由法人或者非法人组织享有的职务作品。

第十九条　受委托创作的作品，著作权的归属由委托人和受托人通过合同约定。合同未作明确约定或者没有订立合同的，著作权属于受托人。

第二十条　作品原件所有权的转移，不改变作品著作权的归属，但美术、摄影作品原件的展览权由原件所有人享有。

作者将未发表的美术、摄影作品的原件所有权转让给他人，受让人展览该原件不构成对作者发表权的侵犯。

第二十一条　著作权属于自然人的，自然人死亡后，其本法第十条第一款第五项至第十七项规定的权利在本法规定的保护期内，依法转移。

著作权属于法人或者非法人组织的，法人或者非法人组织变更、终止后，其本法第十条第一款第五项至第十七项规定的权利在本法规定的保护期内，由承受其权利义务的法人或者非法人组织享有；没有承受其权利义务的法人或者非法人组织的，由国家享有。

第三节　权利的保护期

第二十二条　作者的署名权、修改权、保护作品完整权的保护期不受限制。

第二十三条　自然人的作品，其发表权、本法第十条第一款第五项至第十七项规定的权利的保护期为作者终生及其死亡后五十年，截止于作者死亡后第五十年的 12 月 31 日；如果是合作作品，截止于最后死亡的作者死亡后第五十年的 12 月 31 日。

法人或者非法人组织的作品、著作权（署名权除外）由法人或者非法人组织享有的职务作品，其发表权的保护期为五十年，截止于作品创作完成后第五十年的 12 月 31 日；本法第十条第一款第五项至第十七项规定的权利的保护期为五十年，截止于作品首次发表后第五十年的 12 月 31 日，但作品自创作完成后五十年内未发表的，本法不再保护。

视听作品，其发表权的保护期为五十年，截止于作品创作完成后第五十年的 12 月 31 日；本法第十条第一款第五项至第十七项规定的权利的保护期为五十年，截止于作品首次发表后第五十年的 12 月 31 日，但作品自创作完成后五十年内未发表的，本法不再保护。

第四节　权利的限制

第二十四条　在下列情况下使用作品，可以不经著作权人许可，不向其支付报酬，但应当指明作者姓名或者名称、作品名称，并且不得影响该作品的正常使用，也不得不合理地损害著作权人的合法权益：

（一）为个人学习、研究或者欣赏，使用他人已经发表的作品；

（二）为介绍、评论某一作品或者说明某一问题，在作品中适当引用他人已经发表的作品；

（三）为报道新闻，在报纸、期刊、广播电台、电视台等媒体中不可避免地再现或者引用已经发表的作品；

（四）报纸、期刊、广播电台、电视台等媒体刊登或者播放其他报纸、期刊、广播电台、电视台等媒体已经发表的关于政治、经济、宗教问题的时事性文章，但著作权人声明不许刊登、播放的除外；

（五）报纸、期刊、广播电台、电视台等媒体刊登或者播放在公众集会上发表的讲话，但作者声明不许刊登、播放的除外；

（六）为学校课堂教学或者科学研究，翻译、改编、汇编、播放或者少量复制已经发表的作品，供教学或者科研人员使用，但不得出版发行；

（七）国家机关为执行公务在合理范围内使用已经发表的作品；

（八）图书馆、档案馆、纪念馆、博物馆、美术馆、文化馆等为陈列或者保存版本的需要，复制本馆收藏的作品；

（九）免费表演已经发表的作品，该表演未向公众收取费用，也未向表演者支付报酬，且不以营利为目的；

（十）对设置或者陈列在公共场所的艺术作品进行临摹、绘画、摄影、录像；

（十一）将中国公民、法人或者非法人组织已经发表的以国家通用语言文字创作的作品翻译成少数民族语言文字作品在国内出版发行；

（十二）以阅读障碍者能够感知的无障碍方式向其提供已经发表的作品；

（十三）法律、行政法规规定的其他情形。

前款规定适用于对与著作权有关的权利的限制。

第二十五条　为实施义务教育和国家教育规划而编写出版教科书，可以不经著作权人许可，在教科书中汇编已经发表的作品片段或者短小的文字作品、音乐作品或者单幅的美术作品、摄影作品、图形作品，但应当按照规定向著作权人支付报酬，指明作者姓名或者名称、作品名称，并且不得侵犯著作权人依照本法享有的其他权利。

前款规定适用于对与著作权有关的权利的限制。

第三章　著作权许可使用和转让合同

第二十六条　使用他人作品应当同著作权人订立许可使用合同，本法规定可以不经许可的除外。

许可使用合同包括下列主要内容：

（一）许可使用的权利种类；

（二）许可使用的权利是专有使用权或者非专有使用权；

（三）许可使用的地域范围、期间；

（四）付酬标准和办法；

（五）违约责任；

（六）双方认为需要约定的其他内容。

第二十七条　转让本法第十条第一款第五项至第十七项规定的权利，应当订立书面合同。

权利转让合同包括下列主要内容：

（一）作品的名称；

（二）转让的权利种类、地域范围；

（三）转让价金；

（四）交付转让价金的日期和方式；

（五）违约责任；

（六）双方认为需要约定的其他内容。

第二十八条　以著作权中的财产权出质的，由出质人和质权人依法办理出质登记。

第二十九条　许可使用合同和转让合同中著作权人未明确许可、转让的权利，未经著作权人同意，另一方当事人不得行使。

第三十条　使用作品的付酬标准可以由当事人约定，也可以按照国家著作权主管部门会同有关部门制定的付酬标准支付报酬。当事人约定不明确的，按照国家著作权主管部门会同有关部门制定的付酬标准支付报酬。

第三十一条　出版者、表演者、录音录像制作者、广播电台、电视台等依照本法有关规定使用他人作品的，不得侵犯作者的署名权、修改权、保护作品完整权和获得报酬的权利。

第四章　与著作权有关的权利

第一节　图书、报刊的出版

第三十二条　图书出版者出版图书应当和著作权人订立出版合同，并支付报酬。

第三十三条　图书出版者对著作权人交付出版的作品，按照合同约定享有的专有出版权受法律保护，他人不得出版该作品。

第三十四条　著作权人应当按照合同约定期限交付作品。图书出版者应当按照合同约定的出版质量、期限出版图书。

图书出版者不按照合同约定期限出版，应当依照本法第六十一条的规定承担民事责任。

图书出版者重印、再版作品的，应当通知著作权人，并支付报酬。图书脱销后，图书出版者拒绝重印、再版的，著作权人有权终止合同。

第三十五条　著作权人向报社、期刊社投稿的，自稿件发出之日起十五日内未收到报社通知决定刊登的，或者自稿件发出之日起三十日内未收到期刊社通知决定刊登的，可以将同一作品向其他报社、期刊社投稿。双方另有约定的除外。

作品刊登后，除著作权人声明不得转载、摘编的外，其他报刊可以转载或者作为文摘、资料刊登，但应当按照规定向著作权人支付报酬。

第三十六条　图书出版者经作者许可，可以对作品修改、删节。

报社、期刊社可以对作品作文字性修改、删节。对内容的修改，应当经作者许可。

第三十七条　出版者有权许可或者禁止他人使用其出版的图书、期刊的版式设计。

前款规定的权利的保护期为十年，截止于使用该版式设计的图书、期刊首次出版后第十年的12月31日。

第二节　表　演

第三十八条　使用他人作品演出，表演者应当取得著作权人许可，并支付报酬。演出组织者组织演出，由该组织者取得著作权人许可，并支付报酬。

第三十九条　表演者对其表演享有下列权利：

（一）表明表演者身份；

（二）保护表演形象不受歪曲；

（三）许可他人从现场直播和公开传送其现场表演，并获得报酬；

（四）许可他人录音录像，并获得报酬；

（五）许可他人复制、发行、出租录有其表演的录音录像制品，并获得报酬；

（六）许可他人通过信息网络向公众传播其表演，并获得报酬。

被许可人以前款第三项至第六项规定的方式使用作品，还应当取得著作权人许可，并支付报酬。

第四十条　演员为完成本演出单位的演出任务进行的表演为职务表演，演员享有表明身份和保护表演形象不受歪曲的权利，其他权利归属由当事人约定。当事人没有约定或者约定不明确的，职务表演的权利由演出单位享有。

职务表演的权利由演员享有的，演出单位可以在其业务范围内免费使用该表演。

第四十一条　本法第三十九条第一款第一项、第二项规定的权利的保护期不受限制。

本法第三十九条第一款第三项至第六项规定的权利的保护期为五十年，截止于该表演发生后第五十年的12月31日。

第三节　录音录像

第四十二条　录音录像制作者使用他人作品制作录音录像制品，应当取得著作权人许可，并支付报酬。

录音制作者使用他人已经合法录制为录音制品的音乐作品制作录音制品，可以不经著作权人许可，但应当按照规定支付报酬；著作权人声明不许使用的不得使用。

第四十三条　录音录像制作者制作录音录像制品，应当同表演者订立合同，并支付报酬。

第四十四条　录音录像制作者对其制作的录音录像制品，享有许可他人复制、发行、出租、通过信息网络向公众传播并获得报酬的权利；权利的保护期为五十年，截止于该制品首次制作完成后第五十年的12月31日。

被许可人复制、发行、通过信息网络向公众传播录音录像制品，应当同时取得著作权人、表演者许可，并支付报酬；被许可人出租录音录像制品，还应当取得表演者许可，并支付报酬。

第四十五条　将录音制品用于有线或者无线公开传播，或者通过传送声音的技术设备向公众公开播送的，应当向录音制作者支付报酬。

第四节　广播电台、电视台播放

第四十六条　广播电台、电视台播放他人未发表的作品，应当取得著作权人许可，并支付报酬。广播电台、电视台播放他人已发表的作品，可以不经著作权人许可，但应当按照规定支付报酬。

第四十七条　广播电台、电视台有权禁止未经其许可的下列行为：

（一）将其播放的广播、电视以有线或者无线方式转播；

（二）将其播放的广播、电视录制以及复制；

（三）将其播放的广播、电视通过信息网络向公众传播。

广播电台、电视台行使前款规定的权利，不得影响、限制或者侵害他人行使著作权或者与著作权有关的权利。

本条第一款规定的权利的保护期为五十年，截止于该广播、电视首次播放后第五十年的 12 月 31 日。

第四十八条　电视台播放他人的视听作品、录像制品，应当取得视听作品著作权人或者录像制作者许可，并支付报酬；播放他人的录像制品，还应当取得著作权人许可，并支付报酬。

第五章　著作权和与著作权有关的权利的保护

第四十九条　为保护著作权和与著作权有关的权利，权利人可以采取技术措施。

未经权利人许可，任何组织或者个人不得故意避开或者破坏技术措施，不得以避开或者破坏技术措施为目的制造、进口或者向公众提供有关装置或者部件，不得故意为他人避开或者破坏技术措施提供技术服务。但是，法律、行政法规规定可以避开的情形除外。

本法所称的技术措施，是指用于防止、限制未经权利人许可浏览、欣赏作品、表演、录音录像制品或者通过信息网络向公众提供作品、表演、录音录像制品的有效技术、装置或者部件。

第五十条　下列情形可以避开技术措施，但不得向他人提供避开技术措施的技术、装置或者部件，不得侵犯权利人依法享有的其他权利：

（一）为学校课堂教学或者科学研究，提供少量已经发表的作品，供教学或者科研人员使用，而该作品无法通过正常途径获取；

（二）不以营利为目的，以阅读障碍者能够感知的无障碍方式向其提供已经发表的作品，而该作品无法通过正常途径获取；

（三）国家机关依照行政、监察、司法程序执行公务；

（四）对计算机及其系统或者网络的安全性能进行测试；

（五）进行加密研究或者计算机软件反向工程研究。

前款规定适用于对与著作权有关的权利的限制。

第五十一条　未经权利人许可，不得进行下列行为：

（一）故意删除或者改变作品、版式设计、表演、录音录像制品或者广播、电视上的权利管理信息，但由于技术上的原因无法避免的除外；

（二）知道或者应当知道作品、版式设计、表演、录音录像制品或者广播、电视上的权利管理信息未经许可被删除或者改变，仍然向公众提供。

第五十二条　有下列侵权行为的，应当根据情况，承担停止侵害、消除影响、赔礼道歉、赔偿损失等民事责任：

（一）未经著作权人许可，发表其作品的；

（二）未经合作作者许可，将与他人合作创作的作品当作自己单独创作的作品发表的；

（三）没有参加创作，为谋取个人名利，在他人作品上署名的；

（四）歪曲、篡改他人作品的；

（五）剽窃他人作品的；

（六）未经著作权人许可，以展览、摄制视听作品的方法使用作品，或者以改编、翻译、注释等方式使用作品的，本法另有规定的除外；

（七）使用他人作品，应当支付报酬而未支付的；

（八）未经视听作品、计算机软件、录音录像制品的著作权人、表演者或者录音录像制作者许可，出租其作品或者录音录像制品的原件或者复制件的，本法另有规定的除外；

（九）未经出版者许可，使用其出版的图书、期刊的版式设计的；

（十）未经表演者许可，从现场直播或者公开传送其现场表演，或者录制其表演的；

（十一）其他侵犯著作权以及与著作权有关的权利的行为。

第五十三条　有下列侵权行为的，应当根据情况，承担本法第五十二条规定的民事责任；侵权行为同时损害公共利益的，由主管著作权的部门责令停止侵权行为，予以警告，没收违法所得，没收、无害化销毁处理侵权复制品以及主要用于制作侵权复制品的材料、工具、设备等，违法经营额五万元以上的，可以并处违法经营额一倍以上五倍以下的罚款；没有违法经营额、违法经营额难以计算或者不足五万元的，可以并处二十五万元以下的罚款；构成犯罪的，依法追究刑事责任：

（一）未经著作权人许可，复制、发行、表演、放映、广播、汇编、通过信息网络向公众传播其作品的，本法另有规定的除外；

（二）出版他人享有专有出版权的图书的；

（三）未经表演者许可，复制、发行录有其表演的录音录像制品，或者通过信息网络向公众传播其表演的，本法另有规定的除外；

（四）未经录音录像制作者许可，复制、发行、通过信息网络向公众传播其制作的录音录像制品的，本法另有规定的除外；

（五）未经许可，播放、复制或者通过信息网络向公众传播广播、电视的，本法另有规定的除外；

（六）未经著作权人或者与著作权有关的权利人许可，故意避开或者破坏技术措施的，故意制造、进口或者向他人提供主要用于避开、破坏技术措施的装置或者部件的，或者故意为他人避开或者破坏技术措施提供技术服务的，法律、行政法规另有规定的除外；

（七）未经著作权人或者与著作权有关的权利人许可，故意删除或者改变作品、版式设计、表演、录音录像制品或者广播、电视上的权利管理信息的，知道或者应当知道作品、版式设计、表演、录音录像制品或者广播、电视上的权利管理信息未经许可被删除或者改变，仍然向公众提供的，法律、行政法规另有规定的除外；

（八）制作、出售假冒他人署名的作品的。

第五十四条　侵犯著作权或者与著作权有关的权利的，侵权人应当按照权利人因此受到的实际损失或者侵权人的违法所得给予赔偿；权利人的实际损失或者侵权人的违法所得难以计算的，可以参照该权利使用费给予赔偿。对故意侵犯著作权或者与著作权有关的权利，情节严重的，可以在按照上述方法确定数额的一倍以上五倍以下给予赔偿。

权利人的实际损失、侵权人的违法所得、权利使用费难以计算的，由人民法院根据侵权行为的情节，判决给予五百元以上五百万元以下的赔偿。

赔偿数额还应当包括权利人为制止侵权行为所支付的合理开支。

人民法院为确定赔偿数额，在权利人已经尽了必要举证责任，而与侵权行为相关的账簿、资料等主要由侵权人掌握的，可以责令侵权人提供与侵权行为相关的账簿、资料等；侵权人不提供，或者提供虚假的账簿、资料等的，人民法院可以参考权利人的主张和提供的证据确定赔偿数额。

人民法院审理著作权纠纷案件，应权利人请求，对侵权复制品，除特殊情况外，责令销毁；对主要用于制造侵权复制品的材料、工具、设备等，责令销毁，且不予补偿；或者在特殊情况下，责令禁止前述材料、工具、设备等进入商业渠道，且不予补偿。

第五十五条　主管著作权的部门对涉嫌侵犯著作权和与著作权有关的权利的行为进行查处时，可以询问有关当事人，调查与涉嫌违法行为有关的情况；对当事人涉嫌违法行为的场所和物品实施现场检查；查阅、复制与涉嫌违法行为有关的合同、发票、账簿以及其他有关资料；对于涉嫌违法行为的场所和物品，可以查封或者扣押。

主管著作权的部门依法行使前款规定的职权时，当事人应当予以协助、配合，不得拒绝、阻挠。

第五十六条　著作权人或者与著作权有关的权利人有证据证明他人正在实施或者即将实施侵犯其权利、妨碍其实现权利的行为，如不及时制止将会使其合法权益受到难以弥补的损害的，可以在起诉前依法向人民法院申请采取财产保全、责令作出一定行为或者禁止作出一定行为等措施。

第五十七条　为制止侵权行为，在证据可能灭失或者以后难以取得的情况下，著作权人或者与著作权有关的权利人可以在起诉前依法向人民法院申请保全证据。

第五十八条　人民法院审理案件，对于侵犯著作权或者与著作权有关的权利的，可以没收违法所得、侵权复制品以及进行违法活动的财物。

第五十九条　复制品的出版者、制作者不能证明其出版、制作有合法授权的，复制品的发行者或者视听作品、计算机软件、录音录像制品的复制品的出租者不能证明其发行、出租的复制品有合法来源的，应当承担法律责任。

在诉讼程序中，被诉侵权人主张其不承担侵权责任的，应当提供证据证明已经取得权利人的许可，或者具有本法规定的不经权利人许可而可以使用的情形。

第六十条　著作权纠纷可以调解，也可以根据当事人达成的书面仲裁协议或者著作权合同中的仲裁条款，向仲裁机构申请仲裁。

当事人没有书面仲裁协议，也没有在著作权合同中订立仲裁条款的，可以直接向人民法院起诉。

第六十一条　当事人因不履行合同义务或者履行合同义务不符合约定而承担民事责任，以及当事人行使诉讼权利、申请保全等，适用有关法律的规定。

第六章　附　则

第六十二条　本法所称的著作权即版权。

第六十三条　本法第二条所称的出版，指作品的复制、发行。

第六十四条　计算机软件、信息网络传播权的保护办法由国务院另行规定。

第六十五条　摄影作品，其发表权、本法第十条第一款第五项至第十七项规定的权利的保护期在 2021 年 6 月 1 日前已经届满，但依据本法第二十三条第一款的规定仍在保护期内的，不再保护。

第六十六条　本法规定的著作权人和出版者、表演者、录音录像制作者、广播电台、电视台的权利，在本法施行之日尚未超过本法规定的保护期的，依照本法予以保护。

本法施行前发生的侵权或者违约行为，依照侵权或者违约行为发生时的有关规定处理。

第六十七条　本法自 1991 年 6 月 1 日起施行。

3. 计算机软件商业秘密权

（1）商业秘密

《中华人民共和国反不正当竞争法》第九条规定：本法所称的商业秘密，是指不为公众所知悉、具有商业价值并经权利人采取相应保密措施的技术信息、经营信息等商业信息。

（2）计算机软件侵权行为

计算机软件侵权行为的主要形式包括但不限于：

1）剽窃。剽窃是指将他人依法享有著作权的软件窃为己有并发表或者登记的行为。剽窃的主要表现是采取抄袭或部分抄袭等方式，在他人软件上署自己的名称（或姓名）并发表或者登记。

2）非法复制。非法复制是指未经软件著作权人许可，擅自将他人软件制作一份或者多份的行为。非法复制的主要表现形式是盗版，这种侵权行为直接掠夺了正版厂商的市场份额和商业利润，是目前最为普遍的软件侵权行为，危害性十分明显，也最为公众熟知。

3）擅自使用。擅自使用是指未经软件著作权人许可，又无法律根据，对他人软件实施演示、修改、翻译、注释、应用的不合法的使用行为。比如，一个企业未经授权在其内部计算机使用系统中安装和应用他人软件；又如，擅自修改、翻译、注释他人软件并进行市场推广，追求非法利益。

4）擅自许可他人使用。擅自许可他人使用是指未经软件著作权人许可，又无法律根据，未经授权许可第三人使用他人软件的行为。一般情况是，计算机硬件以及系统软件生产商、分销商或零售商为了推销其生产、经销的硬件或软件，未经授权在其硬件中预装软件或者在销售系统软件中搭售、免费搭送他人软件。

5）擅自转让。擅自转让是指未经软件著作权人许可，又无法律根据，未经授权将他人软件转让给第三人的行为。特别是，具有一定软件开发能力和声誉的生产商将他人软件剽窃后直接署上自己的名称对外发表和销售，更具有隐蔽性和侵害性。

（3）法律责任

侵犯商业秘密的行为的法律责任包括民事责任、行政责任和刑事责任。

1）民事责任。我国《民法典》第一百七十九条规定了十一种主要的民事责任，对于信息的侵权责任可以适用六种主要的责任：消除危险、返还财产、排除妨碍、赔礼道歉、消除影响、停止侵害、赔偿损失。

2）行政责任。国家工商行政管理机关对于侵犯商业秘密的行为可以进行查处，对确认侵权的，可以给予行政处罚，包括：① 责令停止侵权；② 根据情况处以 1 万以上 20 万以下的罚款；③ 处理侵权物品。对侵权人拒不执行处罚决定的，继续实施侵权行为的，视为新的违法行为，从重予以处罚。

3）刑事责任。侵犯商业秘密的犯罪行为，给商业秘密权利人造成重大损失的，处 3 年以下有期徒刑或者拘役，并处或者单处罚金；造成特别严重后果的，处 3 年以上 7 年以下有期徒刑，并处罚金。

4. 专利权

（1）专利权

专利权是指国家根据发明人或设计人的申请，以向社会公开发明创造的内容，以及发明创造对社会具有符合法律规定的利益为前提，根据法定程序在一定期限内授予发明人或设计人的一种排他性权利。专利权属于知识产权的一种，因此也具有知识产权的特征，即时间性、地域性、无体性和专有性。

专利权的主体即专利权人，是指享有专利法规定的权利并同时承担对应义务的人。在我国，自然人和单位都可以申请或受让专利，成为专利权的主体。专利权的主体不等于专利的发明人、申请人。合作发明的专利权人通常为完成专利发明的单位或者个人。委托发明的专利权人通常为完成专利发明的单位或者个人。职务发明的专利权人通常为发明人所在单位。其他有权行使专利权的主体包括专利权人的继承人、实施许可合同的被许可人等。

专利权的客体即专利法保护的对象，是指依法应授予专利权的发明创造。我国专利法所称的发明创造包括发明、实用新型和外观设计三种。

（2）专利侵权行为

《专利法》第十一条规定：发明和实用新型专利权被授予后，除本法另有规定的以外，任何单位或者个人未经专利权人许可，都不得实施其专利，即不得为生产经营目的制造、使用、许诺销售、销售、进口其专利产品，或者使用其专利方法以及使用、许诺销售、销售、进口依照该专利方法直接获得的产品。外观设计专利权被授予后，任何单位或者个人未经专利权人许可，都不得实施其专利，即不得为生产经营目的制造、许诺销售、销售、进口其外观设计专利产品。

判断是否侵权的主要步骤为：

1）判断该行为是否以生产经营为目的，只有在以生产经营为目的的前提下，未经许可实施专利的行为才构成侵犯专利权。

2）通过对权利要求进行解释以明确专利权保护范围，并对涉诉专利权利要求的技术方案进行拆分，划分出权利要求独立的技术特征。

3）技术方案对比，判断被控侵权产品是否落入专利权的保护范围，这种比较在实务中通常制作成权利要求对照表的方式来进行。

4）判断被控侵权人是否具有法定的抗辩事由。

5.2 真题精解

5.2.1 真题练习

1.【2017 年上半年试题 12】知识产权权利人是指_____。
    A. 著作权人   B. 专利权人   C. 商标权人   D. 各类知识产权所有人

2. 【2017 年上半年试题 13】以下计算机软件著作权权利中，_____是不可以转让的。
   A. 发行权　　　　B. 复制权　　　　C. 署名权　　　　D. 信息网络传播权

3. 【2017 年下半年试题 17】计算机软件著作权的保护对象是指_____。
   A. 软件开发思想与设计方案　　　　B. 计算机程序及其文档
   C. 计算机程序及算法　　　　D. 软件著作权权利人

4. 【2017 年下半年试题 18】某软件公司项目组的程序员在程序编写完成后均按公司规定撰写文档，并上交公司存档。此情形下，该软件文档著作权应由_____享有。
   A. 程序员　　　B. 公司与项目组共同　　C. 公司　　　D. 项目组全体人员

5. 【2019 年下半年试题 14】_____是构成我国保护计算机软件著作权的两个基本法律文件。
   A. 《中华人民共和国著作权法》和《计算机软件保护条例》
   B. 《中华人民共和国著作权法》和《中华人民共和国版权法》
   C. 《计算机软件保护条例》和《中华人民共和国软件法》
   D. 《中华人民共和国软件法》和《中华人民共和国著作权法》

6. 【2019 年下半年试题 15】软件著作权的客体不包括_____。
   A. 源程序　　　B. 目标程序　　　C. 软件文档　　　D. 软件开发思想

7. 【2020 年下半年试题 14】两个申请人就相同内容的计算机程序的发明创造先后向专利行政部门提出申请，则_____。
   A. 两个申请人都可以获得专利申请权　　B. 先申请人可以获得专利申请权
   C. 先使用人可以获得专利申请权　　D. 先发明人可以获得专利申请权

8. 【2020 年下半年试题 15】利用_____可以对软件的技术信息、经营信息提供保护。
   A. 著作权　　　B. 专利权　　　C. 商标权　　　D. 商业秘密权

5.2.2　真题解析

1. 【答案】D。
【解析】考查知识产权的基础知识。
　　知识产权权利人指合法占有某项知识产权的自然人或法人，包括专利权人、商标注册人、版权所有人等。

2. 【答案】C。
【解析】考查计算机软件著作权的基础知识。
　　计算机软件著作权的人身权包括三个方面。第一，发表权，即决定软件是否公之于众的权利。权利人可以自行采取某种方式发表软件作品。第二，署名权，即表明软件开发者身份，在软件上署名的权利。署不署名都是开发者的权利，但不是开发者就不能在软件上署名。任何人可以被许可或受让软件的使用权或再许可权，但他不能因此而受让、侵犯开发者的署名权。第三，修改权，即对软件进行增补、删节，或者改变指令、语句顺序的权利。

3. 【答案】B。
【解析】考查计算机软件著作权的基础知识。
　　《计算机软件保护条例》规定：计算机软件著作权的保护对象是计算机程序及其文档。而 D

选项的权利人可能是软件开发者，也可能是软件开发者所在的公司（职务作品的情况）。

4.【答案】C。

【解析】考查知识产权的基础知识。

软件公司项目组的程序员编写的程序及形成的文档为职务作品，根据著作权法，对于职务作品，除署名权外，著作权的其他权利由公司享有，所以归属为公司。

5.【答案】A。

【解析】考查知识产权关于著作权的相关知识。

构成我国保护计算机软件著作权的两个基本法律文件是《中华人民共和国著作权法》和《计算机软件保护条例》。

6.【答案】D。

【解析】考查知识产权的相关知识。

软件著作权的客体是指计算机软件，即计算机程序及其有关文档。计算机程序是指为了得到某种结果而可以由计算机等具有信息处理能力的装置执行的代码化指令序列，或者可以被自动转换成代码化指令序列的符号化序列或者符号化语句序列。同一计算机程序的源程序和目标程序为同一作品。文档是指用来描述程序的内容、组成、设计、功能规格、开发情况、测试结果及使用方法的文字资料和图表等，如程序说明、流程图、用户手册等。开发软件所用的思想、处理过程、操作方法或者数学概念不受保护。

7.【答案】B。

【解析】考查知识产权中专利权的基础知识。

对于专利，遵循"谁先申请谁拥有"的原则，如果同时申请，就需要协商进行处理。

8.【答案】D。

【解析】考查知识产权中商业秘密权的基础知识。

商业秘密权是指当事人可以依法对商业秘密享有占有、使用、收益和处分的权利。商业秘密权具有知识产权的本质特性，是对创造性成果给予保护的权利形态，可以对软件的技术信息、经营信息提供保护。

5.3 难点精练

本节针对重难知识点模拟练习并讲解，强化重难知识点及题型。

5.3.1 重难点练习

1. 若某标准含有"DB31/T"字样，则表示此标准为_____。
   - A. 强制性国家标准
   - B. 推荐性国家标准
   - C. 强制性地方标准
   - D. 推荐性地方标准
2. 以下关于标准化的说法中不正确的是_____。
   - A. 标准化的目的之一是建立稳定和最佳的生产、技术、安全、管理等秩序
   - B. 标准化的目的之一是获得最佳效益

C. 标准化的目的之一是确保主体在某行业、领域的垄断地位

D. 标准能实现商品生产的合理化、高效率和低成本

3. 目前国际上已出现了一些支持互操作的构件标准，典型的有国际对象管理组织（OMG）推荐的 CORBA 和 Microsoft 公司推出的_____。

A. CORBA   B. DCOM   C. JavaBeans   D. Delphi

4. 下列选项中，属于国家标准的是 (1) ，属于行业标准的是 (2) 。ISO9000 标准是一系列标准的统称，其中的 ISO 是指 (3) 。

（1）A. 国际电工委员会制定的标准   B. 英国标准学会制定的标准

　　　C. 中华人民共和国国家军用标准 GJB   D. 美国 IBM 公司制定的标准

（2）A. 国际电工委员会制定的标准   B. 英国标准学会制定的标准

　　　C. 中华人民共和国国家军用标准 GJB   D. 美国 IBM 公司制定的标准

（3）A. 国际质量认证委员会   B. 国际电信联盟

　　　C. 国际电报委员会   D. 国际标准化组织

5. 安全评估标准是信息技术安全标准体系的一部分，目前有待加强标准化工作。它的内容包括 (1) 。环境评估是安全评估的重要内容之一，它的重点考虑内容包括 (2) 。

（1）A. 信息技术安全机制标准   B. 信息技术安全术语标准

　　　C. 计算机系统安全评估标准   D. 应用产品安全标准

（2）A. 监听和欺骗的可能性   B. 服务器用户、口令情况

　　　C. 网络设备正常运行的相关物理环境   D. 服务器应用配置合理性

6. ISO 的常务领导机构是理事会，下设政策指定委员会。政策指定委员会管理四个专门委员会。负责研究协调各国和各地区产品质量的合格认证的是 (1) ，负责维护消费者利益的是 (2) ，负责研究发展中国家对标准化要求的是 (3) ，负责研究标准化情报交流方法与措施的是 (4) 。

（1）A. 合格判定委员会   B. 消费者政策委员会

　　　C. 发展中国家委员会   D. 信息与服务委员会

（2）A. 合格判定委员会   B. 消费者政策委员会

　　　C. 发展中国家委员会   D. 信息与服务委员会

（3）A. 合格判定委员会   B. 消费者政策委员会

　　　C. 发展中国家委员会   D. 信息与服务委员会

（4）A. 合格判定委员会   B. 消费者政策委员会

　　　C. 发展中国家委员会   D. 信息与服务委员会

7. 按制定标准的不同层次和适应范围，标准可分为国际标准、国家标准、行业标准和企业标准等，_____制定的标准是国际标准。

A. GJB   B. IEEE   C. ANSI   D. ISO

8. 我国国家标准分为强制性国家标准和推荐性国家标准，强制性国家标准的代号为_____。

A. ZB   B. GB   C. GB/T   D. QB

9. _____是关于质量管理体系的一系列标准，有助于企业交付符合用户质量要求的产品。

A. ISO9000   B. CMM   C. ISO1400   D. SW-CMM

10. 我国标准分为国家标准、行业标准、地方标准和企业标准四类，_____是企业标准的代号。

A. GB   B. QJ   C. Q   D. DB

11. GB/T14394—93《计算机软件可靠性和可维护性管理》是_____。

    A. 推荐性国家标准　　　　　　　　　　B. 强制性国家标准

    C. 指导性技术文件　　　　　　　　　　D. 行业推荐性标准

12. 标准化对象一般可分为两大类，一类是标准化的具体对象，即需要制定标准的具体事物；另一类是_____。

    A. 标准化抽象对象　　　　　　　　　　B. 标准化总体对象

    C. 标准化虚拟对象　　　　　　　　　　D. 标准化面向对象

13. 标准化的目的之一是建立最佳秩序，即建立一定环境和一定条件的最合理秩序。标准化的另一目的，就是_____。

    A. 提高资源的转化效率　　　　　　　　B. 提高劳动生产率

    C. 保证公平贸易　　　　　　　　　　　D. 获得最佳效益

14. 按制定标准的不同层次和适应范围，标准可分为国际标准、国家标准、行业标准和企业标准等，_____标准是我国各级标准必须服从且不得与之相抵触的。

    A. 国际　　　　　　B. 国家　　　　　　C. 行业　　　　　　D. 企业

15. IEEE 是一个_____标准化组织。

    A. 国际　　　　　　B. 国家　　　　　　C. 行业　　　　　　D. 区域

5.3.2　练习精解

1. 【答案】D。

【解析】我国标准的编号由标准代号、标准发布顺序号和标准发布年代号构成。国家标准的代号由大写汉语拼音字母构成，强制性国家标准代号为 GB，推荐性国家标准的代号为 GB/T。地方标准代号由大写汉语拼音 DB 加上省、自治区、直辖市行政区划代码的前两位数字，再加上斜线 T 组成，不加斜线 T 为强制性地方标准。所以若某标准含有"DB31/T"字样，则表示此标准为推荐性地方标准。

2. 【答案】C。

【解析】标准化的目的之一是建立最佳秩序，即建立一定环境和一定条件的最合理秩序。通过标准化在社会生产组成部分之间进行协调，确立共同遵守的准则，建立稳定和最佳的生产、技术、安全、管理等秩序，使生产活动和经营管理活动井然有序，避免混乱，提高效率。标准化的另一目的是获得最佳效益。一定范围的标准，是按一定范围内的技术效益和经济效益的目标制定出来的，它不仅考虑了标准在技术上的先进性，还考虑到经济上的合理性以及企业的最佳经济效益。标准虽然不是商品，但却能加速商品的生产和流通，能显著地提高劳动生产率和资源的转化效率，实现商品生产的合理化、高效率和低成本。

3. 【答案】B。

【解析】面向对象标准原本只有一个，即 CORBA（公共对象请求代理体系结构），该标准由包括 BEA、IBA、Oracle、Sun 和 Sybase 等公司在内的众多厂商一起制定，从而形成一个庞大的 CORBA 联盟势力。后来，Sun 推出了企业级 JavaBeans（EJB），用自己易使用的程序模型对 CORBA 做出了改进。微软 COM（Component Object Model，组件对象模型）的出现，使面向对象中间件市场里又多了一个标准，这样，面向对象中间件产品实际上形成了两大标准，一个是微软的 DCOM，另一个是 JavaBeans。

4.【答案】（1）B；（2）C；（3）D。

【解析】英国标准学会制定的标准属于国家标准。中华人民共和国国家军用标准 GJB 属于行业标准。ISO 是国际标准化组织的英语缩写。

5.【答案】（1）C；（2）A。

【解析】给出的选项中，只有计算机系统安全评估标准是安全评估标准；信息技术安全机制标准属于安全机制标准；信息技术安全术语标准属于基础类标准；应用产品安全标准属于应用类标准。

给出的选项中，只有监听和欺骗的可能性属于环境评估标准；服务器用户、口令情况和服务器应用配置合理性属于服务器安全评估；网络设备正常运行的相关物理环境属于网络系统设备厂安全评估。

6.【答案】（1）A；（2）B；（3）C；（4）D。

【解析】分别突出"合格认证""消费者""发展中国家"和"情报交流"。

7.【答案】D。

【解析】本题考查的是标准化组织方面的基础知识。

ISO 和 IEC 是世界上两个最大、最具有权威的国际标准化组织。目前，由 ISO 确认并公布的国际标准化组织还有国际计量局（BIPM）、联合国教科文组织（UNESCO）、世界卫生组织（WHO）、世界知识产权组织（WIPO）、国际信息与文献联合会（FID）、国际法制计量组织（OIML）等27 个国际组织。

IEEE 是由美国电气工程师学会（AIEE）和美国无线电工程师学会（IRE）于 1963 年合并而成的美国规模最大的专业学会。

美国国家标准学会（ANSI）是非营利性质的民间标准化团体，但它实际上已成为美国国家标准化中心，美国各界标准化活动都围绕它开展。

GJB 是我国国防科学技术工业委员会批准、颁布适合于国防部门和军队使用的标准。例如，1988 年发布实施的 GJB473—1988 军用软件开发规范。

8.【答案】B。

【解析】本题考查的是标准方面的基础知识。

我国标准的编号由标准代号、标准发布序号和标准发布年号组成，推荐性国家标准的代号为GB/T。

标准化指导性技术文件是为仍处于技术发展过程中（为变化快的技术领域）的标准化工作提供指南或信息，供科研、设计、生产、使用和管理等有关人员参考使用而制定的标准文件。

行业标准代号由汉字拼音大写字母组成。行业标准代号由国务院各有关行政主管部门提出其所管理的行业标准范围的申请报告，国务院标准化行政主管部门审查确定并正式公布该行业标准代号。已正式公布的行业代号：QJ（航天）、SJ（电子），JB（机械）、JR（金融系统）等。

9.【答案】A。

【解析】ISO9000 标准是国际标准化组织颁布的在全世界范围内通用的关于质量管理和质量保证方面的系列标准，目前已被 80 多个国家认同或等效采用，该系列标准在全球具有广泛且深刻的影响，有人称之为 ISO9000 现象。

ISO1400 是国际标准化组织第 207 技术委员会（TC207）从 1993 年开始制定的系列环境管理国际标准的总称。它同以往各国制定的环境排放标准和产品的技术标准等不同，是一个国际性标准，对全世界工业、商业、政府等所有组织改善环境管理行为具有统一标准的功能。它由环境管理体系（EMS）、环境行为评价（EPE）、生命周期评估（LCA）、环境管理（EM）、产品标准中的环境因素（EAPS）等 7 个部分组成。

CMM 是软件开发能力的成熟度模型（SW-CMM）的简称，包括 5 个成熟等级，开发的能力越强，开发组织的成熟度越高，等级越高。

10. 【答案】C。

【解析】本题考查标准的基础知识。

根据《中华人民共和国标准化法》的规定，我国标准分为国家标准、行业标准、地方标准和企业标准等四类。标准代号分别是：GB（国家标准），QJ（航天）、SJ（电子）、JB（机械）、JR（金融系统）等行业标准，DB（地方标准），Q（企业标准）。企业标准包括公司标准、工厂标准。企业标准一般由企业批准、发布，有些产品标准由其上级主管机构批准、发布。

试题的正确答案是 C。因为企业标准的编号由企业标准代号、标准发布顺序号和标准发布年代号（四位数）组成（Q/XXX XXXX—XX）。企业标准的代号由汉字"企"的大写拼音字母"Q"加斜线再加企业代号"Q/"组成，企业代号可用大写拼音字母或阿拉伯数字或两者兼用组成。企业代号按中央所属企业和地方企业分别由国务院有关行政主管部门或省、自治区、直辖市政府标准化行政主管部门会同同级有关行政主管部门加以规定。企业标准一经制定颁布，即对整个企业具有约束性，是企业法规性文件，没有强制性企业标准和推荐性企业标准之分。

11. 【答案】A。

【解析】本题考查标准化方面的基础知识。

我国标准的编号由标准代号、标准发布顺序号和标准发布年代号构成。其中，国家标准的代号由大写汉字拼音字母构成，强制性国家标准代号为 GB，推荐性国家标准的代号为 GB/T。

标准化指导性技术文件是为仍处于技术发展过程中（为变化快的领域）的标准化工作提供指南或信息，供科研、设计、生产、使用和管理等有关人员参考使用而制定的标准文件。

行业标准代号由汉字拼音大写字母组成。行业标准代号由国务院各有关行政主管部门提出其所管理的行业标准范围的申请报告，国务院标准化行政主管部门审查确定并正式公布该行业标准代号。已正式公布的行业代号：QJ（航天）、SJ（电子）、JB（机械）、JR（金融系统）等。

12. 【答案】B。

【解析】标准化对象一般可分为两大类，一类是标准化的具体对象，即需要制定标准的具体事物；另一类是标准化总体对象，即由各种具体对象的全体所构成的整体，通过它可以研究各种具体对象的共同属性、本质和普遍规律。

13. 【答案】D。

【解析】标准化的目的之一是建立最佳秩序，即建立一定环境和一定条件的最合理秩序。通过标准化在社会生产组成部分之间进行协调，确立共同遵循的准则，建立稳定和最佳的生产、技术、安全、管理等秩序，使生产活动和经营管理活动井然有序，避免混乱，达到高效率。标准化的另一目的，就是获得最佳效益。一定范围的标准，是按一定范围内的技术效益和经济效果的目标制定出来的，它不仅考虑了标准在技术上的先进性，还考虑到经济上的合理性以及企业的最佳经济效益。

14.【答案】B。

【解析】国际标准是指国际标准化组织（ISO）、国际电工委员会（IEC）所制定的标准。国际标准在世界范围内统一使用，各国可以自愿采用，不强制使用。国家标准是由政府或国家级的机构制定或批准的、适用于全国范围的标准，是一个国家的标准体系的主体和基础，国内各级标准必须服从且不得与之相抵触。

15.【答案】C。

【解析】美国电气电子工程师学会（Institute of Electrical and Electronics Engineers，IEEE）是由美国电气工程师学会（AIEE）和美国无线电工程师学会（IRE）于 1963 年合并而成，是美国规模最大的专业学会。IEEE 主要制定的标准内容有电气与电子设备、试验方法、元器件、符号、定义以及测试方法等。近年该学会专门成立了软件标准分技术委员会（SESS），积极开展了软件标准化活动，取得了显著成果，受到了软件界的关注。IEEE 是典型的行业标准化组织。

第6章

信息化基础

6.1 考点精讲

6.1.1 考纲要求

6.1.1.1 考点导图

信息化基础部分的考点如图 6-1 所示。

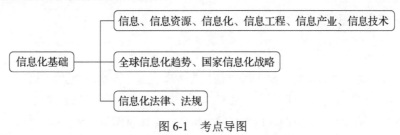

图 6-1 考点导图

6.1.1.2 考点分析

这一章主要是要求考生了解信息化及有关的法律、法规的基础知识。根据近年来的考试情况分析得出:

- 难点

这部分内容需要记忆的较多,且需要不断关注信息变化发展的新动态,涉及理解计算的难点不多。

- 考试题型的一般分布

1)信息化基础知识。
2)有关的法律、法规。

- 考试出现频率较高的内容

信息化的基础知识。

6.1.2　考点分布

历年考题知识点分布统计如表 6-1 所示。

表 6-1　历年考题知识点分布统计

年份	题号	知识点	分值
2016 年上半年	—	—	0
2016 年下半年	—	—	0
2017 年上半年	—	—	0
2017 年下半年	—	—	0
2018 年上半年	56	信息化建设	1
2018 年下半年	—	—	0
2019 年上半年	—	—	0
2019 年下半年	—	—	0
2020 年下半年	—	—	0

6.1.3　知识点精讲

6.1.3.1　信息化基础

1. 信息

香农在《通信的数学理论》一文中对"信息"的理解是"不确定性的减少"，由此引申出信息的一个定义："信息是系统有序程度的度量。"香农不但给出了信息的定义，而且还给出了信息的定量描述，并确定了信息量的单位为比特（bit）。1 比特的信息量，在变异度为 2 的最简单情况下，就是能消除非此即彼的不确定性所需要的信息量。信息的特征有：① 客观性；② 普遍性；③ 无限性；④ 动态性；⑤ 依附性；⑥ 变换性；⑦ 传递性；⑧ 层次性；⑨ 系统性；⑩ 转化性。

2. 信息资源

信息资源一词最早出现于沃罗尔科的《加拿大的信息资源》。信息资源是指人类社会信息活动中积累起来的以信息为核心的各类信息活动要素（信息技术、设备、设施、信息生产者等）的集合。广义的信息资源指的是信息活动中各种要素的总称。"要素"包括信息、信息技术以及相应的设备、资金和人等。狭义的观点突出了信息是信息资源的核心要素，但忽略了"系统"。事实上，如果只有核心要素，而没有"支持"部分（技术、设备等），就不能进行有机的配置，不能发挥信息作为资源的最大效用。

3. 信息化

信息化是指培养、发展以计算机为主的智能化工具为代表的新生产力，并使之造福于社会的历史过程。与智能化工具相适应的生产力，称为信息化生产力。信息化以现代通信、网络、数据库技术为基础，将所研究对象的各要素汇总至数据库，供特定人群生活、工作、学习、辅助决策等和人类信息相关的各种行为相结合的一种技术，使用该技术后，可以极大地提高各种行为的效率，并且降低成本，为推动人类社会进步提供极大的技术支持。

政府信息化就是传统政府向信息化政府的演变过程。具体说，政府信息化就是应用现代信息技术、网络技术和通信技术，通过信息资源的开发和利用来集成管理和服务，从而提高政府的工作效率、决策质量、调控能力，并节约开支，改进政府的组织结构、业务流程和工作方式，全方位地为社会提供优质、规范、透明的管理和服务。

4. 信息工程

约翰·柯林斯（John Collins）在为世界第一本信息工程专著所写的序言中说："信息工程作为一个学科要比软件工程更为广泛，它包括了为建立基于当代数据库系统的计算机化企业所必需的所有相关的学科。"从这一定义中可以看出这样三个基本点：一、信息工程的基础是当代的数据库系统；二、信息工程的目标是建立计算机化的企业管理系统；三、信息工程的范围是广泛的，是多种技术、多种学科的综合。这自然要联系到软件工程，马丁认为，软件工程仅仅是关于计算机软件的规范说明、设计和编制程序的学科，实际上是信息工程的一个组成部分。

信息工程的基本原理和前提是：① 数据位于现代数据处理的中心。② 数据是稳定的，处理是多变的。只有建立了稳定的数据结构，才能使行政管理上或业务处理上的变化能被计算机信息系统所适应，这正是面向数据的方法所具有的灵活性，而面向过程的方法往往不能适应管理上的变化需要。

5. 信息产业

信息产业，又称信息技术产业，是运用信息手段和技术，收集、整理、存储、传递信息情报，提供信息服务，并提供相应的信息手段、信息技术等服务的产业。信息技术产业包含从事信息的生产、流通和销售以及利用信息提供服务的产业部门。

信息产业主要包括三个产业部门：① 信息处理和服务产业，该行业的特点是利用现代的电子计算机系统收集、加工、整理、存储信息，为各行业提供各种各样的信息服务，如计算机中心、信息中心和咨询公司等。② 信息处理设备行业，该行业的特点是从事电子计算机的研究和生产（包括相关机器的硬件制造）以及计算机的软件开发等活动，计算机制造公司、软件开发公司等可算作这一行业。③ 信息传递中介行业，该行业的特点是运用现代化的信息传递中介，将信息及时、准确、完整地传到目的地点，印刷业、出版业、新闻广播业、通信业、广告业都可归入其中。

6. 信息技术

信息技术（IT）是主要用于管理和处理信息所采用的各种技术的总称。它主要是应用计算机科学和通信技术来设计、开发、安装和实施信息系统及应用软件。它也常被称为信息和通信技术（ICT）。信息技术主要包括传感技术、计算机与智能技术、通信技术和控制技术。

信息技术的应用包括计算机硬件和软件、网络和通信技术、应用软件开发工具等。计算机和互联网普及以来，人们日益普遍地使用计算机来生产、处理、交换和传播各种形式的信息（如书籍、商业文件、报刊、唱片、电影、电视节目、语音、图形、影像等）。

7. 全球信息化趋势

信息化是充分利用信息技术，开发利用信息资源，促进信息交流和知识共享，提高经济增长质量，推动经济社会发展转型的历史进程。20 世纪 90 年代以来，信息技术不断创新，信息产业持续发展，信息网络广泛普及，信息化成为全球经济社会发展的显著特征，并逐步向全方位的社会变革演进。进入 21 世纪，信息化对经济社会发展的影响更加深刻。广泛应用、高度渗透的信息技术正孕育着新的重大突破。信息资源日益成为重要生产要素、无形资产和社会财富。信息网络更加普及并日趋融合。信息化与经济全球化相互交织，推动着全球产业分工深化和经济结构调整，重塑着全球经济竞争格局。互联网加剧了各种思想文化的相互激荡，成为信息传播和知识扩散的新载体。电子政务在提高行政效率、改善政府效能、扩大民主参与等方面的作用日益显著。信息安全的重要性与日俱增，成为各国面临的共同挑战。信息化使现代战争形态发生重大变化，是世界新军事变革的核心内容。全球数字鸿沟呈现扩大趋势，发展失衡现象日趋严重。发达国家信息化发展目标更加清晰，正在出现向信息社会转型的趋向；越来越多的发展中国家主动迎接信息化发展带来的新机遇，力争跟上时代潮流。全球信息化正在引发当今世界的深刻变革，重塑世界政治、经济、社会、文化和军事发展的新格局。加快信息化发展，已经成为世界各国的共同选择。

8. 国家信息化战略

我国信息化发展的战略目标是：综合信息基础设施基本普及，信息技术自主创新能力显著增强，信息产业结构全面优化，国家信息安全保障水平大幅提高，国民经济和社会信息化取得明显成效，新型工业化发展模式初步确立，国家信息化发展的制度环境和政策体系基本完善，国民信息技术应用能力显著提高，为迈向信息社会奠定坚实基础。

中共中央办公厅、国务院办公厅 2016 年 7 月印发了《国家信息化发展战略纲要》，该纲要是规范和指导未来 10 年国家信息化发展的纲领性文件，是国家战略体系的重要组成部分，是信息化领域规划、政策制定的重要依据。

基本形势：（一）人类社会经历了农业革命、工业革命，正在经历信息革命。（二）进入新世纪特别是党的十八大以来，我国信息化取得长足进展，但与全面建成小康社会、加快推进社会主义现代化的目标相比还有差距，坚持走中国特色信息化发展道路，以信息化驱动现代化，建设网络强国，迫在眉睫、刻不容缓。

战略目标：到 2020 年，固定宽带家庭普及率达到中等发达国家水平，第三代移动通信（3G）、第四代移动通信（4G）网络覆盖城乡，第五代移动通信（5G）技术研发和标准取得突破性进展。信息消费总额达到 6 万亿元，电子商务交易规模达到 38 万亿元。核心关键技术部分领域达到国际先进水平，信息产业国际竞争力大幅提升，重点行业数字化、网络化、智能化取得明显进展，网络化协同创新体系全面形成，电子政务支撑国家治理体系和治理能力现代化坚实有力，信息化成为驱动现代化建设的先导力量。互联网国际出口带宽达到 20 太比特/秒（Tbps），支撑"一带一路"建设实施，与周边国家实现网络互联、信息互通，建成中国－东盟信息港，初步建成网上丝绸之路，信息通信技术、产品和互联网服务的国际竞争力明显增强。到 2025 年，新一代信息通信技术得到及时应用，固定宽带家庭普及率接近国际先进水平，建成国际领先的移动通信网络，实现宽带网络无缝覆盖。信息消费总额达到 12 万亿元，电子商务交易规模达到 67 万亿元。根本改变核心关键技术受制于人的局面，形成安全可控的信息技术产业体系，电子政务应用和信息惠民水平大幅提高。实现技术先进、产业发达、应用领先、网络安全坚不可摧的战略目标。互联网国际出口带宽达到 48 太比特/秒（Tbps），建成四大国际信息通道，连接太平洋、中东欧、西非北非、东南亚、中亚、印巴缅俄等国家和地区，涌现一批具有强大国际竞争力的大型跨国网信企业。到本世纪中叶，信息化全面支撑富强民主文明和谐的社会主义现代化国家建设，网络强国地位日益巩固，在引领全球信息化发展方面有更大作为。

6.1.3.2 信息化法律、法规

随着世界的科技发展趋势步入信息化的时代，为加快我国信息化的进程，中央和地方各级政府先后出台了一系列旨在推动信息化建设的法律、法规、规章和政策。

1. 中华人民共和国个人信息保护法

中华人民共和国个人信息保护法

（2021 年 8 月 20 日第十三届全国人民代表大会常务委员会第三十次会议通过）

第一章 总 则

第一条 为了保护个人信息权益，规范个人信息处理活动，促进个人信息合理利用，根据宪法，制定本法。

第二条 自然人的个人信息受法律保护，任何组织、个人不得侵害自然人的个人信息权益。

第三条 在中华人民共和国境内处理自然人个人信息的活动，适用本法。

在中华人民共和国境外处理中华人民共和国境内自然人个人信息的活动，有下列情形之一的，也适用本法：

（一）以向境内自然人提供产品或者服务为目的；

（二）分析、评估境内自然人的行为；

（三）法律、行政法规规定的其他情形。

第四条 个人信息是以电子或者其他方式记录的与已识别或者可识别的自然人有关的各种信息，不包括匿名化处理后的信息。

个人信息的处理包括个人信息的收集、存储、使用、加工、传输、提供、公开、删除等。

第五条 处理个人信息应当遵循合法、正当、必要和诚信原则，不得通过误导、欺诈、胁迫等方式处理个人信息。

第六条 处理个人信息应当具有明确、合理的目的，并应当与处理目的直接相关，采取对个人权益影响最小的方式。

收集个人信息，应当限于实现处理目的的最小范围，不得过度收集个人信息。

第七条 处理个人信息应当遵循公开、透明原则，公开个人信息处理规则，明示处理的目的、方式和范围。

第八条 处理个人信息应当保证个人信息的质量，避免因个人信息不准确、不完整对个人权益造成不利影响。

第九条 个人信息处理者应当对其个人信息处理活动负责，并采取必要措施保障所处理的个人信息的安全。

第十条 任何组织、个人不得非法收集、使用、加工、传输他人个人信息，不得非法买卖、提供或者公开他人个人信息；不得从事危害国家安全、公共利益的个人信息处理活动。

第十一条 国家建立健全个人信息保护制度，预防和惩治侵害个人信息权益的行为，加强个人信息保护宣传教育，推动形成政府、企业、相关社会组织、公众共同参与个人信息保护的良好环境。

第十二条 国家积极参与个人信息保护国际规则的制定，促进个人信息保护方面的国际交流与合作，推动与其他国家、地区、国际组织之间的个人信息保护规则、标准等互认。

第二章 个人信息处理规则

第一节 一般规定

第十三条 符合下列情形之一的，个人信息处理者方可处理个人信息：

（一）取得个人的同意；

（二）为订立、履行个人作为一方当事人的合同所必需，或者按照依法制定的劳动规章制度和依法签订的集体合同实施人力资源管理所必需；

（三）为履行法定职责或者法定义务所必需；

（四）为应对突发公共卫生事件，或者紧急情况下为保护自然人的生命健康和财产安全所必需；

（五）为公共利益实施新闻报道、舆论监督等行为，在合理的范围内处理个人信息；

（六）依照本法规定在合理的范围内处理个人自行公开或者其他已经合法公开的个人信息；

（七）法律、行政法规规定的其他情形。

依照本法其他有关规定，处理个人信息应当取得个人同意，但是有前款第二项至第七项规定情形的，不需取得个人同意。

第十四条 基于个人同意处理个人信息的，该同意应当由个人在充分知情的前提下自愿、明确作出。法律、行政法规规定处理个人信息应当取得个人单独同意或者书面同意的，从其规定。

个人信息的处理目的、处理方式和处理的个人信息种类发生变更的，应当重新取得个人同意。

第十五条 基于个人同意处理个人信息的，个人有权撤回其同意。个人信息处理者应当提供便捷的撤回同意的方式。

个人撤回同意，不影响撤回前基于个人同意已进行的个人信息处理活动的效力。

第十六条 个人信息处理者不得以个人不同意处理其个人信息或者撤回同意为由，拒绝提供产品或者服务；处理个人信息属于提供产品或者服务所必需的除外。

第十七条 个人信息处理者在处理个人信息前，应当以显著方式、清晰易懂的语言真实、准确、完整地向个人告知下列事项：

（一）个人信息处理者的名称或者姓名和联系方式；

（二）个人信息的处理目的、处理方式，处理的个人信息种类、保存期限；

（三）个人行使本法规定权利的方式和程序；

（四）法律、行政法规规定应当告知的其他事项。

前款规定事项发生变更的，应当将变更部分告知个人。

个人信息处理者通过制定个人信息处理规则的方式告知第一款规定事项的，处理规则应当公开，并且便于查阅和保存。

第十八条 个人信息处理者处理个人信息，有法律、行政法规规定应当保密或者不需要告知的情形的，可以不向个人告知前条第一款规定的事项。

紧急情况下为保护自然人的生命健康和财产安全无法及时向个人告知的，个人信息处理者应当在紧急情况消除后及时告知。

第十九条　除法律、行政法规另有规定外，个人信息的保存期限应当为实现处理目的所必要的最短时间。

第二十条　两个以上的个人信息处理者共同决定个人信息的处理目的和处理方式的，应当约定各自的权利和义务。但是，该约定不影响个人向其中任何一个个人信息处理者要求行使本法规定的权利。

个人信息处理者共同处理个人信息，侵害个人信息权益造成损害的，应当依法承担连带责任。

第二十一条　个人信息处理者委托处理个人信息的，应当与受托人约定委托处理的目的、期限、处理方式、个人信息的种类、保护措施以及双方的权利和义务等，并对受托人的个人信息处理活动进行监督。

受托人应当按照约定处理个人信息，不得超出约定的处理目的、处理方式等处理个人信息；委托合同不生效、无效、被撤销或者终止的，受托人应当将个人信息返还个人信息处理者或者予以删除，不得保留。

未经个人信息处理者同意，受托人不得转委托他人处理个人信息。

第二十二条　个人信息处理者因合并、分立、解散、被宣告破产等原因需要转移个人信息的，应当向个人告知接收方的名称或者姓名和联系方式。接收方应当继续履行个人信息处理者的义务。接收方变更原先的处理目的、处理方式的，应当依照本法规定重新取得个人同意。

第二十三条　个人信息处理者向其他个人信息处理者提供其处理的个人信息的，应当向个人告知接收方的名称或者姓名、联系方式、处理目的、处理方式和个人信息的种类，并取得个人的单独同意。接收方应当在上述处理目的、处理方式和个人信息的种类等范围内处理个人信息。接收方变更原先的处理目的、处理方式的，应当依照本法规定重新取得个人同意。

第二十四条　个人信息处理者利用个人信息进行自动化决策，应当保证决策的透明度和结果公平、公正，不得对个人在交易价格等交易条件上实行不合理的差别待遇。

通过自动化决策方式向个人进行信息推送、商业营销，应当同时提供不针对其个人特征的选项，或者向个人提供便捷的拒绝方式。

通过自动化决策方式作出对个人权益有重大影响的决定，个人有权要求个人信息处理者予以说明，并有权拒绝个人信息处理者仅通过自动化决策的方式作出决定。

第二十五条　个人信息处理者不得公开其处理的个人信息，取得个人单独同意的除外。

第二十六条　在公共场所安装图像采集、个人身份识别设备，应当为维护公共安全所必需，遵守国家有关规定，并设置显著的提示标识。所收集的个人图像、身份识别信息只能用于维护公共安全的目的，不得用于其他目的；取得个人单独同意的除外。

第二十七条　个人信息处理者可以在合理的范围内处理个人自行公开或者其他已经合法公开的个人信息；个人明确拒绝的除外。个人信息处理者处理已公开的个人信息，对个人权益有重大影响的，应当依照本法规定取得个人同意。

第二节　敏感个人信息的处理规则

第二十八条　敏感个人信息是一旦泄露或者非法使用，容易导致自然人的人格尊严受到侵害或者人身、财产安全受到危害的个人信息，包括生物识别、宗教信仰、特定身份、医疗健康、金融账户、行踪轨迹等信息，以及不满十四周岁未成年人的个人信息。

只有在具有特定的目的和充分的必要性，并采取严格保护措施的情形下，个人信息处理者方可处理敏感个人信息。

第二十九条　处理敏感个人信息应当取得个人的单独同意；法律、行政法规规定处理敏感个人信息应当取得书面同意的，从其规定。

第三十条　个人信息处理者处理敏感个人信息的，除本法第十七条第一款规定的事项外，还应当向个人告知处理敏感个人信息的必要性以及对个人权益的影响；依照本法规定可以不向个人告知的除外。

第三十一条　个人信息处理者处理不满十四周岁未成年人个人信息的，应当取得未成年人的父母或者其他监护人的同意。

个人信息处理者处理不满十四周岁未成年人个人信息的，应当制定专门的个人信息处理规则。

第三十二条　法律、行政法规对处理敏感个人信息规定应当取得相关行政许可或者作出其他限制的，从其规定。

第三节　国家机关处理个人信息的特别规定

第三十三条　国家机关处理个人信息的活动，适用本法；本节有特别规定的，适用本节规定。

第三十四条　国家机关为履行法定职责处理个人信息，应当依照法律、行政法规规定的权限、程序进行，不得超出履行法定职责所必需的范围和限度。

第三十五条　国家机关为履行法定职责处理个人信息，应当依照本法规定履行告知义务；有本法第十八条第一款规定的情形，或者告知将妨碍国家机关履行法定职责的除外。

第三十六条　国家机关处理的个人信息应当在中华人民共和国境内存储；确需向境外提供的，应当进行安全评估。安全评估可以要求有关部门提供支持与协助。

第三十七条　法律、法规授权的具有管理公共事务职能的组织为履行法定职责处理个人信息，适用本法关于国家机关处理个人信息的规定。

第三章　个人信息跨境提供的规则

第三十八条　个人信息处理者因业务等需要，确需向中华人民共和国境外提供个人信息的，应当具备下列条件之一：

（一）依照本法第四十条的规定通过国家网信部门组织的安全评估；

（二）按照国家网信部门的规定经专业机构进行个人信息保护认证；

（三）按照国家网信部门制定的标准合同与境外接收方订立合同，约定双方的权利和义务；

（四）法律、行政法规或者国家网信部门规定的其他条件。

中华人民共和国缔结或者参加的国际条约、协定对向中华人民共和国境外提供个人信息的条件等有规定的，可以按照其规定执行。

个人信息处理者应当采取必要措施，保障境外接收方处理个人信息的活动达到本法规定的个人信息保护标准。

第三十九条　个人信息处理者向中华人民共和国境外提供个人信息的，应当向个人告知境外接收方的名称或者姓名、联系方式、处理目的、处理方式、个人信息的种类以及个人向境外接收方行使本法规定权利的方式和程序等事项，并取得个人的单独同意。

第四十条　关键信息基础设施运营者和处理个人信息达到国家网信部门规定数量的个人信息处理者，应当将在中华人民共和国境内收集和产生的个人信息存储在境内。确需向境外提供的，应当通过国家网信部门组织的安全评估；法律、行政法规和国家网信部门规定可以不进行安全评估的，从其规定。

第四十一条　中华人民共和国主管机关根据有关法律和中华人民共和国缔结或者参加的国际条约、协定，或者按照平等互惠原则，处理外国司法或者执法机构关于提供存储于境内个人信息的请求。非经中华人民共和国主管机关批准，个人信息处理者不得向外国司法或者执法机构提供存储于中华人民共和国境内的个人信息。

第四十二条　境外的组织、个人从事侵害中华人民共和国公民的个人信息权益，或者危害中华人民共和国国家安全、公共利益的个人信息处理活动的，国家网信部门可以将其列入限制或者禁止个人信息提供清单，予以公告，并采取限制或者禁止向其提供个人信息等措施。

第四十三条　任何国家或者地区在个人信息保护方面对中华人民共和国采取歧视性的禁止、限制或者其他类似措施的，中华人民共和国可以根据实际情况对该国家或者地区对等采取措施。

第四章　个人在个人信息处理活动中的权利

第四十四条　个人对其个人信息的处理享有知情权、决定权，有权限制或者拒绝他人对其个人信息进行处理；法律、行政法规另有规定的除外。

第四十五条　个人有权向个人信息处理者查阅、复制其个人信息；有本法第十八条第一款、第三十五条规定情形的除外。

个人请求查阅、复制其个人信息的，个人信息处理者应当及时提供。

个人请求将个人信息转移至其指定的个人信息处理者，符合国家网信部门规定条件的，个人信息处理者应当提供转移的途径。

第四十六条　个人发现其个人信息不准确或者不完整的，有权请求个人信息处理者更正、补充。

个人请求更正、补充其个人信息的，个人信息处理者应当对其个人信息予以核实，并及时更正、补充。

第四十七条　有下列情形之一的，个人信息处理者应当主动删除个人信息；个人信息处理者未删除的，个人有权请求删除：

（一）处理目的已实现、无法实现或者为实现处理目的不再必要；

（二）个人信息处理者停止提供产品或者服务，或者保存期限已届满；

（三）个人撤回同意；

（四）个人信息处理者违反法律、行政法规或者违反约定处理个人信息；

（五）法律、行政法规规定的其他情形。

法律、行政法规规定的保存期限未届满，或者删除个人信息从技术上难以实现的，个人信息处理者应当停止除存储和采取必要的安全保护措施之外的处理。

第四十八条　个人有权要求个人信息处理者对其个人信息处理规则进行解释说明。

第四十九条　自然人死亡的，其近亲属为了自身的合法、正当利益，可以对死者的相关个人信息行使本章规定的查阅、复制、更正、删除等权利；死者生前另有安排的除外。

第五十条　个人信息处理者应当建立便捷的个人行使权利的申请受理和处理机制。拒绝个人行使权利的请求的，应当说明理由。

个人信息处理者拒绝个人行使权利的请求的，个人可以依法向人民法院提起诉讼。

第五章　个人信息处理者的义务

第五十一条　个人信息处理者应当根据个人信息的处理目的、处理方式、个人信息的种类以及对个人权益的影响、可能存在的安全风险等，采取下列措施确保个人信息处理活动符合法律、行政法规的规定，并防止未经授权的访问以及个人信息泄露、篡改、丢失：

（一）制定内部管理制度和操作规程；

（二）对个人信息实行分类管理；

（三）采取相应的加密、去标识化等安全技术措施；

（四）合理确定个人信息处理的操作权限，并定期对从业人员进行安全教育和培训；

（五）制定并组织实施个人信息安全事件应急预案；

（六）法律、行政法规规定的其他措施。

第五十二条　处理个人信息达到国家网信部门规定数量的个人信息处理者应当指定个人信息保护负责人，负责对个人信息处理活动以及采取的保护措施等进行监督。

个人信息处理者应当公开个人信息保护负责人的联系方式，并将个人信息保护负责人的姓名、联系方式等报送履行个人信息保护职责的部门。

第五十三条　本法第三条第二款规定的中华人民共和国境外的个人信息处理者，应当在中华人民共和国境内设立专门机构或者指定代表，负责处理个人信息保护相关事务，并将有关机构的名称或者代表的姓名、联系方式等报送履行个人信息保护职责的部门。

第五十四条　个人信息处理者应当定期对其处理个人信息遵守法律、行政法规的情况进行合规审计。

第五十五条　有下列情形之一的，个人信息处理者应当事前进行个人信息保护影响评估，并对处理情况进行记录：

（一）处理敏感个人信息；

（二）利用个人信息进行自动化决策；

（三）委托处理个人信息、向其他个人信息处理者提供个人信息、公开个人信息；

（四）向境外提供个人信息；

（五）其他对个人权益有重大影响的个人信息处理活动。

第五十六条　个人信息保护影响评估应当包括下列内容：

（一）个人信息的处理目的、处理方式等是否合法、正当、必要；

（二）对个人权益的影响及安全风险；

（三）所采取的保护措施是否合法、有效并与风险程度相适应。

个人信息保护影响评估报告和处理情况记录应当至少保存三年。

第五十七条　发生或者可能发生个人信息泄露、篡改、丢失的，个人信息处理者应当立即采取补救措施，并通知履行个人信息保护职责的部门和个人。通知应当包括下列事项：

（一）发生或者可能发生个人信息泄露、篡改、丢失的信息种类、原因和可能造成的危害；

（二）个人信息处理者采取的补救措施和个人可以采取的减轻危害的措施；

（三）个人信息处理者的联系方式。

个人信息处理者采取措施能够有效避免信息泄露、篡改、丢失造成危害的，个人信息处理者可以不通知个人；履行个人信息保护职责的部门认为可能造成危害的，有权要求个人信息处理者通知个人。

第五十八条　提供重要互联网平台服务、用户数量巨大、业务类型复杂的个人信息处理者，应当履行下列义务：

（一）按照国家规定建立健全个人信息保护合规制度体系，成立主要由外部成员组成的独立机构对个人信息保护情况进行监督；

（二）遵循公开、公平、公正的原则，制定平台规则，明确平台内产品或者服务提供者处理个人信息的规范和保护个人信息的义务；

（三）对严重违反法律、行政法规处理个人信息的平台内的产品或者服务提供者，停止提供服务；

（四）定期发布个人信息保护社会责任报告，接受社会监督。

第五十九条　接受委托处理个人信息的受托人，应当依照本法和有关法律、行政法规的规定，采取必要措施保障所处理的个人信息的安全，并协助个人信息处理者履行本法规定的义务。

第六章　履行个人信息保护职责的部门

第六十条　国家网信部门负责统筹协调个人信息保护工作和相关监督管理工作。国务院有关部门依照本法和有关法律、行政法规的规定，在各自职责范围内负责个人信息保护和监督管理工作。

县级以上地方人民政府有关部门的个人信息保护和监督管理职责，按照国家有关规定确定。

前两款规定的部门统称为履行个人信息保护职责的部门。

第六十一条　履行个人信息保护职责的部门履行下列个人信息保护职责：

（一）开展个人信息保护宣传教育，指导、监督个人信息处理者开展个人信息保护工作；

（二）接受、处理与个人信息保护有关的投诉、举报；

（三）组织对应用程序等个人信息保护情况进行测评，并公布测评结果；

（四）调查、处理违法个人信息处理活动；

（五）法律、行政法规规定的其他职责。

第六十二条　国家网信部门统筹协调有关部门依据本法推进下列个人信息保护工作：

（一）制定个人信息保护具体规则、标准；

（二）针对小型个人信息处理者、处理敏感个人信息以及人脸识别、人工智能等新技术、新应用，制定专门的个人信息保护规则、标准；

（三）支持研究开发和推广应用安全、方便的电子身份认证技术，推进网络身份认证公共服务建设；

（四）推进个人信息保护社会化服务体系建设，支持有关机构开展个人信息保护评估、认证服务；

（五）完善个人信息保护投诉、举报工作机制。

第六十三条　履行个人信息保护职责的部门履行个人信息保护职责，可以采取下列措施：

（一）询问有关当事人，调查与个人信息处理活动有关的情况；

（二）查阅、复制当事人与个人信息处理活动有关的合同、记录、账簿以及其他有关资料；

（三）实施现场检查，对涉嫌违法的个人信息处理活动进行调查；

（四）检查与个人信息处理活动有关的设备、物品；对有证据证明是用于违法个人信息处理活动的设备、物品，向本部门主要负责人书面报告并经批准，可以查封或者扣押。

履行个人信息保护职责的部门依法履行职责，当事人应当予以协助、配合，不得拒绝、阻挠。

第六十四条　履行个人信息保护职责的部门在履行职责中，发现个人信息处理活动存在较大风险或者发生个人信息安全事件的，可以按照规定的权限和程序对该个人信息处理者的法定代表人或者主要负责人进行约谈，或者要求个人信息处理者委托专业机构对其个人信息处理活动进行合规审计。个人信息处理者应当按照要求采取措施，进行整改，消除隐患。

履行个人信息保护职责的部门在履行职责中，发现违法处理个人信息涉嫌犯罪的，应当及时移送公安机关依法处理。

第六十五条　任何组织、个人有权对违法个人信息处理活动向履行个人信息保护职责的部门进行投诉、举报。收到投诉、举报的部门应当依法及时处理，并将处理结果告知投诉、举报人。

履行个人信息保护职责的部门应当公布接受投诉、举报的联系方式。

第七章　法律责任

第六十六条　违反本法规定处理个人信息，或者处理个人信息未履行本法规定的个人信息保护义务的，由履行个人信息保护职责的部门责令改正，给予警告，没收违法所得，对违法处理个人信息的应用程序，责令暂停或者终止提供服务；拒不改正的，并处一百万元以下罚款；对直接负责的主管人员和其他直接责任人员处一万元以上十万元以下罚款。

有前款规定的违法行为，情节严重的，由省级以上履行个人信息保护职责的部门责令改正，没收违法所得，并处五千万元以下或者上一年度营业额百分之五以下罚款，并可以责令暂停相关业务或者停业整顿、通报有关主管部门吊销相关业务许可或者吊销营业执照；对直接负责的主管人员和其他直接责任人员处十万元以上一百万元以下罚款，并可以决定禁止其在一定期限内担任相关企业的董事、监事、高级管理人员和个人信息保护负责人。

第六十七条　有本法规定的违法行为的，依照有关法律、行政法规的规定记入信用档案，并予以公示。

第六十八条　国家机关不履行本法规定的个人信息保护义务的，由其上级机关或者履行个人信息保护职责的部门责令改正；对直接负责的主管人员和其他直接责任人员依法给予处分。

履行个人信息保护职责的部门的工作人员玩忽职守、滥用职权、徇私舞弊，尚不构成犯罪的，依法给予处分。

第六十九条　处理个人信息侵害个人信息权益造成损害，个人信息处理者不能证明自己没有过错的，应当承担损害赔偿等侵权责任。

前款规定的损害赔偿责任按照个人因此受到的损失或者个人信息处理者因此获得的利益确定；个人因此受到的损失和个人信息处理者因此获得的利益难以确定的，根据实际情况确定赔偿数额。

第七十条　个人信息处理者违反本法规定处理个人信息，侵害众多个人的权益的，人民检察院、法律规定的消费者组织和由国家网信部门确定的组织可以依法向人民法院提起诉讼。

第七十一条　违反本法规定，构成违反治安管理行为的，依法给予治安管理处罚；构成犯罪的，依法追究刑事责任。

第八章　附　则

第七十二条　自然人因个人或者家庭事务处理个人信息的，不适用本法。

法律对各级人民政府及其有关部门组织实施的统计、档案管理活动中的个人信息处理有规定的，适用其规定。

第七十三条　本法下列用语的含义：

（一）个人信息处理者，是指在个人信息处理活动中自主决定处理目的、处理方式的组织、个人。

（二）自动化决策，是指通过计算机程序自动分析、评估个人的行为习惯、兴趣爱好或者经济、健康、信用状况等，并进行决策的活动。

（三）去标识化，是指个人信息经过处理，使其在不借助额外信息的情况下无法识别特定自然人的过程。

（四）匿名化，是指个人信息经过处理无法识别特定自然人且不能复原的过程。

第七十四条　本法自 2021 年 11 月 1 日起施行。

2. 中华人民共和国数据安全法

中华人民共和国数据安全法

（2021 年 6 月 10 日第十三届全国人民代表大会常务委员会第二十九次会议通过）

第一章　总　则

第一条　为了规范数据处理活动，保障数据安全，促进数据开发利用，保护个人、组织的合法权益，维护国家主权、安全和发展利益，制定本法。

第二条　在中华人民共和国境内开展数据处理活动及其安全监管，适用本法。

在中华人民共和国境外开展数据处理活动，损害中华人民共和国国家安全、公共利益或者公民、组织合法权益的，依法追究法律责任。

第三条　本法所称数据，是指任何以电子或者其他方式对信息的记录。

数据处理，包括数据的收集、存储、使用、加工、传输、提供、公开等。

数据安全，是指通过采取必要措施，确保数据处于有效保护和合法利用的状态，以及具备保障持续安全状态的能力。

第四条　维护数据安全，应当坚持总体国家安全观，建立健全数据安全治理体系，提高数据安全保障能力。

第五条　中央国家安全领导机构负责国家数据安全工作的决策和议事协调，研究制定、指导实施国家数据安全战略和有关重大方针政策，统筹协调国家数据安全的重大事项和重要工作，建立国家数据安全工作协调机制。

第六条　各地区、各部门对本地区、本部门工作中收集和产生的数据及数据安全负责。

工业、电信、交通、金融、自然资源、卫生健康、教育、科技等主管部门承担本行业、本领域数据安全监管职责。

公安机关、国家安全机关等依照本法和有关法律、行政法规的规定，在各自职责范围内承担数据安全监管职责。

国家网信部门依照本法和有关法律、行政法规的规定，负责统筹协调网络数据安全和相关监管工作。

第七条　国家保护个人、组织与数据有关的权益，鼓励数据依法合理有效利用，保障数据依法有序自由流动，促进以数据为关键要素的数字经济发展。

第八条　开展数据处理活动，应当遵守法律、法规，尊重社会公德和伦理，遵守商业道德和职业道德，诚实守信，履行数据安全保护义务，承担社会责任，不得危害国家安全、公共利益，不得损害个人、组织的合法权益。

第九条　国家支持开展数据安全知识宣传普及，提高全社会的数据安全保护意识和水平，推动有关部门、行业组织、科研机构、企业、个人等共同参与数据安全保护工作，形成全社会共同维护数据安全和促进发展的良好环境。

第十条　相关行业组织按照章程，依法制定数据安全行为规范和团体标准，加强行业自律，指导会员加强数据安全保护，提高数据安全保护水平，促进行业健康发展。

第十一条　国家积极开展数据安全治理、数据开发利用等领域的国际交流与合作，参与数据安全相关国际规则和标准的制定，促进数据跨境安全、自由流动。

第十二条　任何个人、组织都有权对违反本法规定的行为向有关主管部门投诉、举报。收到投诉、举报的部门应当及时依法处理。

有关主管部门应当对投诉、举报人的相关信息予以保密，保护投诉、举报人的合法权益。

第二章　数据安全与发展

第十三条　国家统筹发展和安全，坚持以数据开发利用和产业发展促进数据安全，以数据安全保障数据开发利用和产业发展。

第十四条　国家实施大数据战略，推进数据基础设施建设，鼓励和支持数据在各行业、各领域的创新应用。

省级以上人民政府应当将数字经济发展纳入本级国民经济和社会发展规划，并根据需要制定数字经济发展规划。

第十五条　国家支持开发利用数据提升公共服务的智能化水平。提供智能化公共服务，应当充分考虑老年人、残疾人的需求，避免对老年人、残疾人的日常生活造成障碍。

第十六条　国家支持数据开发利用和数据安全技术研究，鼓励数据开发利用和数据安全等领域的技术推广和商业创新，培育、发展数据开发利用和数据安全产品、产业体系。

第十七条　国家推进数据开发利用技术和数据安全标准体系建设。国务院标准化行政主管部门和国务院有关部门根据各自的职责，组织制定并适时修订有关数据开发利用技术、产品和数据安全相关标准。国家支持企业、社会团体和教育、科研机构等参与标准制定。

第十八条　国家促进数据安全检测评估、认证等服务的发展，支持数据安全检测评估、认证等专业机构依法开展服务活动。

国家支持有关部门、行业组织、企业、教育和科研机构、有关专业机构等在数据安全风险评估、防范、处置等方面开展协作。

第十九条　国家建立健全数据交易管理制度，规范数据交易行为，培育数据交易市场。

第二十条　国家支持教育、科研机构和企业等开展数据开发利用技术和数据安全相关教育和培训，采取多种方式培养数据开发利用技术和数据安全专业人才，促进人才交流。

第三章　数据安全制度

第二十一条　国家建立数据分类分级保护制度，根据数据在经济社会发展中的重要程度，以及一旦遭到篡改、破坏、泄露或者非法获取、非法利用，对国家安全、公共利益或者个人、组织合法权益造成的危害程度，对数据实行分类分级保护。国家数据安全工作协调机制统筹协调有关部门制定重要数据目录，加强对重要数据的保护。

关系国家安全、国民经济命脉、重要民生、重大公共利益等数据属于国家核心数据，实行更加严格的管理制度。

各地区、各部门应当按照数据分类分级保护制度，确定本地区、本部门以及相关行业、领域的重要数据具体目录，对列入目录的数据进行重点保护。

第二十二条　国家建立集中统一、高效权威的数据安全风险评估、报告、信息共享、监测预警机制。国家数据安全工作协调机制统筹协调有关部门加强数据安全风险信息的获取、分析、研判、预警工作。

第二十三条　国家建立数据安全应急处置机制。发生数据安全事件，有关主管部门应当依法启动应急预案，采取相应的应急处置措施，防止危害扩大，消除安全隐患，并及时向社会发布与公众有关的警示信息。

第二十四条　国家建立数据安全审查制度，对影响或者可能影响国家安全的数据处理活动进行国家安全审查。

依法作出的安全审查决定为最终决定。

第二十五条　国家对与维护国家安全和利益、履行国际义务相关的属于管制物项的数据依法实施出口管制。

第二十六条　任何国家或者地区在与数据和数据开发利用技术等有关的投资、贸易等方面对中华人民共和国采取歧视性的禁止、限制或者其他类似措施的，中华人民共和国可以根据实际情况对该国家或者地区对等采取措施。

第四章　数据安全保护义务

第二十七条　开展数据处理活动应当依照法律、法规的规定，建立健全全流程数据安全管理制度，组织开展数据安全教育培训，采取相应的技术措施和其他必要措施，保障数据安全。利用互联网等信息网络开展数据处理活动，应当在网络安全等级保护制度的基础上，履行上述数据安全保护义务。

重要数据的处理者应当明确数据安全负责人和管理机构，落实数据安全保护责任。

第二十八条　开展数据处理活动以及研究开发数据新技术，应当有利于促进经济社会发展，增进人民福祉，符合社会公德和伦理。

第二十九条　开展数据处理活动应当加强风险监测，发现数据安全缺陷、漏洞等风险时，应当立即采取补救措施；发生数据安全事件时，应当立即采取处置措施，按照规定及时告知用户并向有关主管部门报告。

第三十条　重要数据的处理者应当按照规定对其数据处理活动定期开展风险评估，并向有关主管部门报送风险评估报告。

风险评估报告应当包括处理的重要数据的种类、数量，开展数据处理活动的情况，面临的数据安全风险及其应对措施等。

第三十一条　关键信息基础设施的运营者在中华人民共和国境内运营中收集和产生的重要数据的出境安全管理，适用《中华人民共和国网络安全法》的规定；其他数据处理者在中华人民共和国境内运营中收集和产生的重要数据的出境安全管理办法，由国家网信部门会同国务院有关部门制定。

第三十二条　任何组织、个人收集数据，应当采取合法、正当的方式，不得窃取或者以其他非法方式获取数据。

法律、行政法规对收集、使用数据的目的、范围有规定的，应当在法律、行政法规规定的目的和范围内收集、使用数据。

第三十三条　从事数据交易中介服务的机构提供服务，应当要求数据提供方说明数据来源，审核交易双方的身份，并留存审核、交易记录。

第三十四条　法律、行政法规规定提供数据处理相关服务应当取得行政许可的，服务提供者应当依法取得许可。

第三十五条　公安机关、国家安全机关因依法维护国家安全或者侦查犯罪的需要调取数据，应当按照国家有关规定，经过严格的批准手续，依法进行，有关组织、个人应当予以配合。

第三十六条　中华人民共和国主管机关根据有关法律和中华人民共和国缔结或者参加的国际条约、协定，或者按照平等互惠原则，处理外国司法或者执法机构关于提供数据的请求。非经中华人民共和国主管机关批准，境内的组织、个人不得向外国司法或者执法机构提供存储于中华人民共和国境内的数据。

第五章　政务数据安全与开放

第三十七条　国家大力推进电子政务建设，提高政务数据的科学性、准确性、时效性，提升运用数据服务经济社会发展的能力。

第三十八条　国家机关为履行法定职责的需要收集、使用数据，应当在其履行法定职责的范围内依照法律、行政法规规定的条件和程序进行；对在履行职责中知悉的个人隐私、个人信息、商业秘密、保密商务信息等数据应当依法予以保密，不得泄露或者非法向他人提供。

第三十九条　国家机关应当依照法律、行政法规的规定，建立健全数据安全管理制度，落实数据安全保护责任，保障政务数据安全。

第四十条　国家机关委托他人建设、维护电子政务系统，存储、加工政务数据，应当经过严格的批准程序，并应当监督受托方履行相应的数据安全保护义务。受托方应当依照法律、法规的规定和合同约定履行数据安全保护义务，不得擅自留存、使用、泄露或者向他人提供政务数据。

第四十一条　国家机关应当遵循公正、公平、便民的原则，按照规定及时、准确地公开政务数据。依法不予公开的除外。

第四十二条　国家制定政务数据开放目录，构建统一规范、互联互通、安全可控的政务数据开放平台，推动政务数据开放利用。

第四十三条　法律、法规授权的具有管理公共事务职能的组织为履行法定职责开展数据处理活动，适用本章规定。

第六章　法律责任

第四十四条　有关主管部门在履行数据安全监管职责中，发现数据处理活动存在较大安全风险的，可以按照规定的权限和程序对有关组织、个人进行约谈，并要求有关组织、个人采取措施进行整改，消除隐患。

第四十五条　开展数据处理活动的组织、个人不履行本法第二十七条、第二十九条、第三十条规定的数据安全保护义务的，由有关主管部门责令改正，给予警告，可以并处五万元以上五十万元以下罚款，对直接负责的主管人员和其他直接责任人员可以处一万元以上十万元以下罚款；拒不改正或者造成大量数据泄露等严重后果的，处五十万元以上二百万元以下罚款，并可以责令暂停相关业务、停业整顿、吊销相关业务许可证或者吊销营业执照，对直接负责的主管人员和其他直接责任人员处五万元以上二十万元以下罚款。

违反国家核心数据管理制度，危害国家主权、安全和发展利益的，由有关主管部门处二百万元以上一千万元以下罚款，并根据情况责令暂停相关业务、停业整顿、吊销相关业务许可证或者吊销营业执照；构成犯罪的，依法追究刑事责任。

第四十六条　违反本法第三十一条规定，向境外提供重要数据的，由有关主管部门责令改正，给予警告，可以并处十万元以上一百万元以下罚款，对直接负责的主管人员和其他直接责任人员可以处一万元以上十万元以下罚款；情节严重的，处一百万元以上一千万元以下罚款，并可以责令暂停相关业务、停业整顿、吊销相关业务许可证或者吊销营业执照，对直接负责的主管人员和其他直接责任人员处十万元以上一百万元以下罚款。

第四十七条　从事数据交易中介服务的机构未履行本法第三十三条规定的义务的，由有关主管部门责令改正，没收违法所得，处违法所得一倍以上十倍以下罚款，没有违法所得或者违法所得不足十万元的，处十万元以上一百万元以下罚款，并可以责令暂停相关业务、停业整顿、吊销相关业务许可证或者吊销营业执照；对直接负责的主管人员和其他直接责任人员处一万元以上十万元以下罚款。

第四十八条　违反本法第三十五条规定，拒不配合数据调取的，由有关主管部门责令改正，给予警告，并处五万元以上五十万元以下罚款，对直接负责的主管人员和其他直接责任人员处一万元以上十万元以下罚款。

违反本法第三十六条规定，未经主管机关批准向外国司法或者执法机构提供数据的，由有关主管部门给予警告，可以并处十万元以上一百万元以下罚款，对直接负责的主管人员和其他直接责任人员可以处一万元以上十万元以下罚款；造成严重后果的，处一百万元以上五百万元以下罚款，并可以责令暂停相关业务、停业整顿、吊销相关业务许可证或者吊销营业执照，对直接负责的主管人员和其他直接责任人员处五万元以上五十万元以下罚款。

第四十九条　国家机关不履行本法规定的数据安全保护义务的，对直接负责的主管人员和其他直接责任人员依法给予处分。

第五十条　履行数据安全监管职责的国家工作人员玩忽职守、滥用职权、徇私舞弊的，依法给予处分。

第五十一条　窃取或者以其他非法方式获取数据，开展数据处理活动排除、限制竞争，或者损害个人、组织合法权益的，依照有关法律、行政法规的规定处罚。

第五十二条　违反本法规定，给他人造成损害的，依法承担民事责任。

违反本法规定，构成违反治安管理行为的，依法给予治安管理处罚；构成犯罪的，依法追究刑事责任。

第七章　附　则

第五十三条　开展涉及国家秘密的数据处理活动，适用《中华人民共和国保守国家秘密法》等法律、行政法规的规定。

在统计、档案工作中开展数据处理活动，开展涉及个人信息的数据处理活动，还应当遵守有关法律、行政法规的规定。

第五十四条　军事数据安全保护的办法，由中央军事委员会依据本法另行制定。

第五十五条　本法自 2021 年 9 月 1 日起施行。

3. 中华人民共和国网络安全法

中华人民共和国网络安全法

（2016 年 11 月 7 日第十二届全国人民代表大会常务委员会第二十四次会议通过）

第一章　总　则

第一条　为了保障网络安全，维护网络空间主权和国家安全、社会公共利益，保护公民、法人和其他组织的合法权益，促进经济社会信息化健康发展，制定本法。

第二条　在中华人民共和国境内建设、运营、维护和使用网络，以及网络安全的监督管理，适用本法。

第三条　国家坚持网络安全与信息化发展并重，遵循积极利用、科学发展、依法管理、确保安全的方针，推进网络基础设施建设和互联互通，鼓励网络技术创新和应用，支持培养网络安全人才，建立健全网络安全保障体系，提高网络安全保护能力。

第四条　国家制定并不断完善网络安全战略，明确保障网络安全的基本要求和主要目标，提出重点领域的网络安全政策、工作任务和措施。

第五条　国家采取措施，监测、防御、处置来源于中华人民共和国境内外的网络安全风险和威胁，保护关键信息基础设施免受攻击、侵入、干扰和破坏，依法惩治网络违法犯罪活动，维护网络空间安全和秩序。

第六条　国家倡导诚实守信、健康文明的网络行为，推动传播社会主义核心价值观，采取措施提高全社会的网络安全意识和水平，形成全社会共同参与促进网络安全的良好环境。

第七条　国家积极开展网络空间治理、网络技术研发和标准制定、打击网络违法犯罪等方面的国际交流与合作，推动构建和平、安全、开放、合作的网络空间，建立多边、民主、透明的网络治理体系。

第八条　国家网信部门负责统筹协调网络安全工作和相关监督管理工作。国务院电信主管部门、公安部门和其他有关机关依照本法和有关法律、行政法规的规定，在各自职责范围内负责网络安全保护和监督管理工作。

县级以上地方人民政府有关部门的网络安全保护和监督管理职责，按照国家有关规定确定。

第九条　网络运营者开展经营和服务活动，必须遵守法律、行政法规，尊重社会公德，遵守商业道德，诚实信用，履行网络安全保护义务，接受政府和社会的监督，承担社会责任。

第十条　建设、运营网络或者通过网络提供服务，应当依照法律、行政法规的规定和国家标准的强制性要求，采取技术措施和其他必要措施，保障网络安全、稳定运行，有效应对网络安全事件，防范网络违法犯罪活动，维护网络数据的完整性、保密性和可用性。

第十一条　网络相关行业组织按照章程，加强行业自律，制定网络安全行为规范，指导会员加强网络安全保护，提高网络安全保护水平，促进行业健康发展。

第十二条　国家保护公民、法人和其他组织依法使用网络的权利，促进网络接入普及，提升网络服务水平，为社会提供安全、便利的网络服务，保障网络信息依法有序自由流动。

任何个人和组织使用网络应当遵守宪法法律，遵守公共秩序，尊重社会公德，不得危害网络安全，不得利用网络从事危害国家安全、荣誉和利益，煽动颠覆国家政权、推翻社会主义制度，煽动分裂国家、破坏国家统一，宣扬恐怖主义、极端主义，宣扬民族仇恨、民族歧视，传播暴力、淫秽色情信息，编造、传播虚假信息扰乱经济秩序和社会秩序，以及侵害他人名誉、隐私、知识产权和其他合法权益等活动。

第十三条　国家支持研究开发有利于未成年人健康成长的网络产品和服务，依法惩治利用网络从事危害未成年人身心健康的活动，为未成年人提供安全、健康的网络环境。

第十四条　任何个人和组织有权对危害网络安全的行为向网信、电信、公安等部门举报。收到举报的部门应当及时依法作出处理；不属于本部门职责的，应当及时移送有权处理的部门。

有关部门应当对举报人的相关信息予以保密，保护举报人的合法权益。

第二章　网络安全支持与促进

第十五条　国家建立和完善网络安全标准体系。国务院标准化行政主管部门和国务院其他有关部门根据各自的职责，组织制定并适时修订有关网络安全管理以及网络产品、服务和运行安全的国家标准、行业标准。

国家支持企业、研究机构、高等学校、网络相关行业组织参与网络安全国家标准、行业标准的制定。

第十六条　国务院和省、自治区、直辖市人民政府应当统筹规划，加大投入，扶持重点网络安全技术产业和项目，支持网络安全技术的研究开发和应用，推广安全可信的网络产品和服务，保护网络技术知识产权，支持企业、研究机构和高等学校等参与国家网络安全技术创新项目。

第十七条　国家推进网络安全社会化服务体系建设，鼓励有关企业、机构开展网络安全认证、检测和风险评估等安全服务。

第十八条　国家鼓励开发网络数据安全保护和利用技术，促进公共数据资源开放，推动技术创新和经济社会发展。

国家支持创新网络安全管理方式，运用网络新技术，提升网络安全保护水平。

第十九条　各级人民政府及其有关部门应当组织开展经常性的网络安全宣传教育，并指导、督促有关单位做好网络安全宣传教育工作。

大众传播媒介应当有针对性地面向社会进行网络安全宣传教育。

第二十条　国家支持企业和高等学校、职业学校等教育培训机构开展网络安全相关教育与培训，采取多种方式培养网络安全人才，促进网络安全人才交流。

第三章　网络运行安全

第一节　一般规定

第二十一条　国家实行网络安全等级保护制度。网络运营者应当按照网络安全等级保护制度的要求，履行下列安全保护义务，保障网络免受干扰、破坏或者未经授权的访问，防止网络数据泄露或者被窃取、篡改：

（一）制定内部安全管理制度和操作规程，确定网络安全负责人，落实网络安全保护责任；

（二）采取防范计算机病毒和网络攻击、网络侵入等危害网络安全行为的技术措施；

（三）采取监测、记录网络运行状态、网络安全事件的技术措施，并按照规定留存相关的网络日志不少于六个月；

（四）采取数据分类、重要数据备份和加密等措施；

（五）法律、行政法规规定的其他义务。

第二十二条　网络产品、服务应当符合相关国家标准的强制性要求。网络产品、服务的提供者不得设置恶意程序；发现其网络产品、服务存在安全缺陷、漏洞等风险时，应当立即采取补救措施，按照规定及时告知用户并向有关主管部门报告。

网络产品、服务的提供者应当为其产品、服务持续提供安全维护；在规定或者当事人约定的期限内，不得终止提供安全维护。

网络产品、服务具有收集用户信息功能的，其提供者应当向用户明示并取得同意；涉及用户个人信息的，还应当遵守本法和有关法律、行政法规关于个人信息保护的规定。

第二十三条　网络关键设备和网络安全专用产品应当按照相关国家标准的强制性要求，由具备资格的机构安全认证合格或者安全检测符合要求后，方可销售或者提供。国家网信部门会同国务院有关部门制定、公布网络关键设备和网络安全专用产品目录，并推动安全认证和安全检测结果互认，避免重复认证、检测。

第二十四条　网络运营者为用户办理网络接入、域名注册服务，办理固定电话、移动电话等入网手续，或者为用户提供信息发布、即时通信等服务，在与用户签订协议或者确认提供服务时，应当要求用户提供真实身份信息。用户不提供真实身份信息的，网络运营者不得为其提供相关服务。

国家实施网络可信身份战略，支持研究开发安全、方便的电子身份认证技术，推动不同电子身份认证之间的互认。

第二十五条　网络运营者应当制定网络安全事件应急预案，及时处置系统漏洞、计算机病毒、网络攻击、网络侵入等安全风险；在发生危害网络安全的事件时，立即启动应急预案，采取相应的补救措施，并按照规定向有关主管部门报告。

第二十六条　开展网络安全认证、检测、风险评估等活动，向社会发布系统漏洞、计算机病毒、网络攻击、网络侵入等网络安全信息，应当遵守国家有关规定。

第二十七条　任何个人和组织不得从事非法侵入他人网络、干扰他人网络正常功能、窃取网络数据等危害网络安全的活动；不得提供专门用于从事侵入网络、干扰网络正常功能及防护措施、窃取网络数据等危害网络安全活动的程序、工具；明知他人从事危害网络安全的活动的，不得为其提供技术支持、广告推广、支付结算等帮助。

第二十八条　网络运营者应当为公安机关、国家安全机关依法维护国家安全和侦查犯罪的活动提供技术支持和协助。

第二十九条　国家支持网络运营者之间在网络安全信息收集、分析、通报和应急处置等方面进行合作，提高网络运营者的安全保障能力。

有关行业组织建立健全本行业的网络安全保护规范和协作机制，加强对网络安全风险的分析评估，定期向会员进行风险警示，支持、协助会员应对网络安全风险。

第三十条　网信部门和有关部门在履行网络安全保护职责中获取的信息，只能用于维护网络安全的需要，不得用于其他用途。

第二节　关键信息基础设施的运行安全

第三十一条　国家对公共通信和信息服务、能源、交通、水利、金融、公共服务、电子政务等重要行业和领域，以及其他一旦遭到破坏、丧失功能或者数据泄露，可能严重危害国家安全、国计民生、公共利益的关键信息基础设施，在网络安全等级保护制度的基础上，实行重点保护。关键信息基础设施的具体范围和安全保护办法由国务院制定。

国家鼓励关键信息基础设施以外的网络运营者自愿参与关键信息基础设施保护体系。

第三十二条　按照国务院规定的职责分工，负责关键信息基础设施安全保护工作的部门分别编制并组织实施本行业、本领域的关键信息基础设施安全规划，指导和监督关键信息基础设施运行安全保护工作。

第三十三条　建设关键信息基础设施应当确保其具有支持业务稳定、持续运行的性能，并保证安全技术措施同步规划、同步建设、同步使用。

第三十四条　除本法第二十一条的规定外，关键信息基础设施的运营者还应当履行下列安全保护义务：

（一）设置专门安全管理机构和安全管理负责人，并对该负责人和关键岗位的人员进行安全背景审查；

（二）定期对从业人员进行网络安全教育、技术培训和技能考核；

（三）对重要系统和数据库进行容灾备份；

（四）制定网络安全事件应急预案，并定期进行演练；

（五）法律、行政法规规定的其他义务。

第三十五条　关键信息基础设施的运营者采购网络产品和服务，可能影响国家安全的，应当通过国家网信部门会同国务院有关部门组织的国家安全审查。

第三十六条　关键信息基础设施的运营者采购网络产品和服务，应当按照规定与提供者签订安全保密协议，明确安全和保密义务与责任。

第三十七条　关键信息基础设施的运营者在中华人民共和国境内运营中收集和产生的个人信息和重要数据应当在境内存储。因业务需要，确需向境外提供的，应当按照国家网信部门会同国务院有关部门制定的办法进行安全评估；法律、行政法规另有规定的，依照其规定。

第三十八条　关键信息基础设施的运营者应当自行或者委托网络安全服务机构对其网络的安全性和可能存在的风险每年至少进行一次检测评估，并将检测评估情况和改进措施报送相关负责关键信息基础设施安全保护工作的部门。

第三十九条　国家网信部门应当统筹协调有关部门对关键信息基础设施的安全保护采取下列措施：

（一）对关键信息基础设施的安全风险进行抽查检测，提出改进措施，必要时可以委托网络安全服务机构对网络存在的安全风险进行检测评估；

（二）定期组织关键信息基础设施的运营者进行网络安全应急演练，提高应对网络安全事件的水平和协同配合能力；

（三）促进有关部门、关键信息基础设施的运营者以及有关研究机构、网络安全服务机构等之间的网络安全信息共享；

（四）对网络安全事件的应急处置与网络功能的恢复等，提供技术支持和协助。

第四章　网络信息安全

第四十条　网络运营者应当对其收集的用户信息严格保密，并建立健全用户信息保护制度。

第四十一条　网络运营者收集、使用个人信息，应当遵循合法、正当、必要的原则，公开收集、使用规则，明示收集、使用信息的目的、方式和范围，并经被收集者同意。

网络运营者不得收集与其提供的服务无关的个人信息，不得违反法律、行政法规的规定和双方的约定收集、使用个人信息，并应当依照法律、行政法规的规定和与用户的约定，处理其保存的个人信息。

第四十二条　网络运营者不得泄露、篡改、毁损其收集的个人信息；未经被收集者同意，不得向他人提供个人信息。但是，经过处理无法识别特定个人且不能复原的除外。

网络运营者应当采取技术措施和其他必要措施，确保其收集的个人信息安全，防止信息泄露、毁损、丢失。在发生或者可能发生个人信息泄露、毁损、丢失的情况时，应当立即采取补救措施，按照规定及时告知用户并向有关主管部门报告。

第四十三条　个人发现网络运营者违反法律、行政法规的规定或者双方的约定收集、使用其个人信息的，有权要求网络运营者删除其个人信息；发现网络运营者收集、存储的其个人信息有错误的，有权要求网络运营者予以更正。网络运营者应当采取措施予以删除或者更正。

第四十四条　任何个人和组织不得窃取或者以其他非法方式获取个人信息，不得非法出售或者非法向他人提供个人信息。

第四十五条　依法负有网络安全监督管理职责的部门及其工作人员，必须对在履行职责中知悉的个人信息、隐私和商业秘密严格保密，不得泄露、出售或者非法向他人提供。

第四十六条 任何个人和组织应当对其使用网络的行为负责，不得设立用于实施诈骗，传授犯罪方法、制作或者销售违禁物品、管制物品等违法犯罪活动的网站、通讯群组，不得利用网络发布涉及实施诈骗，制作或者销售违禁物品、管制物品以及其他违法犯罪活动的信息。

第四十七条 网络运营者应当加强对其用户发布的信息的管理，发现法律、行政法规禁止发布或者传输的信息的，应当立即停止传输该信息，采取消除等处置措施，防止信息扩散，保存有关记录，并向有关主管部门报告。

第四十八条 任何个人和组织发送的电子信息、提供的应用软件，不得设置恶意程序，不得含有法律、行政法规禁止发布或者传输的信息。

电子信息发送服务提供者和应用软件下载服务提供者，应当履行安全管理义务，知道其用户有前款规定行为的，应当停止提供服务，采取消除等处置措施，保存有关记录，并向有关主管部门报告。

第四十九条 网络运营者应当建立网络信息安全投诉、举报制度，公布投诉、举报方式等信息，及时受理并处理有关网络信息安全的投诉和举报。

网络运营者对网信部门和有关部门依法实施的监督检查，应当予以配合。

第五十条 国家网信部门和有关部门依法履行网络信息安全监督管理职责，发现法律、行政法规禁止发布或者传输的信息的，应当要求网络运营者停止传输，采取消除等处置措施，保存有关记录；对来源于中华人民共和国境外的上述信息，应当通知有关机构采取技术措施和其他必要措施阻断传播。

第五章 监测预警与应急处置

第五十一条 国家建立网络安全监测预警和信息通报制度。国家网信部门应当统筹协调有关部门加强网络安全信息收集、分析和通报工作，按照规定统一发布网络安全监测预警信息。

第五十二条 负责关键信息基础设施安全保护工作的部门，应当建立健全本行业、本领域的网络安全监测预警和信息通报制度，并按照规定报送网络安全监测预警信息。

第五十三条 国家网信部门协调有关部门建立健全网络安全风险评估和应急工作机制，制定网络安全事件应急预案，并定期组织演练。

负责关键信息基础设施安全保护工作的部门应当制定本行业、本领域的网络安全事件应急预案，并定期组织演练。

网络安全事件应急预案应当按照事件发生后的危害程度、影响范围等因素对网络安全事件进行分级，并规定相应的应急处置措施。

第五十四条 网络安全事件发生的风险增大时，省级以上人民政府有关部门应当按照规定的权限和程序，并根据网络安全风险的特点和可能造成的危害，采取下列措施：

（一）要求有关部门、机构和人员及时收集、报告有关信息，加强对网络安全风险的监测；

（二）组织有关部门、机构和专业人员，对网络安全风险信息进行分析评估，预测事件发生的可能性、影响范围和危害程度；

（三）向社会发布网络安全风险预警，发布避免、减轻危害的措施。

第五十五条 发生网络安全事件，应当立即启动网络安全事件应急预案，对网络安全事件进行调查和评估，要求网络运营者采取技术措施和其他必要措施，消除安全隐患，防止危害扩大，并及时向社会发布与公众有关的警示信息。

第五十六条　省级以上人民政府有关部门在履行网络安全监督管理职责中，发现网络存在较大安全风险或者发生安全事件的，可以按照规定的权限和程序对该网络的运营者的法定代表人或者主要负责人进行约谈。网络运营者应当按照要求采取措施，进行整改，消除隐患。

第五十七条　因网络安全事件，发生突发事件或者生产安全事故的，应当依照《中华人民共和国突发事件应对法》、《中华人民共和国安全生产法》等有关法律、行政法规的规定处置。

第五十八条　因维护国家安全和社会公共秩序，处置重大突发社会安全事件的需要，经国务院决定或者批准，可以在特定区域对网络通信采取限制等临时措施。

第六章　法律责任

第五十九条　网络运营者不履行本法第二十一条、第二十五条规定的网络安全保护义务的，由有关主管部门责令改正，给予警告；拒不改正或者导致危害网络安全等后果的，处一万元以上十万元以下罚款，对直接负责的主管人员处五千元以上五万元以下罚款。

关键信息基础设施的运营者不履行本法第三十三条、第三十四条、第三十六条、第三十八条规定的网络安全保护义务的，由有关主管部门责令改正，给予警告；拒不改正或者导致危害网络安全等后果的，处十万元以上一百万元以下罚款，对直接负责的主管人员处一万元以上十万元以下罚款。

第六十条　违反本法第二十二条第一款、第二款和第四十八条第一款规定，有下列行为之一的，由有关主管部门责令改正，给予警告；拒不改正或者导致危害网络安全等后果的，处五万元以上五十万元以下罚款，对直接负责的主管人员处一万元以上十万元以下罚款：

（一）设置恶意程序的；

（二）对其产品、服务存在的安全缺陷、漏洞等风险未立即采取补救措施，或者未按照规定及时告知用户并向有关主管部门报告的；

（三）擅自终止为其产品、服务提供安全维护的。

第六十一条　网络运营者违反本法第二十四条第一款规定，未要求用户提供真实身份信息，或者对不提供真实身份信息的用户提供相关服务的，由有关主管部门责令改正；拒不改正或者情节严重的，处五万元以上五十万元以下罚款，并可以由有关主管部门责令暂停相关业务、停业整顿、关闭网站、吊销相关业务许可证或者吊销营业执照，对直接负责的主管人员和其他直接责任人员处一万元以上十万元以下罚款。

第六十二条　违反本法第二十六条规定，开展网络安全认证、检测、风险评估等活动，或者向社会发布系统漏洞、计算机病毒、网络攻击、网络侵入等网络安全信息的，由有关主管部门责令改正，给予警告；拒不改正或者情节严重的，处一万元以上十万元以下罚款，并可以由有关主管部门责令暂停相关业务、停业整顿、关闭网站、吊销相关业务许可证或者吊销营业执照，对直接负责的主管人员和其他直接责任人员处五千元以上五万元以下罚款。

第六十三条　违反本法第二十七条规定，从事危害网络安全的活动，或者提供专门用于从事危害网络安全活动的程序、工具，或者为他人从事危害网络安全的活动提供技术支持、广告推广、支付结算等帮助，尚不构成犯罪的，由公安机关没收违法所得，处五日以下拘留，可以并处五万元以上五十万元以下罚款；情节较重的，处五日以上十五日以下拘留，可以并处十万元以上一百万元以下罚款。

单位有前款行为的，由公安机关没收违法所得，处十万元以上一百万元以下罚款，并对直接负责的主管人员和其他直接责任人员依照前款规定处罚。

违反本法第二十七条规定，受到治安管理处罚的人员，五年内不得从事网络安全管理和网络运营关键岗位的工作；受到刑事处罚的人员，终身不得从事网络安全管理和网络运营关键岗位的工作。

第六十四条　网络运营者、网络产品或者服务的提供者违反本法第二十二条第三款、第四十一条至第四十三条规定，侵害个人信息依法得到保护的权利的，由有关主管部门责令改正，可以根据情节单处或者并处警告、没收违法所得、处违法所得一倍以上十倍以下罚款，没有违法所得的，处一百万元以下罚款，对直接负责的主管人员和其他直接责任人员处一万元以上十万元以下罚款；情节严重的，并可以责令暂停相关业务、停业整顿、关闭网站、吊销相关业务许可证或者吊销营业执照。

违反本法第四十四条规定，窃取或者以其他非法方式获取、非法出售或者非法向他人提供个人信息，尚不构成犯罪的，由公安机关没收违法所得，并处违法所得一倍以上十倍以下罚款，没有违法所得的，处一百万元以下罚款。

第六十五条　关键信息基础设施的运营者违反本法第三十五条规定，使用未经安全审查或者安全审查未通过的网络产品或者服务的，由有关主管部门责令停止使用，处采购金额一倍以上十倍以下罚款；对直接负责的主管人员和其他直接责任人员处一万元以上十万元以下罚款。

第六十六条　关键信息基础设施的运营者违反本法第三十七条规定，在境外存储网络数据，或者向境外提供网络数据的，由有关主管部门责令改正，给予警告，没收违法所得，处五万元以上五十万元以下罚款，并可以责令暂停相关业务、停业整顿、关闭网站、吊销相关业务许可证或者吊销营业执照；对直接负责的主管人员和其他直接责任人员处一万元以上十万元以下罚款。

第六十七条　违反本法第四十六条规定，设立用于实施违法犯罪活动的网站、通讯群组，或者利用网络发布涉及实施违法犯罪活动的信息，尚不构成犯罪的，由公安机关处五日以下拘留，可以并处一万元以上十万元以下罚款；情节较重的，处五日以上十五日以下拘留，可以并处五万元以上五十万元以下罚款。关闭用于实施违法犯罪活动的网站、通讯群组。

单位有前款行为的，由公安机关处十万元以上五十万元以下罚款，并对直接负责的主管人员和其他直接责任人员依照前款规定处罚。

第六十八条　网络运营者违反本法第四十七条规定，对法律、行政法规禁止发布或者传输的信息未停止传输、采取消除等处置措施、保存有关记录的，由有关主管部门责令改正，给予警告，没收违法所得；拒不改正或者情节严重的，处十万元以上五十万元以下罚款，并可以责令暂停相关业务、停业整顿、关闭网站、吊销相关业务许可证或者吊销营业执照，对直接负责的主管人员和其他直接责任人员处一万元以上十万元以下罚款。

电子信息发送服务提供者、应用软件下载服务提供者，不履行本法第四十八条第二款规定的安全管理义务的，依照前款规定处罚。

第六十九条　网络运营者违反本法规定，有下列行为之一的，由有关主管部门责令改正；拒不改正或者情节严重的，处五万元以上五十万元以下罚款，对直接负责的主管人员和其他直接责任人员，处一万元以上十万元以下罚款：

（一）不按照有关部门的要求对法律、行政法规禁止发布或者传输的信息，采取停止传输、消除等处置措施的；

（二）拒绝、阻碍有关部门依法实施的监督检查的；

（三）拒不向公安机关、国家安全机关提供技术支持和协助的。

第七十条　发布或者传输本法第十二条第二款和其他法律、行政法规禁止发布或者传输的信息的，依照有关法律、行政法规的规定处罚。

第七十一条　有本法规定的违法行为的，依照有关法律、行政法规的规定记入信用档案，并予以公示。

第七十二条　国家机关政务网络的运营者不履行本法规定的网络安全保护义务的，由其上级机关或者有关机关责令改正；对直接负责的主管人员和其他直接责任人员依法给予处分。

第七十三条　网信部门和有关部门违反本法第三十条规定，将在履行网络安全保护职责中获取的信息用于其他用途的，对直接负责的主管人员和其他直接责任人员依法给予处分。

网信部门和有关部门的工作人员玩忽职守、滥用职权、徇私舞弊，尚不构成犯罪的，依法给予处分。

第七十四条　违反本法规定，给他人造成损害的，依法承担民事责任。

违反本法规定，构成违反治安管理行为的，依法给予治安管理处罚；构成犯罪的，依法追究刑事责任。

第七十五条　境外的机构、组织、个人从事攻击、侵入、干扰、破坏等危害中华人民共和国的关键信息基础设施的活动，造成严重后果的，依法追究法律责任；国务院公安部门和有关部门并可以决定对该机构、组织、个人采取冻结财产或者其他必要的制裁措施。

第七章　附　则

第七十六条　本法下列用语的含义：

（一）网络，是指由计算机或者其他信息终端及相关设备组成的按照一定的规则和程序对信息进行收集、存储、传输、交换、处理的系统。

（二）网络安全，是指通过采取必要措施，防范对网络的攻击、侵入、干扰、破坏和非法使用以及意外事故，使网络处于稳定可靠运行的状态，以及保障网络数据的完整性、保密性、可用性的能力。

（三）网络运营者，是指网络的所有者、管理者和网络服务提供者。

（四）网络数据，是指通过网络收集、存储、传输、处理和产生的各种电子数据。

（五）个人信息，是指以电子或者其他方式记录的能够单独或者与其他信息结合识别自然人个人身份的各种信息，包括但不限于自然人的姓名、出生日期、身份证件号码、个人生物识别信息、住址、电话号码等。

第七十七条　存储、处理涉及国家秘密信息的网络的运行安全保护，除应当遵守本法外，还应当遵守保密法律、行政法规的规定。

第七十八条　军事网络的安全保护，由中央军事委员会另行规定。

第七十九条　本法自 2017 年 6 月 1 日起施行。

6.2　真题精解

6.2.1　真题练习

1. 【2018 年上半年试题 56】以下关于企业信息化建设的叙述中，错误的是_____。

A. 应从技术驱动的角度来构建企业一体化的信息系统

B. 诸多信息孤岛催生了系统之间互联互通整合的需求

C. 业务经常变化引发了信息系统灵活适应变化的需求

D. 信息资源共享和业务协同将使企业获得更多的回报

6.2.2　真题解析

1. 【答案】A。

【解析】考查企业信息化建设基础知识。

一体化管理系统是指拥有多个企业管理模块的信息管理系统，每个应用模块包含不同管理方向的功能，如客户管理、采购管理、项目管理、OA、人力资源管理等，通过一体化的设计架构，实现企业数据共享。对于企业一体化的信息系统，主要看的是企业的业务、经营范围等，而不是考虑技术方面。

6.3　难点精练

本节针对重难知识点模拟练习并讲解，强化重难知识点及题型。

6.3.1　重难点练习

1. 在现代社会中，人类赖以生存与发展的战略资源有_____。

    A. 可再生资源和非再生资源　　　　　　B. 物质、能源和信息资源

    C. 物质和能源资源　　　　　　　　　　D. 自然资源和人文资源

2. 信息与决策的关系：信息是决策的基础和依据，决策是信息的_____。

    A. 加工和处理　　　　　　　　　　　　B. 收集和维护

    C. 判断和应用　　　　　　　　　　　　D. 存储和使用

3. 企业系统规划方法（BSP）是指导公司建立住处系统的方法。一个企业的住处系统工程应当满足各个管理层次关于信息的需求。以下选项中不属于企业系统规划层次的是_____。

    A. 战略控制层　　　　B. 管理控制层　　　　C. 操作控制层　　　　D. 数据产生层

4. 以下选项中，最适合用交互式计算机软件解决的问题是_____。

    A. 非结构化决策问题　　　　　　　　　B. 半结构化决策问题

    C. 结构化决策问题　　　　　　　　　　D. 确定性问题

6.3.2　练习精解

1. 【答案】B。

【解析】考查的是信息化方面的基础知识。

　　一个人、一个社会组织为实现自己的目标而进行某项活动，必须具备一些物质的或非物质的条件。在这些条件中，有一些是无须付出代价或努力就可获取的，如空气等；有一些是付出了代价或努力才能获取的，如土地、材料、能源、信息等，这一类条件称为这个人或这个组织进行活动的资源。总之，一个人或社会组织进行活动必须具备且经过努力获取的物质、非物质条件，统称为这个人或这个组织的资源。不同类型的组织与不同性质的活动所需资源不会完全相同，各类资源在活动中所起的作用也有区别。对一个组织的生存和发展起关键性、全局性和长远性作用的资源成为这个组织的战略资源。

　　在生产力不发达，社会经济发展和科学技术水平较低的时代，人们的主要精力集中在土地、材料、能源等物质资源上。在工业化时代，材料与能源是社会组织和个人赖以生存与发展的战略资源。随着科学技术的突飞猛进和社会经济的迅速发展，面临着复杂多样、竞争激烈的社会环境，必须掌握足够的信息和强有力的信息收集与处理手段。单是拥有物质资源，不能获得必要的信息，没有能力及时、准确地处理大量信息，难以对重要的情况做出正确的、迅速的响应，那么任何企业和个人都无法在激烈的竞争中获胜。信息是创造社会财富，促进社会经济发展的战略资源，已是现代社会中不可辩驳的事实。

　　在现代社会中，人类赖以生存与发展的战略资源包括物质资源和信息资源。人们把物质资源又分成可再生资源和不可再生资源。可再生资源是指森林、动物、植物等，这类资源消耗后在一定条件下或在自然界中还可对这类资源进行繁殖以生成新的资源，这类资源又称为第一资源。非再生资源是指矿产及其衍生物，如各类金属或非金属材料等，这些物品一经消耗，则在人类历史的时间尺度上不可再生，这类资源又称为第二资源。因此信息资源也有第三资源之称。

　　2.【答案】C。

　　【解析】信息与决策的关系：信息是决策的基础和依据，决策是对信息的判断和应用。

　　3.【答案】D。

　　【解析】企业系统规划（Business System Planning，BSP）最早是由 IBM 公司于 20 世纪 70 年代研制并使用的一种企业信息系统开发的方法。虽然几十年过去了，但是，这个方法在今天对于我国企业信息系统建设仍然具有一定的指导意义。BSP 方法是企业战略数据规划方法和信息工程方法的基础，也就是说，后两种方法是在 BSP 方法的基础上发展起来的，因此，了解并掌握 BSP 方法对于全面掌握信息系统开发方法是有帮助的。BSP 方法的目标是提供一个信息系统规划，用以支持企业短期的和长期的信息需求。

　　信息系统是一个企业的有机组成部分，并对企业的总体有效性起关键性作用，一定要支持组织的企业需求并直接影响其目标，因而规划过程必须是企业战略转化的过程，信息系统的战略应当表达企业中各管理层次（战略计划层、管理控制层、操作控制层）的需求，必须向整个组织提供一致性的信息。信息系统应在组织机构和管理体制改变时保持工作能力。

　　4.【答案】B。

　　【解析】企业决策过程可分为三大类，分别为结构化决策、半结构化决策和非结构化决策。一般说来，战略管理层的决策活动属于非结构化决策，作为管理层的决策活动属于结构化决策，战术管理层的决策活动属于半结构化决策。

　　（1）结构化决策

　　结构化决策通常指确定型的管理问题依据一定的决策规则或通用的模型实现其决策过程的

自动化。解决这类问题通常采用数据管理方式，它着眼于提高信息处理的效率和质量。如管理业务活动中的财务结算处理、物资入库处理等。

（2）半结构化决策

半结构化决策通常指企业职能部门主管业务人员的计划控制等活动。它多属于短期的、局部的决策。半结构化决策在结构化决策过程所提供的信息的基础上，一般应有专用模型提供帮助。这些模型主要用来改善管理决策的有效性，扩大和增强决策者处理问题的能力和范围。例如，市场测模型、物资配送模型等。

（3）非结构化决策

非结构化决策很难用确定的决策模型来描述，它强调决策者的主观意志。这类问题一般都带有全面性、战略性、复杂性。它所需要的信息大多来自系统的外部环境，来自内部的信息一般都带有综合性，最终的决策取决于领域专家的知识和水平。这类问题往往借助于人工智能。通常，人们力图把非结构化决策问题转化为半结构化决策问题来处理，以利于非结构化决策问题的求解。例如，市场开发、企业发展战略问题等。

交互式软件是指实现人机通信的软件，它能在半结构化甚至非结构化任务的中高层次的决策中辅助和支持决策者。

第**7**章

计算机专业英语

7.1 考点精讲

7.1.1 考纲要求

7.1.1.1 考点导图

计算机专业英语部分的考点如图 7-1 所示。

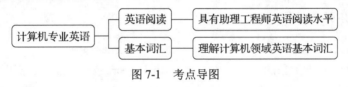

图 7-1 考点导图

7.1.1.2 考点分析

这一章主要是要求考生能正确阅读和理解计算机领域的简单英文资料。根据近年来的考试情况分析得出：

● 难点

这部分内容对于有一定英语基础的考生来说难度不大，但需要记忆和理解本领域的专业词汇，需要在备考中花点时间专项学习，以能阅读词汇的专业名称。

● 考试题型的一般分布

程序员考纲要求的基础知识的英语阅读水平。

● 考试出现频率较高的内容

程序员考纲要求的基础知识的英语阅读水平。

7.1.2 考点分布

历年考题知识点分布统计如表 7-1 所示。

表 7-1 历年考题知识点分布统计

年份	题号	知识点	分值
2016 年上半年	71，72，73，74，75	计算机领域英语基础	5
2016 年下半年	71，72，73，74，75	计算机领域英语基础	5
2017 年上半年	71，72，73，74，75	计算机领域英语基础	5
2017 年下半年	71，72，73，74，75	计算机领域英语基础	5
2018 年上半年	71，72，73，74，75	计算机领域英语基础	5
2018 年下半年	71，72，73，74，75	计算机领域英语基础	5
2019 年上半年	71，72，73，74，75	计算机领域英语基础	5
2019 年下半年	71，72，73，74，75	计算机领域英语基础	5
2020 年下半年	71，72，73，74，75	计算机领域英语基础	5

7.1.3 知识点精讲

7.1.3.1 高频英语词汇

networks　网络
object-oriented　面向对象的
comment　注释
overflow　溢出
underflow　下溢
multimedia　多媒体
mainframes　大型主机
printer　打印机
program　程序
scanner　扫描仪
display　显示器
operating system　操作系统
interface　接口
application software　应用软件
graph　图形
linear structure　线性结构
stack　堆、栈
1-dimension array　一维数组
post office　邮局

queue　队
search engines　搜索引擎
backup　备份
structure　结构
data-driven　数据驱动
event-driven　事件驱动
string　字符串
element　元素
exponent　指数
clipboard　剪贴板
cache　高速缓存
buffer　缓冲区
source program　源程序
object program　目标程序
assembler program　汇编程序
compiler　编译程序、编译器
compile　编译
processing　处理
copier　复印机

matrix 矩阵	debug 调试
declarations 声明	default 缺省、默认
descriptions 说明、摘要、描述	disk 磁盘
executable statement 可执行语句	scroll bar 滚动条
assignment statement 赋值语句	parity 奇偶校验
module 模块	integration testing 集成测试
object file 目标文件（程序）	storage 存储、存储器
standardization 标准化	device 设备
informatization 信息化	processor 处理器
computerization 计算机化	memory 内存、存储器
standards 标准、规格	insufficient 不足
criteria （评判）准则、标准、原则	attachment 附件
interrupt 中断	

7.1.3.2 备考

该部分题型为每年必考内容，主要要求考生具备助理级专业技术人员的英语阅读水平。根据往年考试情况分析，该部分考查的主要是能读懂英文资料。程序员专业知识方面的都是比较基础和简单的内容，一般来说比较好得分，不是很难。

建议考生平时多练习多积累，也可以多看看计算机领域的英文资料，根据试题的一些关键词汇读懂试题作答就可以了。

7.2 真题精解

7.2.1 真题练习

1.【2017 年上半年试题 71】_____accepts documents consisting of text and/or images and converts them to machine-readable form.

    A. A printer   B. A scanner   C. A mouse   D. A keyboard

2.【2017 年上半年试题 72】_____operating systems are used for handheld devices such as smart-phones.

    A. Mobile   B. Desktop   C. Network   D. Timesharing

3.【2017 年上半年试题 73】A push operation adds an item to the top of a_____.

    A. queue   B. tree   C. stack   D. date structure

4.【2017 年上半年试题 74】_____are small pictures that represent such items as a computer program or document.

    A. Menus   B. Icons   C. Hyperlinks   D. Dialog Boxes

5.【2017 年上半年试题 75】The goal of_____is to provide easy，scalable access to computing resources and IT services.

    A. artificial intelligence   B. big data

    C. cloud computing   D. data mining

6. 【2017 年下半年试题 71】 Almost all_____have built-in digital cameras capable of taking images and video.

    A. smart-phones   B. scanners   C. computers   D. printers

7. 【2017 年下半年试题 72】 _____is a massive volume of structured and unstructured data so large it's difficult to process using traditional database or software technique.

    A. Data Processing system   B. Big Data

    C. Date warehouse   D. DBMS

8. 【2017 年下半年试题 73】The_____structure describes a process that may be repeated as long as a certain remains true.

    A. logic   B. sequential   C. selection   D. loop

9. 【2017 年下半年试题 74】White box testing is the responsibility of the_____.

    A. user   B. project manager   C. programmer   D. system test engineer

10. 【2017 年下半年试题 75】The purpose of a network_____is to provide a shell around the network which will protect the system connected to the network from various threats.

    A. firewall   B. switch   C. router   D. gateway

11. 【2019 年下半年试题 71】If the stack is full and does not contain enough space to accept an entity to be pushed, the stack is then considered to be in a stack_____state.

    A. empty   B. overflow   C. underflow   D. synchronized

12. 【2019 年下半年试题 72】Good coding_____makes reading the code easier.

    A. test   B. style   C. compiler   D. debug

13. 【2019 年下半年试题 73】Software_____is defined as an activity to check whether the actual results match the expected results and to ensure that the software system is defect free.

    A. development   B. design   C. testing   D. maintenance

14. 【2019 年下半年试题 74】A system_____is a kind of system failure in which the computer stops responding to its control devices and all running programs are lost.

    A. crash   B. unloading   C. uninstall   D. deployment

15. 【2019 年下半年试题 75】_____variable is composed of a series of members, each representing one property of the object.

    A. An array   B. A Boolean   C. A string   D. A struct

16. 【2020 年下半年试题 71】_____is a portable computing device featuring a touch-sensitive screen that can be used as writing or drawing pad.

    A. A tablet computer   B. A notebook computer

    C. A personal computer   D. A desktop computer

17. 【2020 年下半年试题 72】The attribute of the stack is_____.

    A. first in, first out   B. sequential access

    C. last in, first out   D. random access

18. 【2020 年下半年试题 73】When all modules have been completed and tested，_____is performed to ensure that the modules operate together correctly.

    A. unit testing　　　　　　　　　　B. integration testing

    C. system testing　　　　　　　　　 D. acceptance testing

19. 【2020 年下半年试题 74】The anti-virus software protects your computer from virus by _____your computer's memory and disk devices.

    A. scanning　　　B. deleting　　　　C. replacing　　　　D. changing

20. 【2020 年下半年试题 75】_____is the delivery of different services through the Internet, including data storage, servers, databases, networking, and software.

    A. AI　　　　　　B. Blockchain　　　C. Cloud Computing　　　D. Big Data

7.2.2　真题解析

1. 【答案】B。

【解析】　扫描仪　接收由文本和/或图像组成的文档，并将其转换为机器可读形式。

    A. 打印机　　　　B. 扫描仪　　　　C. 鼠标　　　　D. 键盘

扫描仪是计算机的一种外部设备，是一种通过捕获图像并将之转换成计算机可以显示、编辑、存储和输出的数字化输入设备。

2. 【答案】A。

【解析】　移动　操作系统用于诸如智能手机的手持设备。

    A. 移动　　　　　B. 桌面　　　　　C. 互联网　　　　D. 分时

3. 【答案】C。

【解析】　"压入"操作将项目添加到　栈　顶部。

    A. 线性表　　　　B. 树　　　　　　C. 栈　　　　　　D. 数据结构

栈（stack）又名堆栈，它是一种运算受限的线性表。其限制是仅允许在表的一端进行插入和删除运算。这一端被称为栈顶，相对地，把另一端称为栈底。向一个栈插入新元素又称作进栈、入栈或压栈，它是把新元素放到栈顶元素的上面，使之成为新的栈顶元素；从一个栈删除元素又称作出栈或退栈，它是把栈顶元素删除掉，使其相邻的元素成为新的栈顶元素。

4. 【答案】B。

【解析】　图标　是表示诸如计算机程序或文档之类项目的小图片。

    A. 菜单　　　　　B. 图标　　　　　C. 超链接　　　　D. 对话框

一个图标是一个小的图片或对象，代表一个文件、程序、网页或命令。图标有助于用户快速执行命令和打开程序文件。单击或双击图标以执行一个命令。图标也用于在浏览器中快速展现内容。所有使用相同扩展名的文件具有相同的图标。

5. 【答案】C。

【解析】　云计算　的目标是为计算资源和 IT 服务提供轻松、可扩展的访问。

    A. 人工智能　　　B. 大数据　　　　C. 云计算　　　　D. 数据挖掘

云计算是一种按使用量付费的模式，这种模式提供可用的、便捷的、按需的网络访问，进入可配置的计算资源共享池（资源包括网络、服务器、存储、应用软件、服务），这些资源能够被快速提供，只需投入很少的管理工作，或与服务供应商进行很少的交互。

6. 【答案】A。

【解析】几乎所有的 <u>智能手机</u> 都有内嵌的数码相机能够拍摄照片和录制视频。

    A. 智能手机   B. 扫描器   C. 计算机   D. 打印机

7. 【答案】B。

【解析】<u>大数据</u> 是存储大量的结构化和非结构化数据，且用传统的数据库或软件技术难以处理。

    A. 数据处理系统   B. 大数据   C. 数据仓库   D. 数据库管理系统

8. 【答案】D。

【解析】<u>循环</u> 结构描述了当特定条件为真的情况下重复执行的过程。

    A. 逻辑   B. 序列   C. 选择   D. 循环

9. 【答案】C。

【解析】白盒测试是 <u>程序员</u> 的任务。

    A. 用户   B. 项目经理   C. 程序员   D. 系统测试工程师

10. 【答案】A。

【解析】网络 <u>防火墙</u> 的目的是为网络提供一个保护"壳"，保护连接网络的系统免受各种威胁。

    A. 防火墙   B. 交换机   C. 路由器   D. 入口

11. 【答案】B。

【解析】考查数据结构和算法方面的专业英语知识。

如果栈已满，没有足够的空间再容纳"压入"栈的数据项，该栈就处于 <u>溢出</u> 状态。

    A. 空   B. 溢出   C. 下溢   D. 同步

12. 【答案】B。

【解析】考查软件工程方面的专业英语知识。

良好的编程 <u>风格</u> 使阅读代码更容易。

    A. 测试   B. 风格   C. 编译器   D. 调试

13. 【答案】C。

【解析】考查软件工程方面的专业英语知识。

软件 <u>测试</u> 被定义为检查实际结果是否与预期结果相符，以确保软件系统无缺陷。

    A. 开发   B. 设计   C. 测试   D. 维护

14. 【答案】A。

【解析】考查软件工程方面的专业英语知识。

系统 <u>崩溃</u> 是一种系统故障，此时计算机停止对它控制的设备进行响应，所有正在运行的程序都丢失。

    A. 崩溃   B. 卸货   C. 卸载   D. 部署

15. 【答案】D。

【解析】考查数据结构和算法方面的专业英语知识。

<u>结构</u> 变量由一系列成员组成，每个成员代表该对象的一种属性。

　　A. 矩阵　　　　　　　B. 布尔　　　　　　C. 字符串　　　　　D. 结构

16. 【答案】A。

【解析】考查计算机系统方面的专业英语知识。

　__平板电脑__是便携式计算设备,其特征是有触摸屏,可用作写字板或画板。

　　A. 平板电脑　　　　　B. 笔记本电脑　　　C. 个人电脑　　　　D. 台式计算机

17. 【答案】C。

【解析】考查软件工程方面的专业英语知识。

栈的属性是__后进先出__。

　　A. 先进先出　　　　　B. 顺序存取　　　　C. 后进先出　　　　D. 随机存取

18. 【答案】B。

【解析】考查软件工程方面的专业英语知识。

所有的模块都编写完成且测试后,就要进行__集成测试__,以确保这些模块合在一起能正确运行。

　　A. 单元测试　　　　　B. 集成测试　　　　C. 系统测试　　　　D. 验收测试

19. 【答案】A。

【解析】考查网络方面的专业英语知识。

杀毒软件通过__扫描__计算机内存和磁盘来保护计算机免受病毒感染。

　　A. 扫描　　　　　　　B. 删除　　　　　　C. 替换　　　　　　D. 更改

20. 【答案】C。

【解析】考查软件工程方面的专业英语知识。

　__云计算__就是通过互联网交付的多种服务,包括数据存储、服务器、数据库、组网和软件。

　　A. 人工智能　　　　　B. 区块链　　　　　C. 云计算　　　　　D. 大数据

7.3　难点精练

　　该部分的难点在于计算机英语词汇量的积累,一般考核的是比较简单的计算机领域的一些概念或基本知识,相关的知识点及难点详见对应的章节。

7.3.1　重难点练习

1. When the result of an operation becomes larger than the limits of the representation，_____ occurs。

　　A. overdose　　　　　B. overflow　　　　C. overdraft　　　　D. overexposure

2. _____means "Any HTML document an HTTP Server"。

　　A. Web Server　　　　B. Web page　　　　C. Web Browser　　D. Web site

3. The term "_____program" means a program written in high-level language。

　　A. compiler　　　　　B. executable　　　　C. source　　　　　D. object

4. Very long, complex expressions in program are difficult to write correctly and difficult to_____。

　　　　A. defend　　　　　B. detect　　　　　C. default　　　　　D. debug

5. In C language，functions are important because they provide a way to _____code so that a large complex program can be written by combining many smaller parts。

　　　　A. modify　　　　　B. modularize　　　　C. block　　　　　D. board

6. The standard _____in C language contain many useful functions for input and output，string handling，mathematical computations，and system programming tasks。

　　　　A. database　　　　B. files　　　　　　C. libraries　　　　D. subroutine

7. In _____programming, the user determines the sequence of instructions to be executed, not the programmer。

　　　　A. top-down　　　　B. structure　　　　C. data-driven　　　D. event-driven

8. _____is a clickable string or graphic that points to another Web page or document。

　　　　A. Lind　　　　　　B. Anchor　　　　　C. Browser　　　　　D. Hyperlink

9. One solution to major security problems is _____，which are frequently installed to fix known security holes。

　　　　A. patches　　　　　B. compensations　　C. complements　　　D. additions

10. A programmer must know about a function's_____to call it correctly.

　　　　A. location　　　　　B. algorithm　　　　C. interface　　　　D. statements

11. On a_____memory system，the logical memory space available to the program is totally independent of the physical memory space。

　　　　A. cache　　　　　　B. virtual　　　　　C. RAM　　　　　　D. ROM

12. A_____computer is a personal computer whose hardware is capable of using any or all of the following media in a program；audio，text，graphics，video and animation。

　　　　A. database　　　　B. multimedia　　　　C. network　　　　D. mainframes

13. The_____controls the cursor or pointer on the screen and allows the user to access commands by pointing and clicking。

　　　　A. graphics　　　　　B. printer　　　　　C. program　　　　D. mouse

14. A_____copies a photograph，drawing or page of text into the computer。

　　　　A. scanner　　　　　B. printer　　　　　C. display　　　　　D. keyboard

15. _____is permanently stored in the computer and provides a link between the hardware and other programs that run on the PC。

　　　　A. Interface　　　　　　　　　　　　　B. Operating system

　　　　C. Internet　　　　　　　　　　　　　D. Application software

16. _____is not a linear structure。

　　　　A. Graph　　　　　　B. Queue　　　　　C. Stack　　　　　D. 1-dimension array

17. _____is the sending and receiving of the messages by computer. It is a fast，low-cost way of communicating worldwide。

　　　　A. LAN　　　　　　B. Post office　　　　C. E-mail　　　　　D. Interface

18. The _____is a collection of computers connected together by phone lines that allows for the global sharing of information。

　　　　A. interface　　　　B. Internet　　　　　C. LAN　　　　　　D. WWW

19. _____are web sites that search the web for occurrences of a specified word or phrase。

　　　　A. Search engines　　　　　　　　B. WWW

　　　　C. Internet　　　　　　　　　　　D. Java

20. Files can be lost or destroyed accidentally. Keep_____copies of all data on removable storage media。

　　　　A. backup　　　　B. back　　　　　C. black　　　　　　D. backdown

7.3.2　练习精解

1. 【答案】B。

【解析】当一个运算的结果超过了表示范围时，　溢出　就发生了。

2. 【答案】B。

【解析】　Web 页面　表示 HTTP 服务器上任意的 HTML 文档。

3. 【答案】C。

【解析】术语　"源程序"　是指用高级语言编写的程序。

4. 【答案】D。

【解析】程序中长而复杂的表达式很难正确编写，也很难　调试　。

5. 【答案】B。

【解析】在 C 语言中，函数很重要，因为函数提供了一种　模块化　代码的方法，从而可以通过组合许多模块化的代码来编写大型复杂的程序。

6. 【答案】C。

【解析】C 语言中的　标准库　包括许多用于输入和输出、字符串处理、数学计算和系统编程任务的有用函数。

7. 【答案】D。

【解析】在　事件驱动　的编程中，由用户而不是程序员决定可被执行的指令序列。

8. 【答案】D。

【解析】　超链接　是指向另一个 Web 页面或文档的可点击的字符串或图片。

9. 【答案】A。

【解析】　补丁程序　是解决主要安全问题的一种方法，通常是通过安装补丁程序来解决已知的安全漏洞。

10. 【答案】C。

【解析】程序员必须了解函数的　接口　才能正确调用它。

11. 【答案】B。

【解析】在　虚拟　存储系统中，程序的逻辑存储空间完全独立于物理存储空间。

12. 【答案】B。

【解析】　多媒体　计算机是一种个人计算机，这种计算机的硬件能够在程序中使用下面的各种媒体：音频、文本、图形、视频和动画。

13. 【答案】D。

【解析】__鼠标__控制屏幕上的光标或指针，使得用户能够通过指向和点击来执行命令。

14. 【答案】A。

【解析】__扫描仪__把图像、图形和文本页面复制到计算机中。

15. 【答案】B。

【解析】__操作系统__永久存储在计算机中，并在硬件与计算机上运行的其他程序之间提供连接的"桥梁"。

16. 【答案】A。

【解析】__图__不是一种线性结构。

17. 【答案】C。

【解析】__E-mail（电子邮件）__是一种由计算机发送和接收的信件，它是一种快速、低成本的全球通信方式。

18. 【答案】B。

【解析】__Internet__是用电话线连接在一起的计算机集合，它使得用户可以在全球范围内共享信息。

19. 【答案】A。

【解析】__搜索引擎__是一种网站，它能根据一个字或者短语来搜索网页内容。

20. 【答案】A。

【解析】文件可能会意外丢失或破坏。要把所有数据__备份__保存在可移动的存储介质中。

第8章

程序设计语言

8.1 考点精讲

8.1.1 考纲要求

8.1.1.1 考点导图

程序设计语言部分的考点如图 8-1 所示。

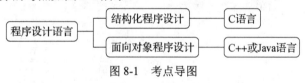

图 8-1 考点导图

8.1.1.2 考点分析

这一章主要是要求考生掌握程序设计语言的相关知识。其中，C 语言是程序员考试下午题的主要内容，主要考查考生对内部设计、程序设计、程序实现、编程语言及算法的掌握情况。在软件开发过程中，程序员不仅要会编写程序，还要具有程序模块的功能划分、程序结构的设计、算法设计、文档的编写和整理的能力。

从历年试题关于 C 语言的考查情况来看，一般题型可分为算法描述、语句补充、改错和读程序几种。C 语言是必考题，有考查流程图或语言形式描述算法并进行算法完善的，也有考查对结构化思想的掌握程度的。语句补充题一般围绕 C 语言的算法进行考查，有取模、整除、自加、自减、逻辑运算等；也有数组操作，取子串方法，数字串、字符串处理等；控制结构方面如顺序结构、选择结构和循环结构；函数参数方面如数组名作为参数传递及指针等。改错题主要考基本语法，如变量说明、函数使用、算法理解等。读程序题主要涉及程序执行与函数调用方面，包括字符数组、指针、内存空间分配、参数的值传递方式与地址传递方式等。

面向对象语言的考试，是 C++ 和 Java 中任选一题，要求考生熟练掌握其中一种。分析历年考试的情况，主要考查面向对象程序设计与基本语法。考生应在理解面向对象设计的基本概念和术语的基础上，掌握基本数据类型、各种表达式语句、数组、结构、指针以及函数的使用，如类的声明、定义或使用，对象的构造、使用与销毁，函数模板、继承，以及标准类库中的容器库、算法库、迭代器的应用，标准库中字符串、流与文件的应用等。

8.1.2 考点分布

下午题的考核共有 6 道题，历年来考点的一般分布是流程图题 1 道、C 语言题 3 道，第 5 和第 6 题一般是 Java 和 C++中选 1 题作答。考试题型主要以填空题为主，也有部分有备选项以选择题形式作答。学习上建议以 C 语言练习为主，有条件的安排上机练习操作，效果会更好。考生备考时应该多做题，通过练习巩固所学的知识，熟悉考核的方式和作答技巧。

8.1.3 知识点精讲

从本章开始，主要讲解程序设计语言，更多侧重于下午题的考核内容。本章的主要内容是 C、C++和 Java 语言基础知识及程序设计等相关内容，希望通过例题的分析，对考生起到举一反三、触类旁通的作用。本章的相关知识点包括：

1）C 语言的基本数据类型、语句和程序结构。

2）C 语言提供的输入、输出、串运算等常用标准库函数。

3）C 语言的数组、结构体、指针等数据类型的定义和使用。

4）C 语言文件操作的基本方法。

5）C 语言函数的定义与调用、参数的传递以及递归函数的编写方法。

程序设计语言的发展历程如图 8-2 所示。

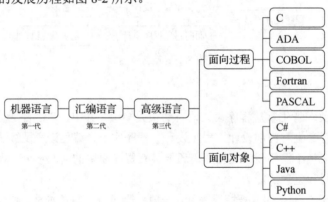

图 8-2　程序设计语言的发展历程

8.1.3.1　结构化程序设计：C 语言

1. C 语言基础知识

（1）C 语言发展简介

C 语言是国际上广泛流行的计算机高级语言。它适合作为系统描述语言，既可以用来编写系统软件，也可以用来编写应用软件。

C 语言诞生于 20 世纪 70 年代初。1983 年，美国国家标准化协会（ANSI）根据 C 语言问世以来的各种版本对 C 的发展和扩充，制定了新的标准，称为 ANSI C。1987 年，ANSI 又公布了新的标准 87ANSI C。1990 年，国际标准化组织接受了 87ANSI C 为 ISO C 的标准（ISO 9899—1990），目前流行的各种版本都是以它为基础的。

（2）C 语言的特点

一种语言之所以能存在和发展并具有生命力，总是有不同于（或优于）其他语言的特点。C 语言的主要特点如下：

1）语言简洁、紧凑，使用方便、灵活。

2）运算符丰富。

3）数据结构丰富，具有现代化语言的各种数据结构。

4）具有结构化的控制语句，用函数作为程序的模块单位，便于实现程序的模块化。

5）语法限制不太严格，程序设计自由度大。

6）能进行位操作，能实现汇编语言的大部分功能，可以直接对硬件进行操作。

7）生成的目标代码质量高，程序执行效率高。

8）程序可移植性好，基本上不做修改就能用于各种型号的计算机和操作系统。

（3）简单的 C 语言程序

下面介绍几个简单的 C 程序。

程序一：

```
main()
{
    printf("This is a C program. \n");
}
```

该程序的作用是输出以下信息：

```
This is a C program.
```

其中 main 表示"主函数"，每一个 C 程序都必须有一个 main 函数。函数体由大括号（{}）括起来。本例中主函数内只有一条输出语句，双引号内的字符串按原样输出；"\n"是换行符，即输出"This is a C program"后回车换行；语句的最后有一个分号。

程序二：

```
main()                    /*主函数*/
{
    int x,y,z;            /*声明部分，定义变量*/
    scanf("%d,%d",&x,&y); /*输入变量的值*/
    z=max(x,y);           /*调用 max 函数，该函数的返回值赋给 z*/
    printf("max=%d",z);   /*输出 z 的值*/
}
int max(int a,int b)      /*定义 max 函数，它的返回值为整型，形式参数的类型为整型*/
{
    int c;                /*max 函数中的声明部分，定义函数中用到的变量 c 为整型*/
    if(a>b) c=a;
    else c=b;
    return (c);           /*将 c 的值返回，通过 max 带回调用处*/
}
```

该程序包括两个函数：主函数 main 和被调用的函数 max。max 的作用是将 a 和 b 中较大的值赋给 c，return 语句将 c 的值返回给主函数 main。返回值是通过函数 max 带回 main 函数中调用 max 函数的地方。程序中 scanf 函数的作用是输入 x 和 y 的值。&x 和&y 中的"&"的含义是"取地址"，此函数的作用是将两个数值分别放到变量 x 和 y 所对应的地址单元中，这种形式与其他语言是有所不同的。

main 函数中第 4 行为调用 max 函数，在调用时将实际参数 x 和 y 的值分别传送给 max 函数中的形式参数 a 和 b。经过运算后得到一个最大值给变量 z，然后输出 z 的值。printf 函数中双引号内的 "max=%d" 在输出时，其中的 "%d" 将由 z 的值取代，"max=" 原样输出。

程序运行情况如下：

```
8,5
max=8
```

对以上例子归纳如下：

1）C 程序是由函数构成的。一个 C 程序至少包含一个 main 函数，也可以包含一个 main 函数和若干个其他函数。因此，函数是 C 程序的基本单位。被调用的函数可以是系统提供的库函数，也可以是用户根据需要自己编写的函数。C 的函数相当于其他语言中的子程序，用函数来实现特定的功能。程序中的全部工作是由各个函数分别完成的。编写 C 程序就是编写一个个函数。C 的函数库十分丰富，ANSI C 建议的标准库函数中包括 100 多个函数，Turbo C 和 MS C4.0 提供了 300 个库函数。

C 语言的这个特点使得程序的模块化很容易实现。

2）一个函数由两部分组成：函数的首部和函数体。函数的首部包括函数名、函数类型、函数参数名、参数类型；函数体是函数首部下面大括号（{}）里面的部分。如果一个函数内有多个大括号，则最外层的一对大括号为函数体的范围。

3）一个 C 程序总是从 main 函数开始执行，而不论 main 函数在整个程序中的位置如何（main 函数可以放在程序的最前、最后或者中间的任何一个位置）。

4）C 程序书写格式自由，一行内可以写几个语句，一个语句可以分写在多行上。C 程序没有行号，也不像 FORTRAN 或 COBOL 那样严格规定书写格式。

5）每个语句和数据定义的最后必须有一个分号，即使是程序的最后一个语句也应包含分号。分号是 C 语句的重要组成部分。

6）C 语言本身没有输入和输出语句。输入和输出语句是由库函数来完成的，C 对输入和输出实行 "函数化"。

2. C 语言的数据类型

在 C 语言中，数据类型可分为基本数据类型、构造数据类型、指针类型和空类型四大类。

数据类型有如下特点：

1）基本数据类型最主要的特点是其值不可以再分解为其他类型。

2）一个构造数据类型的值可以分解成若干个 "成员" 或 "元素"，每个 "成员" 都是一个基本数据类型或一个构造数据类型，在 C 语言中构造数据类型包括数组类型、结构体类型及共用体类型。

3）指针类型是一种特殊的数据类型，其作用非常大。其值用来表示某个变量在内存中的地址。

4）调用函数时，通常应向调用者返回一个某种类型的函数值，但也有一些函数不需要返回任何函数值，这种函数就定义为 "空类型"。

C 语言的数据类型如图 8-3 所示。

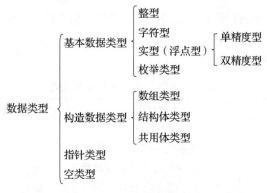

图 8-3 C 语言的数据类型

C 语言中的数据有常量与变量之分，它们分别属于以上类型。由以上类型还可以构成更复杂的数据结构。例如用指针和结构体可以构成表、树、栈等复杂的数据结构。

在程序中，对所有用到的数据都必须指定其数据类型。

对基本数据类型，按其取值是否可改变，可分为常量和变量两种。按与数据类型结合进行分类，可以分为整型常量、整型变量、浮点常量、浮点变量、字符常量、字符变量、枚举常量、枚举变量。在程序中，常量是可以不经说明而直接引用的，而变量则必须先说明后使用。

有关常量与变量的详细介绍请参考相关资料，此处不进行详细讲解。

3. C 语言的运算符与表达式

C 语言具有丰富的运算符和表达式，运算符具有不同的优先级和结合性。因此，在表达式求值时，不仅要考虑运算符的优先级，还要考虑其结合性。

C 语言的运算符范围很宽，把除控制语句和输入/输出以外的几乎所有基本操作都作为运算符处理，如把运算符"="作为赋值运算符、方括号作为下标运算符等。C 语言的运算符可以分为以下几类：

1）算术运算符：   + − * / %
2）关系运算符：   > < == >= <= !=
3）逻辑运算符：   ! && ||
4）位运算符：   << >> ~ | ^ &
5）赋值运算符：   =（及扩展赋值运算符，如"+="等）
6）条件运算符：   ? :
7）逗号运算符：   ,
8）指针运算符：   * &
9）长度运算符：   sizeof
10）强制类型转换运算符：（类型）
11）分量运算符：   . ->
12）下标运算符：   [ ]
13）其他：   如函数调用运算符()

在 C 语言中，运算符的优先级一共分为 15 级，1 级最高，15 级最低。在表达式中，优先级较高的优先于优先级较低的进行运算，而当一个操作数两侧的运算符优先级相同时，则按运算符的结合性所规定的结合方向进行处理。

运算符的优先级和结合性如表 8-1 所示。

表 8-1　运算符的优先级和结合性

优先级	运算符	含义	运算对象个数	结合方向
1	( ) [ ] -> .	圆括号 下标运算符 指向结构体成员运算符 结构体成员运算符		从左到右
2	! ~ ++ -- - （类型） * & sizeof	逻辑运算符 按位取反运算符 自增运算符 自减运算符 负号运算符 强制类型转换运算符 指针运算符 取地址运算符 长度运算符	1（单目运算符，或称为一元运算符）	从右到左
3	* / %	乘法运算符 除法运算符 求余运算符	2（双目运算符，或称为二元运算符）	从左到右
4	+ -	加法运算符 减法运算符	2（双目运算符）	从左到右
5	<< >>	左移运算符 右移运算符	2（双目运算符）	从左到右
6	< <= > >=	关系运算符	2（双目运算符）	从左到右
7	== !=	等于运算符 不等运算符	2（双目运算符）	从左到右
8	&	按位与运算符	2（双目运算符）	从左到右
9	^	按位或运算符	2（双目运算符）	从左到右
10	|	按位异或运算符	2（双目运算符）	从左到右
11	&&	逻辑与运算符	2（双目运算符）	从左到右
12	||	逻辑或运算符	2（双目运算符）	从左到右
13	? :	条件运算符	3（三目运算符，或称为三元运算符）	从右到左
14	= += -= *= /= %= >>= <<= &= ^= |=	赋值运算符	2（双目运算符）	从右到左
15	,	逗号运算符		从左到右

对于运算符的优先级以及结合方向，一般要求是熟练掌握常用的运算符。如果在运算的时候

不知道优先级或结合性的话，可以用加括号的方法来处理，因为括号里面的总是要优先运算的。例如 a>b && c<d，如果不记得关系运算符与逻辑运算符的优先顺序，而想按(a>b) && (c<d)进行运算，那就用括号括起来。不要觉得用括号的代码不够简洁、美观，程序的正确性才是第一位的，代码再漂亮，再整洁，如果是错的，那就一文不值。特别是考试的时候，一个空 3 分，如果是因为这个出错的话就太不值得了。

对于要记的知识点，有时刻意去记是比较难的，考生在平时学习的时候要注意多调试程序，熟能生巧，程序调多了之后，很多小的细节就能理解并记牢了。

下面通过几个例题来加强大家对 C 语言程序的理解。

例题 1

写出下面程序的输出结果。

```
main()
{
    printf("%d%d%d%d\n",1+2,5/2,-2*4,11%3);
    printf("%.5f%.5f%.5f\n",1.+2.,5.12,-2.*4.);
}
```

【解】输出结果：

```
32-82
3.000005.12000-8.00000
```

例题 2

写出下面程序的输出结果。

```
main()
{
    int x=40, y=4,z=4;
    x=y==z; printf("%d\n",x);
    x=x==(y-z); printf("%d\n",x);
}
```

【解】输出结果：

```
1
0
```

例题 3

写出下面程序的输出结果。

```
main()
{
    int  i,j;
    i=16;j=(i++)+i; printf("%d\n",j);
    i=15; printf("%d\t%d\n",i++,i);
    i=20;j=i--+i; printf("%d\n",j);
    i=13; printf("%d\t%d\n",++i,i);
}
```

【解】输出结果：

```
33
15    16
39
14    14
```

例题 4

若 $x=3$，$y=2$，$z=1$，求下列表达式的值。

```
x<y?y:x
x<y?x++:y++
z+=x<y?x++:y++
```

【解】表达式的值为：

```
3
2
3
```

例题 5

写出下列表达式的值。

1）1<4 && 4<7。

2）1<4 && 7<4。

3）!(2<5==5)。

4）!(1<3)||(2<5)。

5）!(4<=6) && (3<=7)。

【解】逻辑表达式的值分别为：

1）1（真）；2）0（假）；3）0（假）；4）1（真）；5）0（假）。

例题 6

用 C 语言描述下列命题。

1）a 小于 b 或小于 c。

2）a 和 b 都小于 c。

3）a 和 b 中有一个小于 c。

4）a 是非正整数。

5）a 是奇数。

6）a 不能被 b 整除。

7）角 a 在第一或第三象限。

8）a 是一个带小数的正数，b 是一个带小数的负数。

【解】

1）$a<b||a<c$。

2）$a<c \&\& b<c$。

3）$a<c \| b<c$。

4）$(fmod(a,1)==0) \&\& (a<=0)$。

说明：函数 fmod(a,1)的作用是求整除 a/1 的余数。

5）$fmod(a,2)==1$。

6）$fmod(a,b)!=0$。

7）$(a>=0 \&\& a<=pi/2)\|(a>=pi \&\& a<=pi* 3/2)$，pi 定义为π值。

8）$(floor(a) !=a \&\& a>0) \&\& (floor(b) !=b \&\& b<0)$。

说明：函数 floor(a)的作用是求出不大于 a 的最大整数，如 floor(3.5)的值为 3，floor(-3.5)的值为-4。

例题 7

若 $x=3$，$y=z=4$，求下列表达式的值。

1）$(z>=y>=x)$? 1:0。

2）$z>=y \&\& y>=x$。

【解】表达式的值为：

1）0（假）。

2）1（真）。

例题 8

用条件表达式描述：

1）取三个数中的最大者。

2）任意两数存放在变量 c1 与 c2 中，让小数存放在 c1 中，大数存放在 c2 中，并输出大数。

【解】

1）设三个数分别为 a，b，c，表达式如下：

```
(max1=(a>b)? a:b)>c? max1:c
```

2）设任意两数分别为 a，b，表达式如下：

```
c2=(a>b)?a:b
c1=(a<b)?a:b
printf("%d\n",c2)
```

4. 顺序结构程序设计

顺序结构的程序是最简单的程序。下面先介绍一些编写程序所必需的知识点。

C 语言是用语句来向计算机系统发出操作指令，语句经编译后产生若干条机器指令，机器指令可以由处理器直接执行。

C 语言的语句可以分为以下 5 类：

1）控制语句，用来完成一定的控制功能。C 语言只有 9 种控制语句。

2）函数调用语句，由一个函数调用加一个分号构成一条语句。

3）表达式语句，由一个表达式构成一条语句，如赋值表达式等。

4）空语句，它只有一个分号，什么也不做，有时用来作为循环语句中的循环体。

5）复合语句，由{}把一些语句括起来组成，又称分程序或程序代码段。

（1）输入和输出

C 语言本身不提供输入和输出语句，输入和输出操作都是由函数来实现的。在 C 语言的标准库中提供了一些输入和输出函数，以供调用来实现输入和输出的功能。C 语言的输入和输出语句以库的形式存放在系统中，它们不是 C 语言的组成部分。

在使用 C 语言库函数的时候，要用预编译命令"#include"将有关的"头文件"包含到用户源文件中。在调用标准输入和输出库函数的时候，文件开头应有以下预编译命令：

```
#include <stdio.h>   或   #include "stdio.h"
```

考虑到 printf 和 scanf 函数使用频繁，系统允许在使用这两个函数时不加#include 命令。

C 标准 I/O 函数库中最简单、最常用的字符输入和输出函数分别是 putchar()和 getchar()。

putchar 函数的作用是向终端输出一个字符。例如：

```
putchar(c)
```

就是输出字符变量 c 的值。c 可以是字符型变量或整型变量。

getchar 函数的作用是从终端输入一个字符。getchar 函数没有参数，其一般形式为：

```
getchar();
```

函数的返回值就是从输入设备得到的字符。

例题 9

输入单个字符。

```
#include <stdio.h>
main()
{
    char m;
    m=getchar();
    putchar(m);
}
```

在运行时，如果从键盘输入字符 a 并按回车键，就会在屏幕上看到如下输出结果：

```
a
a
```

调用这两个函数要在函数的前面或程序最前面加上#include <stdio.h>命令。

（2）printf 函数（格式化输出函数）

printf 函数的作用是向终端输出若干个任意类型的数据，它的一般格式为：

```
printf(格式控制,输出列表)
```

例如：printf("%d,%c\n", i, c)。

printf 函数的格式控制很灵活，这里不具体讲解，请参考相关书籍。

（3）scanf 函数（格式化输入函数）

scanf 函数的作用是从终端输入若干个任意类型的数据，它的一般格式为：

```
scanf(格式控制,输入列表)
```

例如：scanf("%d%c", &i, &c)。

要注意的是，函数的输入列表中应该是变量地址，而不是变量名，这一点是 C 语言和其他很多语言的不同之处。

例题 10

写出下面程序的输出结果。

```
main()
{
    int a=5,b=7;
    float x=67.8564,y=-789.124;
    char c='A';
    long n=1234567;
    unsigned u=65535;
    printf("%d%d\n",a,b);
    printf("%3d%3d\n",a,b);
    printf("%f,%f\n",x,y);
    printf("%-10f,%-10f\n",x,y);
    printf("%8.2f,%8.2f,%4f,%4f,%3f,%3f\n",x,y,x,y,x,y);
    printf("%e,%10.2e\n",x,y);
    printf("%c,%d,%o,%x\n",c,c,c,c);
    printf("%ld,%lo,%x\n",n,n,n);
    printf("%u,%o,%x,%d\n",u,u,u,u);
    printf("%s,%5.3s\n","COMPUTER","COMPUTER");
}
```

【解】输出结果：

```
57
  5  7
67.856400,-789.124023
67.856400 ,-789.124023
   67.86, -789.12,67.856400,-789.124023,67.856400,-789.124023
6.785640e+01,-7.9e+02
A,65,101,41
1234567,4553207,d687
65535,177777,ffff,-1
COMPUTER,COM
```

例题 11

输入三角形的三边长，求其面积。

【解】为简单起见，设输入的三条边长 a，b，c 能构成三角形。从数学知识已知求三角形面积的公式为：

$$area=\sqrt{s(s-a)(s-b)(s-c)}$$

其中 $s=\dfrac{1}{2}(a+b+c)$。

据此编写程序如下：

```
#include <math.h>
main()
{
    float a,b,c,s,area;
    scanf("%f,%f,%f",&a,&b,&c);
    s=1.0/2*(a+b+c);
    area=sqrt(s*(s-a)*(s-b)*(s-c));
    printf("a=%7.2f, b=%7.2f, c=%7.2f,  s=%7.2f\n",a,b,c,s);
    printf("area=%7.2f\n",area);
}
```

程序中 sqrt()是求平方根的函数。由于要调用数学函数库中的函数，因此必须在程序的开头加一条#include 命令，把头文件 math.h 包含到程序中来。

运行情况如下：

```
3,4,6✓
a=  3.00, b=  4.00, c=  6.00, s=  6.50
area=  5.33
```

5. 选择结构程序设计

选择结构是三大基本结构之一，它的作用是根据所给的条件是否被满足来从给定的两组操作中选择其一。

（1）关系运算符和关系表达式

关系运算即比较运算，将给定的值进行比较，判断其结果是否符合给定条件。关系表达式的值为"真"或"假"。

C 语言提供了 6 种关系运算符：

① <；②<=；③>；④>=；⑤==；⑥!=。

①～④的优先级相同，⑤、⑥的优先级相同，①～④的优先级大于⑤和⑥的优先级。

用关系运算符将两个表达式（可以是算术表达式、逻辑表达式、赋值表达式、字符表达式）连接起来的表达式称为关系表达式。下面都是合法的关系表达式：

$a>b$，$a+b>b+c$，$(a=3)>(b=5)$，$'a'<'b'$，$(a>b)>(b<c)$。

关系表达式的值是一个逻辑值，即"真"或"假"。C 语言中以 1 代表真，以 0 代表假。

例如，$a=3$，$b=2$，$c=1$，则关系表达式"$a<b$"为假，表达式的值为 0；关系表达式"$a+b>a+c$"为真，表达式的值为 1。

（2）逻辑运算符和逻辑表达式

用逻辑运算符将关系表达式或逻辑量连接起来的式子就是逻辑表达式。C 语言有 3 种逻辑运算符"&&""||"和"！"，分别是逻辑与、逻辑或和逻辑非。

逻辑运算符的优先级次序为！> && > ||，逻辑运算符、算术运算符、关系运算符和赋值运算

符的优先级如图 8-4 所示。

逻辑表达式的值是一个逻辑量"真"或"假"，C 语言编译系统在给出逻辑运算结果时分别以数值 1 和 0 表示，但在判断一个量是否为"真"时，以 0 代表"假"，以非 0 代表"真"，即将一个非零的数值认为是"真"。这一点很值得注意，以后很多程序中都会用到这一点。例如：

1）若 *a*=3，则 !*a* 的值为 0。因为 *a* 的值是非 0，被当作"真"，非运算后得"假"，即为 0。

图 8-4 运算符优先级

2）若 *a*=3，*b*=4，则 *a* && *b* 的值为 1。因为 *a*，*b* 均为非 0，都被认为是"真"，所以 *a* && *b* 的值也为"真"，即为 1。

3）若 *a*=3，*b*=4，则 *a* ‖ *b* 的值为 1。

4）若 *a*=3，*b*=4，则 !*a* ‖ *b* && 0 ‖ 2 的值为 1。注意运算优先级，转换成等价表达式为 0 ‖ 1 && 0 ‖ 1，&& 优先级高，即为 0 ‖ 0 ‖ 1，结果为 1。

逻辑表达式中参加逻辑运算的运算对象可以是 0 或任何非 0 的数值（按"真"对待）。如果表达式中不同位置上出现数值，应区分哪些是数值运算或关系运算的对象，哪些作为逻辑运算的对象。实际上，逻辑运算符两侧的运算对象还可以是字符类型、浮点类型或指针类型等，系统最终都以 0 或非 0 来判定它们属于"真"或"假"。

有一点非常值得注意，在逻辑表达式的求解过程中，并不是所有的逻辑运算都会被执行。逻辑运算是否被执行的判定依据是：只有在必须执行下一个逻辑运算符才能求出表达式的解时，才会执行该运算符。例如：

1）*a*&&*b*&&*c*，只有 *a* 为真时，才需要判断 *b* 的值，只有 *a* 和 *b* 都为真的情况下才需要判断 *c* 的值。只要 *a* 为假，就不必判断 *b* 和 *c*，因为此时整个表达式的值已经确定为"假"。如果 *a* 为真，*b* 为假，则不判断 *c* 的真假。

2）*a*‖*b*‖*c*，只要 *a* 为真，就不必判断 *b* 和 *c*；只有 *a* 为假，才判断 *b*；*a* 和 *b* 都为假才判断 *c*。

3）(*m*=*a*>*b*)&&(*n*=*c*>*d*)，当 *a*=1，*b*=2，*c*=3，*d*=4，*m*=1，*n*=1 时，因为"*a* > *b*"的值为 0，所以，*m*=0，而"*n*=*c* > *d*"不被执行。因此，*n* 仍然是初值 1，而不是根据"*n*=*c* > *d*"算出的 0。

熟练掌握 C 语言的关系运算符和逻辑运算符后，可以巧妙地用一个逻辑表达式来表示一个复杂的条件。如判断闰年的条件：① 能被 4 整除，但不能被 100 整除；② 能被 4 整除，又能被 400 整除。用一个逻辑表达式表示为：

```
(year%4 == 0 && year%100 != 0) || year%400 == 0
```

当 year 为某一整数值，上述表达式的值为真（1）时， year 为闰年，否则 year 为非闰年。

（3）if 语句

if 语句是用来判定所给定的条件是否被满足，根据判定的结果决定执行给出的两种操作中的一种。if 语句有三种基本格式：

```
1）if <条件表达式> <语句1>
2）if <条件表达式> <语句1> else <语句2>
3）if <条件表达式> <语句1>
    else if<条件表达式2> <语句2>
    else if<条件表达式3> <语句3>
    …
    else if<条件表达式m> <语句m>
    else 语句n
```

说明：

1）三种格式的 if 语句中，if 后面都有"条件表达式"，一般为逻辑表达式或关系表达式，也可以是任意的数值类型，如下面的 if 语句是合法的：

```
if('a') printf ("%d",'a');
```

执行结果是输出'a'的 ASCII 码 97。

2）第二、三种形式的 if 语句中，在每个 else 前面有一个分号，整个语句结束处有一个分号，这是因为分号是 C 语言中不可缺少的部分。但应注意，不要误认为 if 和 else 是两个语句，它们属于同一个 if 语句，else 不能作为语句单独使用，它必须是 if 语句的一部分，与 if 配对使用。

3）在 if 和 else 后面可以只含一条操作语句，也可以有多条操作语句，此时要用大括号（{}）括起来成为一组复合语句。

（4）switch 语句

在编写程序的时候，如果有多个条件进行多分支选择，用多个 if 进行嵌套编写代码会很不方便，这时就要用 switch 多分支选择语句。switch 可以直接处理多分支选择。其一般形式如下：

```
switch <表达式>
{
    case <常量表达式1>：<语句1>
    case <常量表达式2>：<语句2>
    …
    case <常量表达式n>：<语句n>
    default: <语句n + 1>
}
```

说明：

1）ANSI 标准允许 switch 后面的"表达式"为任何类型。

2）当表达式的值与某一个 case 后面的常量表达式的值相等时，就执行此 case 后面的语句，若所有 case 中的常量表达式的值都不能与表达式的值匹配，就执行 default 后面的语句。

3）每一个 case 的常量表达式的值必须互不相同，否则就会出现相互矛盾的现象。

4）各个 case 和 default 的出现次序不影响执行结果，default 可以出现在 case 前面。

5）执行完一条 case 后面的语句后，流程控制转移到下一个 case 继续执行，因为 case 只是起语句标号作用，并不是在此处进行条件判断。要想让程序执行完相应的语句后就跳出 switch 语句，就要在语句的后面加上 break 来达到此目的。此时，switch 语句变成：

```
switch <表达式>
{
    case <常量表达式 1>:<语句 1>; break;
    case <常量表达式 2>:<语句 2>; break;
    …
    case <常量表达式 n>: <语句 n>;  break;
    default: <语句 n + 1>;
}
```

6）多个 case 可以共用一组执行语句。

```
…
case 'A':
case 'B':
case 'C': printf(">60\n");break;
…
```

当值为'A'、'B'或'C'时都执行同一组语句。

（5）条件运算符

若在表达式为"真"和"假"时 if 语句中都只执行一条赋值语句给同一个变量赋值，可以用简单的条件运算符来处理。例如下面的 if 语句：

```
if(a>b) max=a ;
else max=b;
```

可以用下面的条件运算符来处理：

```
max=(a>b)?a:b;
```

其中"(a>b)?a:b"是一个条件表达式，它是这样执行的：如果条件为真，则结果取 a 值，否则取 b 值。

条件运算符要求有 3 个操作对象，因此被称为三目运算符或三元运算符，它是 C 语言中唯一的一个三目运算符。条件表达式的一般形式为：

```
<表达式 1>? <表达式 2>: <表达式 3>
```

说明：

1）条件运算符的执行顺序是：先求解表达式 1，若为真，则求表达式 2，此时表达式 2 的值就作为整个条件表达式的值；若表达式 1 的值为假，则求解表达式 3，表达式 3 的值就是整个条件表达式的值。

2）条件运算符优先于赋值运算符，因此赋值表达式的求解过程是先求解条件表达式，再执行赋值表达式。因此 max=(a>b ?a:b)的括号可以不要，写成 max=a>b?a:b。

条件运算符的优先级比关系运算符和算术运算符都低，如果有 a>b?a:b+1，则它相当于 a>b?a:(b+1)，而不是 (a>b?a:b)+1。

3）条件运算符的结合方向为"从右到左"。如果有以下条件表达式：

```
a>b?a:c>d?c:d
```

相当于：

```
a>b?a:(c>d?c:d)
```

例题 12

输入一个字符，判别它是否为大写字母。如果是，将它转换成小写字母；如果不是，则不转换。然后输出字符。

【解】

```
main()
{
    char ch;
    scanf("%c",&ch);
    ch=(ch>='A'&& ch<='Z')?(ch+32):ch;
    printf("%c",ch);
}
```

例题 13

编写一个 C 语言程序，判断某一年是否为闰年。

【解】图 8-5 给出了判别闰年的算法。以变量 leap 代表是否为闰年的信息。若是闰年，则令 leap=1；非闰年，则 leap=0。最后判断 leap 是否为 1（真），若是，则输出"闰年"信息。

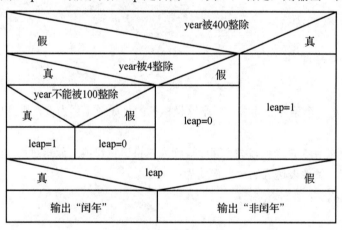

图 8-5　判别闰年算法

据此编写程序如下：

```
main()
{
    int year,leap;
    scanf("%d",&year);
    if(year%4==0)
    {
        if(year%100==0)
        {
            if(year%400==0) leap=1;
```

```
            else leap=0;
        }
        else
            leap=1;
    }
    else leap=0;
    if(leap)
        printf("%d is ",year);
    else
        printf("%d is not ",year);
    printf("a leap year.\n");
}
```

也可以用一个逻辑表达式包含所有的闰年条件，用下述 if 语句代替：

```
if((year%4==0&&year%100!=0)||(year%400==0))leap=1;
else leap=0;
```

例题 14

运输公司对用户计算运费。路程（s）越远，每千米（km）运费越低。标准如下：

$s<250km$	没有折扣
$250km \leqslant s<500km$	2%折扣
$500km \leqslant s<1000km$	5%折扣
$1000km \leqslant s<2000km$	8%折扣
$2000km \leqslant s<3000km$	10%折扣
$s \geqslant 3000km$	15%折扣

设每吨货物每千米的基本运费为 p（price 缩写），货物重为 w（weight 的缩写），距离为 s，折扣为 d（discount 的缩写），则总运费 f（freight 的缩写）的计算公式为

$$f=p \times w \times s \times (1-d)$$

分析此问题，折扣的变化是有规律的，都是 250 的倍数（250，500，1000，2000，3000）。利用这一特点，可以在横轴上加一个坐标 c，c 的值为 $s/250$，代表 250 的倍数。当 $c<1$ 时，表示 $s<250$，无折扣；$1 \leqslant c<2$ 时，表示 $250 \leqslant s<500$，折扣 $d=2\%$；$2 \leqslant c<4$ 时，$d=5\%$；$4 \leqslant c<8$ 时，$d=8\%$；$8 \leqslant c<12$ 时，$d=10\%$；$c \geqslant 12$ 时，$d=15\%$。

据此编写程序如下：

```
main()
{
    int c,s;
    float p,w,d,f;
    scanf("%f,%f,%d",&p,&w,&s);
    if(s>=3000)c=12;
    else c=s/250;
    switch(c)
    {
        case 0:d=0;break;
        case 1:d=2;break;
        case 2:
        case 3:d=5;break;
```

```
        case 4:
        case 5:
        case 6:
        case 7:d=8;break;
        case 8:
        case 9:
        case 10:
        case 11:d=10;break;
        case 12:d=15;break;
    }
    f=p*w*s*(1-d/100.0);
    printf("freight=%15.4f",f);
}
```

注意：c 和 s 是整型变量，因此 $c=s/250$ 为整数。当 $s \geqslant 3000$ 时，令 $c=12$，而不使 c 随 s 增大，这是为了在 switch 语句中用一个 case 就可以处理所有 $s \geqslant 3000$ 的情况。

例题 15

有 3 个整数 a，b 和 c，从键盘输入，输出三者中最大的数。

【解】使用条件表达式，可以使程序简明、清晰。

```
main()
{
    int a,b,c,temp,max;
    printf("请输入 3 个整数:");
    scanf("%d,%d,%d",&a,&b,&c);
    temp=(a>b)? a:b;          /*将 a 和 b 中的大者存入 temp 中*/
    max=(temp>c)? temp:c;     /*将 a 和 b 中的大者与 c 比较，取最大者*/
    printf("3 个整数的最大数是%d\n",max);
}
```

例题 16

给出一个百分制成绩，要求输出成绩等级 A，B，C，D 或 E。90 分以上为 A，80～89 分为 B，70～79 分为 C，60～69 分为 D，60 分以下为 E。

【解】

```
main()
{
    float score;
    char grade;
    printf("请输入学生成绩: ");
    scanf("%f",&score);
    while(score>100||score<0)
    {
        printf("\n 输入有误,请重输! ");
        scanf("%f",&score);
    }
    switch((int)(score/10))
    {
        case 10:
        case 9:grade='A';break;
```

```
        case 8:grade='B';break;
        case 7:grade='C';break;
        case 6:grade='D';break;
        case 5:
        case 4:
        case 3:
        case 2:
        case 1:
        case 0:grade='E';
    }
    printf("成绩是%5.1f, 相应的等级是%c。\n",score,grade);
}
```

说明：对输入的数据进行检查，若小于 0 或大于 100，则要求重新输入。(int) (score/10)的作用是将(score/10)的值进行强制类型转换，得到一个整数值。

6. 循环结构程序设计

循环结构是结构化程序设计的基本结构之一，熟练地掌握循环结构的概念及使用是程序设计的基本要求。循环是计算机解题的一个重要特征。在程序设计时，人们也总是把复杂的不易理解的求解过程转换为易于理解的操作进行多次重复。循环结构有三个要素：循环变量、循环体和循环终止条件。循环结构有三种语句：while、do…while 和 for 语句。

（1）while 语句

while 语句的一般格式为：

```
while <条件表达式>
    <循环体>
```

当条件表达式为真（非 0）时，执行一次循环体，再判断条件表达式是否为真，为真则继续执行循环体，为假（为 0）则停止循环。

注意：

1）while 语句的循环体可能一次也不执行。

2）while 语句的循环体与条件表达式是相关的，条件表达式的结果为真才会执行循环体，而且条件表达式应该朝着为假的方向接近，以便最终可以结束循环。

3）有时 while 也可用于故意构成死循环，但循环体当中会另有出口。如程序段：

```
while(1)
    if(getc()== '&')break;
```

由于 while 的条件表达式恒为真，将一直循环等待键盘输入，直到输入字符"&"才会通过 break 语句终止循环。

4）while 语句常用于事先并不知道循环次数的循环，例如控制精度的计算等。

（2）do…while 语句

do…while 语句的一般格式为：

```
do {
    <循环体>
}while<条件表达式>
```

先执行循环体一次，再去判断条件表达式是否为真，为真则继续执行循环，否则停止。

注意：

1）循环体一定会执行一次，这和 while 循环不同。

2）大部分情况下 do…while 和 while 可以换用，只有当 while 循环的条件表达式一开始就为假（为 0）时，while 循环才会一次都不执行，而 do…while 则至少执行循环体一次，此种情况下这两种循环就不能换用。

（3）for 语句

for 语句的一般格式是：

```
for(<表达式1>; <表达式2>; <表达式3>)
    <循环体>
```

其中：

1）表达式 1 为赋初值，只在进入时执行一次。

2）表达式 2 为条件表达式，为真则执行一次循环体。

3）表达式 3 为后处理，向循环结束的方向前进一步。

执行循环的顺序是：

1）执行表达式 1。

2）执行表达式 2，判断是否为假，是则循环结束，否则执行下一步。

3）执行循环体一次。

4）执行表达式 3，重复步骤 2。

上面的 for 语句等价于下面的 while 循环：

```
<表达式1>;
while<表达式2>
{
    <循环体>;
    <表达式3>;
}
```

for 语句一般用于解决知道循环的起点、终点及循环次数的问题，尤其是处理数组时更离不开 for 语句。

（4）循环嵌套及其比较

● 循环的嵌套

一个循环体内又包含另一个完整的循环结构，就称为循环的嵌套。内嵌的循环还可以嵌套循环，即为多层嵌套循环。while、do…while、for 这三种循环都可以相互嵌套。

● 几种循环的比较

1）三种循环都可以用来处理同一问题，一般情况下它们可以互相代替。还有一种是可以用goto 语句（跳转）来实现的循环，但这条语句与结构化程序设计的思想有冲突，所以一般不提倡使用，而且近十几次的程序员考试下午题中都未见过 goto 语句来实现的循环。

2）while 和 do…while 循环只在 while 后面指定循环条件，在循环体中应包含使循环趋于结束的语句。

for 循环很灵活，可以在表达式 3 中包含使循环趋于结束的操作，也可以在循环体中包含这类语句，甚至可以将循环体中的操作全部放到表达式 3 中。凡是用 while 可以完成的循环功能，用 for 都可以实现。

3）用 while 和 do…while 循环时，循环变量的初始化操作应在 while 和 do…while 语句之前完成。而 for 语句可以在表达式 1 中实现循环变量的初始化。

4）对于 while 循环、do…while 循环和 for 循环，可以用 break 语句跳出循环，用 continue 语句结束本轮次的循环，而用 goto 语句构成的循环不能用这两种语句进行控制。

（5）break 和 continue 语句

break 语句可以用来使程序流程跳出 switch 语句，继续执行 switch 语句下面的一条语句。它还可以用来从循环体内跳出来，提前结束本层循环的执行。

continue 语句是立即结束本层循环的本轮次循环，开始本层循环下一轮次的循环。

例如：

```
for(i=0;i<100;i++)
{
    for(j=0;j<100;j++)
    {
        if(a[i][j]==0) continue;
        if(a[i][j]==-1) break;
    }
}
```

其中若 a[i][j]为 0，continue 语句将结束本轮次的循环，不再执行后面判断 a[i][j]是否为-1 的 if 语句；而若 a[i][j]为-1，break 语句将终止内层循环变量为 j 的循环，开始外面一层循环变量为 i 的循环。

break 语句只能终止一层循环。

break 语句不能用于循环语句和 switch 语句以外的任何其他语句。

例题 17

将 A，B，C，D，E，F 这 6 个变量排成如图 8-6a 所示的三角形，这 6 个变量分别取[1，6]中的整数，且均不相同。求使三角形三条边上的变量之和相等的全部解。图 8-6b 就是一个解。

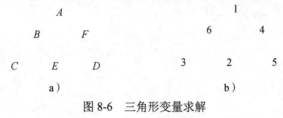

图 8-6　三角形变量求解

【解】程序引入变量 a，b，c，d，e，f 并让它们分别按顺序取 1～6 的整数，在它们互不相同的条件下，测试由它们排列成的如图 8-6b 所示的三角形三条边上的变量之和是否相等，如果相等即为一种符合要求的排列，就输出它们。

据此编写程序如下：

```
#include <stdio.h>
#include <stdlib.h>

void main()
{
    int  a,b,c,d,e,f;
    for(a=1;a<=6;a++)
        for(b=1;b<=6;b++)
        {
            if(___(1)___)continue;
            for(c=1;c<=6;c++)
            {
                if(___(2)___)continue;
                for(d=1;d<=6;d++)
                {
                    if(___(3)___)continue;
                    for(e=1;e<=6;e++)
                    {
                        if(___(4)___)continue;
                        f=21-(a+b+c+d+e);
                        if(___(5)___)
                        {
                            printf("%6d\n",a);
                            printf("%4d%4d\n",b,f);
                            printf("%2d%4d%4d\n",c,d,e);
                            system("pause");        /*按任意键，继续寻找其他解*/
                        }
                    }
                }
            }
        }
}
```

（1）b==a；（2）c==a || c==b；（3）d==a || d==b || d==c；（4）e==a || e==b || e==c || e==d；

（5）(a+b+c==c+d+e) && (c+d+e==e+f+a)。

例题 18

求 100～200 的全部素数。

【解】本题用嵌套的 for 循环即可处理。程序如下：

```
#include <math.h>
main()
{
    int m,k, i,n=0;
    for(m=101;m<=200;m=m+2)
    {
        k=sqrt(m);
        for(i=2; i<=k; i++)
            if(m%i==0)  break;
```

```
            if(i>=k+1) {  printf("%4d",m);  n=n+1;  }
            if(n%10==0) printf("\n");
        }
    printf("\n");
}
```

n 的作用是累计输出素数的个数，控制每行输出 10 个素数。

例题 19

为使电文保密，往往按一定规律将其转换成密文，收报人再按约定的规律将密文译回原文。例如，可以按以下规律将电文变成密文：将字母 A 变成字母 E，a 变成 e，Y 变成 C，Z 变成 D，非字母字符不变。如 "China!" 转换为 "Glmre!"。输入一行字符，要求输出其相应的密码。

【解】程序如下：

```
#include <stdio.h>
main()
{
    char c;
    while((c=getchar())!='\n')
    {
        if((c>='a' && c<='z') || (c>='A' && c<='Z'))
        {
            c=c+4;
            if(c>'Z' && c<='Z'+4 || c>'z') c=c-26;
        }
        printf("%c",c);
    }
}
```

运行结果如下：

```
 China!✓
 Glmre!
```

程序中对输入字符的处理办法是：先判定它是否为大写字母或小写字母，若是，则将其值加 4（变成其后的第 4 个字母）。如果加 4 以后字符值大于 "Z" 或 "z"，则表示原来的字母在 V（或 v）之后，按规律将它转换为 A~D（或 a~d）之一，办法是使 c 减 26，如果对此还有疑问，建议读者查一下 ASCII 表。还有一点需要注意：内嵌的 if(c>'Z' && c<='Z'+4 || c>'z') c=c-26，因为当字母为小写时都满足 "c>'Z'" 条件，从而也执行 "c=c-26;" 语句，这就会出错。因此必须限制其范围为 "c>'Z' && C<='Z'+4"，即原字母为 W 到 Z，在此范围以外的不是大写字母 W~Z，不应按此规律转换。

例题 20

打印形状为直角的九九乘法表。
【解】程序如下：

```
main()
{
    int i,j,k;
```

```
    printf("*");
    for(i=1;i<10; i++)
        printf("%4d",i);
    printf("\n\n");
    for(j=1;j<10;j++)
    {
        printf("%2d",j);
        for(k=1;k<=j;k++)
          printf("%4d",j*k);
        printf("\n");
    }
}
```

运行结果：

```
*    1    2    3    4    5    6    7    8    9
1    1
2    2    4
3    3    6    9
4    4    8    12   16
5    5    10   15   20   25
6    6    12   18   24   30   36
7    7    14   21   28   35   42   49
8    8    16   24   32   40   48   56   64
9    9    18   27   36   45   54   63   72   81
```

例题 21

换零钱：把一元钱全兑换成硬币，有多少种兑换方法？

【解】程序如下：

```
main()
{
    int i,j,k,n;
    n=100;
    k=0;
    for(i=0; i<=n/5; i++)
      for(j=0;j<=(n-i*5)/2;j++)
      {
          printf("5cent=%d\t2cent=%d\t1cent=%d\n",i,j,n-1*5-j*2);
          k++;
      }
    printf("total times=%d\n",k);
}
```

运行结果：

```
5cent=0   2cent=0   1cent=100
5cent=0   2cent=1   1cent=98
  ...       ...       ...
5cent=19  2cent=2   1cent=1
5cent=20  2cent=0   1cent=0
total times=541
```

例题 22

两个乒乓球队进行比赛，各出三人。甲队为 A，B，C 三人，乙队为 X，Y，Z 三人。已抽签决定了比赛名单。有人向队员打听比赛的名单，A 说他不和 X 比，C 说他不和 X，Z 比。请编程找出三对赛手的名单。

【解】先分析题目。按题意，画出如图 8-7 所示的示意图。

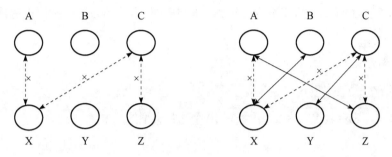

图 8-7 比赛组合

图中带"×"符号的虚线表示不允许的组合。从图中可以看到：① X 既不与 A 比赛，又不与 C 比赛，必然与 B 比赛；② C 既不与 X 比赛，又不与 Z 比赛，必然与 Y 比赛；③ A 只能与 Z 比赛。

以上是经过逻辑推理得到的结论。用计算机程序处理此问题时，不可能立即就得出此结论，而必须对所有组合——进行检验，看它们是否符合条件。

程序如下：

```
main()
{
 char i,j,k;              /*i是a的对手;j是b的对手;k是c的对手*/
 for(i='X';i<='Z';i++)
   for(j='X';j<='Z';j++)
     if(i!=j)
       for(k='X';k<='Z';k++)
         if(i!=k && j!=k)
           if(i!='X' && k!='X' && k!='Z')
             printf("A--%c\tB--%c\tC--%c\n", i,j,k);
 }
```

运行结果：

A→Z   B→X   C→Y

其中，外循环使 i 由'X'变到'Z'，中循环使 j 由'X'变到'Z'（但 i 不应与 j 相等）。然后，对每一级 i 和 j 的值，找符合条件的 k 值。k 同样也可能是'X'、'Y'和'Z'之一，但 k 也不应与 i 或 j 相等。在 i≠j≠k 的条件下，把 i≠'X'和 k≠'X'以及 k='Z'的 i，j 和 k 的值输出即可。

整个执行部分只有一条语句，所以只在语句的最后有一个分号。请读者弄清楚循环和选择结构的嵌套关系。

分析最下面一条 if 语句中的条件：i≠'X'，k≠'X'，k≠'Z'。因为我们已事先假定 A-i，B-j，C-k，题目规定 A 不与 X 对抗，因此 i 不能等于'X'；同理，C 不与 X，Z 对抗，因此 k 不应等于'X'和'Z'。题目给的是 A，B，C，X，Y，Z，而程序中用了加单引号的字符常量'A'，

'B'，'C'，'X'，'Y'，'Z'来表示三组对抗的情况。

7. 数组

数组是程序员考试下午题的重要知识点，每年必考，而且题量比较大，希望考生能够非常熟练地掌握数组。

数组是指由一组同类型数据组成的序列，用一个统一的数组名标识这一组数据，用下标表示数组中元素的序号。C语言的数组分为一维、二维和多维，但二维以上的数组在考试中极少涉及。

（1）一维数组

一维数组的定义方式为：

```
数据类型 数组名[常量表达式];
```

如 int a[10]，表示数组名为 a，数组有 10 个整数类型的元素。

说明：

1）数组名的命名规则和变量名相同，遵循标识符命名规则。

2）常量表达式表示数组元素的个数。

3）数组元素的下标从 0 开始，所以在此例中不能使用数组元素 a[10]，越界了。

4）常量表达式中可以包含常量和符号常量，但不能包含变量。

一维数组的引用：数组必须先定义后引用，而且只能单个引用数组元素。一维数组元素的引用方式为：

```
数组名[下标]
```

下标可以是整型常量或整型表达式。如：

```
a[0]=a[5]+a[2*2]
```

（2）二维数组

二维数组的定义方式为：

```
数据类型 数组名[常量表达式][常量表达式];
```

如 float a[10][5]，表示 10×5（10 行 5 列）的数组，数组有 50 个浮点类型的元素。

二维数组元素的引用方式为：

```
数组名[下标][下标]
```

（3）字符数组

字符数组是用来存放字符数据的数组，数组中的每个元素存放一个字符。

在 C 语言中，字符串是用字符数组来处理的。在存放一个字符串时，C 语言用到了一个字符串结束符 '\0'。程序在计算字符串长度的时候，往往用这个结束符来确定字符串的末尾，而不是用字符数组的长度来确定字符串的长度。例如：

```
char c[10]={"China"};
```

这个数组的前五个元素为 'c'，'h'，'i'，'n'，'a'，第 6 个元素为 '\0'。'\0' 只作为字符串结束的标志，不计算到字符串的长度里面，所以字符数组 c 的长度是 5，而不是 6。

（4）字符串处理函数

C 语言提供了一些用来处理字符串的常用函数，使用很方便，考生需要熟练掌握。

- puts(字符数组)

将一个以'\0'结束的字符串输出到终端。

- gets(字符数组)

从终端输入一个字符串到字符数组。

- strcat(字符数组 1，字符数组 2)

将字符数组 2 串接到字符数组 1 的后面。这里需要注意以下两点：

1）字符数组必须足够大，可以存放得下两个字符串。

2）串接前两个字符串的后面都有'\0'，串接时将字符串 1 后面的'\0'取消，只在新串的最后保留一个'\0'。

- strcpy(字符数组 1，字符串 2)

将字符串 2 复制到字符数组 1 中。注意：

1）字符数组 1 必须定义得足够大，可以容纳下被复制的字符串。字符数组 1 的长度不应小于字符串 2 的长度。

2）字符数组 1 必须写成数组名形式，字符串 2 可以是字符数组名，也可以是一个字符串常量。

3）复制时连同字符串后面的 '\0' 一起复制到字符数组 1 中。

4）不能用赋值语句将一个字符串常量或字符数组直接赋值给一个字符数组。如下面的赋值在 C 语言中是不合法的：

```
str1={"China"};
str1=str2;
```

而只能用 strcpy 函数来处理。用赋值语句只能将一个字符赋给一个字符类型的变量或字符数组的元素。如下面的赋值是合法的：

```
char a[5], c1, c2;
c1='A'; c2='B';
a[0]='C'; a[1]='h';
strcpy(a,"China");
```

5）可以用 strcpy 函数将字符串 2 中前面若干个字符复制到字符数组 1 中去。例如：

```
strcpy(str1,str2,2)
```

该语句除了将 str2 中前面 2 个字符复制到 str1 中去外，最后要再加一个'\0'作为字符串结束符。

- strcmp(字符串 1，字符串 2)

字符串比较的规则与其他语言中字符串比较的规则相同，即对两个字符串从左到右逐个字符相比（按 ASCII 值大小进行比较），直到出现不同的字符或遇到结束符'\0'为止。如全部字符相同，则认为相等；若出现不相同的字符，则以第一个不相同的字符的比较结果为准。比较结果由函数值返回。

1）字符串 1==字符串 2（相等，即相同），函数返回值为 0。

2）字符串 1 > 字符串 2，函数返回值为一个正整数。

3）字符串 1 < 字符串 2，函数返回值为一个负整数。

对两个字符串进行比较，不能用以下形式：

```
if(str1==str2) printf(…)
```

只能用：

```
if(strcmp(str1,str2)==0) printf(…)
```

- strlen(字符串)

这是获取字符串长度的函数，函数的返回值为字符串中的实际长度，不包括结束符'\0'在内。也可以直接获取字符串常量的长度。例如：

```
char str[10]={"China"};
```

strlen(str) 的结果是 5。

strlen("China")的结果是 5。

- strlwr(字符串)

将字符串中的大写字母转换成小写字母。

- strupr(字符串)

将字符串中的小写字母转换成大写字母。

例题 23

用数组来处理求 Fibonacci 数列问题。

【解】程序如下：

```
main()
{
    int i;
    int f[20]={1,1};
    for(i=2; i<20; i++)
        f[i]=f[i-2]+f[i-1];
    for(i=0;i<20; i++)
    {
        if(i%5==0)printf("\n");
        printf("%12d",f[i]);
```

```
        }
    }
```

if 语句用来控制换行，每行输出 5 个数据。

例题 24

用冒泡法对 10 个数排序（从小到大）。

【解】冒泡法的思路是对相邻两个数进行比较，将小的数调到前面。若有 6 个数 9,8,5,4,2,0，用冒泡法对其排序，第一次将第一个数 9 和第二个数 8 对调，第二次将第二个数 9 和第三个数 5 对调……如此共进行 5 次，得到 8—5—4—2—0—9 的顺序。可以看到：经第一轮（共 5 次）后，最大的数 9 已"沉底"，成为最下面的一个数，而小的数"上升"，最小的数 0 已向上"浮起"一个位置，如图 8-8 所示。然后进行第二轮比较，对前面 5 个数按上述方法进行比较。经过 4 次比较，得到次大的数 8，如图 8-9 所示。以此类推，要比较 5 轮才能使 6 个数按大小顺序排列。在第一轮中两个数之间的比较要进行 5 次，在第二轮中要比较 4 次……在第 5 轮中要比较 1 次。如果有 n 个数，则要进行 $n-j$ 轮比较。在第一轮中要进行 $n-1$ 次两两比较，在第 j 轮中要进行 $n-j$ 次两两比较。

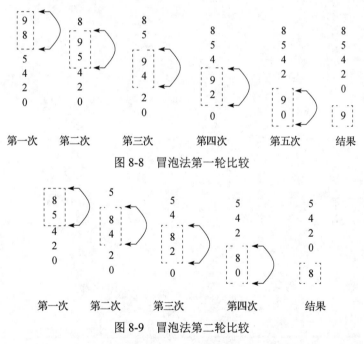

图 8-8　冒泡法第一轮比较

图 8-9　冒泡法第二轮比较

```
main()
{
    int a[11];
    int i,j,t;
    printf("input 10 numbers: \n");
    for(i=1; i<11; i++)
        scanf("%d",&a[i]);
    printf("\n");
    for(j=1;j<=9;j++)
        for(i=1;i<=10-j; i++)
```

```
        if(a[i]>a[i+1])
            {t=a[i];a[i]=a[i+1];a[i+1]=t;}
    printf("the sorted numbers: \n");
    for(i=1; i<11; i++)
        printf("%4d",a[i]);
}
```

例题 25

将一个二维数组的行和列元素互换，存到另一个二维数组中。例如：

$$a=\begin{bmatrix} 1 & 2 & 3 \\ 4 & 5 & 6 \end{bmatrix} \qquad b=\begin{bmatrix} 1 & 4 \\ 2 & 5 \\ 3 & 6 \end{bmatrix}$$

【解】程序如下：

```
main()
{
    int a[2][3]={{1,2,3,},{4,5,6}};
    int b[3][2], i,j;
    printf("array a:\n");
    for(i=0; i<=1;i++)
    {
        for(j=0;j<=2;j++)
        {
            printf("%5d",a[i][j]);
            b[j][i]=a[i][j];
        }
        printf("\n");
    }
    printf("array b:\n");
    for(i=0; i<=2; i++)
    {
        for(j=0;j<=1;j++)
            printf("%5d",b[i][j]);
        printf("\n");
    }
}
```

运行结果如下：

```
array a:
1 2 3
4 5 6
array b:
1 4
2 5
3 6
```

例题 26

有一个 3×4 的矩阵，要求编写程序找出该矩阵中最大的元素的值以及该元素所在的行号和列号。

【解】程序如下：

```
main()
{
    int i,j,row=0,column=0,max;
    int a[3][4]={{1,2,3,4},{9, 8,7,6},{ -10,10,-5,2}};
    max=a[0][0];
    for(i=0;i<=2;i++)
        for(j=0;j<=3;j++)
            if(a[i][j]>max)
            {
                max=a[i][j];
                row=i;
                column=j;
            }
    printf("max=%d,row=%d,column=%d\n",max,row,column);
}
```

例题 27

输入一行字符，统计其中有多少个单词，单词之间用空格分隔开。

【解】程序如下：

```
#include <stdio.h>
main()
{
    char string[81];
    int i,num=0,word=0;
    char c;
    gets(string);
    for(i=0;(c=string[i])!='\0'; i++)
        if(c==' ')word=0;
        else if(word==0) { word=1;    num++;}
    printf("There are %d words in the line.\n",num);
}
```

程序中变量 i 作为循环变量，num 用来统计单词个数，word 作为判别是否为单词的标志，若 word=0 表示未出现单词，如出现单词 word 就置为 1。统计单词的算法如图 8-10 所示。

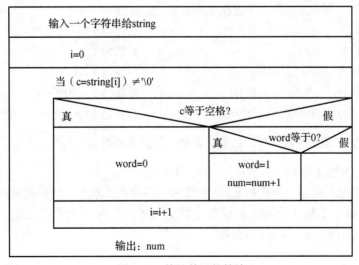

图 8-10　统计单词的算法

解题的思路：单词的数目可以由空格出现的次数决定（连续的若干个空格作为一个空格，一行开头的空格不统计在内）。如果测出某一个字符为非空格而它前面的字符是空格，表示"新的单词开始了"，此时使 num（单词数）累加 1。如果当前字符为非空格而其前面的字符也是非空格，则意味着仍然是原来那个单词的继续，num 不应再累加 1。前面一个字符是不是空格可以从 word 的值看出来，若 word 等于 0，则表示前一个字符是空格；如果 word 等于 1 意味着前一个字符为非空格，如图 8-11 所示。

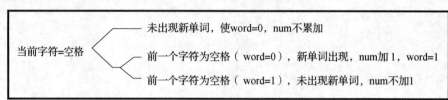

图 8-11　空格字符的状态处理

程序中 for 语句中的"循环条件"为(c=string[i])!='\0'，它的作用是先将字符数组的某一元素（一个字符）赋给字符变量 c。此时赋值表达式的值就是该字符，然后再判定它是否为结束符。这个循环条件包含了一个赋值操作和一个关系运算。

例题 28

打印出以下杨辉三角形（要求打印出 10 行）。

```
1
1   1
1   2   1
1   3   3   1
1   4   6   4   1
1   5   10  10  5   1
…   …   …   …   …   …
```

【解】杨辉三角形是 $(a+b)^n$ 展开后各项的系数。例如：

$(a+b)^0$ 展开后为	1	系数为 1
$(a+b)^1$ 展开后为	$a+b$	系数为 1,1
$(a+b)^2$ 展开后为	$a^2+2ab+b^2$	系数为 1,2,1
$(a+b)^3$ 展开后为	$a^3+3a^2b+3ab^2+b^2$	系数为 1,3,3,1
$(a+b)^4$ 展开后为	$a^4+4a^3b+6a^2b^2+4ab^3+b^4$	系数为 1,4,6,4,1

以上就是杨辉三角形的前 5 行。杨辉三角形各行的系数有以下规律：

1）各行第一个数都是 1，各行最后一个数都是 1。

2）从第 3 行起，除第一个数和最后一个数外，其余各数是上一行同列的数和前一列的数之和。例如第 4 行第 2 个数 3 是第 3 行第 2 个数 2 和第 3 行第 1 个数 1 之和。可以这样表示：$a[i][j]=a[i-1][j]+a[i-1][j-1]$，其中 i 为行数，j 为列数。

程序如下：

```
#define N    11
main()
{
    int i,j,a[N][N];
    for(i=1;i<N;i++)
    {
        a[i][i]=1;
        a[i][1]=1;
    }
    for(i=3;i<N;i++)
        for(j=2;j<=i-1;j++)
            a[i][j]=a[i-1][j-1]+a[i-1][j];
    for(i=1;i<N;i++)
    {
        for(j=1;j<=i;j++)
        printf("%6d",a[i][j]);
        printf("\n");
    }
    printf("\n");
}
```

运行结果：

```
1
1  1
1  2  1
1  3  3  1
1  4  6  4  1
1  5  10 10  5  1
1  6  15 20 15  6  1
1  7  21 35 35 21  7  1
1  8  28 56 70 56 28  8  1
1  9  36 84 126 126 84 36  9  1
```

例题 29

将螺旋方阵存放在 $n \times n$ 的二维数组中并打印输出。要求由程序自动生成螺旋方阵（而不是人为地初始化或逐个赋值）。螺旋方阵的形式如图 8-12 所示，其中 n 由程序读入。

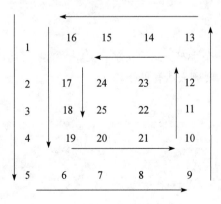

图 8-12　螺旋方阵

【解】程序如下：

```c
#include <stdio.h>
main()
{
    int  i,j,k,n;
    int mat[10][10],value=1;
    printf("\nPlease input dimension of mat:\nn=?");
    scanf("%d: ",&n);
    for(k=0;k<(n+1)/2;k++)
    {
        for(i=k;i<n-k;i++)
            mat[i][k]=value++;
        for(i=k+1;i<n-k;i++)
            mat[n-k-1][i]=value++;
        for(i=n-k-2;i>=k;i--)
            mat[i][n-k-1]=value++;
        for(i=n-k-2;i>k;i--)
            mat[k][i]=value++;
    }
    puts("\n");
    for(i=0;i<n;i++)
    {
        for(j=0;j<n;j++)
            printf("%8d",mat[i][j]);
        puts("\n");
    }
}
```

运行结果：

```
Please input dimension of mat:
N=?6↙
1     20    19    18    17    16
2     21    32    31    30    15
3     22    33    36    29    14
4     23    34    35    28    13
5     24    25    26    27    12
6      7     8     9    10    11
```

例题 30

有一行文字，要求删去某个字符。此行文字和要删去的字符均由键盘输入，要删去的字符以字符形式输入（如输入 a 表示要删去所有的字符 a）。

【解】程序如下：

```c
#include <stdio.h>
main()
{
    char str1[100],str2[100];
    char ch;
    int i=0,k=0;
    printf("\nPlease input a line of words\n");
    while((str1[i]=getchar())!='\n')
```

```
        i++;
    str1[i]='\0';
    printf("\nDelete?");
    scanf("%1s",&ch);
    for(i=0;str1[i]!='\0';i++)
    {
        if(str1[i]!=ch)
            str2[i-k]=str1[i];
        else
            k=k+1;
    }
    str2[i-k]='\0';
    printf("\n%s\n",str2);
}
```

运行结果：

```
Please input a line of words
good morning ! good bye!✓
Delete? o✓
gd mrning! gd bye!
```

8. 函数

函数相当于子程序，是 C 语言的基本模块单位。C 程序是由函数组成的，在一个 C 程序中，只有一个主函数 main()，但有多个用户自定义函数和库函数，每一个函数模块实现一个特定的功能。使用函数的集合构成程序易于实现模块化程序设计，可提高编程效率和速度，达到资源共享的目的，并可使编写的应用程序结构清晰，有利于程序设计者调试、扩充和维护。

（1）函数的定义

函数定义的一般格式是：

```
<函数返回值的数据类型>  <函数名>  (<参数表>)
{
    <函数体>
}
```

其中，函数类型为函数返回值的类型，无返回值的函数应写 void。参数表为函数的参数，可以为空，表示没有参数，但后面的括号不能省略。

从程序结构上来说，C 语言的函数分为主函数 main() 和普通函数两种，每个可执行的 C 程序有且仅有一个主函数，该主函数是该程序运行的起始点，也是该程序的总控部分。主函数通过调用普通函数，普通函数通过调用其他普通函数来实现程序的功能，但是普通函数不能调用主函数。

（2）函数的返回值和函数的参数

函数的返回值是指函数被调用后，执行函数体中的程序段所取得的并返回给函数调用者的值。对于函数的返回值，要注意以下几点：

1）函数的返回值只能通过 return 语句返回给函数的调用者，在函数中允许有多条 return 语句，但一次调用只会有一条语句被执行，因此只能返回一个值。

2）函数返回值的数据类型和函数定义时的返回值的数据类型应保持一致。如果不一致，则以函数定义时的数据类型为准，自动进行数据类型的转换。

3）如果函数的返回值为整数，则在函数定义时可以省去数据类型的声明。

4）没有返回值的函数，可以明确定义为"空类型"，声明的关键字为 void。

函数的参数分为形参（形式参数）和实参（实际参数）两种。形参出现在函数定义中，在整个函数体内都可以使用，离开函数则不能使用。实参出现在调用函数时，进入被调用函数后，实参变量也不能使用。形参和实参的功能都是进行数据的传送。发生函数调用时，函数调用者把实参的值传给被调用函数的形参。形参和实参有如下特点：

1）形参变量在函数被调用时才分配内存单元，函数调用结束后，就释放所分配的内存单元。

2）实参可以是常量、变量、表达式、函数等，在进行函数调用时，必须有确定的值。

3）实参和形参在数量、类型、顺序上严格一致，否则会发生"类型不匹配"的错误。

4）函数调用中发生的数据传送是单向的，只能把实参的值传给形参，因此在函数调用时，形参的值发生改变，但实参的值不会发生变化。

通过函数的返回值只能得到一个值，要得到多个值，除了用全局变量之外，还可以改变参数的传递方式。在 C 语言中，参数的传递方式有两种：

1）传值调用：在调用时，将实参复制一个副本给形参，使形参按顺序从实参中取值，即实参对形参的单向赋值，这种方式不会影响实参的值。

2）传址调用：在调用时，实参使用的是变量的地址，形参使用指针，实参将地址传给形参，使形参指针指向实参变量，形参的改变就是实参的改变，用这种方式可以返回多个值。

（3）函数调用

在 C 语言程序中是通过对函数的调用来执行函数体的，其过程与其他语言的子程序调用相似。在 C 语言中，函数调用的一般形式是：

函数名(实际参数表)

函数的调用一般有以下几种形式：

1）函数表达式。函数作为表达式中的一项出现在表达式中，以函数返回值参与表达式的计算。这种方式要求函数有返回值。

2）函数语句。函数调用的一般形式加上分号即构成函数语句。如：printf("%d",a);。

3）函数实参。函数作为另一个函数调用的实参出现，这种情况是把函数的返回值作为实参向形参传递，要求函数有返回值。

除上面几种调用方式外，还要特别注意下面两种方式：

1）函数的嵌套调用。函数的嵌套调用是指在调用一个函数的过程中，还可以调用另一个函数。

2）函数的递归调用。函数的递归调用是一种特殊的嵌套调用，是在调用一个函数的过程中，需要直接或间接地调用该函数自身，这种特殊情况称为函数的递归调用。递归调用的方式能使程序的编写更加紧凑和简洁，但会增加内存的需求而降低执行的速度。

递归调用是一个非常重要的考点，考生务必熟练掌握，在第 9 章中有详细的讲解。

（4）数组作为函数参数

数组作为函数参数的情况有以下几种：

1）数组元素作为函数参数。数组元素作为函数的参数与普通变量作为函数参数一样，用值传递方式。

2）数组名作为函数参数。用数组名作为函数参数时，实参与形参都应是数组名，因为 C 语言中数组名就是数组的首地址，所以，数组名作为函数参数，实际上就是将数组的首地址传递给形参。在函数体内所有对数组名的操作都将反映到实参中，就是传址调用。

用数组名作为函数参数时，应该在主调函数和被调函数中分别定义数组，实参与形参数组类型应该一致。

3）多维数组名作为函数参数。用多维数组名作为参数时，在被调用函数中定义形参数组时可以指定每一维的大小，也可以省略第一维大小的说明。例如：

```
int array[2][5]
int array[][5]
```

上面两种定义方式都合法且等价，注意不能省略第二维及以上维数大小的声明。

例题 31

函数 change(int num)的功能是对四位以内（含四位）的十进制正整数 num 进行如下变换：将 num 的每一位数字重复一次，并返回变换结果。例如，若 num=5234，则函数的返回值为 55223344，它的变换过程可以描述为：

$$(4 \times 10+4) \times 1+(3 \times 10+3) \times 100+(2 \times 10+2) \times 10000+(5 \times 10+5) \times 1000000 =55223344$$

函数如下：

```
long change(int num)
{
    int d,m=num;
    long result,mul;
    if(num<=0 ||    ①    )        /*若 num 不大于 0 或 num 的位数大于 4，则返回-1*/
      return -1;
    mul=1;
        ②    ;
    while(m>0)
    {
        d=m%10;
        m=    ③    ;
        result=result+    ④    *mul;
        mul=    ⑤    ;
    }
    return result;
}
```

【解】答案如下：

① num/10000>0，或 num>9999，或 num>=10000，或其等价形式。

② result=0。

③ m/10，或(m-d)/10，或其等价形式。

④ (d*10+d)，或其等价形式。

⑤ mul*100，或其等价形式。

例题 32

阅读以下 C 程序，并填空。

程序 1：

```
#include <stdio.h>
long intSUM(long k)
{
    long s=0L;
    do
    {
        s+=k%10;
        k/=10;
    }while(k);
    return S;
}
main()
{
    printf("%1d\t",intSUM(7432L));
    printf("%1d\t",intSUM(1234567890L));
}
```

程序 1 的输出结果是 ① ，函数 intSUM(long k)的功能是 ② 。

程序 2：

```
#include<stdio.h>
main()
{
    int a=16,b=32;
    a+=b;
    b=a-b;
    a-=b;
    printf("a=%d,b=%d\n",a,b);
}
```

程序 2 的输出结果是 ③ 。

程序 3：

```
#include <stdio.h>
int func(int,int);
main()
{
    int a,b;
    scanf ("%d%d",&a,&b);
    printf("%d\n",func(a,b));
}

int func(int x,int y)
{
    int t;
    while(x%y)
```

```
    {
        t=y;
        y=x%y;
        x=t;
    }
    return y;
}
```

若输入整数 22 和 18，则程序 3 的输出结果是 ④ 。函数 func(int x,int y)的功能是 ⑤ 。

【解】对于程序 1，从循环可以看出，每次循环取出长整数 k 的一位数并加入 s 中，本题答案为：

① 16　　45。

②将长整数 k 逐位相加。

程序 2 的功能是实现两个数的交换，本题答案如下：

③a=32, b=16。

对于程序 3，函数 func 的功能是求两个数的最大公约数。对于两个数 x 和 y，它们的最大公约数为 gcd(x,y)=gcd($y,x\%y$)，本题答案如下：

④2。

⑤求两个整数的最大公约数。

例题 33

程序说明：本程序从键盘输入 n（0<n<100）个整数，计算并输出其中出现次数最多且数值最大的元素及其出现的次数。

```
#include <stdio.h>
#define N 100

main ()
{
    int a[N] , n, i, j, ind, c1, c2;
    do
    {
        printf("输入n(0 < n < 100): \n");
        scanf ("%d", &n);
    }while(n<= 0||  ①  );
    printf("输入数组元素: \n");
    for(i=0;i<n;i++)
        scanf("%d", &a[i]);
    for(c2=i=0;i<n;i++)
    {
        for(c1=1,j=i+1;j<n;j++)
            if(a[j]==a[i])  ②  ;
        if(  ③  ||c1==c2&&a[i]>a[ind])
            { c2=c1;  ④  ; }
    }
    printf (" 其中%d 出现%d 次\n", a[ind],  ⑤  );
}
```

【解】假设最大元素出现的次数为 c2，选择的元素必须首先是出现的次数最多，其次在出现次数相同的情况下，再比较元素的大小。程序对元素逐个进行次数统计，让 c2 始终记录出现次数最多的元素。

程序中的 do…while 循环是为了确保得到一个符合要求的正整数 n，因此空①处填"n>=99"或者"n>100"。c2 初始化为 0，首先对 a[0]统计次数 c1，即空②处填"c1++"或"c1=c1+1"，不难看出 c1>c2，因此空④处填"ind=i"。对 a[i]统计其次数 c1，若 c1>c2 或 c1==c2 而且 a[i]>a[ind]，则 ind=i，因此空③处填"c1>c2"。最后，打印出现次数最多的元素 c2。

答案：

① n>99 或者 n>100

② c1++或者 c1=c1+1

③ c1>c2

④ ind=i

⑤ c2

例题 34

编写两个函数，分别求两个整数 u 和 v 的最大公约数与最小公倍数，用主函数调用这两个函数，并输出结果，两个整数由键盘输入。

【解】最小公倍数=$u \times v$/最大公约数。据此写出程序：

```c
int hcf(int u,int v)
{
    int t,r;
    if(v>u)
      {t=u;u=v;v=t;}
    while((r=u%v)!=0)
    {
        u=v;
        v=r;
    }
    return(v);
}
int lcd(int u,int v,int h)
{
    return(u*v/h);
}
main()
{
    int u,v,h,l;
    scanf("%d,%d",&u,&v);
    h=hcf(u,v);
    printf("H.C.F=%d\n",h);
    l=lcd(u,v,h);
    printf("L.C.D=%d\n",l);
}
```

例题 35

编写一个函数，将给定的一个 3×3 的二维数组进行转置，即行、列互换。

【解】程序如下：

```
#define N    3
int array[N][N];
convert(int array[N][N])      /*定义转置数组的函数*/
{
    int i,j,t;
    for(i=0;i<N;i++)
    {
        for (j=i+1; j<N; j++)
        {
            t=array[i][j];
            array[i][j]=array[j][i];
            array[j][i]=t;
        }
    }
}
```

例题 36

编写一个函数，输入一个十六进制数，输出相应的十进制数。

【解】程序如下：

```
#define MAX    1000
htoi(char s[])
{
    int i,n;
    n=0;
    for(i=0;s[i]!='\0';i++)
    {
        if(s[i]>='0'&& s[i]<='9')
            n=n*16+s[i]-'0';
        if(s[i]>='a'&& s[i]<='f')
            n=n*16+s[i]-'a'+10;
        if(s[i]>='A'&& s[i]<='F')
            n=n*16+s[i]-'A'+10;
    }
    return(n);
}
```

9. 指针

指针是 C 语言中的一个重要概念，也是 C 语言中的一个重要特色。正确且灵活地运用它，可以有效地表示复杂的数据结构，能动态分配内存，能方便地使用字符串和数组，在调用函数时能得到多个函数返回值，能直接处理内存地址等。这对设计系统软件是非常必要的功能。掌握指针的应用，可以使程序简洁、紧凑、高效。可以说，不掌握指针就等于没有学习 C 语言。

指针就是地址。对一个内存单元来说，单元中存放的数据才是该单元的内容。在 C 语言中，允许用一个变量来存放地址，也就是存放指针，这种变量被称为指针变量。因此，一个指针变量的值就是某个内存单元的地址。在 C 语言中，一般约定："指针"是指地址，是常量，"指针变量"是指一个存放指针（地址）数据的变量。定义指针的目的就是为了通过指针去访问内存单元。

（1）变量的指针和指向变量的指针变量

变量的指针就是变量的地址，通过 "&" 来取得一个变量的地址。

存放地址的变量就是指针变量，用来指向另一个变量。理解这个概念的时候，不要想得太复杂，指针变量就和其他的变量（如整型变量）一样，都是内存中的单元，只是指针变量这个内存单元中存放的是指针（也就是其他内存单元的地址），而整型变量这个内存单元中存放的整型数据。通过指针变量，也就是某个单元的地址，我们可以访问这个单元的内容。访问的方法就是通过"*"号来访问。

定义指针变量的一般形式为：

基本数据类型　*　指针变量名

变量的指针与指针变量的一些常用方法如下：

```
int a,b ;                    /*定义整型变量*/
int *ponit_a, *point_b;      /*定义指向整型变量的指针变量*/
point_a=&a;                  /*把整型变量的地址赋给指针变量*/
point_b=&b;
*point_a=6;                  /*通过指针变量给整型变量赋值*/
*point_b=8;
printf("%d,%d",a,b);         /*输出整型变量的值6,8*/
printf("%d,%d",*point_a,*point_b); /*与上一行所得的结果一样*/
```

虽然指针变量不能赋予常数，但在 C 语言中，指针变量可以与 0 比较，若设 p 为指针变量，则 p==0 表示判断 p 是否为空指针，即不指向任何变量。p!=0 表示判断 p 是否为非空指针。空指针是把指针变量赋值为 0 得到的。指针变量未赋值时，可以是任意值，是不能使用的。而把指针变量赋值为 0 后，则可以使用，只是它不指向具体的变量而已。

（2）数组的指针和指向数组的指针变量

每个变量都有自己的内存地址，每个数组包含若干个元素，每个数组元素都在内存中占用存储单元，每个存储单元都有相应的地址，且每个数组元素占用同样大小的存储空间。所谓数组的指针就是指向数组的起始地址，数组元素的指针就是数组元素的地址。因此，可以通过指向数组元素的指针变量来引用数组元素。C 语言中数组名即为数组的首地址，而且可以直接将它赋值给指针变量。

例如，下面的代码就是通过指针变量来处理数组的全部元素。

```
main()
{
    int a[10],k,*p;
    p=a;
    for(k=0;k<10;k++)
        scanf("%d",p++);
    printf("\n");
    for(p=a;p<(a+10);p++)
        printf("%d",*p);
}
```

相对于通过下标来引用数组元素，通过指针引用效率更高。在上面的程序中，p++成立是因为每个数组元素所占存储空间是相同的，每次进行自增或自减运算都跳过数组元素所占用的字节数。要灵活掌握 p[k]、a[k]、*(a+k)、*(p+k)之间的等价关系。

（3）字符串指针和指向字符串的指针变量

在 C 语言中，可以用以下两种方法实现一个字符串：

1）用字符数组实现并初始化，例如：

```
char string[10]="hello";
```

但不能做如下处理：

```
char string[10];
string="hello";
```

因为在 C 语言中不能将字符串直接赋值给数组名，数组名是常量，是指向数组的首地址，因此不能以这种方式赋值为字符串的常量。

2）用指向字符串的指针变量来实现，例如：

```
char *string="hello";
```

也可以写成：

```
char *string;
string="hello";
```

即将字符串的起始地址赋给指针变量 string。

字符串的输入和输出可以通过 gets(string)、puts(string) 和 printf 函数来实现。例如如下程序段：

```
main()
{
    char *string;
    gets(string);
    printf("%s\n",string);
}
```

输入字符串时，系统会自动在最后加上 '\0' 结束符，在字符串输出时，遇到 '\0' 就停止。

例题 37

函数 long fun2(char *str) 的功能是从左到右顺序取出非空字符串 str 中的数字字符，形成一个十进制整数（最多 8 位）。

例如，若字符串 str 的值为 "f3g8d5.ji2e3pl1fkp"，则函数的返回值为 385231。

```
long fun2(char *str)
{
    int i=0;
    long k=0;
    char *p=str;
    while(*p!='\0'&& ①   )
    {
        if(*p>='0' && *p<='9')
        {
            k= ②   +*p-'0';
            ++i;
        }
        ③   ;
    }
    return k;
}
```

【解】函数 long fun2(char *str)的功能是从左到右顺序取出非空字符串 str 中的数字字符，形成一个十进制整数。从函数的功能描述和函数体语句可知，变量 i 是用于计算得到的数字字符个数。由于 i 的初始值为 0，因此空①处应填"i<8"或其等价形式。8 位长度的十进制整数 $a_1a_2a_3a_4a_5a_6a_7a_8$ 表示为：

$$a_1a_2a_3a_4a_5a_6a_7a_8=a_1 \times 10^7+a_2 \times 10^6+a_3 \times 10^5+a_4 \times 10^4+a_5 \times 10^3+a_6 \times 10^2+a_7 \times 10^1+a_8=(((((((0 \times 10+a_1) \times 10+a_2) \times 10+a_3) \times 10+a_4) \times 10+a_5) \times 10+a_6) \times 10+a_7) \times 10+a_8)$$

因此有 $k_0=0$，$k_i=k_{i-1}*10+a_i$（$1 \leqslant i \leqslant 8$），$k_8$ 就是计算结果。

参考答案：

① i<8，或 i<=7，或其等价形式。

② k*10。

③ p++，或++p，或 p+=1，或 p=p+1。

例题 38

有 n 个人围成一圈，顺序排号。从第一个人开始报数（从 1 到 3 报数），凡报到 3 的人退出圈子，问最后留下的是原来的第几号。

【解】程序如下：

```
main()
{
    int i,k,m,n,num[50],*p;
    printf("Input number of person, n=");
    scanf("%d",&n);
    p=num;
    for(i=0;i<n;i++)
      *(p+i)=i+1;          /* 以 1 至 n 为序给每个人编号 */
    i=0;                   /* i 为每次循环时的计数变量 */
    k=0;                   /* 为按 1、2、3 报数时的计数变量 */
    m=0;                   /* m 为退出人数 */
    while(m<n-1)
    /* 当退出人数比 n-1 少（即未退出人数大于 1）时执行循环体 */
    {
        if(*(p+i)!=0)  k++;
        if(k==3)           /* 当退出的编号置为 0 */
        {
            *(p+i)=0;
            k=0;
            m++;
        }
        i++;
        if(i==n) i=0;    /* 报数到末尾后，i 恢复为 0 */
    }
    while(*p==0) p++;
    printf("The last one is NO.%d\n",*p);
}
```

运行结果：

```
Input number of person: n=8✓
```

```
The last one is NO.7
```

最后留在圈子内的是 7 号。

例题 39

有一个二维数组 a，大小为 3×5，其元素为：

$$\begin{bmatrix} 1 & 3 & 5 & 7 & 9 \\ 11 & 13 & 15 & 17 & 19 \\ 21 & 23 & 25 & 27 & 29 \end{bmatrix}$$

1）请说明以下各量的含义。

a, $a+2$, $\&a[0]$, $a[0]+3$, $*(a+1)$, $*(a+2)+1$, $\&a[0][2]$, $*(a[1]+2)$, $*(\&a[0][2])$, $*(*(a+2)+1)$, $a[1][3]$

2）如果输出 $a+1$ 和 $\&a[1][0]$，它们的值是否相等？为什么？它们各代表什么含义？

【解】假设头地址为 404（这里假设任一个值），那么它们的含义、地址和元素值如表 8-2 所示。

表 8-2　各表达形式的含义及其地址/元素值

表达形式	含义	地址/元素值
a	二维数组名，数组首地址	地址为 404
$a+2$	第 2 行首地址	地址为 424
$\&a[0]$	第 0 行第 0 列元素地址	地址为 404
$a[0]+3$	第 0 行第 3 列元素地址	地址为 410
$*(a+1)$	第 1 行第 0 列元素地址	地址为 414
$*(a+2)+1$	第 2 行第 1 列元素地址	地址为 426
$\&a[0][2]$	第 0 行第 2 列元素地址	地址为 408
$*(a[1]+2)$	第 1 行第 2 列元素的值	元素值为 15
$*(\&a[0][2])$	第 0 行第 2 列元素的值	元素值为 5
$*(*(a+2)+1)$	第 2 行第 1 列元素的值	元素值为 23
$a[1][3]$	第 1 行第 3 列元素的值	元素值为 17

10. 结构体与共用体

在实际问题中，一组数据往往具有不同的数据类型。例如：在学生登记表中，姓名应为字符类型，学号可以为整数类型或字符类型，年龄应为整数类型等。显然不能用一个数组来存放这一组数据。因为数组中各元素的数据类型要相同，长度都要相等。为了解决这个问题，C 语言给出了另一种构造数据类型，即结构体。它相当于高级语言中的记录。

（1）结构体的定义

声明一个结构体类型的一般形式是：

```
struct 结构体名
{
    类型名 1 成员名 1;
    类型名 2 成员名 2;
    ...
}
```

（2）结构体变量的定义

上面只是指定了一种结构体类型，系统并没有给它分配内存单元。为了能在程序中使用结构体类型的数据，应当事先声明结构体类型的变量，并在其中存放数据。有以下三种声明结构体变量的方法。

1）先定义结构体类型再声明变量。下面先定义一个结构体类型：

```
struct student
{
    int num;
    char name[20];
    char sex;
    int age;
}
```

再用这种结构体类型来声明变量：

```
struct student student1,student2;
```

2）在定义结构体类型的同时声明变量。例如：

```
struct student
{
    int num;
    char name[20];
    char sex;
    int age;
} student1,student2;
```

3）直接定义和声明结构体类型变量，这种方法的一般形式为：

```
struct
{
    成员列表;
} 变量名列表;
```

关于结构体类型，需要说明以下几点：

1）类型与变量是不同的概念，不要混淆。只能对变量进行赋值、存取或运算，而不能对类型进行这些操作。在编译时，不会给结构类型分配内存空间，只会给结构体类型的变量分配内存空间。

2）对结构体的成员可以单独使用，相当于普通变量，引用方式稍后讲解。

3）结构体的成员也可以是结构体。

（3）结构体变量的初始化

结构体变量可以在声明时赋初值，也可以运行期间再赋值。例如：

```
main()
{
    struct student
    {
        long int num;
        char name[20];
```

```
    char sex;
  } a,b={98056,"li feng",'m'};
  a.num=98057;
  a.name="wang ming";
  a.sex='m';
  …
}
```

上面即是在声明时给结构体变量 b 赋初值，在运行中给结构体变量 a 赋值。

（4）结构体变量的引用

在定义了结构体变量后，就可以引用这个变量。引用时应注意以下规则：

1）不能将一个结构体变量作为一个整体进行输入和输出。例如，已定义 student1 和 student2 为结构体变量并且它们已有值，不能进行如下引用：

```
printf("%d,%s,%c",student1);
```

只能对结构体变量的各个成员分别进行输入和输出。引用结构体变量中成员的方式为：

```
结构体变量名.成员名
```

例如：student1.num 表示 student1 变量中的 num 成员，即 student1 的 num 项。

可以对变量的成员赋值，例如：

```
student1.num=10001;
```

2）如果结构体中的成员又是一个结构体类型的数据，则要用成员运算符一级一级地找到最低级的成员。只能对最低级的成员进行赋值、存取及运算。例如：

```
struct date
{
    int month;
    int day;
    int year;
}
struct student
{
    int num;
    char name[20];
    char sex;
    struct date birthday;
} student3;
student3.birthday.year=1985;
student3.birthday.month=11;
```

注意，不能用 student3.birthday 来访问 student3 变量中的成员，因为 birthday 本身是一个结构体变量。

3）对结构体变量的成员可以像普通变量一样进行各种运算（根据其类型决定可以进行的运算）。例如：

```
student1.score=student2.score+5;
sum=(student1.score+student2.score)/2;
```

```
student1.age++;
++student1.age;
```

4）可以引用结构体变量成员的地址，也可以引用结构体变量的地址。如下列操作：

```
scanf("%d",&student1.score);
printf("%o",&student2);
```

结构体变量的地址主要用作函数参数，传递结构体变量的地址。

例题 40

定义一个结构体变量（包括年、月、日）。计算该日在本年中是第几天，注意闰年问题。

【解】程序如下：

```
struct
{
    int year;
    int month;
    int day;
} date;
main()
{
    int i,days;
    int day_tab[13]={0,31,28,31,30,31,30,31,31,30,31,30,31};
    printf("Input year,month,day:");
    scanf("%d,%d,%d",&date.year,&date.month,&date.day);
    days=0;
    for(i=1;i<date.month;i++)
        days +=day_tab[i];
    if((date.year%4==0 && date.year%100!=0 || date.year%400==0) && date.month>=3)
        days+=1;
    printf("%d / %d is the %dth day in %d.", date.month,date.day,days,date.year);
}
```

运行情况：

```
Input year,month,day:2001,10,1↙
10 / 1 is the 273th day in 2001.
```

例题 41

编写一个函数 days，实现例题 40 的计算。由主函数将年、月、日传递给 days 函数，计算后将日数返回给主函数输出。

【解】程序如下：

```
struct y_m_d
{
    int year;
    int month;
    int day;
}
main()
{
    int days(int,int ,int);        /*对 days 函数的声明*/
```

```
    int i,day_sum;
    printf("input year,month,day:");
    scanf("%d,%d,%d",&date.year,&date.month,&date.day);
    day_sum=days(date.year,date.month,date.day);
    printf("\n%d / %d is the %dth day in %d.",date.month,date.day,day_sum,date.year);
}
days(int year,int month,int day)      /*定义days函数*/
{
    int day_sum,i;
    int day_tab[13]={0,31,28,31,30,31,30,31,31,30,31,30,31};
    day_sum=0;
    for(i=1;i<month;i++)
        day_sum+=day_tab[i];
    day_suma+=day;
    if((year%4==0&&year%100!=0 ||year%4==0)&&month>=3)
      day_sum+=1;
    return(day_sum);
}
```

运行情况：

```
Input year,month,day:2005,7,1↙
7 / 1 is the 181th day in 2005.
```

8.1.3.2　面向对象程序设计：C++语言

C++是一种计算机高级程序设计语言，由 C 语言扩展升级而来，最早于 1979 年由本贾尼·斯特劳斯特卢普在 AT&T 贝尔实验室研发出来。C++既可用于 C 语言的过程式程序设计，又可用于以抽象数据类型为特点的基于对象的程序设计，还可用于以继承和多态为特点的面向对象的程序设计。C++拥有计算机运行的实用性特征，同时还致力于提高大规模程序的编程质量与程序设计语言的问题描述能力。

1. C++语言特点

（1）与 C 语言的兼容性

C++与 C 语言完全兼容，C 语言的绝大部分内容可以直接用于 C++的程序设计。用 C 语言编写的程序可以不加修改地用于 C++。

（2）数据封装和数据隐藏

在 C++中，类是支持数据封装的工具，对象则是数据封装的实现。C++通过建立用户自定义类来支持数据封装和数据隐藏。

在面向对象的程序设计中，将数据和对该数据进行合法操作的函数封装在一起作为一个类的定义。对象被声明为具有一个给定类的变量。每个给定类的对象包含这个类所规定的若干私有成员、公有成员及保护成员。定义的类一旦建立，就可看成完全封装的实体，可以作为一个整体单元使用。类的内部工作隐藏起来，使用定义好的类的用户不需要知道类的工作原理，只要知道如何使用它即可。

（3）支持继承和重用

在 C++现有类的基础上可以声明新类，这就是继承和重用的思想。通过继承和重用可以更有效地组织程序结构，明确类之间的关系，并且可以充分利用已有的类来完成更复杂、深入的开发工作。新定义的类为子类，称为派生类。它可以从父类那里继承所有非私有的属性和方法，作为自己的成员。

（4）多态性

采用多态性为每个类指定表现行为。多态性形成由父类和它们的子类组成的一个树形结构。在这个树中的每个子类可以接收一个或多个具有相同名字的消息。当一个消息被这个树中一个类的一个对象接收时，这个对象动态地决定给予子类对象的消息的某种用法。多态性的这一特性允许使用高级抽象。

继承性和多态性的组合，可以轻易地生成一系列虽然类似但独一无二的对象。由于继承性，这些对象共享许多相似的特征。由于多态性，一个对象可以有其独特的表现方式，而另一个对象有另一种表现方式。

2. C++的标识符与关键字

（1）标识符

在C++中，有一套用来表示程序中的变量、常量、数据类型及语法关键字的符号，这些符号被统称为标识符。

标识符的命名有如下几点规则需要遵循：

1）标识符的第一个字符必须是字母或者下划线。

2）标识符中不应有除字母、数字和下划线以外的字符。

3）标识符的长度一般不超过31个字符。

C++中的标识符可以大写，也可以小写。不过大写和小写是有区别的，即具有相同字母但大小写不同的标识符会被当作不同的标识符。例如 Good 和 good 被当作不同的标识符，Hello 和 HELLO 也是不同的标识符。

在 C++的标识符中，有些单词组合是不能由用户声明的，它们是由 C++语言本身保留使用的，具有特殊的含义，一般用于表示固定语句、预定义类型说明、预定义函数等。这种标识符被统称为关键字或者保留字。

有了这些关键字，C++编译器才能正确识别输入的程序代码是如何分隔的，这就好像写应用文时为了突出重点，常常把关键字或者词进行标注一样。

（2）分隔符与注释符

C++中除了标识符外，还有两种起特殊作用的符号。一种是用来分隔代码语句的，被称为分隔符；另一种是起说明作用的，被称为注释符。

C++中包括如下几种分隔符：

1）空格符：用来作为单词与单词之间的分隔符。

2）逗号：用来作为说明多个变量的分隔符，或者作为多个参数之间的分隔符。

3）分号：用来作为 C++中语句的结束分隔符。

4）花括号：用来构造程序实体或程序区块的分隔符（或起止符）。

注释在程序代码中起到对程序语句注解和说明的作用。其目的是使代码设计者或审查者方便阅读程序代码。对计算机而言这些注释文字是无效的，在程序编译时，注释文字会被编译器从程序代码中略过。

在 C++ 中采用如下两种注释方法：

1）使用"/*"和"*/"括起来进行注释，在"/*"和"*/"之间的字符都被作为注释文字，这种方式适用于多行注释。

2）使用"//"，从"//"开始直到所在行的行尾，所有字符都被当作注释文字，这种方式适用于单行注释。

8.1.3.3　面向对象程序设计：Java 语言

1. Java 语言基础

Java 语言是一门随着时代快速发展的计算机程序设计语言，它深刻展示了程序编写的精髓，Java 语言简明严谨的结构及简洁的语法为其发展及维护提供了保障。Java 是一门面向对象的程序设计语言，它不仅吸收了 C++ 语言的各种优点，还摒弃了 C++ 语言中难以理解的多继承、指针等概念，因此 Java 语言具有功能强大和简单易用两个特征。Java 语言作为静态面向对象程序设计语言的代表，极好地实现了面向对象理论，允许程序员以优雅的思维方式进行复杂的编程。

由于 Java 提供了网络应用的支持和多媒体的存取，因此它推动了 Internet 和企业网络的 Web 应用。另外，Sun 公司开放了 Java 核心源代码，鼓励更多的人参与，Java 技术在创新和社会进步上继续发挥强有力的重要作用，并且随着 Java 程序编写难度的降低使得更多专业人员将精力放置于 Java 语言的编写与框架结构的设计中。

Java 语言具有简单性、面向对象、分布式、健壮性、安全性、平台独立与可移植性、多线程、动态性等特点。Java 语言可以编写桌面应用程序、Web 应用程序、分布式系统和嵌入式系统应用程序等。Java 语言具有"一处编写，处处运行"的特性，且在编译后，不依赖于平台环境，在各个操作系统上均可运行。

Java 语言的运行原理：

1）源文件（.java 源代码）通过编译器编译成字节码文件 .class。

2）通过 JVM 中的解释器将字节码文件生成对应的可执行文件。

3）将编译后的程序加载到方法区，存储类信息。

4）运行时，JVM 创建线程来执行代码，在虚拟机栈和程序计数器分配独占的空间。根据方法区里的指令码，在虚拟机栈对线程进行操作，程序计数器保存线程代码执行到哪个位置。

编码规范：

1）类名第一个单词首字母大写，如果由多个单词组成，则每个单词的首字母大写。

2）Java 是区分字母大小写的语言。

3）书写类体时大括号（{}）要成对出现。

4）书写方法体时大括号（{}）要成对出现。

5）方法写在类体中，每个方法前面留一个 Tab 键空格。

6）方法中的每条执行语句后面都要写一个分号（;），表示该条语句执行结束。

2. 基本语法

一个 Java 程序可以认为是一系列对象的集合，而这些对象通过调用彼此的方法来协同工作。

对象：对象是类的一个实例，有状态和行为。例如，一条狗是一个对象，它的状态有颜色、名字、品种，行为有摇尾巴、叫、吃等。

类：类是一个模板，它描述一类对象的行为和状态。

方法：方法就是行为，一个类可以有很多方法。逻辑运算、数据修改以及所有动作都是在方法中完成的。

实例变量：每个对象都有独特的实例变量，对象的状态由这些实例变量的值决定。

编写 Java 程序时，应注意以下几点：

1）区分字母大小写：Java 语言是区分字母大小写的，这就意味着标识符 Hello 与 hello 是不同的。

2）类名：对于所有的类来说，类名的首字母应该大写。如果类名由若干单词组成，那么每个单词的首字母应该大写，例如 MyFirstJavaClass。

3）方法名：所有的方法名都应该以小写字母开头。如果方法名含有若干单词，则后面的每个单词首字母大写。

4）源文件名：源文件名必须和类名相同。当保存文件的时候，应该使用类名作为文件名（切记 Java 是区分字母大小写的），文件名的后缀为.java（如果文件名和类名不相同则会导致编译错误）。

5）主方法入口：所有的 Java 程序由 public static void main(String []args)方法开始执行。

（1）注释方式

Java 语言一共有三种注释方式：

1）单行注释//，一般用于注释少量的代码或者说明内容。

2）多行注释/* */，一般用于注释大量的代码或者说明内容。

3）文档注释/** */，一般用于对类和方法进行功能说明，文档注释的内容会被解释成程序的正式文档，并能包含进由 Javadoc 工具生成的文档里。

（2）循环结构

在 Java 程序中为实现某些功能，经常需要重复执行特定的代码。顺序结构的程序语句只能被执行一次，如果同样的操作想要执行多次就需要使用循环结构。

- 当在实现某个功能语句时，如果需要通过某一个条件去判断，则用选择结构。
- 当实现某个功能需要通过循环去实现，则用循环结构。
- 循环和选择是可以相互嵌套的。

Java 语言提供了三种循环语句：while、do…while 和 for。

编写循环语句时，一般分为以下三步：

1）定义循环变量的初始值。

2）设置条件判断表达式。

3）循环变量的变化。

- while 循环

while 是最基本的循环，它的结构为：

```
while( 条件判断表达式 )
{
  // 循环体
}
```

只要条件判断表达式为 true，循环就会一直执行下去。

例题 42

某培训机构 2006 年培养学员 8 万人，每年增长 25%，请问按此增长速度，到哪一年培训学员人数将达到 20 万？（采用 Java 语言实现。）

【解】循环条件和循环操作是：

```
int year = 2006;
double students = 80000;
while …
2007 年培训学员数量 = 80000 * (1 + 0.25 )
```

代码实现如下：

```
public class Training {
  public static void main(String[] args) {
        int year = 2006; // 年份
        int students = 80000; // 学员数
        while (students < 200000) {
                students = (int) (students * (1 + 0.25));
                year++;
                System.out.println(year + "年, 培训 " + students + "人");
        }
        System.out.println(year + "年, 年培训人数达到 20 万");
  }
}
```

- do…while 循环

语法格式如下：

```
do {
  // 循环体
}while(布尔表达式);
```

条件判断表达式在循环体的后面，所以循环体中的语句在检测条件判断表达式之前已经执行了一次。

若条件判断表达式的值为 true，则循环体中的语句一直执行，直到条件判断表达式的值为 false 为止。

- while 循环和 do…while 循环的区别

1）语法不同，如图 8-13 所示。

图 8-13　while 循环和 do…while 循环的区别

2）执行次序不同。初始情况不满足循环条件时，while 循环的循环体一次都不会执行；do…while 循环不管什么情况都至少执行一次循环体。

- for 循环

for 循环执行的次数是在执行前就确定的。

语法格式如下：

```
for(循环变量的初始化；条件判断表达式；循环变量的更新)
{
   // 循环体
}
```

最先执行循环变量的初始化（即设置初值），然后检测条件判断表达式的值。若为 true，则循环体被执行；若为 false，则循环终止。执行一次循环后，更新循环变量（也称为循环控制变量）；再次检测条件判断表达式，以判断循环是否继续执行。

（3）跳转语句

Java 语言提供了 break、continue 和 return 来配合程序的循环结构，以实现程序语句的跳转和中断。

- break：中断，表示跳出当前层的循环。
- continue：继续，表示跳出当前层循环本轮次的循环，进入当前层循环下一轮次的循环。
- return：返回，跳出当前方法的循环。

例题 43

采用 Java 语言实现 1～10 的整数相加，求出累加值大于 20 时的当前数。

【解】代码如下：

```
Public class leijiadao20{
  Public static void main(String[] args){
    Int sum=0;
      For(int i=1;i<=10;i++){
        Sum+=i;
          If(sum>20){
          System.out.println("当前数是"+i);
        Break;
    }
```

```
        }
      }
    }
```

输出结果：

当前数是：6

8.2　真题精解

8.2.1　真题练习

见第 10 章真题精解。

8.2.2　真题解析

见第 10 章真题精解。

8.3　难点精练

8.3.1　重难点练习

见第 10 章真题精解。

8.3.2　练习精解

见第 10 章真题精解。

第 9 章

算法设计与实现

9.1 考点精讲

9.1.1 考纲要求

9.1.1.1 考点导图

算法设计与实现部分的考点如图 9-1 所示。

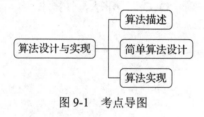

图 9-1 考点导图

9.1.1.2 考点分析

这一章主要是要求考生掌握算法设计和代码实现的知识，历年来下午题第一题较多的是算法描述题，包括伪代码、N-S 盒图、流程图等方式。要求考生掌握常用的排序算法、查找算法、数值计算、字符处理、递归算法、图的相关算法等，同时需要掌握算法与数据结构的关系、算法的效率、算法的设计、算法描述等。根据近年来的考试情况分析，算法是历年考试的必考题，需要考生不断地学习、理解并熟练掌握。

9.1.2 考点分布

下午题的考核共有 6 道题。历年来考点的一般分布是流程图题 1 道、C 语言题 3 道，第 5 和第 6 题一般是 Java 和 C++中选 1 题作答。考试题型主要以填空题为主，也有部分有备选项以选择题形式作答。学习上建议以 C 语言练习为主，有条件的安排上机练习操作，效果会更好。考生备考时应该多做题，通过练习巩固所学的知识，熟悉考核的方式和作答技巧。

9.1.3 知识点精讲

本章主要讲解的是程序设计语言中算法设计与实现相关知识点，更多侧重于下午题的考核内容。

9.1.3.1 算法描述

算法描述（Algorithm Description）是指对设计出的算法用一种方式进行详细描述，以便与人交流。算法可采用多种描述语言来描述，各种描述语言在对问题的描述能力方面存在一定的差异，可以使用自然语言、伪代码，也可使用程序流程图，但描述的结果必须满足算法的 5 个特征。

1. 算法的特征

算法就是进行操作的方法和操作步骤，它有如下一些基本特征：

1）有穷性。一个算法必须包含有限次运算或操作，而不能是无限次的。

2）确定性。算法的含义不得产生歧义，每一个步骤必须是确定的。

3）有零个或多个输入。

4）有一个或多个输出。算法的目的就是求解，"解"就是输出。没有输出的算法是没有意义的。

5）可行性。算法必须能正确有效地执行，并且可以得到确定的结果。

2. 算法的组成要素

算法含有两大要素。

一是操作，每个操作的确定不仅取决于问题的需求，还取决于它们的操作集，它们与使用的工具系统有关。在常用的编程语言中所描述的操作主要包括算术运算、逻辑运算、关系运算、函数运算、位运算、I/O 操作等。计算机算法就是由这些操作组成的。

二是控制结构，每一个算法都由一系列的操作组成。同一操作序列按不同的顺序执行，就会得出不同的结果。控制结构即控制组成算法的各操作的执行顺序。在结构化的程序设计方法中，要求一个程序只能由三种基本控制结构（或由它们派生出来的结构）组成。已经证明，由这三种基本结构可以组成任何结构的算法，解决任何问题。

这三种基本结构是顺序结构、选择结构和循环结构。

（1）顺序结构

顺序结构中的语句是按书写的顺序执行的，即语句的执行顺序与书写顺序一致。这是一种理想的结构，但是只有这样一种结构是不可能处理复杂问题的。

（2）选择结构

最基本的选择结构是当程序执行到某一语句时，要进行一下判断，从两条路径中选择一条。选择结构赋予程序最简单的智能。由二分支的选择结构可以派生出多分支的选择结构。

（3）循环结构

这种结构是将一条或多条语句重复地执行若干遍。计算机的最大优势是速度快，当我们能把一个复杂问题用循环结构来实现时，就能充分地发挥计算机的高速优势。

3. 用自然语言描述算法

自然语言就是人们日常使用的语言，可以是中文、英语或其他语言。用自然语言表示通俗易懂，但文字冗长，容易出现歧义。自然语言表示的含义往往不太严格，要根据上下文才能判断其正确含义。而且用自然语言描述包含分支和循环的算法时，很不方便。因此，一般很少用自然语言描述算法。

例题 1

阅读下列算法说明和算法，将应填入括号处的字句写在答题纸的对应栏内。

算法说明：

为便于描述屏幕上每个像素的位置，在屏幕上建立平面直角坐标系。屏幕左上角的像素设为原点，水平向右方向设为 X 轴，垂直向下方向设为 Y 轴。

设某种显示器的像素有 128×128，即在每条水平线和每条垂直线上都有 128 个像素。这样，屏幕上的每个像素可用坐标 (x, y) 来描述其位置，其中 x 和 y 都是整数，$0 \leqslant x \leqslant 127$，$0 \leqslant y \leqslant 127$。

现用一维数组 MAP 来存储整个屏幕显示的位图信息。数组的每个元素有 16 个二进制位，其中每位对应一个像素，"1" 表示该像素 "亮"，"0" 表示该像素 "暗"。数组 MAP 的各个元素与屏幕上的像素相对应后，其位置可排列如下：

```
MAP(0),MAP(1),…,MAP(7)
MAP(8),MAP(9),…,MAP(15)
…
MAP(1016),MAP(1017),…,MAP(1023)
```

下述算法可根据用户要求，将指定坐标 (x, y) 上的像素置为 "亮" 或 "暗"。

在该算法中，变量 X, Y, V, S, K 都是 16 位无符号的二进制整数。数组 BIT 中的每个元素 BIT(K)（$K=0, \cdots, 15$）的值是左起第 K 位为 1、其余位均为 0 的 16 位无符号二进制整数，即 BIT(K) 的值为 2^{15-k}。

【算法】

第 1 步，根据用户指定的像素的位置坐标 (x, y)，算出该像素的位置所属的数组元素 MAP(V)。这一步的具体实现过程如下：

1）将 x 送变量 X，将 y 送变量 Y。

2）将 Y 左移 (1) 位，仍存入变量 Y。

3）将 X 右移 (2) 位，并存入变量 S。

4）计算 $Y+S$，存入变量 V，得到像素的位置所属的数组元素 MAP(V)。

第 2 步，算出指定像素在 MAP(V) 中所对应的位置 K（$K=0, \cdots, 15$）。这一步的具体实现过程如下：将变量 X 与二进制数 (3) 进行逻辑乘运算，并存入变量 K。

第 3 步，根据用户要求将数组元素 MAP(V) 左起第 K 位设置为 "1" 或 "0"。这一步的具体实现过程如下：

1）为将指定像素置 "亮"，应将 MAP(V) 与 BIT(K) 进行逻辑 (4) 运算，并存入 MAP(V)。

2）为将指定像素置"暗"，应先将 BIT(K)各位取反，再将 MAP(V)与 BIT(K)进行逻辑　(5)　运算，并存入 MAP(V)。

此题就是典型的用自然语言描述算法，与数组的知识相关。

虽然用自然语言描述比较简单，但是如果和算法比较复杂的题目结合在一起时，还是应该引起考生的足够重视。

【解】

正确答案：（1）3；（2）4；（3）1111；（4）或（加）；（5）与（乘）。

答案解析：

1）由于每一行像素占用 8 个数组元素，因此第 y 行的像素占用数组的第 $8 \times y$ 到 $8 \times y+7$ 号元素。y 需要乘以 8 存入变量 Y，左移 3 位即是乘以 8。

2）同理，x 表示 y 行上的第 x 列像素，因为每个数组元素表示 16 个像素，所以 x 除以 16 可以得到所在数组元素的位置，右移 4 位即是除以 16。

3）X 的后四位表示像素在 MAP(V)中所对应的位置，因此用 1111 和 x 进行逻辑乘（即逻辑与）运算，即可得到 x 的后 4 位，送入 K 即可。

4）逻辑或（加）运算才可以让置为"亮"（对应"1"）的像素结果仍然保留为 1，所以以将 MAP(V)和 BIT(K)进行逻辑或（加），即可将 MAP(V)指定位置保留为"1"。参考逻辑或（加）运算：0 和 1 同 1 的逻辑"或"运算的结果都是 1，而它们同 0 的逻辑"或"运算的结果则保持不变，依然是 0 和 1。0+1=1，1+1=1；0+0=0，1+0=1。

5）将取反后的 BIT(K)和 MAP(V)进行逻辑与（乘）运算，逻辑与（乘）运算可以将 MAP(V)指定位置变成"0"，即让指定位置变成"暗"。参考逻辑与（乘）运算：0 和 1 同 0 的逻辑"与"运算的结果都是 0，而它们同 1 的逻辑"与"运算的结果则保持不变，依然是 0 和 1。$0 \times 0=0$，$1 \times 0=0$；$0 \times 1=0$，$1 \times 1=1$。

4. 用流程图描述算法

流程图是用一些图框表示各种操作。用图形表示算法，直观形象，易于理解。美国国家标准化协会规定了一些常用的流程图符号，如图 9-2 所示。

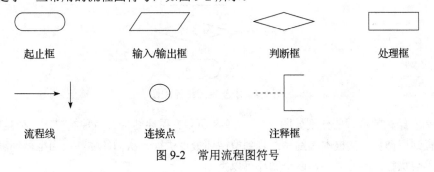

图 9-2　常用流程图符号

例题 2

用流程图表示求 5!的算法。

【解】5!算法的流程图如图 9-3 所示。

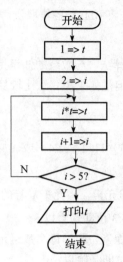

图 9-3　5!算法流程图

例题 3

用流程图表示算法：有 50 个学生，要求将他们之中成绩在 80 分以上的打印出来。用 n 表示学生学号，ni 代表第 i 个学生的学号。用 g 代表学生成绩，gi 代表第 i 个学生的成绩。

【解】求学生成绩的流程图如图 9-4 所示。

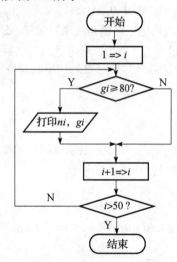

图 9-4　求学生成绩流程图

三种基本结构的流程图分别如图 9-5～图 9-8 所示。循环结构有两种类型，一种是当型循环，另一种是直到型循环。其根本区别是：直到型循环最少执行一次循环体，而当型循环有可能一次循环体也不会执行。除此之外，两个循环可以换用。

以上三种基本结构都有以下共同特点：

1）只有一个入口。

2）只有一个出口。

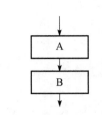

图 9-5 顺序结构流程图

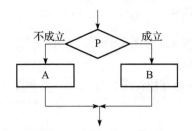

图 9-6 选择结构流程图

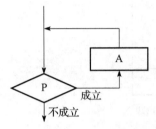

图 9-7 当型（while）循环流程图

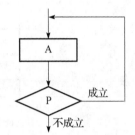

图 9-8 直到型（until）循环流程图

3）结构内的每一部分都有机会被执行到。

4）结构内不存在"死循环"。

由基本结构所构成的算法属于"结构化"算法，它不存在无规律的转向，只在本基本结构内允许存在分支和向前或向后的跳转。除基本结构外，还存在一些符合上述条件的结构，但都可以看作是由三种基本结构所派生出来的。所以，普遍认为最基本的结构只有上面所讲的三种结构。

5. 用 N-S 图描述算法

1973 年，美国学者 I. Nassi 和 B. Shneiderman 提出了一种新的流程图形式。在这种流程图中，完全去掉了带箭头的流程线，全部算法写在一个矩形框内，在该框内还可以包含其他的从属于它的框，或者说，由一些基本的框组成一个大的框。这种流程图又称 N-S 结构化流程图。这种图适合于结构化程序设计，因此很受欢迎。

用 N-S 流程图表示的三种基本结构如图 9-9～图 9-12 所示。

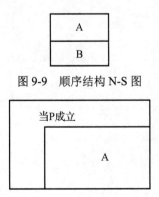

图 9-9 顺序结构 N-S 图
图 9-11 当型循环 N-S 图

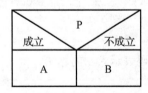

图 9-10 选择结构 N-S 图
图 9-12 直到型循环 N-S 图

例题 4

用 N-S 流程图表示求 5!的算法。

【解】

N-S 流程图如图 9-13 所示（它和图 9-3 是对应的）。

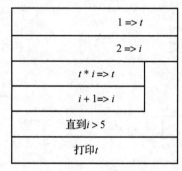

图 9-13　求 5!的算法的 N-S 图

对照两种不同的流程图画法，我们可以看出它们的不同之处，用 N-S 图表示算法的优点在于：它比传统的流程图紧凑易画，尤其是它废除了流程线，整个算法结构是由各个基本结构按顺序组成的。N-S 流程图中的上下顺序就是执行时的顺序，即图中位置在上面的先执行，位置在下面的后执行。写算法和看算法只需从上到下进行就可以了，十分方便。用 N-S 图表示的算法都是结构化的算法。

N-S 图如同一个多层的盒子，因此又称盒图（Box Diagram）。

6. 用伪代码描述算法

在设计一个算法的时候，如果修改比较多的话，用传统流程图或是 N-S 图都是很麻烦的，特别是当算法比较复杂，需要反复修改流程图的时候。为了设计算法的方便，常使用一种称为伪代码（Pseudo Code）的工具。

伪代码是用介于自然语言和计算机语言之间的文字和符号来描述算法。它如同一篇文章，自上而下地写下来，每一行（或几行）表示一个基本操作。它不用图形符号，因此书写方便、格式紧凑，也比较好懂，便于向计算机程序语言编写的算法（程序）过渡。

例题 5

用伪代码表示求 5!的算法。

【解】

开始：

1）置 t 的初值为 1。

2）置 i 的初值为 2。

3）当 $i \leqslant 5$ 时，执行下面操作：

① 使 $t = t \times i$。

② 使 $i = i + 1$。

4）打印 *t* 的值。

结束：

也可以写成如下的形式：

```
BEGIN
  1=>t
  2=>i
  while(i<=5)
  {
      t*i=>t
      i+1=>i
  }
  print t
END
```

例题 6

用伪代码表示算法：打印出 50 个学生中成绩高于 80 分者的学号和成绩。

【解】

```
BEGIN
  1=>i
  while i<=50
  {
      input ni and gi
      i+1=>i
  }
  1=>i
  while i<=50
  {
      if gi>=80 print ni and gi
      i+1=>i
  }
END
```

用伪代码表示的算法比较容易看懂，它基本上已经接近程序，所以一般来说考生都还是能很好接受的。

9.1.3.2　算法设计与实现

1. 迭代法

迭代法是用来解决数值计算问题中的非线性方程或方程组求解的一种算法设计方法，它包括简单迭代法、对分法、牛顿法等。它的主要思路是：从某个点出发，通过某种方法求出下一个点，这个求出来的点应该离所要求的解的点更近一步，当两者之间的差近到可以接受的精度范围时，就认为找到了问题的解。

例题 7

用迭代法求 $x=\sqrt{a}$。求平方根的迭代公式为：

$$x_{n+1}=\frac{1}{2}\left(x_n+\frac{a}{x_n}\right)$$

要求前后两次求出的 x 的差的绝对值小于 10^{-5}。

【解】用迭代法求平方根的算法如下：

1）设置 x 的初值 x_0。

2）用上述公式求出 x 的下一个值 x_1。

3）再将 x_1 代入上述公式，求出 x 的下一个值 x_2。

4）如此继续下去，直到前后两次求出的 x 值（x_{n+1} 和 x_n）满足以下关系：

$$\left| x_{n+1} - x_n \right| < 10^{-5}$$

为了便于程序处理，现在只用变量 x_0 和 x_1，先令 x 的初值 $x_0=a/2$（也可以是另外的值），求出 x_1；如果此时 $\left| x_1 - x_0 \right| \geqslant 10^{-5}$，则 $x_1 => x_0$，然后用这个新的 x_0 求出下一个 x_1；如此反复，直到 $\left| x_1 - x_0 \right| < 10^{-5}$ 为止。

程序如下：

```c
#include <math.h>
main()
{
    float a,x0,x1;
    printf("Enter a positive number:");
    scanf("%f",&a);          /*输入 a 的值*/
    x0=1;
    x1=(x0+a/x0)/2;
    do
    {
        x0=x1;
        x1=(x0+a/x0)/2;
    } while(fabs(x0-x1)>=1e-5);
    printf("The square root of %5.2f is %8.5f\n",a,x1);
}
```

运行结果：

```
Enter a positive number: 2↙
The square root of 2.00 is  1.41421
```

2. 递归算法

在调用一个函数的过程中又出现直接或间接地调用该函数本身，这称为函数的递归调用。对于初学者而言，递归是一个非常难理解的知识点，建议考生多下功夫，可以通过画图理解其调用规律。

采用递归方法解决问题须符合以下条件：

1）可以把要解决的问题转化为一个新问题，而这个新的问题的解决方法仍与原来的解决方法相同，只是所处理的对象有规律地递增或递减。

2）可以应用这个转化过程使问题得到解决。

3）必定要有一个明确的结束递归的条件。

在递归调用中，主调函数又是被调函数。执行递归函数将反复调用其自身，每调用一次就进入新的一层。例如如下函数 f：

```
int f (int x)
{
    int y;
    z=f(y);
    return z;
}
```

这个函数是一个递归函数。但是运行该函数将无休止地调用其自身，这当然是不正确的。为了防止递归调用无终止地进行，必须在函数内有终止递归调用的手段。常用的办法是加条件判断，满足某种条件后就不再作递归调用，然后逐层返回。

例题 8

用递归法计算 $n!$。

【解】

可用下述公式表示 $n!$：

$$n!=1 \quad (n=0,1)$$
$$n*(n-1)! \quad (n>1)$$

按上述公式可编程如下：

```
long ff(int n)
{
  long f;
  if(n<0) printf("n<0,input error");
  else if(n==0||n==1) f=1;
  else f=ff(n-1)*n;
  return(f);
}

main()
{
  int n;    long y;
  printf("\ninput a integer number:\n");
  scanf("%d",&n);
  y=ff(n);
  printf("%d!=%ld",n,y);
}
```

程序中给出的函数 ff 是一个递归函数。主函数调用 ff 后即进入函数 ff 内执行，如果 n<0，n=0 或 n=1 时都将结束当前递归调用函数的执行（即不再继续递归调用），否则就递归调用 ff 函数自身。由于每次递归调用的实参为 n-1，即把 n-1 的值赋予形参 n，最后当 n-1 的值为 1 时再执行递归调用，形参 n 的值也为 1，将使递归终止，然后可逐层退回。下面我们再以具体的数据来说明该过程。设执行本程序时输入为 5，即求 5!。在主函数中的调用语句即为 y=ff(5)，进入 ff 函数后，由于 n=5，不等于 0 或 1，故应执行 f=ff(n-1)*n，即 f=ff(5-1)*5。该语句对 ff 执行递归调用即 ff(4)。逐次递归展开。进行四次递归调用后，ff 函数形参取得的值变为 1，故不再继续递归调用而开始逐层返回主调函数。ff(1)的函数返回值为 1，ff(2)的返回值为 1*2=2，ff(3)的返回值为 2*3=6，ff(4)的返回值为 6*4=24，最后 ff(5)的返回值为 24*5=120。

该例题其实也可以不用递归的方法来完成。如可以用递推法，即从 1 开始乘以 2，再乘以 3，直到 n。递推法比递归法更容易理解和实现。

但是有些问题则只能用递归算法才能实现。典型的问题是汉诺塔问题。

例题 9

汉诺塔问题：一块板上有三根针 A、B、C。A 针上套有 64 个大小不等的圆盘，大的在下，小的在上。要把这 64 个圆盘从 A 针移动到 C 针上，每次只能移动一个圆盘，移动可以借助 B 针进行。但在任何时候，任何针上的圆盘都必须保持大盘在下，小盘在上。求移动的步骤。

【解】

本题算法分析如下：

设 A 上有 n 个盘子，如果 $n=1$，则将圆盘从 A 直接移动到 C。

如果 $n=2$，则：

1）将 A 上的 $n-1$（等于 1）个圆盘移到 B 上。

2）再将 A 上的一个圆盘移到 C 上。

3）最后将 B 上的 $n-1$（等于 1）个圆盘移到 C 上。

如果 $n=3$，则：

1）将 A 上的 $n-1$（等于 2，令其为 n_1）个圆盘移到 B（借助于 C），步骤如下：

① 将 A 上的 n_1-1（等于 1）个圆盘移到 C 上。

② 将 A 上的一个圆盘移到 B。

③ 将 C 上的 n_1-1（等于 1）个圆盘移到 B。

2）将 A 上的一个圆盘移到 C。

3）将 B 上的 $n-1$（等于 2，令其为 n_1）个圆盘移到 C（借助 A），步骤如下：

① 将 B 上的 n_1-1（等于 1）个圆盘移到 A。

② 将 B 上的一个盘子移到 C。

③ 将 A 上的 n_1-1（等于 1）个圆盘移到 C。

至此，完成了三个圆盘的移动过程。

从上面的分析可以看出，当 n 大于或等于 2 时，移动的过程可分解为三个步骤：

第一步 把 A 上的 $n-1$ 个圆盘移到 B 上。

第二步 把 A 上的一个圆盘移到 C 上。

第三步 把 B 上的 $n-1$ 个圆盘移到 C 上。其中第一步和第三步是类同的。

当 $n=3$ 时，第一步和第三步又分解为类同的三步，即把 n_1-1 个圆盘从一个针移到另一个针上，这里的 $n_1=n-1$。显然这是一个递归过程，据此算法可编写如下：

```
move(int n,int x,int y,int z)
{
    if(n==1)
    printf("%c-->%c\n",x,z);
    else
```

```
    {
        move(n-1,x,z,y);
        printf("%c-->%c\n",x,z);
        move(n-1,y,x,z);
    }
}
main()
{
    int h;
    printf("\ninput number:\n");
    scanf("%d",&h);
    printf("the step to moving %2d diskes:\n",h);
    move(h,'a','b','c');
}
```

从程序中可以看出，move 函数是一个递归函数，它有四个形参 n，x，y，z。n 表示圆盘数，x，y，z 分别表示三根针。move 函数的功能是把 x 上的 n 个圆盘移动到 z 上。当 n==1 时，直接把 x 上的圆盘移至 z 上，输出 x->z。如 n!=1 则分为三步：① 递归调用 move 函数，把 n-1 个圆盘从 x 移到 y；② 输出 x->z；③ 递归调用 move 函数，把 n-1 个圆盘从 y 移到 z。在递归调用过程中 n=n-1，故 n 的值逐次递减，最后 n=1 时，终止递归，逐层返回。

当 n=4 时程序运行的结果为：

```
input number:
4
the step to moving4diskes:
a->b
a->c
b->c
a->b
c->a
c->b
a->b
a->c
b->c
b->a
c->a
b->c
a->b
a->c
b->c
```

在读递归程序时，要注意其变量的变化，每一次递归时，上一层主调函数的各变量（全局变量除外）都会进栈保存，在退出这一层时，才将变量出栈。因为递归调用涉及栈，所以它的效率比较低。

递归的主要优点在于：某些类型的算法采用递归比采用其他算法要更加清晰和简单。例如快速排序算法按照迭代方法是很难实现的，但用递归就非常方便。还有其他一些问题，特别是人工智能的一些问题，很多都依赖递归来解决。

当编写递归程序时，必须使用 if 条件语句在递归调用不执行时来强制返回。如果不这么做，一旦递归调用开始后，将永远不会返回。这类错误在使用递归时是很常见的。在实操调试时，建议大家尽量多地使用 printf()语句，以了解程序的运行情况。如果发现错误，可立即中止递归程序的运行。

例题 10

用递归方法求 n 阶勒让德多项式的值，递归公式为：

$$P_n(x) = \begin{cases} 1 & n = 0 \\ x & n = 1 \\ [(2n-1)xP_{n-1}(x) - (n-1)p_{n-2}(x)]/n & n > 1 \end{cases}$$

【解】递归函数 $p()$ 的 N-S 图如图 9-14 所示。

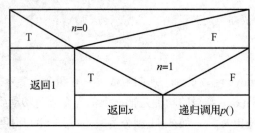

图 9-14　递归函数算法

算法如下：

```
main()
{
    int x,n;
    float p(int,int);
    printf("\nInput n & x:");
    scanf("%d,%d",&n,&x);
    printf("n=%d,x=%d\n",n,x);
    printf("P%d(%d)=%6.2f",n,x,p(n,x);
}
float p(int n,int x)
{
    if(n==0)
        return(1);
    else
        if(==1) return(x)
        else return(((2*n-1)*x*p((n-1),x)-(n-1)*p((n-2),x))/n);
}
```

运行结果：

```
Input n & x:0,7↙
 n=0,x=7
 P0(7)=1.00
Input n & x:1,2↙
 n=1,x=2
 P1(2)=2.00
Input n & x:3,4↙
 n=3,x=4
 P3(4)=154.00
```

例题 11

编写一个计算一棵二叉树 t 的高度的程序。

【解】所谓二叉树 t 的高度，指的是根结点的高，即该树中所有结点的最大层号。其递归定义为：若一棵二叉树为空，则其高度为 0，否则高度等于左（或右）子树的最大高度加 1，则有

$$height(t) = \begin{cases} 0 & 若 t = NULL \\ max(height(t->left),(height(t->ringht))+1 & 其他情况 \end{cases}$$

算法如下：

```
int height(Btree *t);
{
    int he, he1he2;
    if(t==NULL)
        return(0);
    else
    {
        he1=height(t->left);
        he2=height(t->right);
        if(he1>he2)
            he=he1+1;
        else
            he=he2+1;
        return(he);
    }
}
```

3. 回溯算法

回溯法也称为试探法，该方法首先暂时放弃关于问题规模大小的限制，并将问题的候选解按某种顺序逐一枚举和检验。当发现当前候选解不可能是解时，就选择下一个候选解。倘若当前候选解除了不满足问题规模要求外，满足所有其他要求，则继续扩大当前候选解的规模，并继续试探。如果当前候选解满足包括问题规模在内的所有要求，该候选解就是问题的一个解。在回溯法中，放弃当前候选解，寻找下一个候选解的过程被称为回溯。扩大当前候选解的规模，以继续试探的过程被称为向前试探。

用回溯法求解的一个经典问题——8 皇后问题。

在一个 8×8 的棋盘中放置 8 个皇后，要求每个皇后两两之间不相冲突（即在每一横列、竖列、斜列只有一个皇后，相互之间不能吃到对方）。在这道题中，由于每个皇后的位置找不到具体的法则或公式来确定，于是只能试着一步步摸索，如果发现某一步行不通，就后退一步，即为回溯。其中每个皇后的摆法几乎相同，因此可以采用递归的方法来处理。

在解题过程中，主要需要解决以下几个问题：

1）冲突。

① 列：规定每一列放一个皇后，不会造成列上的冲突。

② 行：当第 i 行被某个皇后占领后，则同一行上的所有空格都不能再放皇后，要把以 i 为下标的标记置为被占领状态。

③ 对角线：对角线有两个方向。在同一对角线上的所有点[设下标为(i, j)]，要么$i+j$是常数，要么$i-j$是常数。因此当第i个皇后占领了第j列后，要同时把以$i+j$、$i-j$为下标的标记置为被占领状态。

2）数据结构的选择。

① 数组A。$A[i]$表示第i个皇后放置的列，范围为1～8。

② 行冲突标记数组B。$B[i]=0$表示第i行空闲，$B[i]=1$表示第i行被占领，范围为1～8。

③ 对角线冲突标记数组C,D。

- $C[i-j]=0$表示第$i-j$条对角线空闲，$C[i-j]=1$表示第$i-j$条对角线被占领，范围为-7～7。
- $D[i+j]=0$表示第$i+j$条对角线空闲，$D[i+j]=1$表示第$i+j$条对角线被占领，范围为2～16。

具体算法如下：

1）数据初始化。

2）从N列开始摆放第N个皇后（因为这样可以符合每一竖列一个皇后的要求），先测试当前位置(N, M)是否等于0（未被占领）：如果是，摆放第N个皇后，并宣布占领，接着进行递归；如果不是，测试下一个位置$(N, M+1)$。但是如果$N<8,M=8$却发现此时已经无法摆放，便要进行回溯。

3）当$N>8$时，便打印出结果。

```c
#include <stdio.h>

int result[8];
int a[8],b[15],c[15];
int counter=0;
FILE * result_file;    /* 用于输出的文件 */

void print(FILE *file)
{
    if(file)            /* 如果文件没有结束 */
    {
        int i;
        fprintf(file,"%d\t" ,++counter);
        for(i=0;i<8;++i)
            fprintf(file,"(%d,%d)   ",i,result[i]);
            fprintf(file,"\n\n");
    }
    else
        printf("file is null\n");
}

void try(int i)     /* 递归查找下一个皇后的位置 */
{
    int j;
    for(j=0;j<8; ++j)
    {
        if(a[j]&&b[i+j]&&c[j-i+7])
        {
            result[i]=j;
            a[j]=0;
```

```
            b[i+j]=0;
            c[j-i+7]=0;
            if(i<7)
                try(i+1);
            else
                print(result_file);
            a[j]=1;                      /* 在找到一种情况后，就进行回溯 */
            b[i+j]=1;
            c[j-i+7]=1;
        }
    }
}

void main(void)
{
    int i;
    if((result_file=fopen("result.txt", "w"))==NULL)
        printf("The file 'result' was not opened\n");
    for(i=0;i<8;++i)
        a[i]=1;
    for(i=0;i<16;++i)
    {
        b[i]=1;
        c[i]=1;
    }
    try(0);
    printf("计算完毕，结果已存入 result.txt 中。\n");
}
```

4. 插入排序

假设待排序的 n 个元素存放在数组 $a[n]$ 中，并且 $a[0],a[1],\cdots,a[i-1]$ 是已排好序的元素，而 $a[i],a[i+1],\cdots,a[n-1]$ 是未排序的元素，把未排序的 $a[i]$ 插入已经排好序的序列中，使序列仍然有序。这样，将从 $a[i],a[i+1]$ 一直到 $a[n-1]$ 的元素一个个插入有序序列中，所有的元素就排好序了。

将 $a[i]$ 插入有序序列的过程为：把 $a[i]$ 放入变量 t，然后用 t 和 $a[i-1],a[i-2]\cdots$ 进行比较，将比 t 大的元素右移一个位置，直到发现某个 j（$0 \leqslant j \leqslant i-1$），使得 $a[j] \leqslant t$ 或 $j=-1$，把 t 给到 $a[j+1]$。

算法如下：

```
void insert_sort(int a[],int n)
{
    int i,j,t;
    for(i=1;i<n;i++)
    {
        t=a[i];
        for(j=i-1;j>=0 && t<a[j];j--) a[j+1]=a[j];
        a[j+1]=t;
    }
}
```

程序运行的时候，从第一个数开始，第二个数与第一个数比较，排好这两个数后，再把第三个数往前面排好的数中插入，一直到整个数组排完。插入排序的时间复杂度为 $O(n^2)$。当待排序的元素已经排好序或接近排好序时，比较次数较少，当待排序的元素逆序或是接近逆序时，比较次数较多。所以，插入排序较适合于原始数据基本有序的情况。

5. 冒泡排序

待排序的 n 个元素存放在数组 $a[n]$ 中，为 $a[0],a[1],\cdots,a[n-1]$。排序时，从第一个元素开始，对每两个相邻的元素 $a[i]$ 和 $a[i+1]$ 进行比较，且让较大的元素换至后面，这样经过一轮排序后，最大的元素就被放到最后的位置上。然后对除最后一个元素外的前面所有元素继续进行冒泡排序，直到结束。

算法如下：

```
void bubble_sort(int a[],int n)
{
    int i,k,t;
    n--
    while(n>0)
    {
        k=0;
        for(i=0;i<n-1;i++)
            if(a[i]>a[i+1]
            {
                t=a[i];  a[i]=a[i+1];  a[i+1]=t;
                k=i;         /* k 保存最后交换的位置 */
            }
        n=k;                 /* n 保存无序区的最大下标 */
    }
}
```

冒泡排序的时间复杂度为 $O(n^2)$，是稳定的排序。

例题 12

函数 insert_sort(int a[], int count)是用直接插入排序法对指定数组的前 count 个元素从小到大排序。

直接插入排序法的基本思想是：将整个数组（count 个元素）看成是由有序的 $a[0],\cdots,a[i-1]$ 和无序的 $a[i],\cdots,a[count-1]$ 两个部分组成；初始时等于 1，每趟排序时将无序部分中的第一个元素 $a[i]$ 插入有序部分中的恰当位置，共需进行 count-1 趟，最终使整个数组有序。

```
void insert_sort(int a[],int count)
{
    int i,j,t;
    for(i=1; i<count;i++)      /*控制a[i],…,a[count-1]的比较和插入*/
    {
        t=a[i];
        j=__(1)__;
        while(j>=0 && t<a[j]  /*在有序部分中寻找元素a[i]的插入位置*/
        {
            __(2)__;
            j--;
        }
        __(3)__;
    }
}
```

【解】函数 insert_sort(int a[],int count)的功能是用直接插入排序法对指定数组的前 count 个元素从小到大排序。函数分析如下：

1）因为 t=a[i]是无序部分中的第一个元素，j 指向有序部分的最后一个元素，所以空（1）应填"i-1"。

2）在有序部分中寻找元素 a[i]插入位置。此时分两种情况：

① 若 t 大于 a[j]，说明 t 的插入位置就在 j 之后，即 a[j+1]=t。

② 若 t 小于 a[j]，说明 t 应插在有序部分的中间位置，因此 a[j]移动到 a[j+1]，再将 t 与有序部分的下一个元素（j--）比较，如此循环，直到找到一个小于 t 的元素。因此空（2）应该填"a[j+1]=a[j]"。

3）此时 j 所指向的元素就是小于 t 的元素，t 应插在该元素之后。因此空（3）应填"a[j+1]=t"。
参考答案
（1）i-1；（2）a[j+1]=a[j]；（3）a[j+1]=t。

6. 希尔排序

假设待排序的 n 个元素存放在数组 $a[n]$ 中，首先确定一组增量 $d_0,d_1,d_2,\cdots,d_{t-1}$（其中，$n>d_0>d_1>\cdots d_{t-1}=1$），对于 $i=0,1,\cdots,t-1$，依次进行下面的各趟处理：根据当前增量 d_i 将 n 个元素分成 d_i 个组，每组中元素的下标相隔为 d_i，即 $a[k],a[k+d_i],a[k+2d_i]\cdots$（$k=0,1,\cdots,d_{i-1}$）；再对各组中的元素进行插入排序。

希尔排序的基本思想是：把记录按下标的一定增量分组，对每组记录进行直接插入排序，随着增量逐渐减小，所分成的组包含的记录越来越多，直到增量减小到 1 时，整个数组合成一组，构成一组有序的记录，完成排序。

算法如下：

```
void shell_sort(int a[],int d[],int n,int t)
/*a[]存放待排序的元素, d[]存放增量, t 为增量个数*/
{
    int i,j,k,y;
    for(i=0;i<t;i++)              /* 对由每一个增量 d[i]分成的组进行排序*/
        for(j=d[i];j<n;j++)       /* 插入排序 */
        {
            y=a[j];
            for(k=j-d[i];k>=0 && y<a[k];k-=d[i])
                a[k+d[i]]=a[k];
            a[k+d[i]]=y;
        }
}
```

希尔排序的增量选择一般是以数组长度的一半为第一个增量，每次取上一增量的一半作为新的增量，直到为 1。

如元素序列：41,25,18,64,45,37,33,80,61。

第一次增量为 4，把元素分为以下 4 组：

（41,45,61），（25,37），（18,33），（64,80），对每一组用插入排序，结果是：

41,25,18,64,45,37,33,80,61

第二次增量为 2，把元素分为以下 2 组：

（41,18,45,33,61），（25,64,37,80），对每一组用插入排序，结果是：

18,25,33,37,41,64,45,80,61

第三次增量为 1，所有元素成为一组，用插入排序，即可得出有序序列。

在希尔排序中，元素的总比较次数和总移动数比插入排序要少得多，特别是当元素总个数越大时越明显。在希尔排序中，每一趟以不同的增量对序列进行排序，当增量较大时，分组较多，每组的元素个数较少，元素的比较和移动也少，且每次比较后元素能一次跨较大的距离，这样比插入排序能更快地把较小的元素前移，较大的元素后移；当增量越来越小时，分组越少，每组元素越多，但这时组内的元素也越来越接近有序，因此比较和移动的次数也越少；当最后增量为 1 时，大部分元素已经有序，不需要进行多次比较和移动。希尔排序是一种比插入排序速度快，但是比插入排序复杂的算法。

希尔排序的时间复杂度介于 $O(n\log_2 n)$ 和 $O(n^2)$ 之间，是不稳定的排序，因为值相同的元素在排序时可能分在不同的组，随着排序的移动，它们之间的位置会被调换。

7. 选择排序

选择排序的思路是：每一趟排序在 $n-i+1$（$i=1,\cdots,n-1$）个记录中选取关键字最小的记录，并和第 i 个记录进行交换。第 1 次在所有的元素中选出最小的放在第 1 个位置，第 2 次在剩下的元素中找出最小的元素放在第 2 个位置，一共进行 $n-1$ 次选择。

算法如下：

```
void select_sort(int a[],int n)
{
    int i,j,k,t;
    for(i=0;i<n-1;i++)
    {
        k=i;
        for(j=i+1;j<n;j++)
            if(a[k]>a[j]) k=j;
        t=a[i]; a[i]=a[k]; a[k]=t;
    }
}
```

选择排序的时间复杂度是 $O(n^2)$，是不稳定的排序。

8. 二分查找

二分查找也叫折半查找，是一种效率较高的线性有序表的查找方法，仅适用于顺序存储结构，且要求表中元素已经排好序。

查找方法：首先取整个有序表 $a[0],a[1],\cdots,a[n-1]$ 的中间元素 $a[mid]$（其中 $mid=(1+n)/2$）的值与给定值 v 进行比较。若相等，则查找成功，返回该元素的下标 mid。若 $a[mid]>v$，则说明待查找元素只可能在左子表 $a[0],a[1],\cdots,a[mid-1]$ 中，接下来继续在左子表中进行二分查找；若 $a[mid]<v$，则在右子表中进行二分查找。这样，经过一次比较，就可以缩小一半的查找空间，如此进行下去，直到查找成功，或者当前查找区间为空为止。

二分查找的优点是比较次数少，查找速度快，缺点是查找之前要为建立有序表付出代价。同时对有序表的插入和删除都需要平均比较和移动表中的一半元素，很浪费时间。所以二分查找适用于数据相对固定的情况。二分查找的平均比较次数为 $\log_2 n$。

```
int bin_search(int a[],int v,int n)
{
    int low=0,high=n-1,mid,i;
    while(low<=high)
    {
        mid=(low+high)/2;
        if(v==a[mid])  return (mid);
        if(v<a[mid])
            high=mid-1;
        else low=mid+1;
    }
    return (-1);
}
```

9.2　真题精解

9.2.1　真题练习

见第 10 章真题精解。

9.2.2　真题解析

见第 10 章真题精解。

9.3　难点精练

本节针对重难知识点模拟练习并讲解，强化重难知识点及题型。

9.3.1　重难点练习

见第 10 章真题精解。

9.3.2　练习精解

见第 10 章真题精解。

第 **10** 章

程序设计与实现

10.1 考点精讲

10.1.1 考纲要求

10.1.1.1 考点导图

程序设计与实现部分的考点如图 10-1 所示。

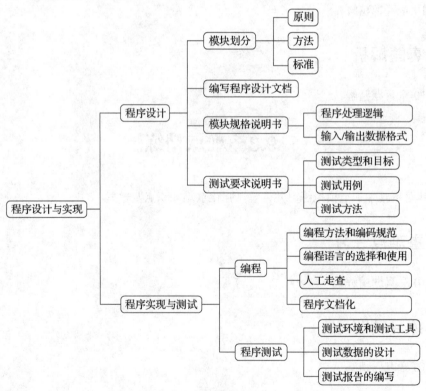

图 10-1 考点导图

10.1.1.2 考点分析

下午的程序设计考试一般为 6 道大题，每道大题分值为 10～15 分。每一道大题由多个小题组成，题型可能为问答题、选择题以及代码填空题，主要考查考生的程序设计能力。常考的内容主要有：流程图、C 语言基本语法和运算逻辑、面向对象程序设计 C++、面向对象程序设计 Java。

建议考前多做综合训练，进一步巩固所学知识，并结合历年真题和新的考纲要求，理解知识点的考核方式，加强对 C 语言等基础性知识的学习，并能用代码准确表达。条件允许的话，可以通过上机实操，加强对代码的进一步理解。

10.1.2 考点分布

下午题的考核共有 6 道题。历年来考点的一般分布是流程图题 1 道、C 语言题 3 道，第 5 题和第 6 题一般是 Java 和 C++中选 1 道作答。考试题型主要是以填空题为主，也有部分有备选项以选择题形式作答。学习上建议以 C 语言练习为主，有条件的安排上机练习操作，效果会更好。考生备考时应该多做题，通过练习巩固所学的知识，熟悉考核的方式和作答技巧。

10.1.3 知识点精讲

本章主要讲解的是程序设计与实现相关知识点，更多侧重于下午题的考核内容。

1. 模块划分

模块（Module）是指可以分解、组合及更换的单元，是组成系统的基本单位。在管理信息系统中，任何一个处理功能都可以看作一个模块。

模块划分的原则如下：

（1）低耦合、高聚合原则

耦合是表示模块之间联系的程度。紧密耦合表示模块之间联系非常强，松散耦合表示模块之间联系比较弱，非耦合则表示模块之间无任何联系，是完全独立的。模块耦合度越低，说明模块之间的联系越少，相互间的影响也就越小，产生连锁反应的概率就越低，在对一个模块进行修改和维护时，对其他模块的影响程度就越小，系统可修改性就越高。聚合则用来表示一个模块内部各组成成分之间的联系程度。一般说来，在系统中各模块的聚合度越大，则模块间的耦合度越小。耦合度小使得模块间尽可能相对独立，从而各模块可以单独开发和维护。聚合度大使得模块的可理解性和维护性大大增强。因此，在模块的分解中应尽量减少模块的耦合度，力求增加模块的聚合度。

（2）作用范围应在控制范围内

一个判定的作用范围是指所有受这个判定影响的模块。按照规定：若模块中只有一小部分加工依赖于某个判定，则该模块仅本身属于这个判定的作用范围；若整个模块的执行取决于这个判定，则该模块的调用模块也属于这个判定作用范围，因为调用模块中必有一个调用语句，该语句的执行取决于这个判定。一个模块的控制范围是指模块本身及其所有的下级模块的集合。

（3）合理的模块扇入和扇出数

模块的扇入表达了一个模块与其直接上级模块的关系。模块的扇入数是指模块的直接上级模块的个数。模块的扇入数越大，表明它要被多个上级模块调用，其公用性很强，说明模块分解得较好，在系统维护时能减少对同一功能的修改，因此要尽量提高模块的扇入数。模块的扇出表达了一个模块对它的直接下属模块的控制范围。模块的扇出数是指一个模块拥有的直接下属模块的个数。模块的直接下属模块越多，表明它要控制的模块越多，所要做的事情也就越多，它的聚合度可能越低。所以要尽量把一个模块的直接下级模块控制在较小的范围之内，即模块的扇出系数不能太大。一般来说，一个模块的扇出系数应该控制在 7 以内，如果超过 7 则出错的概率可能会加大。

（4）合适的模块大小

如果一个模块很大，那么它的内部组成部分必定比较复杂，或者它与其他模块之间的耦合度可能比较高，因此对于这样一个较大的模块应该采取分解的方法把它尽可能分解成若干个功能单一的较小的模块，而原有的大模块本身的内容被大大减少并成为这些小模块的上级模块。一般来说，一个模块中所包含的语句条数为几十条较好，但这也不是绝对的。在分解一个大模块时，不能单凭语句条数的多少来分解，而主要是按功能进行分解，直到无法做出明确的功能定义为止。在分解时既要考虑模块的聚合度，又要考虑模块之间的耦合度，在这两者之间选择一个最佳方案。

模块划分应该是内部联系强，子系统或模块间尽可能独立，接口明确、简单，尽量适应用户的组织体系，有适当的共用性。也就是上面所说的"低耦合、高聚合"。按照结构化设计的思想，对模块或子系统进行划分的依据通常有以下几种：

1）按逻辑划分，把类似的处理逻辑功能放在一个子系统或模块里。例如，把"对所有业务输入数据进行编辑"的功能放在一个子系统或模块里，那么不管是库存还是财务，只要有业务输入数据都由这个子系统或模块来校错、编辑。

2）按时间划分，把要在同一时间段执行的各种处理结合成一个子系统或模块。

3）按过程划分，即按工作流程划分。从流程控制的角度看，同一个子系统或模块的许多功能都应该是相关的。

4）按通信划分，把相互需要较多通信的处理结合成一个子系统或模块。这样可减少子系统间或模块间的通信，使接口简单。

5）按职能划分，即按管理的功能划分。例如，财务、物资、销售子系统，或者输入记账凭证、计算机子系统或模块等。一般来说，按职能划分子系统，按逻辑划分模块的方式是比较合理和方便的。

2. 编写程序设计文档

（1）需求分析
需求分析的结果通常需要使用需求说明文档来描述，目前主流的需求描述方法包括用户例图、用户故事等方式。这些方式有不同的侧重，其核心思想就是清楚描述用户的使用场景。

（2）功能设计
对于主要是用户界面的软件项目来说，功能设计可以看作一个画出原型界面、描述使用场景、获得用户认可的过程。而对于没有界面的软件项目来说，其功能设计与需求分析的区分更为模糊。

（3）系统架构设计

系统架构设计是一个非常依赖于经验的设计过程。需要根据软件项目的特定功能需求和非功能性需求进行取舍，最终获得一个满足各方要求的系统架构。系统架构的不同，将在很大程度上决定系统开发和维护是否能够较为容易地适应需求变化，以及适应业务规模扩张。

（4）模块/子系统概要设计

模块/子系统的概要设计以架构师参与核心设计和开发人员负责开发的方式进行。

在概要设计工作中，需要在架构确定的开发路线的指导下，完成模块功能实现的关键设计工作。在概要设计阶段，需要对模块的核心功能和难点进行设计。

（5）模块详细设计

在瀑布式开发模型中，模块的详细设计要求比较严格，要将所有类进行详细设计。除了一些对于系统健壮性要求非常严格的软件项目（如国防项目、金融项目还要求有详细设计文档）之外，其他的项目大多采用其他方式来处理这样的工作，如自动化测试等。

3. 程序测试

程序设计可以采用结构化程序设计、面向对象程序设计、面向切面程序设计、可视化程序设计。程序测试可以采用测试自动化来进行测试，目前主要的测试自动化工具有：

1）单元测试工具，如 JUnit 检查内存泄漏、代码覆盖率。
2）负载和性能设计。
3）GUI 功能测试工具，主要用于回归测试。
4）基于 Web 的测试工具，主要用于连接检查和安全性方面的检查。

程序的调试方法主要有蛮力法、回溯法、原因排除法。

1）蛮力法：激活内存映像，输出寄存器内容，凭借现场信息进行跟踪。
2）回溯法：从错误征兆开始，人工进行追踪，如果程序很大，回溯路径过多，将很难完成。
3）原因排除法：事先找到可能存在的原因，然后利用输入数据对这些原因进行验证。

软件测试方法主要有白盒测试、黑盒测试。

1）白盒测试主要包括：

- 控制流测试：语句覆盖、判定覆盖、条件覆盖、判定条件覆盖、条件组合覆盖、修正条件/判定覆盖、路径覆盖。
- 数据流测试：是基于程序控制选择路径的测试，是为了在事件序列过程中验证相关的变量、数据对象，重点关注变量及变量值的使用。
- 程序变异测试：是一种错误驱动测试，将源程序做符合语法的改动形成变异体，然后用大量的测试数据集进行验证，如果产生的输出相同，则变异体存活；否则，变异体死亡。对存活的变异体，应该检查其是否和源程序等价，如果不等价则无法证明源程序的正确性。变异测试自动化程度高，但是成本也非常高。

2）黑盒测试，主要用于集成测试、确认测试和系统测试阶段。

测试的类型主要有单元测试、集成测试、系统测试。除此之外还有配置测试、确认测试、回归测试。

面向对象的单元测试主要包括方法层次的测试、类层次的测试、类属性层次的测试。

例题 1

如果矩阵 A 中存在这样的一个元素 $A[i][j]$ 满足条件：$A[i][j]$ 是第 i 行中值最小的元素且又是第 j 列中值最大的元素，则称之为该矩阵的一个鞍点。编写一个函数计算出 $m \times n$ 的矩阵 A 的所有鞍点。

【解】先求出每行的最小值元素，放入 $\min[m]$ 之中，再求出每列的最大值元素，放入 $\max[n]$ 之中，若某元素既在 $\min[i]$ 中又在 $\max[j]$ 中，则该元素 $A[i][j]$ 便是鞍点，找出所有这样的元素，即找到了所有鞍点。实现程序如下：

```c
#include <stdio.h>
#define M  3
#define N  4
void minmax(int A[M][N])
{
    int i,j,have=0;
    int min[M],max[N];
    for(i=0;i<M;i++)              /*计算出每行的最小值元素，放入 min[M] 之中*/
    {
        min[i]=A[i][0];
        for(j=1;j<N;j++)
            if(A[i][j]<min[i])
        min[i]=A[i][j];
    }
    for(j=0;j<N;j++)             /*计算出每列的最大值元素，放入 max[1..N] 之中*/
    {
        min[j]=A[0][j];
        for(i=1;i<N;i++)
            if(A[i][j]<max[j])
                max[j]=A[i][j];
    }
    for(i=0;i<M;i++)            /*判定是否为鞍点*/
        for(j=0;j<N;j++)
            if(min[i]==max[j])
            {
                printf("(%d,%d):%d\n",i,j,A[i][j]);      /*显示鞍点*/
                have=1;
            }
    if(!have)
    printf("没有鞍点! \n");
}
main()
{
    int a[M][N];
    int i,j;
    for(i=0;i<M;i++)
        for(j=0;j<N;j++)
```

```
           scanf("%d", &a[i][j]);
    minmax(a);              /*调用 minmax()找鞍点*/
}
```

例题 2

采用顺序结构存储字符串。编写一个函数求字符串 s 中出现的第一个最长重复子串的下标和长度。

【解】先给最长重复子串的下标 index 和长度 length 赋值为 0。设 s="a0a1…an"，对于当前字符 ai，判定其后是否有相同的字符，若有则将其后的字符记为 aj，再判定 ai+1 是否等于 aj+1，ai+2 是否等于 aj+2，直到找到一个不同的字符为止，即找到了一个重复出现的子串 index 和长度 length。再从 aj+length1 之后找重复子串。然后对 ai+1 之后的字符采用上述函数，最后 index 和 length 即记录下最长重复子串的下标与长度。

程序如下（其中 maxsubstr()函数用于实现本题功能）：

```c
#include <stdio.h>
#include <string.h>

struct Sstring
{
    char data[50];
    int len;
};

maxsubstr(SString *s)
{
    int index=0,length=0,length1,i=0,j,k;
    while(i<s->len)
    {
        j = i+1;
        while(j < s->len)
        {
            if(s->data[i]==s->data[j]) /*找子串,序号为 ai,长度为 length1*/
            {
                length1=1;
                for(k=1;s->data[i+k]==s->data[j+k];k++) length1++;
                if(length1>length)   /*将较大长度者赋给 index 与 length*/
                {
                    index=i;
                    length=length1;
                }
                j+=length1;
            }
            else
                j++;
        }
        i++;    /*继续扫描第 i 字符之后的字符*/
    }
    printf("最长重复子串: ");
    for(i=0;i<length; i++)
        printf("%c",s->data[index+i]);
}
```

```
main()
{
    SString r;
    strcpy(r.data,"aabcdababce");
    r.len= strlen(r.data);
    maxsubstr(&r);
}
```

例题 3

编写一个程序求解迷宫问题。迷宫是一个如图 10-2 所示的 m 行 n 列的 0 和 1 矩阵，其中 0 表示无障碍，1 表示有障碍。设入口为 $(1, 1)$，出口为 (m, n)，每次移动只能从一个无障碍的单元移到其周围 8 个方向上任一无障碍的单元。编制程序给出一条通过迷宫的路径或报告一个"无法通过"的信息。

入口 →
```
0 0 0 1 0 0 0 1 0 0 0 1 0 0 1
0 1 0 0 0 1 0 1 0 0 0 1 1 1 1
0 1 1 1 1 1 0 1 0 0 1 1 1 0 1
1 1 0 0 1 1 0 1 1 0 0 1 0 1 1
1 0 0 1 0 1 1 1 1 0 1 0 1 0 1
0 1 0 0 0 1 0 1 0 1 0 1 0 1 0
1 0 1 1 1 1 1 0 0 1 1 1 1 0 0
1 1 1 0 1 1 1 1 1 0 1 0 1 1 0
```
→ 出口

图 10-2　迷宫的示意图

【解】 要寻找一条通过迷宫的路径，就必须进行试探性搜索，只要有路可走就前进一步，无路可走，就退回一步，重新选择未走过的可走路，如此继续，直至到达出口或返回入口（无法通过迷宫）。我们可使用数组 mg[1..m, 1..n]表示迷宫。为了算法方便，在四周加上一圈"哨兵"，表示迷宫的数组即变为 mg[0..m+1, 0..n+1]，用数组 zx, zy 分别表示 X, Y 方向的移动的增量，其值如图 10-3 所示。

方向	北	东北	东	东南	南	西南	西	西北
下标	1	2	3	4	5	6	7	8
zx	-1	-1	0	1	1	1	0	-1
zy	0	1	1	1	0	-1	-1	1

图 10-3　迷宫移动增量

在探索前进路径时，需要将搜索的踪迹记录下来，记录的踪迹应包含当前位置以及前驱位置。在搜索函数中，将所有需要搜索的位置形成一个队列，将队列中的每一个元素可能到达的位置加入队列之中，当队列中某元素所有可能到达的位置全部加入队列之后，即从队列中去掉该元素。用变量 front 和 rear 分别表示队列的首与尾，当 rear 指示的元素已到达出口 (m, n) 时，根据 rear 所指的前驱序号可回溯得到走迷宫的最短路径。

根据上述搜索函数得到的程序如下：

```c
#include <stdio.h>
#define M  8 /*行数*/
#define N  8 /*列数*/
struct stype
{
    int x,y,pre;
} sq[400];
int mg[M+2][N+2] = {{1,1,1,1,1,1,1,1,1,1},
                    {1,0,0,1,0,0,0,1,0,1},
                    {1,0,0,1,0,0,0,1,0,1},
                    {1,0,0,0,0,1,1,0,0,1},
                    {1,0,1,1,1,0,0,0,0,1},
                    {1,0,0,0,1,0,0,0,0,1},
                    {1,0,1,0,0,0,1,0,0,1},
                    {1,0,1,1,1,0,1,1,0,1},
                    {1,1,0,0,0,0,0,0,0,1},
                    {1,1,1,1,1,1,1,1,1,1}};
int zx[8],zy[8];
void printlj(rear)
{
    int i;
    i=rear;
    do
    {
        printf("(%d,%d)",sq[i].x,sq[i].y);
        i=sq[i].pre;
    } while(i != 0);
}
void mglj()
{
    int i,j,x,y,v,front,rear,find;
    sq[1].x=1;sq[1].y=1;sq[1].pre=0;    /*从(1, 1)开始搜索*/
    find=0;
    front=1;rear=1;mg[1][1]=-1;
    while(front<=rear && !find)
    {
        x=sq[front].x; y=sq[front].y;
        for(v=1; v<=8;v++)                /*循环扫描每个方向*/
        {
            i=x+zx[v];j=y+zy[v];          /*选择一个前进方向(i,j) */
            if(mg[i][j]==0)
            {
                rear++;
                sq[rear].x=i;
                sq[rear].y=j;
                sq[rear].pre=front;
                mg[i][j]=-1;              /*对其赋值-1，以避免回过来重复搜索*/
            }
            if(i==M && j==N)              /*找到了出口*/
            {
                printlj(rear);
                find=1;
            }
```

```
        }
        front++;
    }
    if(!find)
        printf("不存在路径！\n");
}
main()
{
    int i,j;
//  for(i=1;i<=M;i++)              /*获取迷宫数据，输入 0 或 1*/
//      for(j=1;j<=N;j++)
//          scanf("%1d",&mg[i][j]);

//  for(i=0;i<=M+1;i++)            /*添加外围封闭墙*/
//  {
//      mg[i][0]=1; mg[i][M+1]=1;
//  }
//  for(j=0;j<=N+1;j++)
//  {
//      mg[0][j]=1; mg[N+1][j]=1;
//  }

    zx[0]=-1;zx[1]=-1;zx[2]=0;zx[3]=1;
    zx[4]=1; zx[5]=1; zx[6]=0;zx[7]=-1;
    zy[0]=0; zy[1]=1; zy[2]=1;zy[3]=1;
    zy[4]=0; zy[5]=-1;zy[6]=-1;zy[7]=-1;
    mglj();
}
```

例题 4

阅读下列程序说明和 C 程序，填补空缺处。

程序说明：本程序每次输入一个用户编码及欠款金额后，就累计同一用户的欠款金额，并按用户编码由大到小的顺序排列已输入的所有欠款，最后输出排序后的全体用户的欠款总额清单。

程序：

```
#include <stdio.h>
#define MN  500
long code[MN];
float money[MN];

main()
{
    int u,v,n;
    long t_code;
    float t_money;
    n=0;
    printf("Enter first code and money(-1 to quit)");
    scanf("%d",&t_code);
    while(t_code>0)
    {
        scanf("%f",&t_money);
        u=0;
        while(____(1)____) u++;
```

```
        if(    (2)    )
            money[u]  +=t_money;
        else
        {
            for(    (3)    )
            {
                code[v]=code[v-1];
                money[v]=money[v-1];
            }
            code[u]=t_code;
            money[u]=t_money;
              (4)    ;
        }
        printf("\n Enter next code and money(-1 to quit)");
        scanf("%d",&t_code);
    }
    for(u=0;u<n;u++)
        printf("%5d  %f\n",code[u],money[u]);
}
```

　　【解】在仔细阅读分析程序说明和程序后可知，本程序的主要思路是：对输入的用户编码进行查询，若找到，则修改相应的欠款，否则移动元素并插入新增的用户编码和欠款。因此，空（1）填"u<n && code[u]<t_code"，即在 code 中查找。空（2）表示查找到，故空（2）填"code[u]==t_code"，否则移动数组元素，故空（3）填 "v=n; v>u; v--"；同时用户数增加 1，故空（4）填 "n++"。

　　答案：

　　（1）u<n && code[u]<t_code　（2）code[u]==t_code

　　（3）v=n; v>u; v--　　　　　　（4）n++

10.2　真题精解

10.2.1　真题练习

　　1.【2017 年上半年试题一】阅读下列说明和流程图，填补流程图中的空缺及回答问题，将解答填入答题纸的对应栏内。

　　【说明】

　　设有二维整数数组（矩阵）$A[1:m, 1:n]$，其每行元素从左至右是递增的，每列元素从上到下是递增的。以下流程图旨在该矩阵中寻找与给定整数 X 相等的数。如果找不到则输出"False"；只要找到一个（可能有多个）就输出"True"以及该元素的下标 i 和 j（注意数组元素的下标从 1 开始）。

　　例如，在如下矩阵中查找整数 8，则输出为 True，4，1。

2	4	6	9
4	5	9	10
6	7	10	12
8	9	11	13

流程图中采用的算法如下：从矩阵的右上角元素开始，按照一定的路线逐个取元素与给定整数 X 进行比较（必要时向左走一步或向下走一步取下一个元素），直到找到相等的数或超出矩阵范围（找不到）。

流程图如图 10-4 所示。

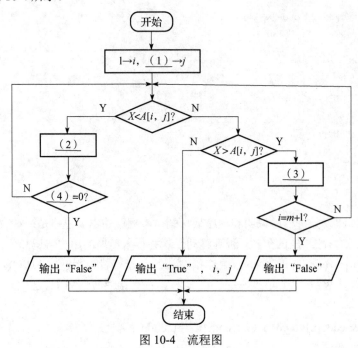

图 10-4　流程图

【问题】该算法的时间复杂度是 (5) 。

供选择答案：A. $O(1)$　　　　B. $O(m+n)$　　　　C. $O(m*n)$　　　　D. $O(m^2+n^2)$

2.【2017 年上半年试题二】阅读下列说明和 C 函数，填补函数中的空缺，将解答填入答案纸的对应栏目内。

【说明】

函数 isLegal(char *ipaddr) 的功能是判断以点分十进制数表示的 IPv4 地址是否合法。参数 ipaddr 给出表示 IPv4 地址的字符串的首地址，串中仅含数字字符和 "."。若 IPv4 地址合法则返回 1，否则反馈 0。判定为合法的条件是：每个十进制数的值位于整数区间[0, 255]，两个相邻的数之间用 "." 分隔，共 4 个数、3 个 "."。例如，192.168.0.15、1.0.0.1 是合法的，192.168.1.256、1.1..1 是不合法的。

【函数】

```
int isLegal (char*ipaddr)
{
    int flag;
    int curVal;              //curVal 表示分析出的一个十进制数
    int decNum=0, dotNum=0;  //decNum 用于记录十进制数的个数
                             //dotNum 用于记录点的个数
    char*p= (1)
    for(;*p;p++) {
        curVal=0;flag=0;
```

```
        While (isdigit(*p)){  //判断是否为数字字符
            CurVal= (2) +*p-'0';
            (3) ;
            flag=1;
        }
        if(curVal>255){
            return 0;
        }
        if (flag) {
            (4)
        }
        if(*p='.'){
            dotNum++;
        }
    }
    if  (5) {
        return 1;
    }
    return 0;
}
```

3.【2017 年上半年试题三】阅读下列说明和 C 函数，填补 C 函数中的空缺，将解答填入答案纸的对应栏目内。

【说明】

字符串是程序中常见的一种处理对象，在字符串中进行子串的定位、插入和删除是常见的运算。

设存储字符串时不设置结束标志，而是另行说明串的长度，因此串类型定义如下：

```
Typedef struct {
    char *str       //字符串存储空间的起始地址
    int length      //字符串长
    int capacity    //存储空间的容量
}SString;
```

【函数 1 说明】

函数 indexStr(S, T, pos）的功能是：在 S 所表示的字符串中，从下标 pos 开始查找 T 所表示的字符串首次出现的位置。方法是：第一趟从 S 中下标为 pos、T 中下标为 0 的字符开始，从左往右逐个对应来比较 S 和 T 的字符，直到遇到不同的字符或者到达 T 的末尾。若到达 T 的末尾，则本趟匹配的起始下标 pos 为 T 出现的位置，结束查找；若遇到了不同的字符，则本趟匹配失效。下一趟从 S 中下标 pos+1 处的字符开始，重复以上过程。若在 S 中找到 T，则返回其首次出现的位置，否则返回-1。

例如，若 S 中的字符串为"students ents"，T 中的字符串为"ent"，pos=0，则 T 在 S 中首次出现的位置为 4。

【C 函数 1】

```
int indexStr(SString S, SString T, int pos)
{
    int i, j:
    if(S.length<1||S.length<pos+T.length-1)
        return-1;
    for(i=pos, j=0;i<S.length &&j<T.length;){
```

```
        if(S.str[i]==T.str[j]){
            i++;j++;
        }else{
            i=(1);j=0
        }
    }
    if (2)return i - T.length;
        return-1;
}
```

【函数 2 说明】

函数 eraseStr(S, T)的功能是删除字符串 S 中所有与 T 相同的子串，其处理过程为：首先从字符串 S 的第一个字符（下标为 0）开始查找子串 T，若找到（得到子串在 S 中的起始位置），则将串 S 中子串 T 之后的所有字符向前移动，将子串 T 覆盖，从而将其删除，然后重新开始查找下一个子串 T，若找到就用后面的字符序列进行覆盖，重复上述过程，直到将 S 中所有的子串 T 删除。

例如，若字符串 S 为"12ab345abab678"、T 为"ab"。第一次找到"ab"时（位置为 2），将"345abab678"前移，S 中的串改为"12345abab678"；第二次找到"ab"时（位置为 5），将"ab678"前移，S 中的串改为"12345ab678"；第三次找到"ab"时（位置为 5），"678"前移，S 中的串改为"12345678"。

【C 函数 2】

```
Void eraseStr(SString*S, SString T)
{
    int i;
    int pos;
    if(S->length<||T.length<1||S->length<T.length)
        return;
    pos=0
    for(;;){
        //调用 indexStr 从 S 所表示串的 pos 开始查找 T 的位置
        pos=indexStr(3);
        if(pos==-1) //S 所表示串中不存在子串 T
            return;
        for(i=pos+T.length;i<S->length;i++)//通过覆盖来删除子串 T
            S->str[(4)]=S->str[i];
        S->length=(5); //更新 S 所表示串的长度
    }
}
```

4.**【2017 年上半年试题四】** 阅读以下说明和 C 函数，填补函数中的空缺，将解答填入答题纸的对应栏内。

【说明】

简单队列是符合先进先出规则的数据结构，下面用不含有头结点的单向循环链表表示简单队列。

函数 Enqueue(queue *q，KeyType new_elem)的功能是将元素 new_elem 加入队尾。

函数 Dequeue(queue *q，KeyType *elem)的功能是将非空队列的队头元素出队（从队列中删除），并通过参数带回刚出队的元素。

用单向循环链表表示的队列如图 10-5 所示。

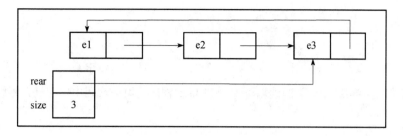

图 10-5 用单向循环链表表示的队列

队列及链表结点等相关类型定义如下：

```
enum {ERROR, OK};
typedef int KeyType;
typedef struct qNode{
  KeyType data;
  Struct qNode*next;
}qNode, *Linkqueue;

typedef struct{
  int size;
  Linkqueue rear;
}Queue;
```

【C 函数】

```
int Enqueue(queue*q, KeyType new_elem)
{ //元素 new_elem 入队列
  qNode*p;
  p=(qNode*)malloc(sizeof(qNode));
  if(!p)
      return ERROR;
  p->data=new_elem;
  if(q->rear){
      p->next=q->rear->next;
      (1) ;
  }
  else
      p->next=p;
  (2) ;
  q->size++;
  return OK;
}

int Dequeue(queue*q, KeyType*elem)
{   //出队列
  qNode*p;
  if(0==q->size)          //是空队列
      return ERROR;
  p= (3) ;               //令 p 指向队头元素结点
  *elem =p->data;
  q->rear->next= (4) ; //将队列元素结点从链表中去除
  if( (5) )          //被删除的队头结点是队列中唯一结点
      q->rear=NULL //变成空队列
```

```
   free(p);
   q->size--;
   return OK;
}
```

5.【2017 年上半年试题五】阅读以下说明和 Java 程序，填补代码中的空缺，将解答填入答题纸的对应栏内。

【说明】

以下 Java 代码实现一个简单客户关系管理系统（CRM）中通过工厂（CustomerFactory）对象来创建客户（Customer）对象的功能。客户分为创建成功的客户（realCustomer）和空客户（NullCustomer）。空客户对象是当不满足特定条件时创建或获取的对象。类间关系如图 10-6 所示。

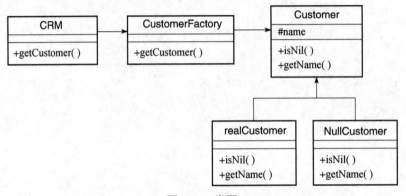

图 10-6　类图

【Java 代码】

```
Abstract class Customer{
  Protected String name;
  (1) boolean isNil();
  (2) String getName();
}
class realCustomer (3) Customer{
  public realCustomer(String name){ return false; }
}
class NullCustomer (4) Customer{
  public String getName(){
    return "Not Available in Customer Database";
  }
  public boolean isNil(){
    return true;
  }
}
class Customerfactory {
  public String[] names = {"Rob", "Joe", "Julie"};
  public Customer getCustomer(String name){
  for(int i = 0; i < names.length;i++){
    if(names[i]. (5) ){
      return new realCustomer(name);
    }
```

```
    }
    return (6) ;
  }
}
public class CRM{
  public void getCustomer(){
    CustomerFactory (7) ;
    Customer customer1= cf.getCustomer("Rob");
    Customer customer2= cf.getCustomer("Bob");
    Customer customer3= cf.getCustomer("Julie");
    Customer customer4= cf.getCustomer("Laura");
    System.out.println("Customers") ;
    System.out.println(customer1.getName());
    System.out.println(customer2.getName());
    System.out.println(customer3.getName());
    System.out.println(customer4.getName());
  }
  public static void main(String[]args){
    CRM crm =new CRM();
    crm.getCustomer();
  }
}
/ *程序输出为:
Customers
Rob
Not Available in Customer Database
Julie
Not Available in Customer Datable
* /
```

6.【2017 年上半年试题六】阅读下列说明和 C++代码，填补代码中的空缺，将解答填入答题纸的对应栏内。

【说明】

以下 C++代码实现一个简单客户关系管理系统（CRM）中通过工厂（CustomerFactory）对象来创建客户（Customer）对象的功能。客户分为创建成功的客户（RealCustomer）和空客户（NullCustomer）。空客户对象是当不满足特定条件时创建或获取的对象。类间关系如图 10-7 所示。

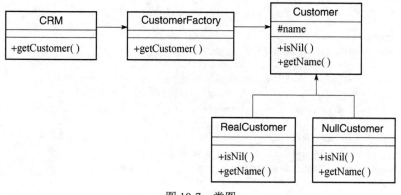

图 10-7　类图

【C++代码】

```cpp
#include<iostream>
#include<string>
using namespace std;

class Customer{
    protected:
      string name;
    public:
      (1) boll isNil()=0;
      (2) string getName()=0;
};

class RealCustomer (3) {
  public:
    RealCustomer(string name){this->name=name;}
    bool isNil(){ return false;}
    string getName(){ return name;}
};

class NullCustomer (4) {
  public:
    bool isNil(){ return true;}
    string getName(){ return "Not Available in Customer Database"; }
};
class Customerfactory{
  public:
    string names[3]={"Rob","Joe","Julie"};
  public:
    Customer*getCustomer(string name){
        for(int i=0;i<3;i++){
            if(names[i]. (5) ){
                return new realCustomer(name);
            }
        }
        return (6) ;
    }
};

class CRM{
  public:
    void getCustomer(){
        Customerfactory* (7) ;
        Customer*customer1=cf->getCustomer("Rob");
        Customer*customer2=cf->getCustomer("Bob");
        Customer*customer3=cf->getCustomer("Julie");
        Customer*customer4=cf->getCustomer("Laura");

        cout<<"Customers"<<endl;
        cout<<Customer1->getName() <<endl; delete  customer1;
        cout<<Customer2->getName() <<endl; delete  customer2;
        cout<<Customer3->getName() <<endl; delete  customer3;
        cout<<Customer4->getName() <<endl; delete  customer4;
        delete cf;
```

```
    }
};

int main(){
    CRM*crs=new CrM();
    crs->getCustomer();
    delete crs;
    return0;
}
/*程序输出为:
Customers
Rob
Not Available in Customer Database
Julie
Not Available in Customer Database
*/
```

7.【2017 年下半年试题一】阅读以下说明和流程图，填补流程图中的空缺，将解答填入答题纸的对应栏内。

【说明】

对于大于 1 的正整数 n，$(x+1)^n$ 可展开为 $C_n^0 x^n + C_n^1 x^{n-1} + C_n^2 x^{n-2} + \cdots + C_n^{n-1} x^1 + C_n^n x^0$。

计算 $(x+1)^n$ 展开后的各项系数 C_n^i（$i=0,1,\cdots,n$）并依次存放在数组 $A[0..n]$ 中。方法是依次计算 $k=2,3,\cdots,n$ 时 $(x+1)^k$ 的展开系数并存入数组 A，在此过程中，对任一确定的 k，利用关系式 $C_k^i = C_{k-1}^i + C_{k-1}^{i-1}$，按照 i 递减的顺序逐步计算并将结果存储在数组 A 中。其中，C_k^0 和 C_k^k 都为 1，因此可直接设置 $A[0]$、$A[k]$ 的值为 1。

例如，计算 $(x+1)^3$ 的过程如下：

先计算 $(x+1)^2$（即 $k=2$）的各项系数，然后计算 $(x+1)^3$（即 $k=3$）的各项系数。

$k=2$ 时，需要计算 C_2^0，C_2^1 和 C_2^2，并存入 $A[0]$、$A[1]$ 和 $A[2]$，其中 $A[0]$ 和 $A[1]$ 的值已有，因此将 C_1^1（即 $A[1]$）和 C_1^0（即 $A[0]$）相加得到 C_2^1 的值并存入 $A[1]$。

$k=3$ 时，需要计算 C_3^0，C_3^1，C_3^2，C_3^3，先计算出 C_3^2（由 $C_2^2+C_2^1$）得到并存入 $A[2]$，再计算 C_3^1（由 $C_2^1+C_2^0$ 得到）并存入 $A[1]$。

流程图如图 10-8 所示。

注：循环开始框内应给出循环控制变量的初值和终值，默认递增值为 1。

格式为：循环控制变量=初值，终值，递增值。

8.【2017 年下半年试题二】阅读以下说明和代码，填补代码中的空缺，将解答填入答题纸的对应栏内。

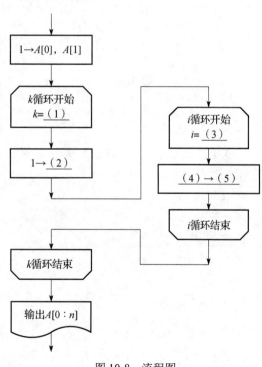

图 10-8　流程图

【说明】

对 n 个元素进行简单选择排序的基本方法是：第一趟从第 1 个元素开始，在 n 个元素中选出最小者，将其交换至第一个位置，第二趟从第 2 个元素开始，在剩下的 $n-1$ 个元素中选出最小者，将其交换至第二个位置，以此类推，第 i 趟从 $n-i+1$ 个元素中选出最小元素，将其交换至第 i 个位置，通过 $n-1$ 趟选择最终得到非递减排序的有序序列。

【代码】

```
#include <stdio.h>
void selectSort(int data[ ], int n)
//对 data[0]~data[n-1]中的 n 个整数按非递减有序的方式进行排列
{
    int i, j, k;
    int temp;
    for(i=0;i<n-1;i++){
        for(k=i, j=i+1; (1) ; (2) )              //k 表示 data[i]~data[n-1]中最小元素的下标
            if(data[j]<data[k]) (3) ;
        if(k!=i) {
            //将本趟找出的最小元素与 data[i]交换
            temp=data[i]; (4) ;data[k]=temp;
        }
    }
}

int main()
{
    int arr[ ]={79, 85, 93, 65, 44, 70, 100, 57};
    int i, m;
    m=sizeof(arr)/sizeof(int);     //计算数组元素的个数，用 m 表示
    (5) ;                          //调用 selectSort 对数组 arr 进行非递减排序
    for( (6) ;i <m;i++)            //按非递减顺序输出所有的数组元素
        printf("%d\t", arr[i]);
    printf("\n");
    return0;
}
```

9.【2017 年下半年试题三】阅读以下代码和问题，回答问题 1 至问题 3，将解答填入答题纸的对应栏内。

【代码 1】

```
typedef enum {A, B, C, D} EnumType;
EnumType f(int yr)
{
    if(0 == yr%400) {
        return A;
    }
    else if (!(yr%4)) {
        if(0!=yr%100)
            return B;
        else
        return C;
    }
    return D;
}
```

【代码2】
```c
#include <stdio.h>
int main()
{
    int score;
    scanf("%d", &score);
    switch (score)
    {
        case 5: printf("Excellent!\n");
        case 4: printf("Good!\n"); break;
        case 3: printf("Average!\n");
        case 2:
        case 1:
        case 0: printf("Poor!\n");
        default: printf("Oops, Error\n");
    }
    return0;
}
```

【代码3】
```c
#include <stdio.h>
int main()
{
    int i, j, k;
    for(i=0; i<2; i++)
        for(j=0; j<3;j++)
            for( k=0; k<2;k++) {
                if(i!=j&&j!=k)
                printf("%d %d %d\n", i, j, k);
            }
    return 0;
}
```

【问题1】
对于代码1,写出下面的函数调用后x1、x2、x3 和x4 的值。

```c
x1 = f(1997);
x2 = f(2000);
x3 = f(2100);
x4 = f(2020);
```

【问题2】
（1）写出代码 2 运行时输入为 3 的输出结果。
（2）写出代码 2 运行时输入为 5 的输出结果。
【问题3】
写出代码 3 运行后的输出结果。

10.【2017 年下半年试题四】阅读以下说明、C 函数和问题,回答问题 1 和问题 2,将解答填入答题纸的对应栏内。
【说明】
当数组中的元素已经排列有序时,可以采用折半查找（二分查找）法查找一个元素。下面的函数 biSearch(int r[], int low, int high, int key)用非递归方式在数组 r 中进行二分查找，函数 biSearch_rec(int r[], int low, int high, int key)采用递归方式在数组 r 中进行二分查找，函数的返回值都为所找到元素的下标；若找不到，则返回-1。

【C 函数 1】

```
int biSearch(int r[], int low, int high, int key)
//r[low..high] 中的元素按非递减顺序排列
//用二分查找法在数组 r 中查找与 key 相同的元素
//若找到则返回该元素在数组 r 中的下标,否则返回-1
{
    int mid;
    while( (1) ) {
        mid = (low+high)/2 ;
        if (key ==r[mid])
            return mid;
        else if (key<r[mid])
            (2) ;
        else
            (3) ;
    }/*while*/
    return -1;
}/*biSearch*/
```

【C 函数 2】

```
int biSearch_rec(int r[], int low, int high, int key)
//r[low..high]中的元素按非递减顺序排列
//用二分查找法在数组 r 中查找与 key 相同的元素
//若找到则返回该元素在数组 r 中的下标,否则返回-1
{
    int mid;
    if( (4) ) {
        mid = (low+high)/2 ;
        if (key ==r[mid])
            return mid;
        else if (key<r[mid])
            return biSearch_rec( (5) , key);
        else
            return biSearch_rec( (6) , key);
    }/*if*/
    return -1;
}/*biSearch_rec*/
```

【问题 1】请填充 C 函数 1 和 C 函数 2 中的空缺，将解答填入答题纸的对应栏内。

【问题 2】若有序数组中有 n 个元素，采用二分查找法查找一个元素时，最多与 (7) 个数组元素进行比较，即可确定查找结果。

（7）备选答案：A. $[\log2(n+1)]$ B. $[n/2]$ C. $n-1$ D. n

11.【2017 年下半年试题五】阅读以下说明和 Java 代码，填补代码中的空缺，将解答填入答题纸的对应栏内。

【说明】

以下 Java 代码实现一个超市简单销售系统中的部分功能，顾客选择图书等物件（Item）加入购物车（ShoppingCart），到收银台（Cashier）对每个购物车中的物品统计其价格进行结账。设计如图 10-9 所示类图。

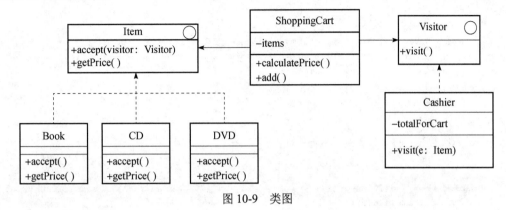

图 10-9　类图

【Java 代码】

```
interface Item{
    public void accept(Visitor visitor);
    public double getPrice();
}

class Book (1) {
    private double price;
    public Book(double price){ (2) ;}
    public void accept(Visitor visitor){ //访问本元素
    (3) ;
    }
    public double getPrice() {
        return price;
    }
}
//其他物品类略
interface Visitor {
    public void visit(Book book);
    //其他物品的visit方法
}

class Cashier (4) {
    private double totalForCart;
    //访问Book类型对象的价格并累加
    (5) {
    //假设Book类型的物品价格超过10元打8折
    if(book.getPrice()<10.0) {
        totalForCart+=book.getPrice();
    } else
        totalForCart+=book.getPrice()*0.8;
    }
    //其他visit方法和折扣策略类似，此处略

    public double getTotal() {
        return totalForCart;
```

```
    }
}

class ShoppingCart {
    //normal shopping cart stuff
    private java.util.ArrayList<Item>items=new java.util.ArrayList<>();
    public double calculatePrice() {
        Cashier visitor=new Cashier();

        for(Item item:items) {
            (6) ;
        }
        double total=visitor.getTotal();
        return total;
    }
    public void add(Item e) {
        this.items.add(e);
    }
}
```

12.【2017 年下半年试题六】阅读下列说明和 C++代码，填补代码中的空缺，将解答填入答题纸的对应栏内。

【说明】

以下 C++代码实现一个超市简单销售系统中的部分功能，顾客选择图书等物品（Item）加入购物车（ShoppingCart），到收银台（Cashier）对每个购物车中的物品统计其价格进行结账，设计如图 10-10 所示类图。

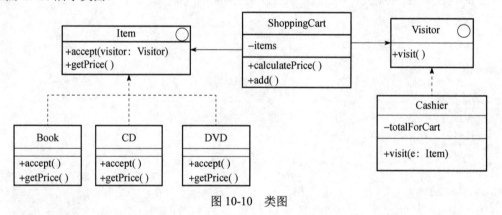

图 10-10　类图

【C++代码】

```
using namespace std;
class Book;
class Visitor {
  public:
    virtual void visit(Book* book)=0;
    //其他物品的 visit 方法
};

class Item {
  public: virtual void accept(Visitor* visitor)=0;
```

```
        virtual double getPrice()=0;
};

class Book (1) {
    private: double price;
    public:
        Book (double price){ //访问本元素
            (2) ;
        }
        void accept(Visitor* visitor) {
            (3) ;
        }
        double getPrice() { return price; }
};
class Cashier (4) {
    private;
        double totalForCart;
    public:
    //访问 Book 类型对象的价格并累加
        (5) {
            //假设 Book 类型的物品价格超过 10 元打 8 折
            if(book->getPrice()<10.0) {
                totalForCart+=book->getPrice();
            } else
                totalForCart+=book->getPrice()*0.8;
        }
    //其他 visit 方法和折扣策略类似，此处略
        double getTotal() {
            return totalForCart;
        }
};

class ShoppingCart {
    private:
        vector<item*>items;
    public:
        double calculatePrice() {
            Cashier* visitor=new Cashier();
            for(int i=0;i <items.size();i++)
                (6) ;
        }
        double total=visitor->getTotal();
        return total;
}

    void add(Item*e) {
        items.push_back(e);
    }
};
```

13.【2019 年下半年试题一】阅读以下说明和流程图，填写流程图中的空缺，将解答填入答题纸的对应栏内。

【说明】

某系统中有 N 个等长的数据记录，其主键值为随机排序且互不相等的正整数编号，表示为

$K(0)$，$K(1)$，…，$K(N-1)$。现采用杂凑法将各数据记录存入区域 $S(0)$，$S(1)$，$S(2)$，…，$S(M-1)$ 中（$M{\geq}N$），以加快按主键值检索的效率（初始时各区域都是空的）。

下面流程图中，选用适当的质数 P（$N{\leq}P{\leq}M$），对每个主键值先计算出它除以 P 的余数 j。如果区域 $S(j)$ 已占用，则考查下一个区域 $S(j+1)$……直到发现某个区域为空时，则主键值相应的数据记录存入该区域（注意，$S(M-1)$ 的下一个区域是 $S(0)$）。为了标记每个区域是否已占用，采用了 M 个标记位 $F(0)$，$F(1)$，…，$F(M-1)$。初始时所有的标记位为 0，每当一个区域被占用时，将相应的标记位置 1。

例如，设 6 个记录的主键值分别为 31、15、20、35、18、10，取质数 $P=7$，用上述杂凑法将这些记录存入区域 $S(0)$~$S(7)$ 后，各区域中记录的主键值依次为 35、15、空、18、10、20、空。

流程图如图 10-11 所示。

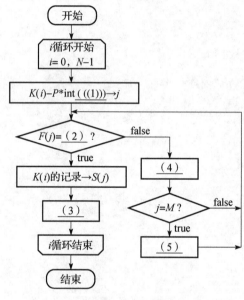

图 10-11　流程图

注 1："循环开始"框内给出循环控制变量的初值、终值和增值（默认为 1）。

格式为：循环控制变量=初值，终值[，增值]。

注 2：函数 int(x) 为取 x 的整数部分，即不超过 x 的最大整数。

14.【2019 年下半年试题二】阅读以下 C 代码，回答问题 1 至问题 3，将解答写入答题纸的对应栏内。

【C 代码 1】

```
#include <stdio.h>
int main()
{
    int num = 5 ;
    printf("%d\n",++num);
    printf("%d\n",num++);
    printf("%d\n",num--);
    printf("%d\n",num);
```

```
    return 0;
}
```

【C 代码 2】

```
void func(char ch)
{
    while(ch<'f'){
        printf("%c:%d\n"ch,ch);
        ch+=2;
    }
}
```

【C 代码 3】

```
#define CHARS  5
const int ROWS=5;
void test()
{
  int row;
  char ch;
  for(row=0;row<rows;row++){
    for(ch='B'+row; ch<('B'+CHARS); ch++)
      putchar(ch);
    printf("\n");
  }
}
```

【问题 1】
请给出 C 代码 1 运行后的输出结果。

【问题 2】
已知字符'a'的 ASCII 值为十进制数 97，请给出调用 C 代码 2 中函数 func('a')后的输出结果。

【问题 3】
请给出调用 C 代码 3 中函数 test()后的输出结果。

15. 【2019 年下半年试题三】阅读以下说明和 C 代码，填写程序中的空缺，将解答写入答题纸的对应栏内。

【说明】
规定整型数组 a 中的元素取值范围为[0,N)，函数 usrSort(int n, int a[])对非负整型数组 a 的前 n 个元素进行计数排序。排序时，用 temp_arr[i]表示 i 在数组 a 中出现的次数，因此可以从 0 开始按顺序统计每个非负整数在 a 中的出现次数，然后对这些非负整数按照从小到大的顺序，结合其出现次数依次排列。

例如，对含有 10 个元素{0,8,5,2,0,1,4,2,0,1}的数组 a[]排序时，先计算出有 3 个 0、2 个 1、2 个 2、1 个 4、1 个 5 和 1 个 8，然后可确定排序后 a 的内容为{0,0,0,1,1,2,2,4,5,8}。

下面代码中用到的 memset 函数的原型如下所示，其功能是将 p 所指内存区的 n 个字节都设置为 ch 的值。

```
void *memset (void *p, int ch, size_t n);
```

【C 代码】

```c
#include <stdio.h>
#include <stdlib.h>
#include <string.h>
#define N    101
void printArr(int a[],int n);
void usrSort(int n,int a[]);
int main()
{
    int a[10]={0,8,5,2,0,1,4,2,0,1};
    printArr(a, sizeof(a)/sizeof(int));
    _(1)_ ; //调用 usrSort()对数组 a 进行升序排序
    printArr ( a, sizeof(a)/sizeof(int) );
    return 0;
}
void printArr (int a[],int n)
{
    int i;
    for(i=0;i<n;i++)
        printf("%d ", a[i]);
    printf("\n");
}
void usrSort(int n, int a[])
{
    int i, k;
    int *temp_arr; //用 temp_arr[i]表示 i 在 a 中出现的次数
    temp_arr=(int *)malloc(N*sizeof(int) );
    if(!temp_arr) return;
    //将所申请并由 temp_arr 指向的内存区域清零
    memset(_(2)_);
    for(i=0;i<n;i++)
        temp_arr[_(3)_ ]++;
    k=0;
    for(i=0;i<N;i++){
        int cnt; //cnt 表示 i 在数组 a 中的出现次数
        _(4)_ ;
        while(cnt>0){
            a[k]=i; //将 i 放入数组 a 的适当位置
            _(5)_
            cnt--;
        }
    }
    free(temp_arr);
}
```

16.【2019 年下半年试题四】阅读以下说明和 C 代码，填写程序中的空缺，将解答写入答题纸的对应栏内。

函数 strCompress(char *s)对小写英文字母串进行压缩，其基本思路是：如果串长小于 3 则不压缩，否则对连续出现的同一字符，用该字符及其个数来表示。例如，字符串"abbbcdddddddeeed"压缩后表示为"ab3cd7e3d"。

如图 10-12 所示，在计算连续出现的同一字符个数时，借助字符指针 s 和计数变量 k 表示串中的字符，当 s 所指字符与其后的第 k 个字符不同时，一个重复字符串的压缩参数即可确定。

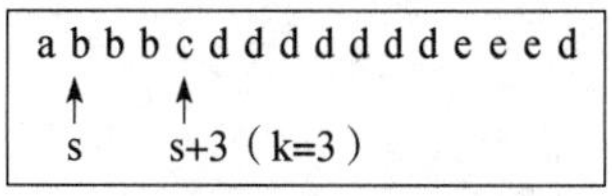

```
a b b b c d d d d d d d e e e d
↑       ↑
s       s+3（k=3）
```

图 10-12　字符串

【C 代码】

```c
#include <stdio.h>
#include <string.h>
#include <stdlib.h>
void strCompress(char *);
int main()
{
    char test[]= "abbbcdddddddeeed";
    printf("%s\n", test);
     (1) ; //调用 strCompress 实现 test 中字符串的压缩
    printf("%s\n",test);
    return 0;
}
void strCompress(char *str)
{
    int i;
    char *p,tstr[11];    //在 tstr 中以字符串方式表示同一字符连续出现的次数
    char *s =str,*buf;   //借助 buf 暂存压缩后的字符串
    if(strlen(str)<3)
        return;
    buf =(char *)malloc(strlen(str)*sizeof(char)+1);
    if(!buf)
        return;
    for(i=0;*s;){
        int k=1;   //用 k 累计当前字符的连续出现次数
        buf[ (2) ]=*s;   //先将当前字符写入 buf[]
        if(s[1]&&*s==*(s+1)){
            k++;
            while( (3) )k++;
            sprintf(tstr, "%d", k);   //将 k 的值转换为数字串暂存在 tstr 中
            //将暂存在 tstr 中的数字字符逐个写入 buf[]
            p =tstr;
            while(*p)
                buf [i++]= (4) ;
        }
        s+=k;   //跳过连续出现的同一字符，使 s 指向下一个不同的字符
    }
     (5) ='\0';   //设置字符串结尾
    strcpy(str，buf);   //将暂存在 buf 中的压缩字符串复制给原串
    free(buf);
}
```

17. 【2019 年下半年试题五】阅读以下说明和 Java 代码，填写代码中的空缺，将解答写入答题纸的对应栏内。

【说明】

球类比赛记分系统中，每场有两支球队（Team）进行比赛（Game），分别记录各自的得分。

图 10-13 所示为记分系统的类图。

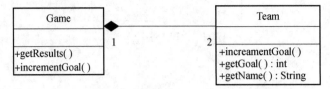

图 10-13　类图

【Java 代码】

```
class Team{
    private String name;
    private (1);
    public Team(String name){
        (2)=name;
    }
    void increamentGoal(){
        (3);
    }
    int getGoals(){
        return goals;
    }
    String getName(){
        return name;
    }
};
class Game{
    private Team a,b;//两支比赛球队
    public Game(Team t1,Team t2){
        a=t1;
        b=t2;
    }
    void getResults(){//输出比分
        System.out.print(a.getName()+":"+b.getName()+"=");
        System.out.println(a.getGoals()+":"+b.getGoals());
    }
    void incrementGoal( (4) t){//球队 t 进 1 球
        t.increamentGoal();
    }
    public static void main(String...args){
        Team t1=new tem("TA");
        Team t2=new tem("TB");
        Game football= (5) ;
        football.incrementGoal(t1);
        football.incrementGoal(t2);
        football.getResults();              //输出为:TA:TB=1:1
        football.incrementGoal(t2);
        football.getResults();              //输出为:TA:TB=1:2
    }
};
```

18.【2019 年下半年试题六】阅读下列说明和 C++代码，填写代码中的空缺，将解答写入答题纸的对应栏内。

【说明】

球类比赛记分系统中，每场有两支球队（Team）进行比赛（Game），分别记录各自的得分。图 10-14 所示为记分系统的类图。

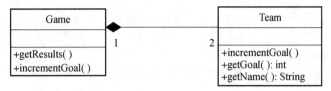

图 10-14　类图

【C++代码】

```
#include <iostream>
#include <string>
using namespace std;
class Team {
  private:
    string name;
    (1) ;
  public:
    Team(string name){
      (2) = name;goals =0
    }
    void incrementGoal(){
      (3) ;
    }
    int getGoals(){
      return goals;
    }
    string getbJame ( ) {
      return name;
    }
};
class Game {
  private:
    Team *a, *b;    //两支比赛球队
  public:
    Game(Team *tlz Team *t2){
      a = tl;
      b = t2;
    }
    void getResults(){               //输出比分
      Cout<< a->getName ( ) << ":" << b->getName( )<< n "= ";
      Cout<< a->getGoals ( ) << ":" << b->getGoals( )<< end1;
    }
    void incrementGoal ( (4) t){        //球队 t 进 1 球
      t->incrementGoal( );
    }
};
int main( ){
  Team *tl = new Team("TA");
  Team *t2 = new Team("TB");
```

```
Game *football = _(5)_ ;
football->incrementGoal(t1);
football->incrementGoal(t2);
football->getResults ();                //输出为:TA:TB = 1:1
football->incrementGoal(t2);
football->getResults( );                //输出为: TA: TB = 1:2
return 0;
}
```

19.【2020 年下半年试题一】阅读以下说明和流程图，填写流程图中的空缺，将解答填入答题纸的对应栏内。

【说明】

流程图 10-15 所示算法的功能是：在一个二进制位串中，求出连续的"1"构成的所有子串的最大长度 M。例如，对于二进制位串 0100111011110，$M=4$，该算法中，将长度为 n 的二进制位串的各位数字，按照从左到右的顺序依次存放在数组 $A[1...n]$。在对各个二进制位扫描的过程中，变量 L 动态地记录连续"1"的个数。

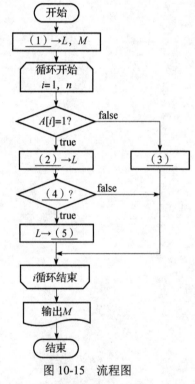

图 10-15 流程图

注：循环开始框内应给出循环控制变量的初值和终值，默认递增值为 1。

格式为：循环控制变量=初值，终值 [,递增值]。

20.【2020 年下半年试题二】阅读以下说明和 C 代码，填补 C 代码中的空缺，将解答写在答题纸的对应栏内。

【说明】

函数 cubeRoot(x)的功能是用下面的迭代公式求解 x 的立方根的近似值：

$$x_{n+1} = \frac{1}{3}\left(2x_n + x / x_n^2\right)，\text{精度要求为}\left|(x_{n+1} - x_n) / x_n\right| < 10^{-6}$$

在 main()函数中，调用 cubeRoot(*x*)计算区间[-8.0,8.0]中各浮点数（间隔 0.1）的立方根。

【C 代码】

```
#include <stdio.h>
#include <math.h>
double cubeRoot(double x){
  double x1, x2 = x;
  if ((1))return 0.0;
  do {
    x1 = (2) ;
    x2 = (2.0 * x1+(3)/ 3.0;
  }while(fabs ( (4)>= le-6);
  return x2;
}
int main()
{
  double x;
  for(x = -8.0; x <=8.0; (5) )
    printf("cube_root (%.1f)=%.4f\n",x,cubeRoot (x));
  return 0;
}
```

21.【2020 年下半年试题三】阅读以下说明和 C 代码，填补 C 代码中的空缺，将解答写在答题纸的对应栏内。

【说明】

下面程序中，函数 convertion(char *p)的功能是通过调用本程序中定义的函数，将 p 所指的字符串中的字母和数字字符按如下约定处理：

1）大写字母转换为小写字母。

2）小写字母转换为大写字母。

3）数字字符转换为其伙伴字符（当两个十进制数字相加为 9 时，这两个十进制数字对应的数字字符互为伙伴字符）。例如，字符'2'的伙伴字符为'7'、字符'8'的伙伴字符为'1'、字符'0'的伴字符为'9'等。

【C 代码】

```
#include <stdio.h>
int isUpper(char c){              //判断 c 表示的字符是否为大写字母
  return (c>= 'A' && c<='Z');
}
int isLower(char c){              //判断 c 表示的字符是否为小写字母
  return (c>= 'a' && c<='z');
}
int isDigit(char c){             //判断 c 表示的字符是否为数字字符
  return (c>= '0' && c<='9');
}
void toUpper(char c){            //将 c 指向的小写字母转换为大写字母
  *c = *c - 'a' + 'A';
}
void toLower(char c){           //将 c 指向的大写字母转换为小写字母
  *c = *c - 'A' + 'a' ;
```

```
}
void cDigit ( char *c){                    //将 c 指向的数字字符转换为其伙伴字符
  *c = 9 - ( (1) ) + '0' ;
}
void convertion ( char *p ){
    while ( *p ) {
    if( (2) ){
      toLower ( p );
    }
    else if( (3) ){
      toUpper ( p );
    }
    else if( (4) ){
      cDigit ( p );
    }
     (5) ;
    }
}
int main( ) {
  char str[81] = "Aidf3F4 ";
  printf("%s\n",str);              //输出为 Aidf3F4
  convertion(str);
  printf("%s\n",str);              //输出为 aIDF6f5
  return 0;
}
```

22.【2020 年下半年试题四】阅读以下说明和 C 代码，填补 C 代码中的空缺，将解答写在答题纸的对应栏内。

【说明】

函数 createList(int a[ ],int n)根据数组 a 的前 n 个元素创建对应的单循环链表，并返回链表的尾结点指针。例如，根据数组 int a[] = {25,12,39}创建的单循环链表如图 10-16 所示。

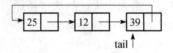

图 10-16　单循环链表

函数 display(NodePtr tail)的功能是从表头元素开始，依次输出单循环链表中结点数据域的值。链表的结点类型定义如下：

```
typedef struct Node *NodePtr;
struct Node{
  int key;
  NodePtr next;
};
```

【C 代码】

```
NodePtr createList (int a[], int n) {//根据数组 a 的前 n 个元素创建单循环链表
  NodePtr tail = NULL, p;
  if (n<l) return NULL;
  p= (NodePtr)malloc (sizeof (struct Node));   //创建第一个结点
  if (!p) return tail;
```

```
    p->key = a[0];
    p->next = p;
    __(1)__ = p;
    for (int i=l; i<n; i++) {                //创建剩余的 n-1 个结点
        p = (NodePtr)malloc(sizeof(struct Node));
        if (!p) break;
        __(2)__ = a[i];
        __(3)__ = tail->next;
        tail->next = p;
        tail = p;
    }
    return tail;
}
void display(NodePtr tail) {
//从表头元素开始，依次输出单循环链表中结点数据域的值
    if(____(4)____)return;
    NodePtr p = tail->next;
    do{
        printf("%d\t", p->key);
        p =(__(5)__);
    }while( p != tail->next );
}
int main( ) {
    int a[] = (25, 12,39};
    NodePtr tail;
    tail = createList(a,3);
    display (tail);                  //输出 25 12 39
    Return0 ;
}
```

23.【2020 年下半年试题五】阅读以下说明和 Java 代码，填写 Java 代码中的空缺，将解答写入答题纸的对应栏内。

【说明】

在线购物系统需提供订单打印功能，相关类及关系如图 10-17 所示，其中类 Order 能够完成打印订单内容的功能，类 HeadDecorator 与 FootDecorator 分别完成打印订单的抬头的功能。

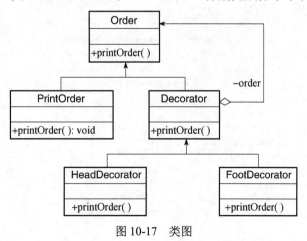

图 10-17　类图

下面的 Java 代码应实现上述设计，其执行结果如下：

```
订单抬头!
订单内容!
订单脚注!
--------------------
订单抬头!
订单脚注!
```

【Java 代码】

```java
class Order {
    public void printOrder () { System.out.println ("订单内容!" ) ; }
}
class Decorator  (1)  Order {
    private Order order;
    public Decorator(Order order){ (2)  = order; }
    public void printOrder(){
        if(order != null)
            order.printorder();
    }
}
class HeadDecorator extends Decorator {
    public HeadDecorator(Order order) {  (3)  ;}
    public void printorder() {
        System.out.println ("订单抬头! ");
        super.printOrder();
    }
}
class FootDecorator extends Decorator{
    public FootDecorator(Order order) {  (4)  ;}
    public void printOrder(){
        (5)  ;
        System.out.println ("订单脚注! ");
    }
}
class PrintOrder  (6)  Order {
    private Order order;
    public PrintOrder(Order order) {  (7)  = order;}
    public void printOrder() {
        FootDecorator foot = new FootDecorator(order);
        HeadDecorator head = new HeadDecorator(foot);
        head.printOrder();
        System.out.println ("--------------------");
        FootDecorator foot1 = new FootDecorator(null);
        HeadDecorator headl = new HeadDecorator(footl);
        headl.printOrder();
    }
    public static void main(String[] args) {
        Order order = new Order();
        PrintOrder print = new PrintOrder(order);
        print.printOrder();
    }
}
```

24.【2020 年下半年试题六】阅读下列说明和 C++代码，填写 C++代码中的空缺，将解答写入答题纸的对应栏内。

【说明】

在线购物系统需提供订单打印功能，相关类及关系如图 10-18 所示，其中类 Order 能够完成打印订单内容的功能，类 HeadDecorator 与 FootDecorator 分别完成打印订单的抬头和注脚的功能。

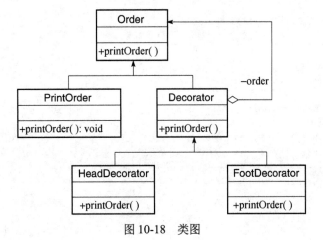

图 10-18　类图

下面的 C++代码应实现上述设计，其执行结果如下：

```
订单抬头!
订单内容!
订单脚注!
--------------------
订单抬头!
订单脚注!
```

【C++代码】

```cpp
#include<iostream>
using namespace std;
class Order {
 public:
   virtual void printOrder ()     { cout << "订单内容! " << endl; }
};
class Decorator _(1)_ {
  private:    Order *order;
  public:
   Decorator(Order *order) { _(2)_ = order; }
   void printorder(){
     if (order != NULL)
     Order->pirintOrder();
   }
};
class HeadDecorator : public Decorator {
  public:
   HeadDecorator(Order *order) : _(3)_ { }
   void printorder()    {
     cout << "订单抬头! " << endl;
     Decorator::printOrder();
   }
};
```

```
class FootDecorator :public Decorator{
  public:
    FootDecorator(Order *order) : (4) { }
    void printLOrder () {
      (5) ;
      Cout<<"订单脚注！" << endl;
    }
};
class PrintOrder (6) {
  private:    Order *order;
  public:
    PrintOrder(Order *order) { (7) = order; }
    void printOrder (){
      FootDecorator * foot = new FootDecorator (order);
      HeadDecorator * head = new HeadDecorator (foot);    head->printOrder( );
      cout << "--------------------"<< endl ;
      FootDecorator foot1(NULL);
      HeadDecorator head1(&foot1);
      Head1.printOrder();
    }
};
int main(){
  Order * order = new Order();
  Order * print = new PrintOrder(order);
  Print->printOrder();
}
```

10.2.2 真题解析

1. 【答案】（1）n；（2）$j-1 \to j$；（3）$i+1 \to i$；（4）j；（5）B。

【解析】考查程序员在设计算法、理解并绘制程序流程图方面的能力。

由于在矩阵 A 中查找给定整数 X 是从矩阵的右上角（第 1 行第 n 列元素）开始的，因此，初始的下标应是 $i=1$，$j=n$，从而空（1）处应填写"n"。

接着比较 $X<A[i, j]$。如果成立（YES），则显然应该在矩阵 A 中向左走一步取下一个元素，因此空（2）处应更新 j，即填入"$j-1 \to j$"。接着需要判断列号 j 的减少是否越界（注意列号的最小值是 1），即判断 j 是否等于 0，因此空（4）处应填"j"。如果 $j=0$ 成立（YES），则说明查找已越界，即没有找到，输出"False"；如果 $j=0$ 不成立（NO），即 j 还没有降到 0，则说明还需要继续对下一个矩阵元素进行比较。

如果比较 $X<A[i, j]$ 不成立（NO），即 $X \geqslant A[i, j]$，则需要分别处理 $X=A[i, j]$ 和 $X>A[i, j]$ 这两种情况。如果判断 $X>A[i, j]$ 成立（YES），则应在矩阵 A 中向下走一步取下一个元素，因此，空（3）处应更新 i，即填入"$i+1 \to i$"。接着需要判断行号 i 的增加是否越界（注意行号的最大值是 m），即比较 $i=m+1$ 是否成立。如果 $i=m+1$ 成立（YES），则说明查找已越界，即没有找到，输出"False"；如果 $i=m+1$ 不成立（NO），即 i 的增加尚未越界，则说明还需要继续对下一个矩阵元素进行比较。

如果在 $X<A[i, j]$ 不成立的情况下，判断 $X>A[i, j]$ 也不成立（NO），则说明 $A[i, j]$ 与给定整数 X 相等，即已经在矩阵 A 中找到了一个与给定整数 X 相等的数，此时应输出"True"，以及当时的行号 i 和列号 j。

当问题的规模（如本题中的参数 m 和 n）充分大时，算法大致需要的计算工作量就是算法的时间复杂度（忽略常数因子和常数附加项）。本算法的计算量主要是比较的次数。最多的比较次数为 $m+n-1$（沿从矩阵右上角到左下角所走的路径），因此该算法的时间复杂度为 $O(m+n)$。其中，大写的 O 表示"增长的速度相当于"。

2. 【答案】

（1）ipaddr；　（2）curVal*10；　（3）p++;　　（4）decNum++;

（5）decNum==4 && dotNum==3。

【解析】考查 C 语言基本结构、运算逻辑和指针的简单应用。

函数 isLegal(char *ipaddr)的功能是判断以点分十进制表示的 IPv4 地址是否合法。由于 IPv4 地址是以字符串的方式提供的，因此需要通过扫描字符串解析出每个十进制数。

由于说明中已保证函数所处理的字符串中仅包含数字字符和"."，因此代码的运算逻辑中不考虑其他字符。在 for 语句中通过指针 p 来访问字符，所以空（1）所在语句需要将指针参数 ipaddr 的值赋给 p。

一个整数可表示为一个多项式，例如 $198=1 \times 10 \times 10+9 \times 10+8=((1) \times 10+9) \times 10+8$，因此从左到右每得到 1 位数字，就进行一次计算，直至最后一位数字。在解析字符串中的一个整数时，先令 curVal=0，此后每得到一位数字（即*p-'0'），就令 curVal*10+*P-'0'并用该表达式的值更新 curVal，直到遇到一个"."。所以空（2）处应填入"curVal*10"，空（3）处应填入"p++;"，以读取下一个字符。

根据说明，需要对从字符串中解析出的整数进行计数，flag 用来标识是否解析一个整数，若是，则在空（4）处填入"decNum++;"实现计数。若该整数超过 255，则可以确定是非法的地址。

当完成字符串分析后，应该正好有 4 个[0, 255]范围内的整数和分隔这些数的 3 个点（个数用 dotNum 表示），因此空（5）处应填入"decNum==4 && dotNum==3"。

3. 【答案】

（1）i-j+1;　　　　　　　（2）j==T.length 或 j>=T.length；

（3）S, T, pos；　　　　　（4）i-T.length；

（5）S ->length-T.length 或(*S).length - T.length。

【解析】考查数据结构的实现、C 程序运算逻辑与指针参数的应用。

首先需要理解名称为 SString 的结构体类型定义，其中 str 为字符指针变量，用来记录所存储字符串的空间的首地址，length 表示字符串的长度值。在定义 SString 类型的变量时，需要进行初始化处理，为要存储的字符串申请存储空间并设置长度值为 0。

函数 indexStr(S, T, pos)的功能是在 S 表示的字符串中查找 T 表示的字符串首次出现的位置，且从 S 中下标为pos的字符开始查找。根据说明部分的内容,在对字符进行比较的过程中,当 S.str[i] 与 T.str[j]相同时，需要将 i 和 j 自增并继续比较；如果不相等，就要将 i 进行回退，j 也回退到字符串的第一个字符位置。空（1）处需要补充计算i的回退值的表达式。S 与 T 字符对应关系如下：

$$S_0 S_1 \cdots S_{i-j-1} S_{i-j} S_{i-j+1} \cdots S_{i-2} S_{i-1} S_i$$
$$T_0 T_1 \cdots T_{j-2} T_{j-1} T_j$$

参看上面所示的字符对应关系，当 S.str[i] 与 T.str[j]不等时，其之前的 j 个字符是相等的，因此本趟开始的下标位置为i-j，需要将 i 回退到i-j+1，准备好下一趟的开始位置，因此空（1）处应填入 i-j+1。

【C 函数 1】为字符串匹配，算法为：先判断字符串 S 和 T 的长度，如果为空则不用循环；另外，如果字符串 S 的长度<字符串 T 的长度，那么字符串 S 中也不能含有字符串 T，也无须进行匹配。

当上述情况都不存在时，则需要进行循环。即从 S 的第一个字符开始，与 T 的第一个字符进行比较，如果相等，则 S 的第二个字符和 T 的第二字符进行比较，再相等就再往后移动一位进行比较，依次直到字符串 T 的结尾，也就是说 j=T.length。

当某一个字符与 T 的字符不相等时，那么字符串 S 就往下移一位，再次与 T 的第一个字符进行比较，此时 j 恢复初始值，j=0。

【C 函数 2】是字符串的删除运算。首先，要调用函数 indexStr 需要三个参数，字符串 S、字符串 T 和 pos。删除的字符串的位置为删除的初始点位置到其位置点+字符串 T 的长度，并将后面的字符串前移。而删除 T 字符串后，字符串 S 的总长度变化（需减去字符串 T 的长度）。

空（2）处是判断在 S 表示的字符串中是否找到了 T 所表示的字符串，应该填入 j==T.length 或其等价形式。

空（3）处是调用 indexStr 完成字符串的查找，需要注意的是第一个参数*S，因为 eraseStr 得到的是 S 所表示字符串的指针，结合代码中注释部分的内容，空（3）处应填入 "S, T, pos"。

空（4）处所在的语句实现字符的删除处理。由于要通过将找到子串之后的所有字符前移来实现删除，而被删除的子串长度为 T.length，因此后面每个需要移动的字符都是以间距 T.length 前移，即 i–T.length。

空（5）是一个简单处理，即修改 S 所表示的字符串长度值，应填入 S->length–T.length 或 (*S).length–T.length。

4.【答案】

（1）Q->rear->next=p;　　　（2）Q->rear=p;

（3）Q->rear->next;　　　（4）p->next;

（5）Q->rear==p 或 Q->rear->next==p->next 或 p->next ==p 或 Q->size==1。

【解析】考查数据结构的实现，C 语言指针与链表的知识，是入队和出队的问题。

对于入队，当队列 Q 不为空时，p 的队尾指针 t 要指向原 Q 的队尾指针指向的元素，即 p->next=Q->rear->next。Q 的队尾指针要指向 p，因此空（1）处填 Q->rear->next=p。当队列 Q 为空时，插入 p 元素，则 p 的队尾指针指向 p 自身，即 p->next=p，且整个队列 Q 的队尾也是 p，因此空（2）处填 Q->rear=p。

对于从队列中删除元素 p（出队），先判断 Q 是否为空，为空队列则返回 ERROR：

```
if(0==q->size) //是空队列
    return ERROR;
```

另外，p 指向队头元素结点，队头元素结点可用 Q->rear->next 表示，这是空（3）处填写的内容。此时，p 转化为头结点，p 出列，Q 的队尾指针指向 p 的下一个元素，因此空（4）处填 p->next。

最后，判断被删除的队头结点是否队列中的唯一结点，可采用 Q->rear==p、Q->rear->next== p->next、p->next ==p 或 Q->size==1 等表示方法。

5.【答案】

（1）public abstract;　　　（2）public abstract;

（3）extends;　　　（4）extends;

（5）equals(name)；　　　　（6）new NullCustomer()；

（7）cf=New CustomerFactory()。

【解析】考查用 Java 语言进行程序设计的能力，涉及类、对象、方法的定义和使用。要求考生认真阅读给出的案例和代码说明以厘清程序思路，然后完成题目。

先看题目说明，实现一个简单的客户关系管理系统（CRM），其中通过工厂（CustomerFactory）对象来创建客户（Customer）对象的功能。客户分为创建成功的客户（RealCustomer）和空客户（NullCustomer）。空客户对象是当不满足特定条件时创建或获取的对象。根据说明进行设计，题目说明中图 10-6 的类图给出了类 CRM、CustomerFactory、Customer、RealCustomer、NullCustomer 及其之间的关系。CRM 使用 CustomerFactory，CustomerFactory 作为创建 Customer 的工厂类，负责具体类型 Customer 的创建，即 Customer 的子类 RealCustomer 和 NullCustomer 的创建。

Customer 定义为抽象类，定义一个 Protected String name 和两个抽象方法，方法由子类实现。抽象方法的定义采用关键字 abstract 修饰，且只有方法的声明，而没有方法的实现，即

```
public abstract boolean isNil();
public abstract String getName();
```

抽象类不可以直接创建对象，需要创建具体子类 RealCustomer 和 NullCustomer 的对象。子类继承抽象父类，并实现所有抽象父类的方法，才能创建对象，即

```
class RealCustomer extends Customer {...}
class NullCustomer extends Customer {...}
```

在 RealCustomer 的构造器中，对象的属性与构造器参数用 this 关键字加以区分，即

```
this.name = name;
```

CustomerFactory 中的方法 getCustomer()接收参数为所要创建的客户名称，判断已有名称（字符串数组 names）中是否存在所接收的客户名称 name，此处对字符串数组 names 中的每个名称与所接收客户名称（name）采用 equals 方法进行字符串判等，一旦相等，则创建并返回以 name 为客户名称的 RealCustomer 对象，否则返回 NullCustomer 对象。即

```
for (int i = 0; i < names.length; i++){
    if (names[i].equals(name)){
        return new RealCustomer(name);
    }
    return new NullCustomer();
}
```

CRM 中定义一个 getCustomer()方法，该方法通过使用 CustomerFactory 中的方法 getCustomer()来创建 Customer 对象。其中采用 new 关键字创建 CustomerFactory 对象，即

```
CustomerFactory cf = new CustomerFactory();
```

然后调用 cf 引用对象中的 getCustomer()方法，创建客户名称为 Rob、Bob、Julie 和 Laura 的四个对象，最后打印客户名称进行测试。以客户名称 Rob 和 Bob 为例：

```
Customer customer1= cf.getCustomer("Rob");
Customer customer2 = cf.getCustomer("Bob");
System.out.println(customer1.getName());
```

```
System.out.println(customer2.getName());
```

因为 names 中有 Rob 而无 Bob，所以对应的输出结果为：

```
Rob
Not Available in Customer Database
```

整个系统的入口 main()方法定义在 CRM 中，创建 CRM 对象，并调用 getCustomer()创建客户。

综上所述，空（1）和空（2）处需要标识抽象方法，并且在子类中方法均为 public，所以为 public abstract；空（3）和空（4）处需要表示 RealCustomer 和 NullCustomer 继承抽象类 Customer，即 extends；空（5）处为采用 equals 进行字符串判别是否相等，即 equals(name)；空（6）处为客户名称不存在时返回新创建的 NullCustomer 对象，即 new NullCustomer()；空（7）处为采用 new 关键字调用 CustomerFactory 的默认构造器来创建对象，通过上下文判断对象引用名称为 cf，即 cf = new CustomerFactory()。

6.【答案】

（1）virtual；　　　　　　（2）virtual；

（3）:public Customer；　　（4）:public Customer；

（5）compare(name)==0；　（6）new NullCustomer()；

（7）cf=New CustomerFactory()。

【解析】本题考查用 C++语言进行程序设计的能力，涉及类、对象、函数的定义和使用。要求考生认真阅读给出的案例和代码说明，以厘清程序思路，然后完成题目。

题目说明实现一个简单的客户关系管理系统（CRM），其中通过工厂（CustomerFactory）对象来创建客户（Customer）对象的功能。客户分为创建成功的客户（RealCustomer）和空客户（NullCustomer）。空客户对象是当不满足特定条件时创建或获取的对象。根据说明进行设计，题目说明中图 10-7 的类图给出了类 CRM、Customer、RealCustomer、NullCustomer 及其之间的关系。CRM 使用 CustomerFactory，CustomerFactory 作为创建 Customer 的工厂类，负责具体类型 Customer 的创建，即 Customer 的子类 RealCustomer 和 NullCustomer 的创建。

Customer 定义为抽象类，定义一个 protected string name 和两个纯虚函数，函数由子类实现。纯虚函数的定义采用关键字 virtual 修饰，且只有函数的声明，而没有函数的实现，即

```
virtual boolean isNil()=0;
virtual string getName()=0;
```

抽象类不可以直接创建对象，需要创建具体子类 RealCustomer 和 NullCustomer 的对象。子类继承抽象父类，并实现所有抽象父类的方法，才能创建对象，即

```
class RealCustomer : public Customer {...};
class NullCustomer : public Customer {...};
```

在 RealCustomer 的构造器中，对象的属性与构造器参数用 this 关键字加以区分。即

```
this->name = name;
```

CustomerFactory 中的函数 getCustomer()接收参数为所要创建的客户名称，判断已有名称（字符串数组 names）中是否存在所接收的客户名称 name，此处对字符串数组 names 中的每个名称与所接收客户名称（name）采用 compare 函数进行字符串判等，一旦相等，则创建并返回以 name

为客户名称的 RealCustomer 对象，否则返回 NullCustomer 对象。即

```
for (int i = 0; i < names.length; i++) {
    if (names[i].compare(name) = 0){
        return new RealCustomer(name);
    }
    return new NullCustomer();
}
```

CRM 中定义一个 getCustomer()方法，该方法通过使用 CustomerFactory 中的方法 getCustomer() 来创建 Customer 对象。其中采用 new 关键字创建 CustomerFactory 对象，即

```
CustomerFactory* cf = new CustomerFactory();
```

然后调用 cf 引用对象中的 getCustomer()函数，创建客户名称为 Rob、Bob、Julie 和 Laura 的四个对象，最后打印客户名称进行测试，使用后利用 Delete 键将其删除。以客户名称 Rob 和 Bob 为例，即

```
Customer* customer1 = cf->getCustomer ("Rob");
Customer* customer2 = cf->getCustomer("Bob");
cout<< customer1->getName()<<edn1; delete customer1;
cout<< customer2->getName()<<edn1; delete customer2;
```

因为 names 中有 Rob 而无 Bob，所以对应的输出结果为

```
Rob
Not Available in Customer Database
```

在整个系统的入口 main()函数中创建 CRM 对象，并调用 getCustomer()创建客户。

综上所述，空（1）和空（2）处需要标识虚拟函数，并且在子类中方法均为 public，所以为 public virtual；空（3）和空（4）处需要表示 RealCustomer 和 NullCustomer 继承抽象类 Customer，即 public Customer；空（5）处为进行字符串判别是否相等，即 compare(name)==0；空（6）处为客户名称不存在时返回新创建的 NullCustomer 对象，即 new NullCustomer()；空（7）处为采用 new 关键字调用 CustomerFactory 的默认构造器来创建对象，通过上下文判断对象引用名称为 cf，即 cf = new CustomerFactory()。

7. 【答案】

（1）2，n，1；　　　　　　（2）$A[k]$；　　　　　　（3）$k-1$，1，-1；
（4）$A[i]+A[i-1]$；　　　　（5）$A[i]$。

【解析】考查对算法流程图的理解和表示的能力，这是程序员必须掌握的技能。

杨辉三角形是二项式系数在三角形中的一种几何排列，在中国南宋数学家杨辉于 1261 年所著的《详解九章算法》一书中出现。

```
              1                    n=1
            1   1                  n=2
          1   2   1                n=3
        1   3   3   1              n=4
      1   4   6   4   1            n=5
    1   5  10  10   5   1          n=6
  1   6  15  20  15   6   1        n=7
```

$k=1$，2，3，…时$(x+1)^k$的展开系数如下（杨辉三角形）：

$k=1$ 时　　1　　1

$k=2$ 时　　1　　2　　1

$k=3$ 时　　1　　3　　3　　1

$k=4$ 时　　1　　4　　6　　4　　1

…

　　　　$A[1]$　$A[2]$　　$A[3]$　　$A[4]$…

计算是逐行进行的，而且各行计算的结果需要保存在同一数组 A 中。

杨辉三角的规律为：每行有 $k+1$ 个数，依次保存在 $A[0:n]$ 中。其中首末两数都是 1，中间任一个数等于其上面一行的数与其左上数之和。由于采用同一数组存放各行，因此每计算出一个数存放后就会代替原来的数。这样，在同一行计算的过程中，不能从左到右计算，而应从右到左计算（按数组下标 i 递减的顺序）。

流程图中，一开始对 $A[0]$ 和 $A[1]$ 置 1，这就是 $k=1$ 时的计算结果。

接着需要对 $k=2$，3，…，n 进行循环计算，因此流程图空（1）处应填 2，n 或者 2，n，1。

在对第 k 行进行计算时，显然应首先将最右边的 $A[k]$ 置 1，因此空（2）处应填 $A[k]$。

接着应从右到左逐个计算这一行中间的各个数：$A[k-1]$，$A[k-2]$，…，$A[1]$，因此，空（3）处应填 $k-1$，1，-1（即数组下标从 $k-1$ 开始每次递减 1 直到 1）。

接着应计算 $A[i]$。根据杨辉三角形的规律，它应等于原来的 $A[i]$ 与前一个数 $A[i-1]$ 之和。因此空（4）处应填 $A[i]+A[i-1]$，而空（5）处应填 $A[i]$。

当 i 和 k 双重循环结束后，$A[0:n]$ 中的结果就是 $(x+1)^n$ 展开后的各项系数。

8. 【答案】

（1）j<n 或者 j<=n-1;　　　　（2）j++;　　　　（3）k=j;

（4）data[i]=data[k];

（5）selectSort(arr, m)，此处 m 也可以填 8 或者 sizeof(arr)/sizeof(int);

（6）i=0。

【解析】考查 C 程序设计的基本技能及应用。

简单选择排序方法是假设所排序序列的记录个数为 n，i 取 1，2，…，n-1，从所有 n-i+1 个记录中找出排序码最小的记录，与第 i 个记录交换。执行 n-1 趟后就完成了记录序列的排序。

空（1）处应填 j 循环结束条件，j 应该运行至序列末尾，所以填 j<n 或者 j<=n-1。

空（2）处填 j 循环控制语句，j 每次递增 1，往后移动一个元素与 a[i]进行比较。

空（3）处为自动保存最大元素的下标，k=j。

空（4）处为交换两个元素，temp 为临时变量，保存 data[i]的值，使用 data[i]=data[k]使 data[i]为后面 n-i+1 个记录中排序码最小的记录，再将 temp 赋给 data[k]。

空（5）处为调用 selectSort 对数组 arr 进行非递减排序，selectSort 有两个参数，为数组和排序元素个数，即 selectSort(arr, m)。

空（6）处进行元素遍历输出所有的数组元素，从下标为 0 开始，所以填 i=0。

9. 【答案】

【问题 1】

D 或 3 或 xl=D 或 xl=3 或其等价形式。

A 或 0 或 x2=A 或 x2=0 或其等价形式。

C 或 2 或 x3=C 或 x3=2 或其等价形式。

B 或 1 或 x4=B 或 x4=l 或其等价形式。

【问题 2】

（1）

```
Average!
Poor!
Oops, Error
```

（2）

```
Excellent!
Good!
```

【问题 3】

运行后的输出结果为：

```
0 1 0
0 2 0
0 2 1
1 0 1
1 2 0
1 2 1
```

【解析】考查 C 程序的基本结构、语句和运算逻辑及其应用。

【问题 1】

代码中 if 语句的含义可用下面的流程图（见图 10-19）表示。

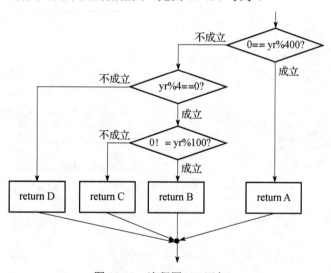

图 10-19　流程图（if 语句）

对于函数调用 xl = f(1997)，将 1997 传给 yr 后计算 yr%400 值为 397，等于 0 不成立（即不能被 400 整除），接下来计算 yr%4 值为 1，等于 0 不成立（即不能被 4 整除），因此执行 return D。

对于函数调用 x2 = f(2000)，将 2000 传给 yr 后计算 yr%400 值为 0，等于 0 成立（即可以被 400 整除），因此执行 return A。

对于函数调用 x3 = f(2100)，将 2100 传给 yr 后计算 yr%400 值为 10，等于 0 不成立（即不能被 400 整除），接下来计算 yr%4 值为 0，等于 0 成立（即可以被 4 整除），接下来计算 yr%100 值为 0，不等于 0 不成立（即可以被 100 整除），因此执行 return C。

对于函数调用 x4 = f(2020)，将 2020 传给 yr 后计算 yr%400 值为 20，等于 0 不成立（即不能被 400 整除），接下来计算 yr%4 值为 0，等于 0 成立（即可以被 4 整除），接下来计算 yr%100 值为 20，不等于 0 成立（即不能被 100 整除），因此执行 return B。

【问题 2】

问题 2 主要通过输入不同值考查对 switch 语句的理解和应用，特别要注意其中 break 的作用。题目中的 switch 语句在逻辑上可以理解为如图 10-20 所示的流程图的含义，实际上通过将各情况的代码位置记在一个称为跳转表的数组中，根据 score 的值实现直接跳转，可以得到更高效的执行效率。

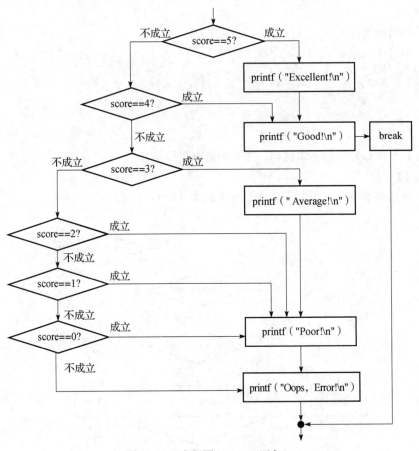

图 10-20 流程图（switch 语句）

输入为 3 时，score 的值不等于 5 也不等于 4，而满足 score 等于 3 的情况，输出 "Average!" 后，由于没有遇到 break，所以接下来执行输出 "poor!" 和输出 "Oops, Error"，然后结束 switch 语句。

输入为 5 时，满足 score 等于 5 的情况，输出 "Excellent!" 后，由于没有遇到 break，所以接下来执行输出 "Good!"，遇到 break，结束 switch 语句。

若输入为 4，满足 score 等于 4 的情况，因此执行输出"Good!"，遇到 break，结束 switch 语句。

若输入为 6，score 的值不等于 5、4、3、2、1 和 0 中的任何一个，则执行 default 部分的语句，即输出"Oops, Error"，然后结束 switch 语句。

【问题 3】

问题 3 主要通过输入不同值考查对嵌套循环语句的理解和应用。i、j 和 k 的取值关系可以用表 10-1 表示，要求输出 i、j 不同且 j、k 不同时它们的值，而 i 与 k 相同则跳过，就可以得出输出的结果。

表 10-1　i，j，k 的取值关系

i<2	j<3	k<2	i、j、k 的取值
i=0	j=0	k=0	0　0　0
		k=1	0　0　1
	j=1	k=0	0　1　0
		k=1	0　1　1
	j=2	k=0	0　2　0
		k=1	0　2　1
i=1	j=0	k=0	1　0　0
		k=1	1　0　1
	j=1	k=0	1　1　0
		k=1	1　1　1
	j=2	k=0	1　2　0
		k=1	1　2　1

10.【答案】

（1）low<=high;　　　（2）high=mid-1;　　　（3）low=mid+1;

（4）low<=high;　　　（5）r, low, mid-1;　　　（6）r, mid+1, high。

【解析】 考查 C 程序的基本结构、递归运算逻辑和二分查找算法的实现。

二分查找算法要求查找表的元素已经有序，且可以随机访问元素，其基本思想是：首先令待查元素与中间位置上的元素进行比较，若相等，则查找成功；若大于中间元素，则在后半个查找表中继续进行二分查找，否则在前半个查找表中继续进行二分查找。

由于有序序列存储在数组中，因此查找表的开始位置（即最小元素的位置）用 low 表示，结束位置（即最大元素的位置）用 high 表示（即查找表可以通过[low, high]来表示），从而可以计算出中间位置 mid 为(low+high)/2，前半个查找表可用[low, mid-1]表示，后半个查找表可用[mid-1, high]表示。因此，在查找过程中，若待查元素小于中间位置的元素，则将 high 更新为 mid-1；若待查元素大于中间位置的元素，则将 low 更新为 mid+1，从而在继续进行二分查找时仍然通过[low, high]来表示查找表。显然，low<=high 表示查找范围有效，即查找表至少有一个元素。

函数 1 中的空（1）处应填入 low <= high，空（2）处表示要在前半个查找表中继续查找，因此需要修改表尾的位置参数，应填入 high=mid-1；空（3）处表示要在后半个查找表中继续查找，因此需要修改表头的位置参数，应填入 1ow=mid+1。

用递归方式实现二分查找算法时，表头位置参数或表尾位置参数的修改通过递归调用时的实参来表示。函数 2 中的空（4）处应填入 low <= high，表示查找表有效，空（5）处表示要在前半个查找表中继续查找，因此需要修改查找表的表尾位置参数，完整的递归调用为 biSearch_rec(r, low, mid-1, key)；空（6）处表示要在后半个查找表中继续查找，因此需要修改查找表的表头位置参数，完整的递归调用为 biSearch_rec(r, mid+1, high, key)。

二分查找算法的时间复杂度为 $O(\log_2 n)$，最多与 $\log_2(n+1)$ 个数组元素进行比较，即可确定查找结果，所以空（7）选择 A。

11.【答案】

（1）implements Item；　　　（2）this.price=price；　　　（3）visitor.visit(this)；

（4）implements Visitor；　　（5）public void visit(Book book)；

（6）item.accept(visitor)。

【解析】考查 Java 语言程序设计能力，涉及接口、类、对象、方法的定义和使用。

本题也是典型的访问者(Visitor)设计模式的实现示例。访问者设计模式的典型类图如图 10-21 所示。该模式中最核心的部分当属 Visitor 接口，其为元素对象结构中每一种具体元素（ConcreteElement）定义了 visit 操作。

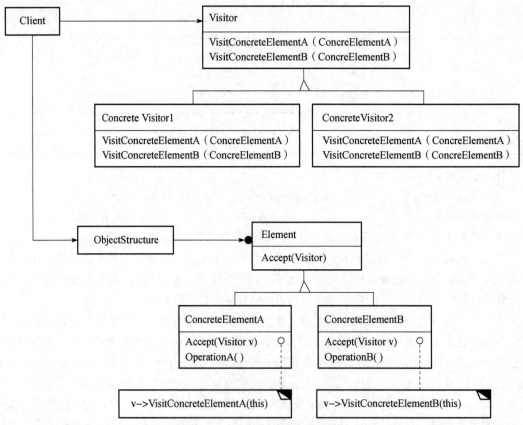

图 10-21　访问者设计模式类图

先考查题目说明，实现一个超市简单销售系统中的部分功能，顾客选择图书等物品（Item）加入购物车（ShoppingCart），到收银台（Cashier）对每个购物车中的物品统计其价格进行结账。具体物品有图书（Book）、CD 和 DVD 等。

根据题目说明进行设计，给出图 10-9 的类图，定义相关的接口、类及其之间的关系。

其中 ShoppingCart 购物车中持有各种物品，物品（Item）定义为接口，声明两个方法，一个是 getPrice()，可以获得物品价格，另一个 accept(visitor: Visitor)接收由 visitor 对象进行的价格统计，方法由子类实现。Book、CD 和 DVD 三个具体类实现接口 Item，需要具体定义 getPrice()和 accept()方法的实现。Visitor 定义为访问每个物品的接口，具体访问者即其实现类 Cashier 对 ShoppingCart 中的每个物品进行统计。

元素对象结构中，Item 定义为接口，使用 interface 关键字。其中声明的方法默认为 public，此处显式添加了 public 关键字，没有实现方法：

```
public void accept(Visitor visitor);
public double getPrice();
```

接口无法直接创建对象，需要由具体类 Book、CD 和 DVD 实现 Item 中声明的方法接口后，才能创建对象。在 Java 中，采用 implements 关键字后加接口名的方式，即

```
class Book implements Item{...}
class CD implements Item{...}
class DVD implements Item{...}
```

在具体实现类的构造器中，对象的属性与构造器参数 price 同名，用 this 关键字加以区分。其中 this 关键字用来引用当前对象或类实例，可以用点运算符“.”存取属性或行为，即

```
this.price = price;
```

其中，this.price 表示当前对象的 price 属性，price 表示参数。

public void accept(Visitor visitor)方法用于具体的收银员访问本元素以统计价格，即 visitor 对象使用它的 visit 方法访问当前的物品对象：

```
visitor.visit(this);
```

类图中的核心是 Visitor 接口：interface Visitor{}。该接口定义了一个访问 Item 对象结构中的每种具体物品元素的操作，即

```
public void visit(Book book);
public void visit(CD cd);
public void visit(DVD dvd);
```

具体访问物品的收银员 Cashier 实现该 Visitor 接口，实现其中的 visit 方法。Cashier 记录（存储）所统计的物品总价格 totalForCart，在访问每个物品之后，将按具体规则对物品进行价格统计，累加至总价格。Cashier 中定义 public double getTotal()方法以返回购物车中物品的总价格。

ShoppingCart 类定义购物车中一系列物品的集合：

```
private java.util.ArrayList<Item> items * new java.util.ArrayListO ();
```

其中，采用泛型元素类型<Item>约束。从 Java 7 起，支持创建如 ArrayList 等集合类对象时，从上下文推断其泛型元素类型，不用显式指出。即 new java.util.ArrayList<>()。

ShoppingCart 中的 calculatePrice()方法即为触发结账离开的行为，其中每个物品接收 Cashier 对象的价格统计：

```
for(Item item: items) {
    item.accept(visitor);
    }
```

最后通过 visitor.getTotal()返回总价格。ShoppingCart 中还定义一个方法用来向购物车添加物品：

```
public void add(Item e) {
this.items.add(e);
```

整个系统在使用时先创建 ShoppingCart 对象，向其中添加物品，结账离开时调用 calculatePrice()统计总价，在 main()方法中定义如下：

```
public static void main(String... args) {
    ShoppingCart cart = new ShoppingCart ();
    cart.add(new Book(20));
    cart.add(new CD(10));
    cart.add(new DVD(20));
    double total = cart.calculatePrice();
    System.out.println("total :" + total);
}
```

结合上面的分析，可以得出：

空（1）处需要标识实现接口，即 implements Item。

空（2）处表示将参数 price 赋值给当前对象的 price，即 this.price = price。

空（3）处需要使 visitor 对象调用 visit 的当前对象来统计价格，即 visitor.visit(this)。

空（4）处为实现接口，即 implements Visitor。

空（5）处为具体类中实现接口中声明的方法，即 public void visit(Book book)。

空（6）处为物品对象接受收银员对当前对象进行统计，即 item.accept(visitor)。

12. 【答案】

（1）:public Item;　　（2）this->price=price;　　（3）visitor->visit(this);

（4）public visitor;　　（5）void visit(Book *book);　　（6）items->accept(visitor)。

【解析】考查 C++语言程序设计能力，涉及接口、类、对象、函数的定义和使用。

结合上题的分析，可以得出以上答案。

13. 【答案】

（1）$K(i)/P$ 或其等效形式；

（2）0；

（3）1→$F(j)$或 $F(j)$=1 或其等效形式；

（4）j+1→j 或 j=j+1 或 j++或其等效形式；

（5）0→j 或 j=0 或其等效形式。

【解析】考查 C 程序设计（算法流程图设计）的能力。

杂凑法（即散列法或哈希法）是大数据处理时常用的数据存储检索方法，它的检索效率很高。本流程图中，将依靠循环 i=0,1,$\cdots$,N-1，依次将主键值为 $K(i)$的记录存入适当的区域 $S(j)$中。首先，需要求出 $K(i)$除以质数 P 的余数 j，采用的方法是计算 $K(i)$-P*int($K(i)/P$)。例如，对于 P=7，31/7 的商的整数部分为 4，所以 31 除以 7 的余数为 31-7×4=3。因此流程图中的空（1）应填写 $K(i)/P$

或它的等效形式。然后判断区域 $S(j)$ 的标志位 $F(j)$ 是否为 0，即空（2）应填写 0。如果 $F(j)=0$ 则表示区域 $S(j)$ 为空，可以将 $K(i)$ 直接存入区域 $S(j)$ 中，并将 $F(j)$ 置 1 表示已被占用，即空（3）应填写 $1{\rightarrow}F(j)$。如果 $F(j)$ 非 0，则表示 $S(j)$ 已占用，需要考虑下一个区域是否为空。也就是说，需要将 j 增 1，即空（4）应填写 $j+1{\rightarrow}j$。如果 j 增 1 后已超越最后一个区域，则需要考虑返回区域 $S(0)$。也就是说，当 $j=M$ 时，需要执行 $0{\rightarrow}j$，即空（5）应填写 $0{\rightarrow}j$。

14. 【答案】

【问题 1】

6

6

7

6

【问题 2】

a:97

c:99

e:101

【问题 3】

BCDEF

CDEF

DEF

EF

F

【解析】考查考生对 C 程序基本语句和控制结构的理解和应用。

C 代码 1 主要考查前置自增（自减）和后置自增（自减）运算的含义。自增（自减）运算是 C 程序中频繁使用的运算，其含义是将变量的值增加 1（减去 1）。前置自增时，是将变量的值增加 1，增 1 后变量的值作为表达式的值；后置自增时，是先取变量的值作为表达式的值，然后将变量的值增加 1。自减运算同理。本代码段中，num 的初始值为 5，经过前置自增运算"++num"之后，num 的值变为 6，该表达式（++num）的值也是 num 自增后的值，即第一个 printf 输出 6。对于表达式"num++"，是对 num 进行后置自增，该表达式的值取 num 自增之前的值（即 6，即第二个 printf 输出 6），而 num 的值变为 7。接下来在 printf 中进行后置自减运算"num--"，此时表达式的运算结果是 num 自减之前的值（即 7，即第三个 printf 输出 7），而 num 的值会改变为 6，因此第 4 个 printf 输出 6。

C 代码 2 主要考查针对字符运算的单重循环控制。字符数据的内部表示是它的编码，例如字符'a'的 ASCII 码值为 97，输出时的格式控制串为"%c:%d"时，要求以字符方式和十进制数值方式输出，因此可看到输出结果为"a:97"。字符集中对数字、字母的编码都是连续的，因此 ch 表示字符'a'时，ch+2 就表示字符'c'，以此类推。

C 代码 3 主要考查针对字符运算的双重循环控制。外层循环控制变量 raw 取值范围为 0～5（等于 5 时结束循环），内层循环控制变量 ch 的取值范围为'B'+row～'B'+5（等于'B'+5 即'G'时结束内层循环），如表 10-2 所示。

表 10-2 双重循环控制取值表

raw 的值	ch 的值	内层循环条件	putchar(ch)
0	'B'	'B'<'B'+5('G')成立	B
	'C'（'B'+1）	'C'<'B'+5('G')成立	C
	'D'（'C'+1）	'D'<'B'+5('G')成立	D
	'E'（'D'+1）	'E'<'B'+5('G')成立	E
	'F'（'E'+1）	'F'<'B'+5('G')成立	F
1	'C'	'C'<'B'+5('G')成立	C
	'D'	'D'<'B'+5('G')成立	D
	'E'	'E'<'B'+5('G')成立	E
	'F'	'F'<'B'+5('G')成立	F
2	'D'	'D'<'B'+5('G')成立	D
	'E'	'E'<'B'+5('G')成立	E
	'F'	'F'<'B'+5('G')成立	F
3	'E'	'E'<'B'+5('G')成立	E
	'F'	'F'<'B'+5('G')成立	F
4	'F'	'F'<'B'+5('G')成立	F

15. 【答案】

（1）usrSort(10, a)或其等效形式，a 可替换为&a、&a[0]；

（2）temp_arr，0，N*sizeof(int)或其等效形式，其中 N 和 sizeof(int)可替换为 101、4；

（3）a[i]或*(a+i)或其等效形式；

（4）cnt = temp_arr[i]或 cnt= *(temp_arr+i)或其等效形式；

（5）k++或++k 或 k=k+1 或 k+=1 或其等效形式。

【解析】考查考生对 C 程序基本结构、函数定义及调用、运算逻辑的理解与应用。

根据空（1）所在语句的注释，明确是对函数 usrSort 进行调用。usrSort 的原型声明为 "void usrSort(int n, int a[])"，第一个参数表示需要排序的元素个数，第二个参数表示对哪个数组进行排序，题目中，需要对含有 10 个元素的数组进行排序，因此空（1）应填入 usrSort(10,a)或其等效形式。

注意：第二个参数需要传入的数组（数组首地址），用数组名或下标为 0 的数组元素取地址都可以。

空（2）所在语句是调用 memset 对申请的内存区域进行初始化。根据注释，要求将 temp_arr 指向的内存区域清零，根据声明 memset 时定义的 void*memset (void *p, int ch, size_t n);，此处需要对 temp_arr 所指向的存储区域的元素值设置为 0，可以结合语句 temp_arr=(int *) malloc(N*sizeof(int));，表示 temp_arr 占用的内存空间为 N*sizeof(int)，可知函数调用为 memset(temp_arr, 0, N * sizeof(int))。

空（3）所在的循环语句遍历数组 a[]的所有元素，将元素 a[i]作为 temp_arr 的下标，从而使得 temp_arr[a[i]]表示了 a[i]表示的值在数组 a[]中出现的次数。例如：数组 a[]中函数元素 1 出现 1 次，则需要 temp_arr[1]的值+1，数组 a[]中函数元素 5 出现 1 次，则需要 temp_arr[5]的值+1。

空（4）、空（5）主要是通过 temp_arr 中的元素取值情况来对数组 a[]中的元素进行重排，假设 tem_arr[0]=3，则表示 0 元素出现了 3 次。首先用 cnt 保留元素出现的次数，可知空（4）处应设置 cnt 的初始值为 temp_arr[i]。当 cnt>0 时，表示元素 i 出现的次数超过了 1，需要进行循环填入，每在数组中放入 1 个 i 元素后，cnt 自减（表明还需要放置的次数要减 1），而 k 需要自增（表明元素放置位置要往后一个），以给出下一个 i 要放入的数组位置，因此空（5）处应填入 k++或其等效形式。

16.【答案】

（1）strCompress(test)或 strCompress(&test[0])或其等效形式；

（2）i++；

（3）*s==*(s+k)或 s[0]=s[k]或*(s+k)&&*s==*(s+k)或 s[k]&&s[0]==s[k]或其等效形式；

（4）*p++或其等效形式；

（5）buf[i]或 buf[i++]或*(buf+i)或其等效形式。

【解析】考查 C 程序流程控制和字符串处理及指针的应用。

空（1）处实现对函数 strCompress 的调用，根据 strCompress 的声明和定义（void strCompress(char *str)要求实参提供字符存储的地址，main 函数中的字符数组 test 保存了需要压缩的字符串，因此空（1）应填入 strCompress(test)或其等效形式。

在函数 strCompress 中，其方式为：

1）将首个字符存放在 buf 数组第一个位置中。

2）计算该字符出现的次数，用 k 表示。此处计算时用 if(s[1]&&*s==*(s+1)) 先做初步判断，当*s==*(s+1)时表示当前位置第一个字符等于第二个字符，说明有多次出现，k 值加 1，如果不成立，表示该字符只出现了一次，跳过 if 中间的过程，直接对下一个不同字符进行判定。

当出现重复字符时，此时还要判断后面是否有重复的字符，且用 k 计数该字符出现的次数。所以空（3）填*s==*(s+k)，表示后面字符与该字符是否相同，如果相同，k 值加 1，直到出现不同的字符，结束循环。循环结束后，要将 k 值赋值到 buf 数组中，所以用 sprintf 函数将 k 转为字符串，然后将暂存在 tstr 中的数字字符逐个写入 buf 数组，所以空（4）填*p++，将 k 对应的字符串存入 buf 的下一个位置。

3）下一个不同字符同样要赋值到 buf 中，但是赋值位置是之前字符的后一个位置，所以空（2）填的是 i++。然后对于下一个不同字符的初始位置进行判断，例如：假设是"aaab"那么下一个不同字符是在 s+3 的位置，如果是"ab"那么下一个不同字符是在 s+1 的位置，所以此处不同字符的偏移量是由 k（前一个字符的重复次数）所确定的，表示为 s+k，所以用"s+=k;"表示跳过连续出现的同一个字符，使 s 指向下一个不同的字符。接下来就是重复 2）、3）的过程，直到字符串结束。设置 buf 数组末尾为字符串结束标记，由于每次在 buf[]中写入字符时都对下标 i 进行了自增，for 循环结束后，buf[i]即表示压缩字符串最后一个字符之后的位置，因此空（5）处用"buf[i]='\0'"表示设置字符串结尾。

17.【答案】

（1）int goals =0 或 int goals；

（2）this.name；

（3）goals++或++goals 或其等效形式；

（4）Team；

（5）new Game(t1,t2)。

【解析】考查考生应用 Java 语言进行程序设计的能力，涉及类、对象、方法的定义和相关操作。要求考生根据给出的案例和代码说明并完成程序填空。

本题涉及比赛和球队。根据说明进行设计，题目给出了类图（见图 10-13）。图中类 Game 和 Team 之间是聚合关系。Game 类有两个 public 方法：getResults()和 incrementGoal()，分别用于获取比赛结果和某支球队进 1 球后增加比分。private 属性是参加比赛的两支球队。Team 类中有 3 个 public 方法：incrementGoal()、getGoal()和 getName，分别为本球队进 1 球后增加得分、获得本队得分和获得球队名称；private 属性为球队名称和得分。球队名采用 String 类型，得分信息从上下文可知是 goals，用 int 类型。在 Team 对象创建时，初始化球队名称和得分。Java 中，对象的属性若为基本数据类型 int，自动初始化为 0，如果有显式初始化执行显式初始化；对象的属性若为引用类型 String，自动初始化为 null，所以需要在构造器中对球队名称加以显式初始化。其构造器接收球队名称，参数名称与对象的属性名均为 name，用 this 关键字加以区分。其中 this 关键字用来引用当前对象或类实例，可以用点运算符"."存取属性或行为，即

```
this.name = name;
```

注意：没有同名时是否有"this."都表示名称所表示的对象属性。

从方法 getGoals()中的"return goals;"判断，其缺少属性 goals 来表示得分。再从上下文判断，方法 incrementGoal()表示在比赛中某球队进 1 球，即 goals 的值增加 1。创建 Game 对象表示两支球队的一场比赛。构造器参数为两支球队，用以初始化 Game 对象的两个属性。方法 getResults() 用于输出当前比分。方法 incrementGoal()用于表示某一球队进 1 球，具体是哪支球队由参数给定，所以参数类型为 Team。主控逻辑代码在 Game 类中程序主入口 main()方法中实现。在 main()方法中，先创建两支球队（用 new 关键字），即两个 Team 类的对象，球队名称分别为"TA"和"TB"，引用名称分别为 t1 和 t2，即

```
Team t1 = new Team("TA");
Team t2 = new Team("TB");
```

以这两个对象引用名称为参数，创建一场比赛对象（用 new 关键字），引用名称为 football，即

```
Game football = new Game(t1, t2);
```

然后用

```
football.incrementGoal(t1);
football.incrementGoal(t2);
```

分别表示球队 TA 进一球，球队 TB 进一球。然后调用 getResults()方法输出此时的比分，即

```
football.getResults();
```

然后 TB 再进一球，再调用 getResults()方法输出此时的比分，即

```
football.incrementGoal(t2);
football.getResults();
```

综上所述，空（1）处需要定义表示一支球队的得分 goals 并初始化为 0，题目代码中已经用分号结尾，所以空（1）为 int goals 或 int goals=0；空（2）处需要表示 Team 对象的 name 属性，

即 this.name；空（3）处需要表示当前球队得分加 1，因为只有一条语句，只要表示 goals 加 1 即可，即 goals++或++goals 或其等效形式；空（4）处需要表示参数类型为球队，即 Team；空（5）处为创建 Game 类的对象 football，需要两个 Team 类型对象的引用，从其后面语句可知，两个引用名称为 t1 和 t2，即 new Game(t1,t2)。

18.【答案】

（1）int goals 或 int goals= 0；

（2）this->name；

（3）goals++或++goals 或其等效形式；

（4）Team*；

（5）new Game(t1, t2)。

【解析】考查考生应用 C++语言进行程序设计的能力，涉及类、对象、函数的定义和相关操作。要求考生根据给出的案例和代码说明完成程序填空。

本题中涉及比赛和球队。根据说明进行设计，题目给出了类图（见图 10-14）。图中类 Game 和 Team 之间是聚合关系。Game 类有两个 public 的函数：getResults()和 incrementGoal()，分别用于获取比赛结果和某支球队进 1 球后增加比分；private 属性就是参加比赛的两支球队。Team 类中有 3 个 public 函数：incrementGoal()、getGoal()、getName()，分别为本球队进 1 球后增加得分、获得本队得分和获得球队名称；private 的属性为球队名称和得分。球队名采用 string 类型，得分信息从上下文可知是 goals，用 int 类型。在 Team 对象创建时，初始化球队名称和得分。C++11 标准之后，对象的属性定义时才可显式初始化；对象的属性 name 类型为 string，需要在构造器中对球队名称加以显式初始化。其构造器接收球队名称，参数名称与对象的属性名均为 name，用 this 关键字加以区分。其中 this 关键字用来引用当前对象或类实例，可以用"->"运算符存取属性或行为，即

```
this->name = name;
this->goals =0;
```

注：没有同名时是否有"this->"都表示名称所表示的对象属性。

从函数 getGoals()中的 return goals 判断，其缺少属性 goals 来表示得分。再从上下文判断，函数 incrementGoal()表示在比赛中某球队进 1 球，即 goals 的值增加 1。创建 Game 对象表示两支球队的一场比赛。构造器参数为两支球队，用以初始化 Game 对象的两个属性。函数 getResults()用于输出当前比分。函数 incrementGoal()用于表示某一支球队进 1 球，具体是哪支球队由参数给定，所以参数类型为 Team*。

主控逻辑代码在程序主入口函数 main()中实现。在 main()函数中，先创建两支球队（用 new 关键字），即两个 Team 类的对象指针，球队名称分别为"TA"和"TB"，指针名称分别为 t1 和 t2，即

```
Team *t1 = new Team("TA");
Team *t2 = new Team("TB");
```

以这两个对象指针名称为参数，创建一场比赛对象（用 new 关键字），指针名称为 football，即

```
Game *football = new Game(t1,t2);
```

然后用

```
football->incrementGoal(t1);
football->incrementGoal(t2);
```

表示球队 TA 进一球，球队 TB 进一球。然后调用 getResults()函数输出此时的比分，即

```
football->getResults();
```

然后 TB 再进一球，再调用 getResults()函数输出此时的比分，即

```
football->incrementGoal(t2);
football->getResults() ;
```

综上所述，空（1）处需要定义表示一支球队的得分 goals，题目代码中已经用分号结尾，所以空（1）处为 int goals（C++11 标准之后 int goals=0 也支持）；空（2）处需要表示 Team 对象指针的 name 属性，即 this->name；空（3）处需要表示当前球队得分加 1，因为只有一条语句，只要表示 goals 加 1 即可，即 goals++或++goals 或其等效形式；空（4）处需要表示参数类型为球队指针，即 Team*；空（5）处为创建 Game 类的对象 football，需要两个 Team 类型对象的指针，从其后面语句可知，两个指针名称为 t1 和 t2，即 new Game(t1, t2)。

19.【答案】

（1）0；

（2）$L+1$ 或其等效形式；

（3）$0 \to L$ 或其等效形式；

（4）$L>M$ 或 $L \geqslant M$ 或其等效形式；

（5）M。

【解析】考查流程图。

本题流程图采用的算法是对二进制位串从左到右进行逐位判断，并累计连续遇到数字 1 的个数 L，再动态地得到当前 L 的最大值 M。初始时，L 和 M 都应该是 0，故初值为 0，因此，流程图的空（1）处应填 0。接着开始对 $i=1,2,\cdots,n$ 循环，依次判断二进制位 $A[i]$ 是否为 1。如果 $A[i]=1$，就应该将 L 增 1，即执行 $L+1 \to L$，因此流程图的空（2）处应填 $L+1$；如果 $A[i]=0$，则应该将数字 1 的累计长度 L 清 0，重新开始累计，因此，流程图的空（3）处应填 $0 \to L$。当遇到数字 1 进行累计 L 后，应将 L 与现行的累计值 M 进行比较。如果 $L>M$，则显然应该以新的 L 值代替原来的 M 值，即执行 $L \to M$；如果 $L<M$，则不能更新 M 值；如果 $L=M$，则可以更新也可以不更新 M 值，对计算结果没有影响。为此，流程图的空（4）处可填 $L>M$ 或 $L \geqslant M$（填前者更好），而空（5）处应填 M。

20.【答案】

（1）fabs(x)<=1e-6 或 fabs(x)<=0.00001 或 x==0.0 或其等效形式；

（2）x2；

（3）x/(x1*x1)或其等效形式；

（4）(x2-x1)/x1 或其等效形式；

（5）x+=0.1 或 x=x+0.1 或其等效形式。

【解析】本题考查 C 程序基本运算和流程控制的应用。

　　函数 cubeRoot(x)根据给定的公式计算 x 的立方根。根据精度要求，绝对值小于 1e-6 的数，其立方根为 0，因此，空（1）处应填入 fabs(x)<=1e-6 或其等效形式。分析函数 cubeRoot 中的代码，可知 x1 对应公式中的 x_n，x2 对应公式中的 x_{n+1}，每次循环时，需要将 x2 传给 x1，再计算出新的 x2，因此空（2）处应填入 x2，空（3）处应填入 x/(x1*x1)。在满足精度要求时结束循环，即空（4）处应填入(x2-x1)/x1。根据题干部分的说明，显然空（5）处应填入 x+=0.1 或其等效形式。

　　21.【答案】

　　（1）*c-'0'或 c[0]-'0'或*c-48 或 c[0]-48 或其等效形式。

　　（2）isUpper(*p)或 isUpper(p[0])。

　　（3）isLower(*p)或 isLower(p[0])。

　　（4）isDigit(*p) 或 isDigit(p[0])。

　　（5）p++或++p 或 p=p+1 或 p+=1 或其等效形式。

　　【解析】考查 C 程序设计。

　　观察代码中定义的函数，isUpper(char c)、isLower(char c)、isDigit(char c)的形参为传值方式的字符型参数，调用这些函数时实参为字符变量或常量。toUpper(char *c)、toLower(char *c)、cDigit(char *c)、convertion(char *p)的形参为字符指针类型，调用这些函数时实参应为指向字符的指针（字符变量的地址）。根据题干部分的描述，求解数字字符的伙伴字符时，需要进行算术运算，用 9 减去数字字符对应的数值（即数字字符- '0'），得到的值再加上'0'从而再次转换为数字字符，因此空（1）处应填入*c-'0'或其等效形式。函数 convertion(char *p)根据题干描述的要求对字符进行转换，满足空（2）所给的条件时需要调用 toLower(p)将字符转换为小写字母，因此空（2）处应判断字符是否为大写字母，应填入 isUpper(*p)或其等效形式。满足空（3）所给的条件时需要调用 toUpper(p)将字符转换为大写字母，因此空（3）处应判断字符是否为小写字母，应填入 isLower(*p)或其等效形式。满足空（4）所给的条件时需要调用 cDigit(p)将数字字符转换为其伙伴字符，因此空（4）处应判断字符是否为数字字符，应填入 isDigit(*p)或其等效形式。在 while 循环中还需要对指针变量 p 进行递增，处理完 p 指向的当前字符后再指向下一字符，因此空（5）处应填入 p++或其等效形式。

　　22.【答案】

　　（1）tail。

　　（2）p->key 或(*p).key 或其等效形式。

　　（3）p->next 或(*p).next 或其等效形式。

　　（4）!tail 或 tail==NULL 或其等效形式。

　　（5）p->next 或(*p).next 或其等效形式。

　　【解析】考查 C 程序流程控制和指针的应用。

　　函数 createList()中首先创造链表的第一个结点，然后通过循环来创建其余的 n-1 个结点。显然，创建第一个结点后，该结点是表尾结点，因此空（1）处应填入 tail 来设置表尾指针。通过运算 p->next=p，形成只有 1 个结点的单循环链表，如下图所示。

对于 for 循环中创建的每一个结点（p 所指），首先通过运算 p->key = a[i]设置其数据域的值，因此空（2）处应填入 p->key 或其等效形式，如图 a 所示。然后设置新结点的指针域（p->next），使其指向第一个结点（tail->next 所指），即 p->next = tail->next，如图 b 所示。再将结点链接进入链表，即 tail>-next=p，如图 c 所示。最后更新表尾指针，即 tail=p。因此空（3）处应填入 p->next。

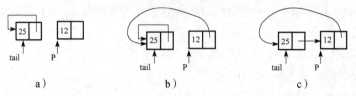

a)　　　　　　　　b)　　　　　　　　c)

函数 display(NodePtr tai)输出链表中结点数据域的值，参数为表尾指针。当链表为空时，该函数可以直接结束，因此空（4）处通过 tail 指针进行判断，应填入 tail==NULL 或其等效形式。该函数中通过变量 p 遍历链表中的结点，因此空（5）处需要修改 p，使其指向下一个结点，应填入 p->next。

23.【答案】

（1）extends;　　　　（2）this.order;　　　　（3）super(order);
（4）super(order);　　（5）super.printOrder();　（6）extends;
（7）this.order。

【解析】考查 Java 语言程序设计的能力，涉及类、对象、方法的定义和相关操作。要求考生根据给出的案例和代码说明完成程序填空。

本题目中涉及打印订单内容、打印抬头和打印脚注。根据说明进行设计，题目给出了类图（见图 10-17）。图中类 Order 有 PrintOrder 和 Decorator 两个子类。Decorator 与 Order 之间是聚合关系。Decorator 有两个子类 HeadDecorator 和 FootDecorator，分别实现打印抬头和打印脚注的功能。Java 语言中，子类继承父类采用关键字 extends 实现。Order 类中定义 printOrder()方法，实现打印"订单内容！"。Decorator 中定义私有 Order 类型成员 order，即

```
private Order order;
```

并且定义带参数构造器：

```
public Decorator(Order order){...}
```

其中对 order 进行初始化。

Java 中，一个类显式地定义带参数构造器时，编译器就不会自动生成默认的构造器，而子类构造器中首先调用父类的构造器，默认的情况下调用父类的默认无参数构造器，带参数构造器需要显式调用，形式为 super(参数)。对象的属性若为引用类型，自动初始化为 null，所以需要在构造器中对 order 加以显式初始化。其构造器接收 order，参数名称与对象的属性名均为 order，需要用 this 关键字来引用当前对象或类实例，可以用点运算符"."存取属性或行为，即

```
this.order=order;
```

Decorator 覆盖父类的 printOrder()方法。在 printOrder()方法中，order 不为空引用时，用 order.printOrder()调用 Order 的 printOrder()方法，实现打印"订单内容!"；而若 order 为空时，则

不进行调用，即没有打印订单内容。HeadDecorator 类和 FootDecorator 类中均定义带 Order 类型参数的构造器。在 Java 中，子类构造器中自动调用父类中的默认无参数构造器，而 Decorator 中只定义了带参数的构造器，因此，需要显式调用父类 Decorator 中的构造器，形式为 super(参数)，即 super(order)，对 Decorator 中私有成员 order 进行初始化。HeadDecorator 覆盖父类的 printOrder() 方法。在 printOrder() 方法中，先打印"订单抬头！"，再使用 super.printOrder() 调用父类的 printOrder() 方法打印"订单内容！"。FootDecorator 覆盖父类的 printOrder() 方法。在 printOrder() 方法中，先使用 super.printOrder() 调用父类的 printOrder() 方法打印"订单内容！"，再打印"订单脚注！"。在 PrintOrder 类中，实现整体订单的打印逻辑。其中定义 Order 成员变量 order，在构造器 PrintOrder(Order order) 中对 order 进行初始化，因为参数名称也是 order，所以需要采用 this.order 区分对象的属性。在 printOrder() 方法中，实现的主要逻辑为在打印"订单内容！"的基础上打印"订单抬头！"和"订单脚注！"。此时，order 对象不为 null 时只可以打印"订单内容！"，再执行如下语句：

```
FootDecorator foot=new FootDecorator(order);
```

实现在打印"订单内容！"的基础上打印"订单抬头！"，再执行如下语句：

```
HeadDecorator head=new HeadDecorator(foot);
```

实现在打印"订单内容！"和"订单抬头！"的基础上打印"订单脚注！"。此时，head.printOrder() 调用 printOrder() 方法即可打印出"订单抬头！""订单内容！""订单脚注！"。

若 order 对象为 null，则只打印出"订单抬头！"和"订单脚注！"。

入口方法 main() 定义在 PrintOrder 类中。在 main() 方法中，先创建 Order 类的对象 order，并作为参数传递给 PrintOrder 的构造器进行对象的创建，名称为 print，之后的 print.printOrder() 即调用 PrintOrder 中的 printOrder() 方法，执行主要打印逻辑。即

```
Order order = new Order();
PrintOrder print = new PrintOrder(order);
Print.printOrder();
```

综上所述，空（1）和空（6）处表示继承 Order 类，即 extends；空（2）处表示 Decorator 对象的 order 属性，即 this.order；空（3）处和空（4）处显式调用父类 Decorator 的带参数构造器，参数为 order，即 super(order)；空（5）处调用父类对象的 printOrder() 方法，即 super.printOrder()；空（7）处表示 PrintOrder 对象的 order 属性，即 this.order。

24. 【答案】

（1）: public Order;　　　　（2）this->order 或(*this).order;

（3）Decorator(order);　　　（4）Decorator(order);

（5）Decorator::printOrder();　（6）:public Order;

（7）this->order 或(*this).order。

【解析】考查 C++语言程序设计的能力，涉及类、对象、函数的定义和相关操作。要求考生根据给出的案例和代码说明完成程序填空。

本题中涉及打印订单内容、打印抬头和打印脚注。根据说明进行设计，题目给出了类图（见图 10-18）。图中类 Order 有 PrintOrder 和 Decorator 两个子类。Decorator 与 Order 之间为聚合关

系。Decorator 有两个子类 HeadDecorator 和 FootDecorator，分别实现打印抬头和打印脚注的功能。C++语言中，子类继承父类使用冒号(:)加父类实现。Order 类中定义虚函数 virtual void printOrder() 方法，实现打印"订单内容！"。Decorator 中定义私有 Order 成员，即

```
private Order order;
```

并且定义带参数构造器：

```
public Decorator(Order order){...}
```

其中对 order 进行初始化。

C++中，一个类显式地定义带参数的构造器时，编译器就不会自动生成默认的构造器，而子类构造器中首先调用父类的构造器，默认的情况下调用父类的默认不带参数的构造器，带参数的构造器需要显式调用，形式为冒号（:）加上父类的带参数的构造器。对象的属性若为引用类型，自动初始化为 NULL，所以需要在构造器中对 order 加以显式初始化。其构造器接收 order，参数名称与对象的属性名均为 order，需要用 this 关键字来引用当前对象或类实例，可以用 this->或 (*this).存取属性或行为，即

```
This->order=order;
```

或

```
(*this).order=order;
```

Decorator 覆盖父类的 printOrder()方法。在 printOrder()方法中，实现 order 不为空引用时，采用 order->printOrder()调用 Order 的 printOrder()方法，实现打印"订单内容！"；而若 order 为空时，则不进行调用，即没有打印订单内容。HeadDecorator 类和 FootDecorator 类中均定义带 Order 类型的参数的构造器。在 C++中，子类构造器中自动调用父类的默认无参数的构造器，而 Decorator 中只定义了带参数的构造器，因此，需要显式调用父类 Decorator 中带参数的构造器，形式为：构造器名(参数)，即 Decorator(order)，对 Decorator 中私有成员 order 进行初始化。HeadDecorator 覆盖父类的 printOrder() 方法。在 printOrder()方法中，先打印"订单抬头！"，再使用 Decorator::printOrder()调用父类的 printOrder()方法打印"订单内容！"。FootDecorator 覆盖父类的 printOrder()方法。在 printOrder()方法中，先使用 Decorator::printOrder()调用父类的 printOrder() 方法打印"订单内容！"，再打印"订单脚注！"。在 PrintOrder 类中，实现整体订单的打印逻辑。其中定义 Order 属性变量 order，在构造器 PrintOrder(Order order)中对 order 进行初始化，因为参数名称也是 order，所以需要采用 this->order 或(*this).order 区分对象的属性。在 printOrder() 方法中，实现的主要逻辑为在打印"订单内容！"的基础上打印"订单抬头！"和"订单脚注！"。此时，order 对象不为 NULL 时只可以打印"订单内容"，再执行如下语句：

```
FootDecorator*foot = new FootDecorator(order);
```

实现在打印"订单内容！"的基础上打印"订单抬头！"，再执行如下语句：

```
HeadDecorator *head = new HeadDecorator(foot);
```

实现在打印"订单内容！"和"订单抬头！"的基础上打印"订单脚注！"。此时，head->printOrder() 调用 printOrder()方法即可打印出"订单抬头！""订单内容！""订单脚注！"。

若 order 对象为 NULL 时，则只打印出"订单抬头！"和"订单脚注！"。

入口函数 main()中，先用 new 关键字创建 Order 类的对象，即对象指针 order，并作为参数传递给 PrintOrder 的构造器创建 PrintOrder 对象，即对象指针 print，之后的 print->printOrder()即调用 PrintOrder 中的 printOrder()方法，执行主要打印逻辑。即

```
Order *order = new Order();
PrintOrder *print = new PrintOrder(order);
Print->printOrder();
```

综上所述，空（1）和空（6）处表示继承 Order 类，即":public Order"；空（2）处表示 Decorator 对象的 order 属性，即 this->order 或(*this).order；空（3）和空（4）处显式调用父类 Decorator 的带参数的构造器，参数为 order，即 Decorator(order)；空（5）处调用父类对象的 printOrder()方法，即 Decorator::printOrder()；空（7）处表示 PrintOrder 对象的 order 属性，即 this->order 或(*this).order。